1+X 职业技能等级证书配套教材

机械工程制图

（高级）

Jixie Gongcheng Zhitu（Gaoji）

北京卓创至诚技术有限公司　组编

利　歌　白雪清　主编

中国教育出版传媒集团

高等教育出版社·北京

内容简介

本书是1+X职业技能等级证书配套教材，是根据《机械工程制图职业技能等级标准》中对于高级证书的相关要求，同时兼顾相关专业教学标准对于机械制图课程的要求，在对职业院校毕业生岗位工作任务分析的基础上编写而成的。

本书的主要内容包括装配体逆向设计，三维造型、零件图及装配图，设计方案优化三个模块。本书遵循模块化教学理念，理实一体化地将多门学科和多种技能有机融合在一起，可操作性强，便于学生学习与考证。

本书配套电子课件等辅教辅学资源，请登录高等教育出版社新形态教材网(https://abooks.hep.com.cn)获取相关资源。详细使用方法见本书最后一页"郑重声明"下方的"学习卡账号使用说明"。

本书可作为机械工程制图职业技能等级证书的考证培训用书，也可作为职业院校机械类、机电类专业的教学用书。

图书在版编目（CIP）数据

机械工程制图：高级 / 北京卓创至诚技术有限公司组编． -- 北京：高等教育出版社，2024.12

ISBN 978-7-04-061513-5

Ⅰ.①机… Ⅱ.①北… Ⅲ.①机械制图 - 职业教育 - 教材 Ⅳ.①TH126

中国国家版本馆 CIP 数据核字（2024）第 012077 号

策划编辑	王佳玮	责任编辑	王佳玮	封面设计	易斯翔	版式设计	杨 树
责任绘图	李沛蓉	责任校对	吕红颖	责任印制	刁 毅		

出版发行	高等教育出版社	网　　址	http://www.hep.edu.cn
社　　址	北京市西城区德外大街4号		http://www.hep.com.cn
邮政编码	100120	网上订购	http://www.hepmall.com.cn
印　　刷	北京市大天乐投资管理有限公司		http://www.hepmall.com
开　　本	889mm×1194mm　1/16		http://www.hepmall.cn
印　　张	17.5		
字　　数	360千字	版　　次	2024年12月第1版
购书热线	010-58581118	印　　次	2024年12月第1次印刷
咨询电话	400-810-0598	定　　价	47.90元

本书如有缺页、倒页、脱页等质量问题，请到所购图书销售部门联系调换
版权所有　侵权必究
物 料 号　61513-00

前言

党的二十大报告指出,要坚持教育优先发展、科技自立自强、人才引领驱动,加快建设教育强国、科技强国、人才强国,优化职业教育类型定位。机械工程制图作为工科类专业的专业基础课程,在专业教学中起着重要作用。

2019 年,教育部等四部门印发《关于在院校实施"学历证书 + 若干职业技能等级证书"制度试点方案》的通知,启动了"学历证书 + 若干职业技能等级证书"(简称 1+X 证书)制度试点工作。机械工程制图职业技能等级证书的培训评价组织为北京卓创至诚技术有限公司,证书分为初级、中级、高级,以社会需求、企业岗位(群)需求和职业技能等级标准为依据,对学习者职业技能进行综合评价,如实反映学习者职业技术能力。

本书针对机械工程制图职业技能等级证书(高级)的相关要求,以工作过程为导向,以岗位能力为目标,按照模块化结构、项目—任务形式编写而成,符合职业院校学生的认知和技能学习规律,职教特色鲜明。同时,本书内容贴近企业实际,尤其注重培养学生的实际动手能力和解决工程具体问题的能力,有利于学生构建工程思维。

本书的主要特色如下:

(1) 有机融入课程思政内容,在潜移默化中培养学生关注细节、精益求精的工匠精神,同时关注职业意识的培养和职业道德教育。

(2) 对接机械工程制图职业技能等级证书,把相关要求融入具体的任务中,能够对机械产品的工作原理、装配关系、加工要素等方面进行综合分析。

(3) 将理论知识与实践技能有机融合为一体,以企业生产中的工程实例承载学习任务,使学习过程与生产过程对接,构建做中学、学中做的学习过程,关注职业意识培养和职业道德教育,培养学生机械工程制图核心技能,提升识图、制图及产品优化的能力。

(4) 为方便学生梳理知识点,形成知识体系,每个项目都增加了不同于编写框架的思维导图式知识框架。

(5) 本书是校企合作教材,北京卓创至诚技术有限公司组织各地职业院校优秀教师编写了本书,广州中望龙腾软件有限公司为本书提供了技术支持和实际案例。本书从职业岗位群对技能型人才的需求出发,在突出学生分析问题、解决问题和实际操作的基础上,注重综合素质与职业能力的培养。

本书参考学时为 64 学时,各项目参考学时见下表。

课程内容	建议学时
项目一　装配体的拆卸及装配示意图的绘制	2
项目二　零件测绘及数据处理	2
项目三　零件的逆向设计	4
项目四　构建三维模型	8
项目五　生成零件图	8
项目六　生成装配图	6
项目七　零件优化	16
项目八　设计方案优化综合实例——锥齿轮启闭器的优化	10
项目九　设计方案优化综合实例——偏心柱塞泵的优化	8
合计	64

本书由北京卓创至城技术有限公司组编,利歌、白雪清担任主编,程丹、车世明担任副主编。全书共分 9 个项目,具体编写人员及分工如下:项目一由山西工程职业学院李鹏、白雪清编写;项目二至项目六由河南轻工职业学院程丹编写;项目七由河南轻工职业学院利歌编写;项目八、项目九由河南轻工职业学院车世明编写,全书由利歌负责统稿。

本书的编写过程中得到了广州中望龙腾软件股份有限公司、河南轻工职业学院、山西工程职业学院等单位的大力支持,在此表示衷心的感谢!编写过程中,编者参阅了部分教材和资料,在此一并表示衷心感谢!

由于编者水平有限,对书中不妥之处恳请读者批评指正。读者意见反馈邮箱:zz_dzyj@pub.hep.cn。

编　者
2023 年 8 月

目录

模块一　装配体逆向设计 ………… 1

项目一　装配体的拆卸及装配示意图的绘制 ………… 2
　　任务一　拆卸装配体 ………… 3
　　任务二　绘制装配示意图 ………… 8

项目二　零件测绘及数据处理 ………… 13
　　任务一　零件草图的表达方案 ………… 14
　　任务二　零件的数据采集及处理 ………… 20

项目三　零件的逆向设计 ………… 26
　　任务一　零件图的尺寸标注 ………… 27
　　任务二　完成零件图 ………… 30

模块二　三维造型、零件图及装配图 ………… 35

项目四　构建三维模型 ………… 36
　　任务一　构建零件三维模型 ………… 37
　　任务二　三维模型装配 ………… 53

项目五　生成零件图 ………… 64
　　任务一　零件图视图表达 ………… 65
　　任务二　零件图尺寸标注 ………… 82
　　任务三　零件图技术要求 ………… 92

项目六　生成装配图 ………… 103
　　任务一　装配图视图表达 ………… 104
　　任务二　装配图尺寸标注、技术要求、零件编号及明细栏 ………… 109

模块三　设计方案优化 ………… 117

项目七　零件优化 ………… 118
　　任务一　识读装配图 ………… 120
　　任务二　零件结构的优化 ………… 125
　　任务三　表达方案的优化 ………… 137
　　任务四　合理的尺寸标注 ………… 150
　　任务五　技术要求的合理配置 ………… 168

项目八　设计方案优化综合实例——锥齿轮启闭器的优化 ………… 187
　　任务一　识读锥齿轮启闭器装配图 ………… 188
　　任务二　锥齿轮启闭器设计方案的优化 ………… 198

项目九 设计方案优化综合实例
——偏心柱塞泵的优化·········215
　任务一　识读偏心柱塞泵装配图············216
　任务二　偏心柱塞泵设计方案的优化····225

附录··················239

参考文献··················272

模块一 装配体逆向设计

本模块以齿轮油泵为载体,在充分了解部件的工作原理、传动路线及装配关系后,对其进行拆卸,确定各零件的表达方案,规范使用测量工具进行测量,对所得数据做必要处理,绘制出零件草图。

通过对装配体的逆向设计,掌握常见机械设备测绘的方法和步骤,正确掌握拆卸工具和测量工具的使用方法,熟悉拆装安全文明生产要求及操作规程,了解逆向设计方法,培养用理论指导实践的工程意识,充分发挥创新精神。

项目一

装配体的拆卸及装配示意图的绘制

 学习目标

通过多种途径和手段收集完成工作任务所需要的信息并加以整理和分析;培养合作意识,适应团队工作;解决工作中出现的问题;培养社会责任感、节能环保意识和文明生产习惯。完成本项目学习任务后,你应当:

1. 能执行与职业活动相关的保证工作安全和防止意外的规章制度。

2. 能够汇总与测绘部件相关的信息,明确装配体的工作原理。

3. 掌握正确选择和规范使用机械设备拆装工量器具的方法。

4. 能根据机械设备的结构特点,选择正确的拆装方法,对固定机构、传动机构、轴承和轴等常见简单机构进行正确的拆装。

5. 能够绘制装配体的装配示意图。

知识框架

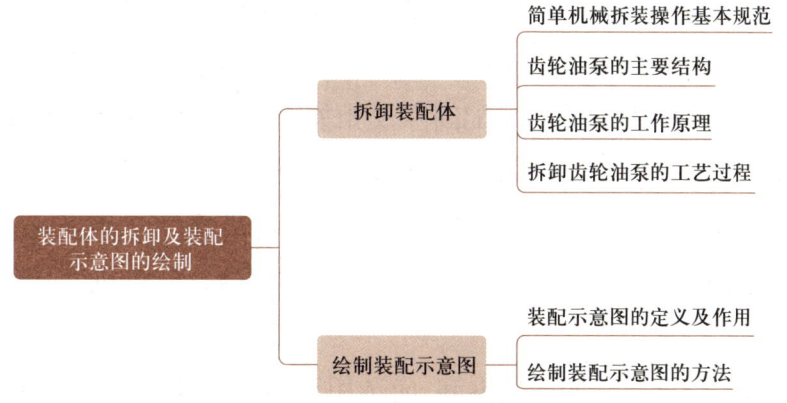

任务一　拆卸装配体

【任务要求】

技能点

1. 装配体中零件的拆卸顺序。
2. 不同装配关系的拆卸要点。
3. 为满足工作原理,相关零件的调整方法。

知识点

1. 了解装配体的工作原理。
2. 明确各零件的装配位置、装配关系及作用。
3. 掌握主要零件的定位和运动情况。

【任务引入】

以典型装配体齿轮油泵(图 1-1)为例,分析其工作原理和装配关系,选择合适的拆卸工具,制订合理的拆卸方案,拆卸该齿轮油泵。

【知识链接】

1. 简单机械拆装操作基本规范

安全文明施工是企业管理工作的一个重要组成部分,是企业安全生产的基本保证,有利于安全管理体系的建立

图 1-1　齿轮油泵

和完善,体现着企业的综合管理水平。文明的施工环境是实现职工安全生产的基础。

拆卸和装配时的注意事项如下。

(1) 拆卸

1) 拆卸零部件前,应熟悉设备的技术条件,了解其结构、性能和原装配顺序,周密考虑拆卸方法和顺序,对特殊、复杂的零件进行拆卸时,应制订出专门的拆卸方案。

2) 拆卸前应检查、测量零部件的装配间隙及相关零件的相对位置、运动件极限位置等,以作为测绘中校核图样的参考,并作记录或在部件的适当部位作出标记。

3) 拆卸前检查工具是否正常、齐备,要摆放整齐,不能堆叠。

4) 对利用热胀法装配的机件一般不得拆卸,如必须拆卸,应将机件均匀加热到规定温度后方可进行。

5) 滚动轴承一般不宜拆卸,如必须拆卸,应选用正确的工具和方法进行无损拆卸。

6) 严禁将螺丝刀、扳手等当作撬杠使用,严禁用锤子等硬物直接击打机械零件,应借助铜棒或垫上硬木、铜皮等进行操作。

7) 拆卸下的零部件应按顺序放置。

8) 拆下螺纹连接组件后,应将螺母、垫圈和开口销等装在螺栓上,以免丢失或错乱。

(2) 装配

1) 装配前,应熟悉设备技术文件,了解其性能、构造和装配数据,周密考虑装配方法和顺序。

2) 装配时,应按图样或装配简图查对零部件的规格、数量及装配精度。

3) 装配时,应将零部件的接合面清洗干净,去除毛刺,并涂上适量的润滑油脂,然后按装配顺序进行,防止错装或漏装。每组机件装配完毕,应随即检查装配精度,并作必要的记录。

4) 装配时使用的工具要适当,不得用铁锤直接敲打装配零件,如需敲击,应垫上衬垫或采用铜锤,采用千斤顶装配时,也应垫上衬垫后进行。

5) 装配螺纹连接件时,螺栓头部、螺母端面与连接面接触应紧密,当该处为斜面时,应垫以同斜度的垫圈,不锈钢螺纹部分应加涂油脂。

拧紧螺母时,应次序对称,按对角线顺序拧紧,施力应均匀一致,并循序几次拧紧。螺母拧紧后,螺栓末端应露出螺母外,露出长度为 1.5~5 个螺距,沉头螺栓头不得凸出于连接件表面。

6) 键装配。键的形式规格应符合设备技术文件的规定。两配合件上的键、槽应保持互相平行和对准。装入键时,应将毛刺等清理干净。

2. 齿轮油泵的主要结构

齿轮油泵为液压系统中的一种常用部件,是机器中润滑、冷却和液压系统中获得高压油的主要设备,广泛应用于石油、化工、船舶、电力、粮油、食品、医疗、建材、冶金及国防科研等领域。

根据齿轮油泵的装配图和技术资料,齿轮油泵的主体由左泵盖、泵体、右泵盖三部分通过螺钉固定,为一对啮合齿轮提供密闭空间,泵盖与泵体之间靠 4 个圆柱销定位。通常,销孔为配作孔,即将泵盖和泵体按工作位置对正后,同时钻、铰上述两零件对应位置的销孔。装配时把圆柱销涂少量机油,用铜棒锤打入孔内。泵体内的两个齿轮分别与轴做成一体,靠装在泵盖内的轴套支承,其中主动齿轮轴的动力通过其上的外齿轮输入,外齿轮依靠键和主动齿轮轴连接。主动齿轮轴伸出右泵盖处,通过填料、压盖、压紧螺母密封,防漏油。另外,外齿轮右侧靠垫圈和螺母进行轴向定位。

3. 齿轮油泵的工作原理

齿轮油泵的工作原理如图 1-2 所示。

泵体中装有一对相互啮合的齿轮,当电动机带动外齿轮转动时,主动齿轮旋转,通过啮合运动使从动齿轮也一起转动。依靠两齿轮的相互啮合面及泵体内腔表面,把泵内的整个工作腔分为两个独立的部分,一侧为吸入腔,另一侧为排出腔。工作时泵体内腔一侧的两齿轮轮齿逐渐分开,空腔容积逐渐扩大,油压降低,因而油箱中的油在大气压力的作用下从该侧油口进入泵腔。被吸入的油充满齿轮的各个齿槽,随着齿轮旋转,油被带到泵体内腔的另一侧,各对轮齿又重新啮合,空腔容积逐渐缩小,使齿槽中的油不断挤出,并由该侧油口排出泵外。

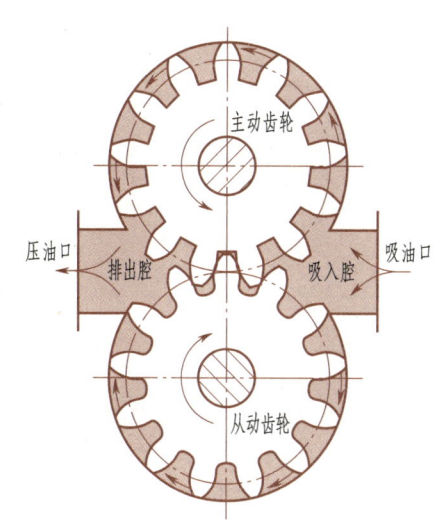

图 1-2 齿轮油泵的工作原理

【任务实施】

1. 准备拆卸工具

根据齿轮油泵的结构特点和工作原理,选择合适的内六角扳手、活扳手、铜棒、锤子、钳子、螺丝刀等拆卸工具。

2. 拆卸齿轮油泵

将齿轮油泵按照工作状态直立放置,遵循从外到内的原则,按照主要装配关系和装配干线依次拆卸各零件。具体拆卸工艺过程见表 1-1。

表 1-1 齿轮油泵的拆卸工艺过程

1	用活扳手拆卸主动轴右端螺母,并取下垫圈	

续表

2	根据外齿轮和主动轴的配合松紧,直接取出外齿轮,或者用锤子敲击铜棒从齿轮左侧面施加力,取出外齿轮	
3	拆卸连接齿轮与主动轴的平键,旋下压紧螺母,向外抽出压盖,取出填料	
4	用内六角扳手对称松开(拧松之前在端盖与泵体的结合处作上记号)并拆卸下右泵盖上的螺钉及定位销	
5	用螺丝刀轻轻沿右泵盖与泵体的结合面处将右泵盖撬松(注意:不要撬太深,以免划伤密封面,因密封主要靠两密封面的加工精度来实现),卸下右泵盖,取下密封圈,留意观察泵内结构及零件相互位置	
6	用手转动主动轴,依据进出油口的位置,确定主动齿轮工作的旋转方向,观看密封容积的大小变化状况,明确吸、压油口位置	
7	从泵体中取出主、从动齿轮(取出前将主、从动齿轮对应位置做好记号)	

续表

8	拆卸左泵盖上的螺钉及定位销，取下左泵盖和密封圈	
9	用螺丝刀沿左泵盖与泵体的结合面处将左泵盖轻轻撬松，卸下左泵盖，取下密封圈	
10	拆卸左、右泵盖轴孔内的4个轴套，完成齿轮油泵的拆卸	

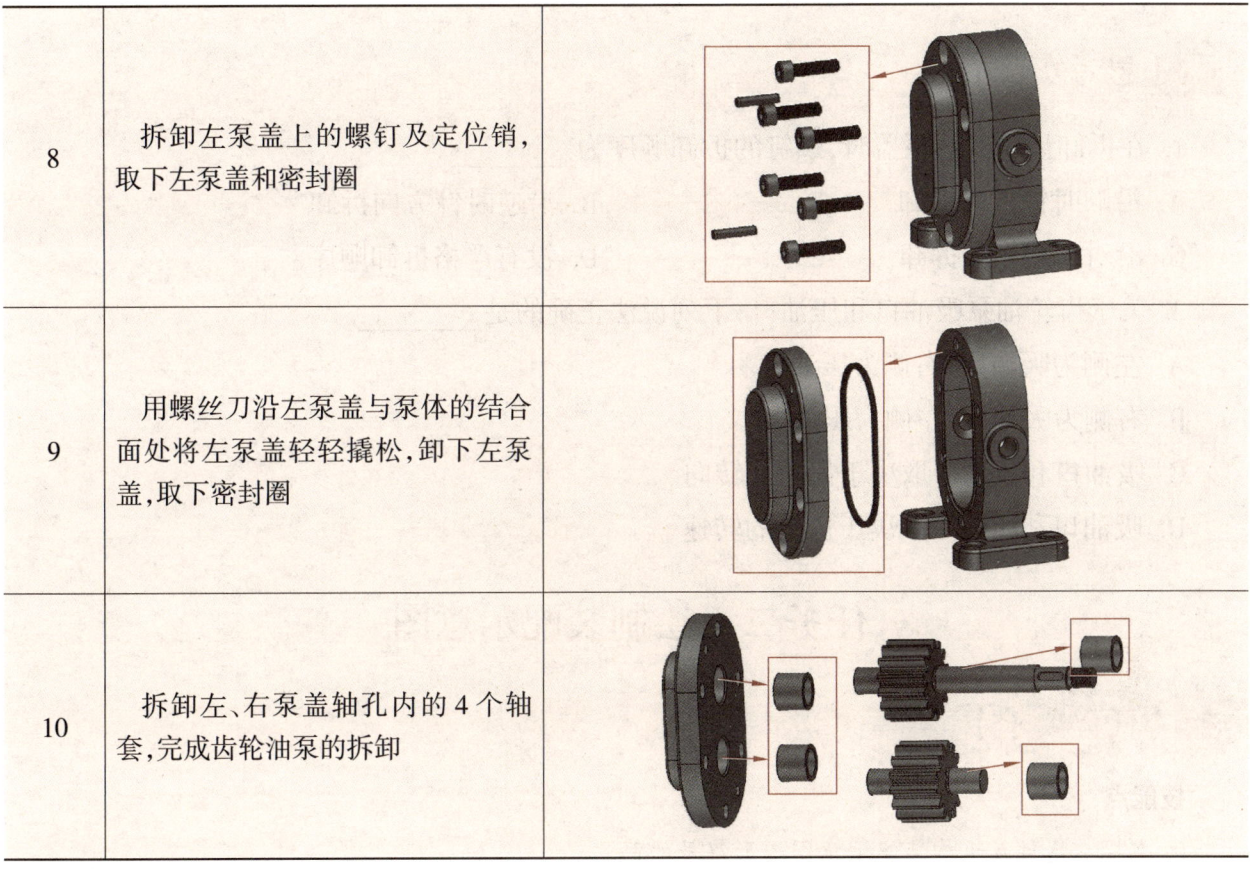

【任务评价】

具体评价反馈见表1-2。

表1-2　评价反馈表

操作步骤	操作要点	自我评价
选择拆卸工具	根据齿轮油泵的结构特点选择合适的拆卸工具	【操作】 □正确 □错误
制订拆卸方案	根据齿轮油泵的工作原理和零件的装配关系，制订合理的拆卸方案	【操作】 □正确 □错误
拆卸齿轮油泵	零件的拆卸顺序和拆卸方法	【操作】 □正确 □错误

【任务小结】

本任务以齿轮油泵为例，通过分析齿轮油泵的工作原理，明确零件之间的装配关系，确定拆卸工艺和方法,为接下来的零件测绘和部件复原做准备。

【思考实践】

1. 在拆卸齿轮油泵泵盖时,螺钉的拆卸顺序为_____。
   A. 沿顺时针方向拆卸 B. 沿逆时针方向拆卸
   C. 沿对角线顺序拆卸 D. 没有严格拆卸顺序
2. 关于齿轮油泵吸油口和压油口,下列说法正确的是_____。
   A. 左侧为吸油口、右侧为压油口
   B. 右侧为吸油口、左侧为压油口
   C. 吸油口和压油口取决于齿轮的转向
   D. 吸油口和压油口取决于齿轮的转速

任务二　绘制装配示意图

【任务要求】

技能点
1. 掌握常用件及机构装配示意图图形符号的画法。
2. 掌握装配示意图绘制方法。

知识点
1. 常用零件及机构的装配示意图图形符号。
2. 装配示意图的绘制方法。

【任务引入】

在分析图 1-1 所示齿轮油泵的结构、工作原理及装配关系的基础上,按照相关标准,绘制齿轮油泵的装配示意图。

【知识链接】

1. 装配示意图的定义及作用

装配示意图是运用机械制图国家标准中规定的机构及组件的图形符号,采用简化画法和习惯画法,用简单的图线(甚至单线)画出各零件的大致轮廓,以表示其装配位置、装配关系和工作原理等的简图。

装配示意图只要求用简单的线条、大致的轮廓记录各零件之间的相对位置,装配、连接关系及传动情况,作为绘制装配图和重新装配的依据。在产品说明书中也常用到装配示意图。

2. 绘制装配示意图的方法

绘制装配示意图应在对装配体进行全面了解、分析之后,在拆卸过程中应该边拆边画。通常对各零件的表达不受层次的限制,尽量把所有的零件集中在一个图形上。画装配示意图的顺序,一般从主要零件入手,由内向外扩展按零件装配顺序把其他零件逐个画出。

装配示意图不同于装配图,其画法特点如下。

1) 假想把部件看成是透明体,以便同时表达部件内、外零件的轮廓和装配关系。

2) 只用简单的符号和线条表达各零件的大致形状和装配关系,一般只画一个图形(表达不完全也可增加图形)。

3) 表达零部件要简单。充分利用国家标准中规定的机构、零件及组件的图形符号,采用简化画法和习惯画法,只需画出零部件的大致轮廓。例如,可以用一根直线代表一个轴类零件。

4) 相邻零件的接触面或配合面之间应留有间隙,以便于区别(与画装配图不同)。

5) 全部零件进行编号并注明名称,标准件一般直接写出标记,常用件则注明主要参数等。零件较多时,零件的名称、材料、数量等通常列表说明。

装配示意图的画法可参阅国家标准 GB/T 4460—2013《机械制图 机构运动简图用图形符号》,常见机构运动简图用图形符号见表 1-3。

表 1-3 常见机构运动简图用图形符号

序号	名称	立体图	图形符号	序号	名称	立体图	图形符号
1	螺钉			6	压缩弹簧		
2	螺杆			7	顶尖		
3	螺杆转动整体螺母			8	带传动		
4	开合螺母			9	滑动轴承		
5	手轮			10	滚动轴承		

续表

序号	名称	立体图	图形符号	序号	名称	立体图	图形符号
11	向心推力轴承			16	零件与轴的固定连接		
12	圆柱齿轮传动			17	联轴器		
13	齿条啮合			18	可移式联轴器		
14	轴、杆			19	单向离合器		
15	零件与轴的活动连接			20	电动机		

【任务实施】

本任务侧重掌握齿轮油泵的工作原理，弄清楚零件之间的装配关系，在此基础上绘制装配示意图，按照以下步骤实施任务。

1）由任务一可知，齿轮油泵由泵体、左泵盖、右泵盖、主动齿轮、从动齿轮等16种零件构成，其中包括螺钉、键、螺母、垫圈等标准件。

2）拆卸前测量装配体的必要尺寸。

齿轮油泵的总体尺寸：总长160 mm，总高138 mm，宽120 mm。

重要零件的相对位置：主、从动齿轮中心距(42±0.025) mm，主动齿轮轴线与底面相对位置尺寸90 mm，吸、压油口凸台相对位置尺寸96 mm，吸、压油口轴线与底面相对位置尺寸69 mm。

安装尺寸：齿轮油泵的安装尺寸4×φ9 mm，90 mm，50 mm。

其他重要尺寸：外齿轮左端面与其相邻安装孔的相对位置尺寸55 mm，外齿轮的宽度尺寸20 mm。

3）将齿轮油泵进行拆卸，依据一定的规则边拆边画其装配示意图。为了更清楚表达装配示意图，图画好后，从各零件画出指引线，注明零件的序号、名称等，标准件一般直接注出标记，常用件则注明主要参数等。最终绘制的齿轮油泵装配示意图如图1-3所示。

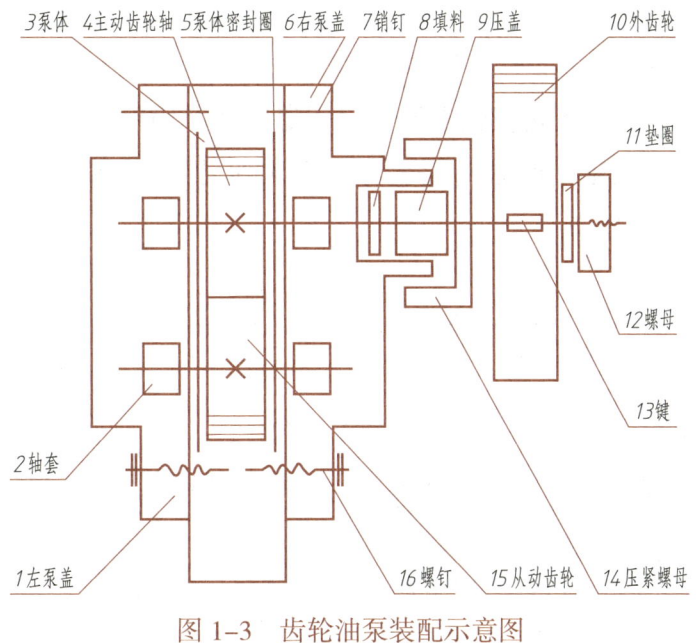

图 1-3 齿轮油泵装配示意图

【任务评价】

具体评价反馈见表 1-4。

表 1-4 评价反馈表

操作步骤	操作要点	自我评价
分析装配体	了解齿轮油泵零件间的装配关系及零件的功用	【操作】 □正确 □错误
测量装配体的必要尺寸	拆卸前,测量齿轮油泵的必要尺寸,如总体尺寸、规格尺寸等	【操作】 □正确 □错误
拆卸装配体,并绘制装配示意图	按照工艺方案拆卸齿轮油泵,同时绘制零件示意图	【操作】 □正确 □错误
检查、校对	认真校对	【操作】 □正确 □错误

【任务小结】

本任务以齿轮油泵为例,通过分析其工作原理,明确其装配路线,用零件及机构运动简图图形符号绘制齿轮油泵的装配示意图,为后面绘制齿轮油泵装配图及装配复原齿轮油泵做准备。

【知识拓展】

齿轮在轴上的几种固定方式及简图表达

根据工作需要,齿轮在轴上的常用固定方式有 3 种,见表 1-5。其他轴上回转零件(如带轮、联轴器等)表达方法类似。

表 1-5　齿轮在轴上的三种固定方式

固定方式	结构简图
齿轮与轴固定为一体,可以一同转动,但不能沿轴向移动	
齿轮空套在轴上,齿轮、轴可以各自转动,互不影响,齿轮不能沿轴向移动	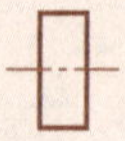
齿轮周向固定在轴上,与轴一同转动,同时齿轮可沿轴向滑移	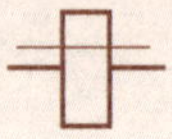

【思考实践】

1. 绘制装配示意图时应主要注意的问题是什么?
2. 装配示意图与装配图的主要区别是什么?

项目二

零件测绘及数据处理

 学习目标

本着"工匠精神",在进行零件测绘过程中,细致地观察,认真地思考分析,并与他人分工协作,妥善组织和解决工作中出现的问题。

1. 能根据零件的结构特征和功用,选择合适的表达方案,绘制出供记录数据用的零件草图。
2. 对于零件上的标准结构要素,会查阅相关工具书或标准正确绘制其图形。

知识框架

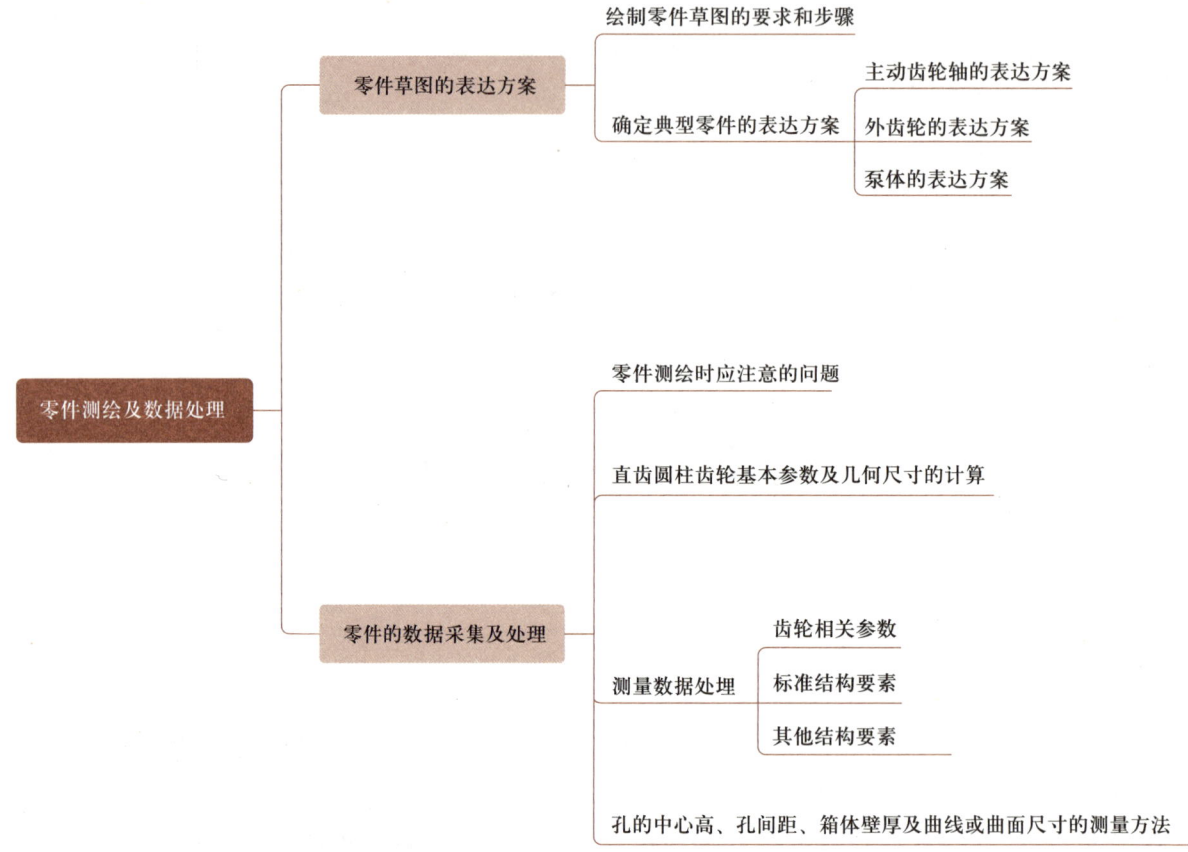

任务一　零件草图的表达方案

【任务要求】

技能点

1. 根据零件的结构特征,能推断零件的工艺过程。
2. 能根据零件的结构,合理确定其表达方案。
3. 能熟练查阅工具书,确定零件的标准结构。

知识点

1. 零件的工艺结构。
2. 零件的表达方法。

【任务引入】

根据给定的齿轮油泵模型,结合项目一的零件拆卸,分析非标零件的结构及功用,确定其合适的表达方案,将零件表达清楚。

【知识链接】

依据实际零件,通过分析选定表达方案,画出它的图形,测量并标注尺寸,注写必要的技术要求,从而完成零件图绘制的过程,称为零件测绘。

零件测绘一般先画零件草图(徒手图),再根据整理后的零件草图画零件图。零件测绘对改造设备、修配零件、推广先进技术、交流革新成果等,都起着重要的作用,是工程技术人员必须掌握的技术手段。

零件测绘通常与所属的部件或机器的测绘协同进行,以便了解零件功能、结构要求,协调视图、尺寸和技术要求。

1. 对零件草图的要求

(1) 内容俱全

零件草图是画零件图的重要依据,有时也直接用以制造零件,因此,必须具有零件图的全部内容,包括一组图形、完整的尺寸、技术要求和标题栏。

(2) 徒手绘图

零件草图是不使用绘图工具,只凭目测实际零件形状、大小和大致比例关系,用铅笔徒手画出图形,然后集中测量、标注尺寸及技术要求。切不可边画边测边注。

零件草图与零件工作图的不同点仅在于前者徒手画,后者用工具画。

(3) 草图不草

草图决不能理解为"潦草之图"。画出的零件草图应做到"图形正确、比例匀称、表达合理、尺寸完整、线型分明、字体工整"。

2. 画零件草图的步骤

(1) 了解分析零件

1) 了解零件的名称、功用以及它在部件或机器中的位置和装配连接关系。

2) 鉴别零件的材料。

3) 对零件进行形体分析和结构分析。

4) 对零件进行工艺分析,了解其制造方法。

(2) 确定零件表达方案

1) 选择主视图。零件的主视图,既要考虑形状特征,也要兼顾工作安放位置,这样可使主视图所反映的外形和各部分相对位置清楚。

2) 选择其他视图。主视图表达外形之后，可再选其他视图，如用剖视图表达零件内部结构、用局部视图等辅助视图表达零件某些局部形状，或者采用断面图表达位于剖切面处的断面结构，采用局部放大图表达细部结构等。

(3) 画零件草图

1) 根据零件的总体尺寸，按大致比例确定图幅；画边框线和标题栏；布置图形，画出确定各视图位置的重要轴线、中心线或作图基准线。

注意布置图形应考虑有足够位置标注各视图尺寸。

2) 目测及徒手画图形。先画零件主要轮廓，再画次要轮廓和细节，每部分应几个视图对应来画，按投影关系，逐步画出零件的全部结构形状。

3) 仔细检查，擦去多余线；按规定加深图线；画剖面线；确定尺寸基准，依次画出所有尺寸界线、尺寸线和箭头。

4) 测量尺寸，协调联系尺寸，查有关标准校对标准结构要素尺寸，填写尺寸数值和必要的技术要求，填写标题栏，完成零件草图全部工作。

关于制订技术要求，可根据零件的性能和工作要求，对照类似图样和有关资料，用类比法确定后查有关标准复核。

零件测绘对象主要是一般零件。对于标准件，不必画它的零件草图和零件工作图，只需测量主要尺寸，查有关标准写出规定标记，并注明材料、数量。

零件的表达应坚定一切为看图者服务的思想，在满足看图者识图需求的前提下，可以适当减少绘制图样的工作量。打破"三视图"的思维定式，不随意添加不必要的视图，重复表达、喧宾夺主；也不要省略一些能够帮助看图者识图的重要图线信息。

【任务实施】

齿轮油泵中的零件大致可以分为三类，分别是轴套类零件、轮盘类零件和箱体类零件，下面分别从这三类零件中选择具有代表性的主动齿轮轴、外齿轮、泵体三个零件，对其表达方案的确定加以说明。

1. 主动齿轮轴的表达方案

图2-1所示为主动齿轮轴，该零件属于轴套类零件，其主体结构由回转体组成，在轴上不仅有齿轮，还有键槽、退刀槽、倒角等工艺结构。

轴类零件的主视图按加工位置选择，一般将轴线水平放置，清楚地反映各段形状及相对位置，以及轴上各局部结构的轴向位置。轴上的局部结构可以采用断面图、局部剖视图、局部视图、局部放大图等表达方式进行表达。

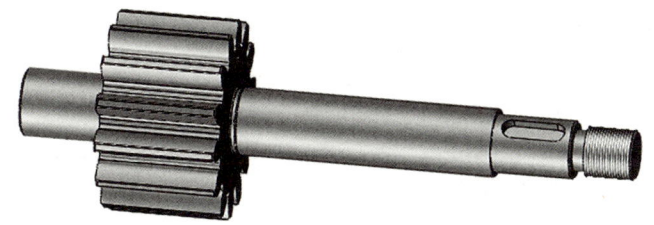

图 2-1　主动齿轮轴

根据主动齿轮轴的结构特点,采用4个视图表达其结构形状,分别是基本视图——主视图、移出断面图和两个局部放大图。主视图轴线水平,键槽朝前摆放,用以表达其主要结构形状及相对位置。另外,主视图还采用了局部剖视图用以表达齿轮轮齿,在中间较长轴段采用简化画法,以便节约图纸空间。移出断面图不仅表达键槽的结构形状,也便于标注断面尺寸。局部放大图分别清楚地表达砂轮越程槽和退刀槽的结构形状,同时方便标注尺寸。按照绘制零件草图的方法和步骤,绘制出主动齿轮轴草图,如图2-2所示。

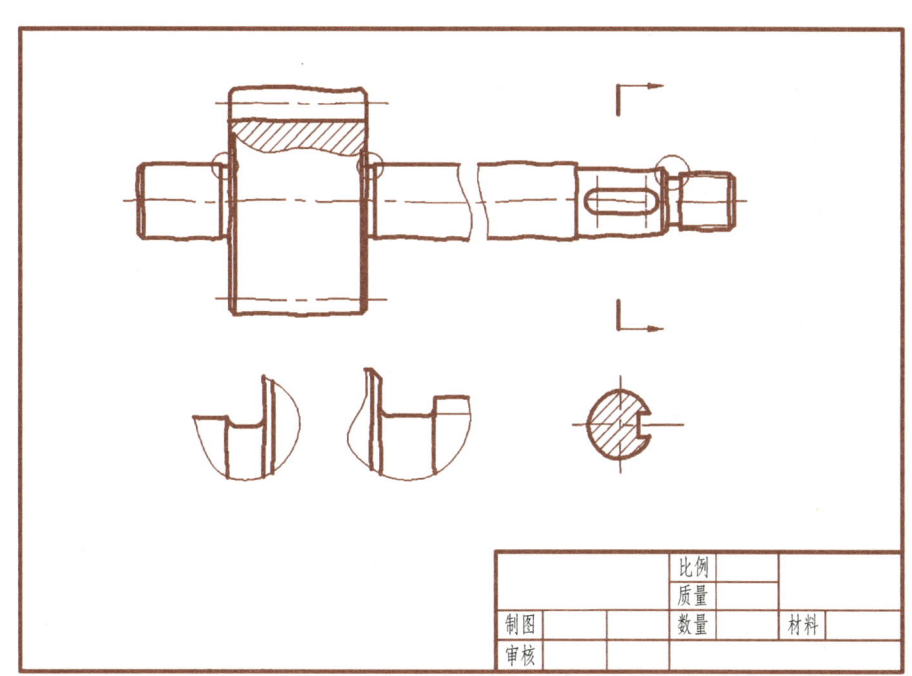

图 2-2　主动齿轮轴草图

2. 外齿轮的表达方案

外齿轮(图2-3)属于轮盘类零件,这类零件的外形是扁平的盘状,径向尺寸远大于轴向尺寸,除了齿轮之外,一些手轮、减速器的端盖也属于此类零件。

根据其结构特点,主要表面加工以车削为主,因此在表达此类零件时,其主视图一般是将轴线水平放置,并采用全剖视图,以表达端面上孔的内部结构。其他结构形状(如轮辐和肋板等)可以用

图 2-3　外齿轮

移出断面图或重合断面图表达,部分情况还可以选择简化画法来绘制。对于外齿轮最终确定图 2-4 所示的表达方案。

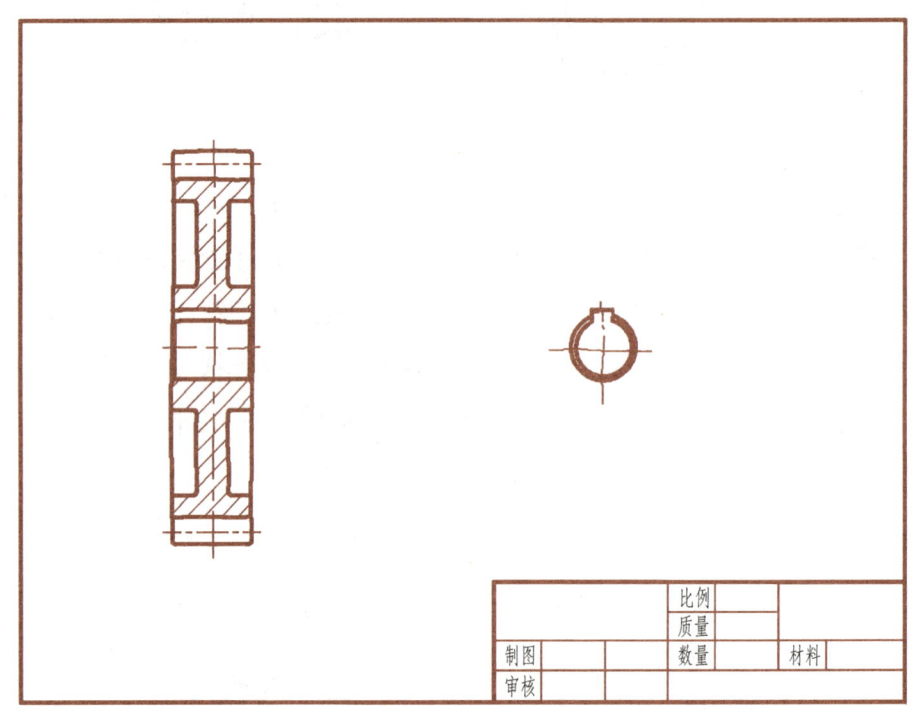

图 2-4　外齿轮表达方案

3. 泵体的表达方案

泵体(图 2-5)属于箱体类零件,它与常见的阀体、减速器、支座等零件一样主要起到支承、容纳、零件定位等作用。箱体类零件的内外结构都比较复杂,内部会有空腔结构,箱体上还常有支承孔、凸台、肋板、销孔等结构。箱体类零件多为铸造件,具有许多铸造工艺结构,如铸造圆角、铸件壁厚、拔模斜度等。

对于泵体这样的箱体类零件,绘制零件图时,首先要考虑看图方便。在完整、清晰地表达出零件的内、外结构形状的前提下,力求绘图简便。绘制零件图时,零件主要以工作位置原则放置,以最能反映其各组成部分形状特征及相对位置的方向作为主视图投射方向,再根据具体结构特点加入左视图、俯视图、局部视图等作补充。

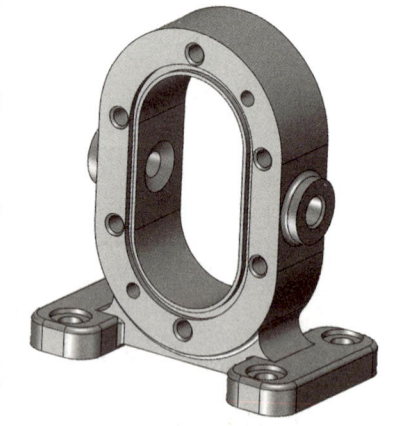

图 2-5　泵体

齿轮油泵的泵体,形状复杂,需要用 5 个视图来表达,分别是主视图、左视图、右视图、局部视图及局部放大图。主视图按照零件的工作位置,并考虑零件形状特征,选垂直泵体端面方向作为主视图投射方向,表达泵体主体结构形状、长圆形内腔、端面上密封槽、螺钉孔及销孔的位置,同时采用局部剖视图表达进、出油口的内部结构。左视图主要表达泵体外形结构、油口位置及安装孔的结构形状,为了便于看图和标注尺寸,在安装孔位置做局部剖视。右视图用两个相交的平面全部剖开,表达泵体内腔、螺钉孔及销孔内部结构形状。向视图由下向上投射,主要表达泵体底板结构及安装孔位置,最终确定泵体表达方案如图2-6所示。

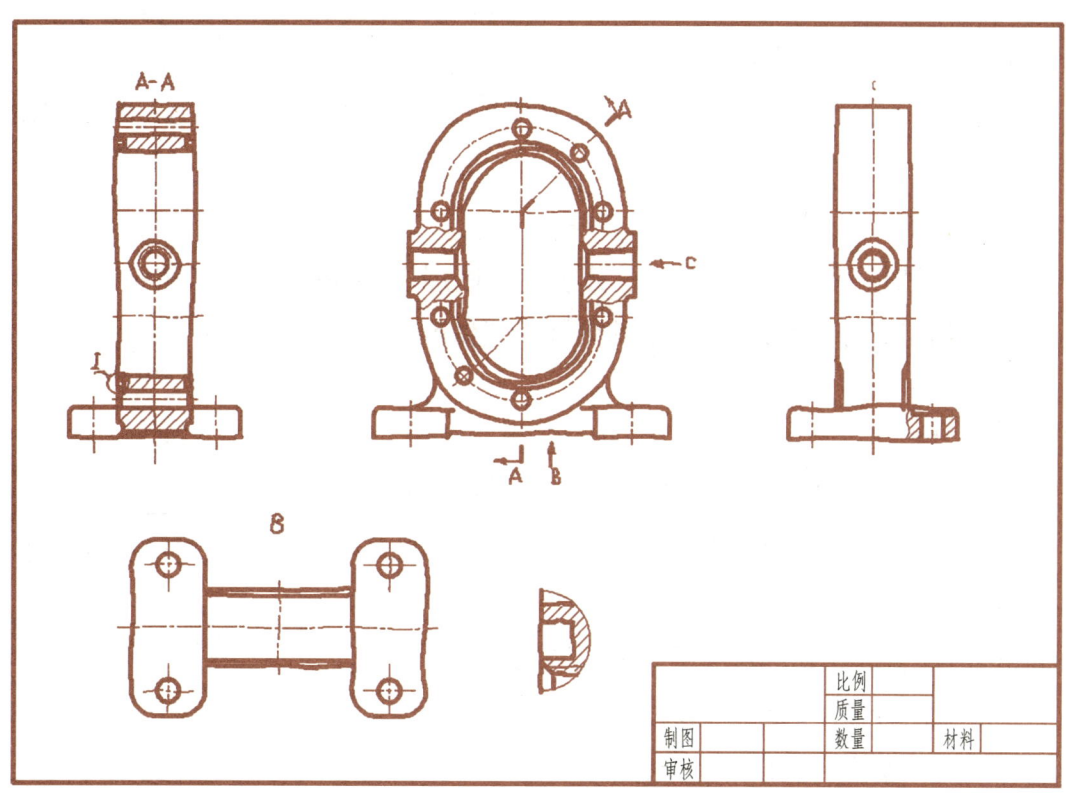

图 2-6　泵体表达方案

【任务评价】

具体评价反馈见表 2-1。

表 2-1　评价反馈表

操作步骤	操作要点	自我评价
确定主动齿轮轴的表达方案	选择合适的表达方法,绘制主动齿轮轴草图	【操作】 □正确 □错误
确定外齿轮的表达方案	选择合适的表达方法,绘制外齿轮草图	【操作】 □正确 □错误

续表

操作步骤	操作要点	自我评价
确定泵座的表达方案	选择合适的表达方法,绘制泵体草图	【操作】 □正确 □错误
检查、校对	认真校对	【操作】 □正确 □错误

【任务小结】

本任务主要针对装配图的识读,通过分析工作原理,明确各零件的工艺结构特征、定位方式、固定方式及相互配合关系,为接下来的零件优化做准备。

【思考实践】

1. 零件草图和零件图的内容是相同的,它们之间的主要区别是_____。

A. 作图方法　　　　B. 作图步骤　　　　C. 视图选择　　　　D. 尺寸标注

2. 零件的图样表达上,下列做法正确的是_____。

A. 为保证看图者识图清楚,尽量增加图样数量

B. 为避免看图者识图麻烦,尽量减少图样数量

C. 图样绘制数量主要靠设计者把握,与看图者无关

D. 以满足看图者识图需求为前提,适当减少图样数量

任务二　零件的数据采集及处理

【任务要求】

技能点

1. 能选择合适的测量工具,正确测量零件尺寸。
2. 会根据齿轮几何参数公式,计算出齿轮各部分的几何参数。
3. 会查阅相关工具书及标准,确定标准结构的尺寸。

知识点

1. 掌握齿轮各部分几何尺寸计算方法;
2. 掌握标准件的尺寸处理方法。

【任务引入】

采集齿轮油泵中非标零件的各部分尺寸,并进行数据记录,查阅相关工具书及标准,对尺寸数据进行处理,确定零件的尺寸数值。

【知识链接】

1. 零件测绘时应注意的问题

在测绘工作中,必须做到严谨、认真、仔细、准确,不得马虎潦草。测绘时应注意以下事项:

1) 根据不同零件选择合适的测量工具,正确测量尺寸和读取数值,以减少测量误差。

2) 关键零件的尺寸及零件中的重要尺寸,应反复测量,然后选取其中较为一致的数据或取其平均值;整体尺寸应直接测量,不能用中间尺寸叠加。标注零件图尺寸时,应选取标准尺寸或者对配合尺寸选取合适的公差范围。

3) 两零件在配合或连接处,形状结构可能一样,但测量时必须各自测量,分别记录,然后相互验证,确定公称尺寸,螺纹连接除外。

4) 重视零件上的一些细小结构,如倒角、铸造圆角、凹坑、凸台、退刀槽、中心孔等,一般应全部画出,不要遗漏。

5) 对于零件在制造过程中产生的缺陷(如铸造时产生的裂纹、缩孔,以及对称度误差等)和使用过程中造成的磨损、变形等部位的尺寸,应参考与其配合零件的有关尺寸,或参阅有关的技术资料予以确定;对于在工作中造成的缺损,应做忽略处理。

6) 测绘时,应该注意保护零件的加工面,特别是精密件,要避免碰坏、弄脏。

2. 直齿圆柱齿轮基本参数及几何尺寸的计算

(1) 齿轮基本参数

齿轮基本参数包括:齿数、模数、压力角、齿顶高系数和顶隙系数,其中模数应按国家标准选取,见表2-2。

表2-2 标准模数(摘选 GB/T1357—2008) mm

齿轮类型	模数系列	标准模数 m
圆柱齿轮	第一系列（优先选用）	1,1.25,1.5,2,2.5,3,4,5,6,8,10,12,16,20,25,32,40,50
	第二系列	1.125,1.375,1.75,2.25,2.75,3.5,4.5,5.5,(6.5),7,9,11,14,18,22,28,36,45

(2) 齿轮各部分几何尺寸的计算

齿轮各部分几何尺寸的计算见表2-3。

表 2-3　齿轮各部分几何尺寸的计算

名称及代号	计算公式	名称及代号	计算公式
模数 m 齿顶高 h_a 齿根高 h_f 齿高 h	$m = d/z$（计算后查表 2-2 取标准值） $h_a = m$ $h_f = 1.25m$ $h = h_a + h_f = 2.25m$	分度圆直径 d 齿顶圆直径 d_a 齿根圆直径 d_f 中心距 a	$d = mz$ $d_a = d + 2h_a = mz + 2m = m(z+2)$ $d_f = d - 2h_f = mz - 2.5m = m(z-2.5)$ $a = (d_1 + d_2)/2 = (mz_1 + mz_2)/2$ $\quad = m(z_1 + z_2)/2$

【任务实施】

1. 齿轮相关参数测量及数据处理

对测量获得的零件有关尺寸,应将测量值按标准数列进行圆整,必要时,还需对测量的尺寸进行计算、核对等,如测量齿轮的轮齿部分尺寸时,应根据测量的齿顶圆直径和齿数,算出近似模数,查阅国家标准将模数取标准值,再重新计算分度圆直径和齿顶圆直径。

下面以主动齿轮轴为例,说明其参数确定过程。

1) 直接数出齿轮齿数,本例中齿数 z 为 14。

2) 测量齿顶圆直径 d_a:对于偶数齿的齿轮,可用游标卡尺直接测量,得到 d_a;对于奇数齿的齿轮,由于齿顶对齿槽,所以无法直接测量,可按照下述方法操作计算得到,带孔齿轮按图 2-7b 所示的方法测出 D 和 H,然后由 $d_a/2 = H + D/2$,计算出齿顶圆直径 d_a。

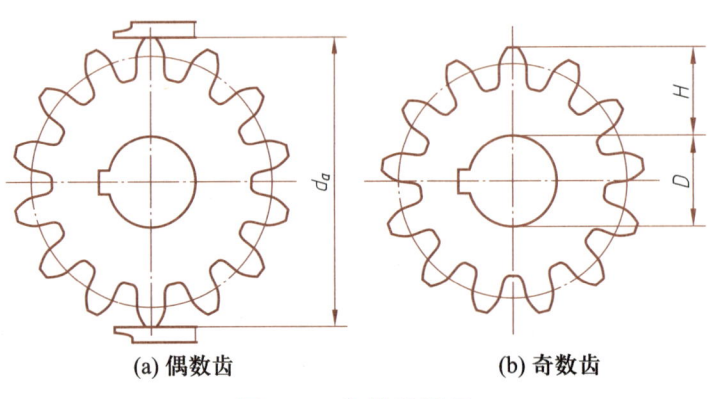

(a) 偶数齿　　　　　　(b) 奇数齿

图 2-7　齿轮的测量

3) 确定标准模数:根据表 2-3 中的公式 $d_a = m(z+2)$ 计算出模数 $m \approx 2.988$ mm。查阅表 2-2,取标准值 3 mm。

4) 算出齿轮几何参数:根据表 2-3 中的公式,计算出分度圆直径 d 和齿顶圆直径 d_a。

2. 标准结构要素

对零件中的标准结构要素,如螺纹、倒角、键槽等,应根据测量数据,查阅相应标准,取与测量值最接近的标准值。与标准件配合或相关联的结构,如与轴承装配的孔及轴径、螺纹孔、销孔等的尺寸,应将测量结果与标准进行核对,并取标准值。

螺纹尺寸:螺纹大径的测量可用游标卡尺,螺距的测量可用螺纹规。在没有螺纹规时可采用薄纸压痕法,采用压痕法时要多测量几个螺距,然后查阅螺纹相关国家标准(见附表),取标准值。注意:对于两个螺纹连接零件的螺纹要素,仅测量外螺纹数据即可。

3. 其他结构要素

1) 工艺结构尺寸:对于零件上一些工艺结构,应该根据零件的结构、材料及功能等具体情况,结合测量数据确定。如退刀槽、砂轮越程槽、倒圆等,可通过查阅工具书或根据实际工艺过程确定其尺寸数值;通常砂型铸件的铸造圆角为 $R(3\sim5)\,\mathrm{mm}$,铸铝件铸造圆角为 $R(1\sim3)\,\mathrm{mm}$。

2) 配合尺寸:对零件中具有配合关系的两个零件的相关尺寸(如孔轴配合),其公称尺寸必须一致。

3) 磨损部位尺寸:测量零件中磨损严重部位的尺寸时,其结构与尺寸应结合该零件在装配体中的功能要求做详细分析,并参考有关技术资料确定。

【任务评价】

具体评价反馈见表2-4。

表2-4 评价反馈表

操作步骤	操作要点	自我评价
合理选择测量工具,正确测量齿轮油泵中非标准零件的尺寸	根据零件结构,选择测量工具,测量零件尺寸	【操作】 □正确 □错误
一般尺寸数据处理	圆整测量尺寸数值	【操作】 □正确 □错误
确定齿轮的有关几何参数	根据测量尺寸和齿轮各部分几何参数公式,计算齿轮各部分参数	【操作】 □正确 □错误
确定标准结构要素尺寸	查阅国家标准或工具书,确定标准结构要素尺寸	【操作】 □正确 □错误
检查、校对	认真校对	【操作】 □正确 □错误

【任务小结】

本任务以齿轮油泵为例,根据零件的不同类型,分别采取不同的方法获取零件各部分的尺寸数值。通过对不同类型零件的数据采集及处理,掌握一般零件、标准零件和齿轮等尺寸数据的获得方法和步骤。

【知识拓展】

孔的中心高、孔间距、箱体壁厚及曲线或曲面尺寸的测量方法

在回转尺寸及线性尺寸常规测量方法的基础上,测绘中还会遇到孔的中心高、孔间距、箱体壁厚及曲线或曲面尺寸的测量,可采用内、外卡钳与钢直尺等测量工具配合使用来间接获得尺寸,具体方法如下:

1. 测量孔的中心高、孔间距

孔的中心高、孔间距测量方法如图 2-8 所示。

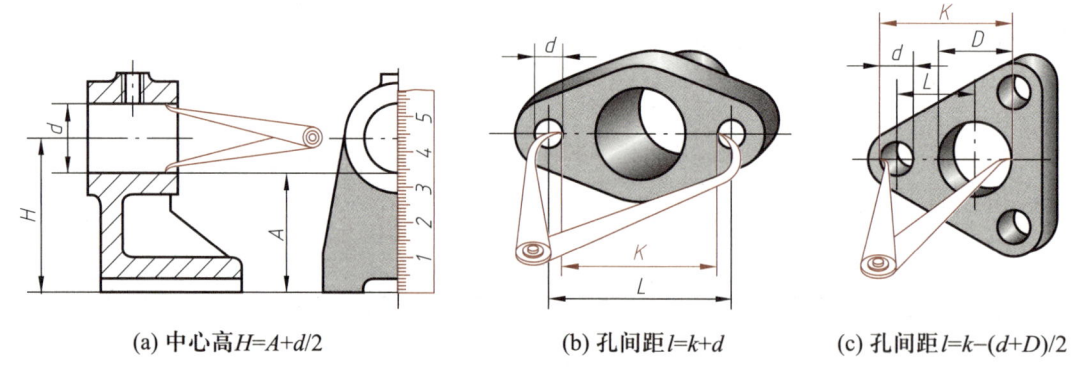

(a) 中心高 $H=A+d/2$　　(b) 孔间距 $l=k+d$　　(c) 孔间距 $l=k-(d+D)/2$

图 2-8　孔的中心高、孔间距测量方法

2. 测量箱体壁厚

箱体壁厚测量方法如图 2-9 所示。

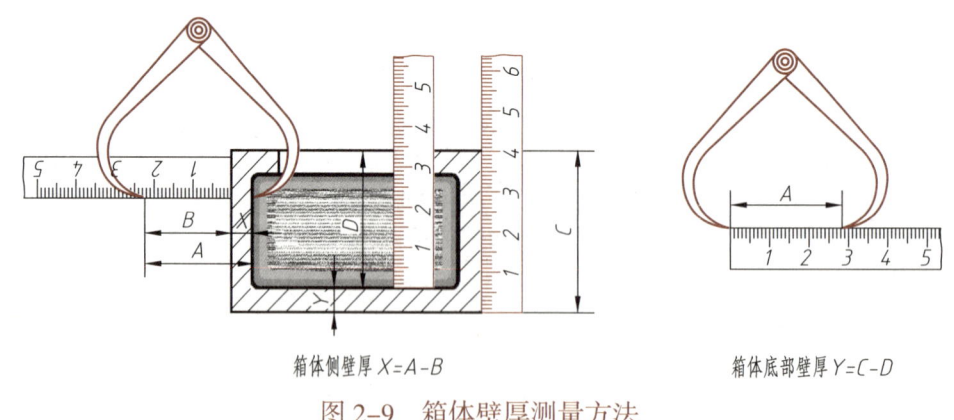

箱体侧壁厚 $X=A-B$　　箱体底部壁厚 $Y=C-D$

图 2-9　箱体壁厚测量方法

3. 测量曲线或曲面

对于曲线或曲面,要求测得很准确时,须用专门量仪测量。要求测量精度不高时可采用下

述方法测量：

（1）拓印法

对于平面与曲面相交的曲线轮廓，可用纸拓印其轮廓，得到真实的曲线形状后用铅笔加深，然后判定出该曲线相交的曲线轮廓，以及圆弧连接情况，定出切点，找到各段圆弧中心（中垂线法：任取两弦，分别作其垂直平分线，得交点，即为圆弧的中心），测其半径，如图 2-10a 所示。

（2）铅丝法

对于回转零件素线曲率半径的测量，可用铅丝贴合其曲面弯成素线实形，描绘在纸上，得到素线真实曲线形状后，判定其曲线的圆弧连接情况，定出切点，再用中垂线法求出各段圆弧的中心，测量如图 2-10b 所示。

（3）坐标法

一般的曲线和曲面都可以用钢直尺和三角板配合定出面上各点的坐标，在纸上画出曲线，求出曲率半径，如图 2-10c 所示。

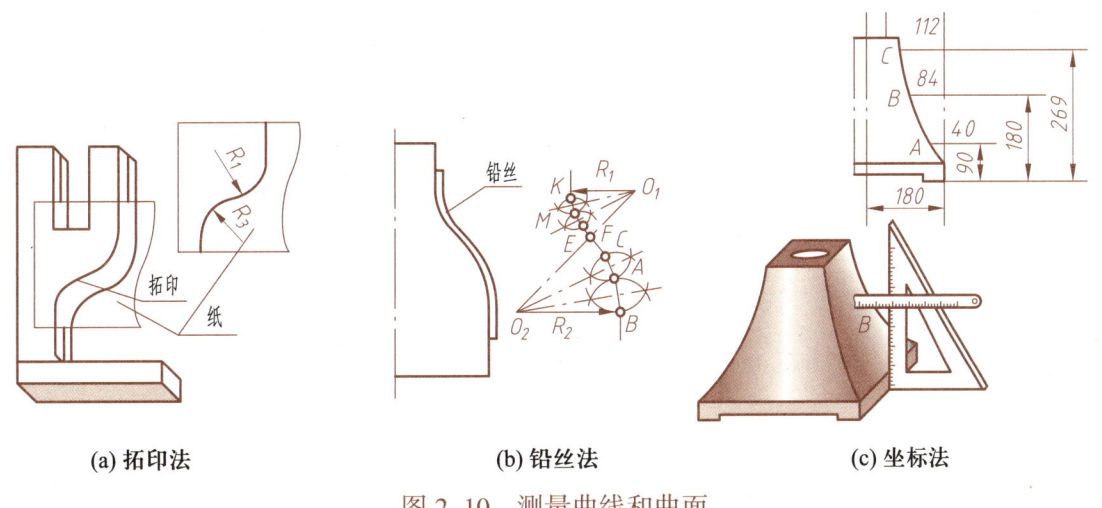

(a) 拓印法　　　　　　(b) 铅丝法　　　　　　(c) 坐标法

图 2-10 测量曲线和曲面

【思考实践】

1. 随着三坐标测量机的应用，测绘中是否可以淘汰卡钳、钢直尺等基础测量工具？
2. 下列零件测绘用测量工具中，不属于常用测量工具的是_____。
   A. 游标卡尺　　　　B. 水平尺　　　　C. 内、外卡钳　　　　D. 钢直尺

项目三

零件的逆向设计

 学习目标

树立主人翁思想,增强责任意识,在满足设计要求的前提下,尽量兼顾加工、测量、检验等多种需求,使得尺寸标注及技术要求趋于合理化、人性化。

1. 确定尺寸基准,合理标注尺寸。
2. 合理配置零件的技术要求。

 知识框架

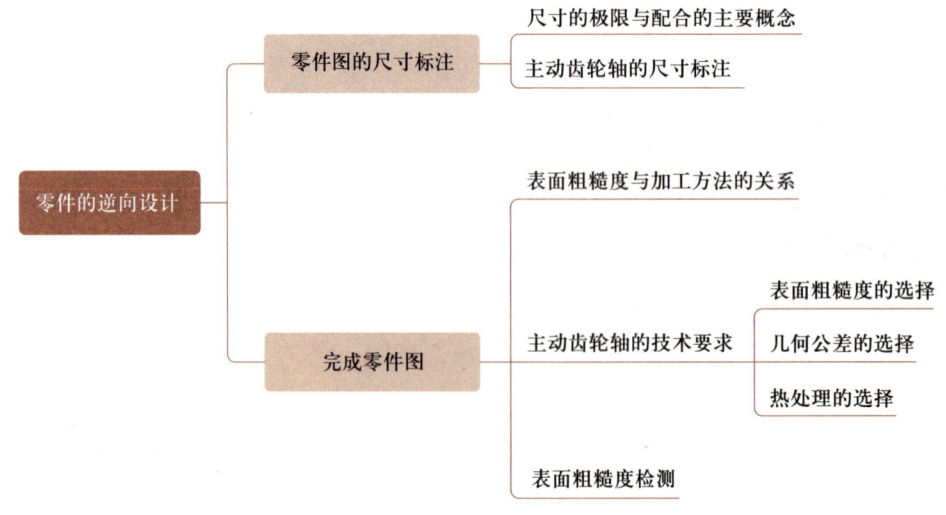

任务一　零件图的尺寸标注

【任务要求】

技能点

1. 熟悉零件的加工工艺,能够合理设置工艺基准。
2. 明确零件尺寸公差等级与制造难度的关系。

知识点

1. 正确选择尺寸基准的方法。
2. 根据测得的尺寸数据,确定重要尺寸的公差范围。
3. 针对重要零件的典型结构合理标注尺寸的方法。

【任务引入】

根据零件在装配体中的作用,以及该零件与相邻零件之间的装配关系,确定尺寸基准及相关尺寸的基准制、公差等级、公差范围,合理标注尺寸。

【知识链接】

尺寸的极限与配合的主要概念

1) 基准制:基准制包括基孔制和基轴制,优先选择基孔制。因为采用基孔制所需要定尺寸刀具、量具的品种和规格远远少于基轴制,有利于刀具、量具的标准化、系列化,有利于定尺寸刀具、量具的生产和储备,从而降低生产成本,获得较好的经济效益。

注意:和标准件配合时,应将标准件作为基准,如轴承内圈与轴采用基孔制配合,外圈与座孔采用基轴制配合。

2) 公差等级:根据零件在装配体中的作用、与相邻零件的装配关系等因素,确定被测零件的公差等级。注意公差等级的确定应在满足使用要求的前提下,尽量选择低的公差等级,以降低生产成本。

3) 公差范围:对于零件重要部位的尺寸,由于测量时只能测得一个实际数值,应根据已确定的公差等级及数据处理后的公称尺寸,确定其公差范围。

4) 配合关系:对于有支承、传动、导向、定位等功能要求的两个相邻零件,应确定其间隙、过渡或者过盈的配合关系。

确定了基准制及配合关系之后,可查阅附表17、附表18进行选择,进而从附表19或附表20中查出配合尺寸的极限偏差。

【任务实施】

下面以主动齿轮轴为例,说明零件图的尺寸标注方法。

1. 选择尺寸基准

主动齿轮轴的径向尺寸基准为轴线。

由于主动齿轮轴工作时,左右两个 $\phi 16$ mm 的轴段为支承部位,因此将其轴向尺寸的主要基准选在齿轮左端面处,根据加工及测量的具体工艺,适当添加齿轮右端面等作为轴向尺寸辅助基准。

2. 标注主要尺寸

注意避免封闭尺寸链,不同工序的轴向尺寸应该分开标注。

3. 确定尺寸公差

根据轴的使用要求,主要轴段径向尺寸公差等级取为 IT6~IT9 级。轴颈与轴套为间隙配合,配合处公差带代号 f7;带键槽轴段由于要与外齿轮配合,可选择 h6;齿顶圆与泵体内腔表面配合处选 f9;键槽宽度尺寸的公差带选 N9。

具体数值查表获得,与轴套配合的两轴颈的尺寸为 $\phi 16_{-0.034}^{-0.016}$ mm,齿顶与泵体内腔尺寸为 $\phi 48_{-0.087}^{-0.025}$ mm,与外齿轮配合的轴颈尺寸为 $\phi 14_{-0.011}^{0}$ mm,齿轮宽度尺寸为 $30_{-0.072}^{-0.02}$ mm,键槽宽度和深度的尺寸分别为 $5_{-0.03}^{0}$ mm、$11_{-0.1}^{0}$ mm。

4. 标注零件上工艺结构的尺寸

螺纹、倒角和圆角、退刀槽和砂轮越程槽、键槽、中心孔等结构均为标准化要素,所以其尺寸应该根据测量数据,对照相应的国家标准取值。

如图 3-1 所示,完成主动齿轮轴零件图的尺寸标注。

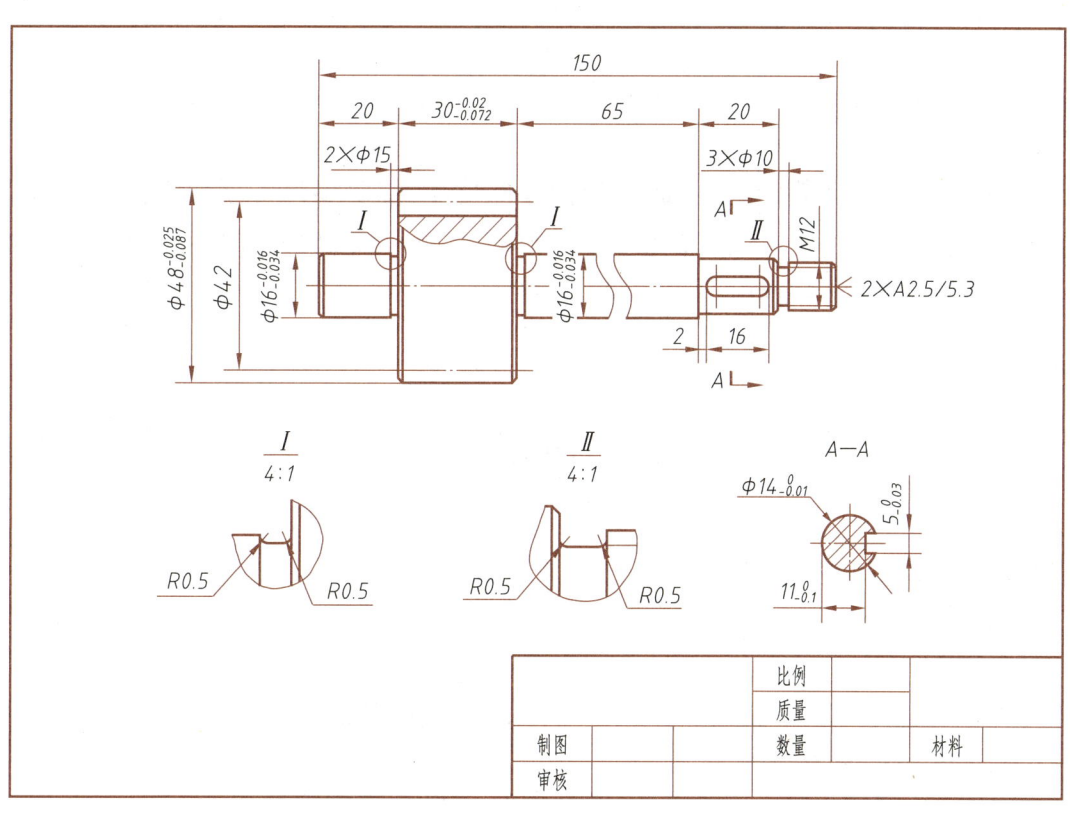

图 3-1 主动齿轮轴零件图的尺寸标注

【任务评价】

具体评价反馈见表 3-1。

表 3-1 评价反馈表

操作步骤	操作要点	自我评价
设置长、宽、高三个方向的主要尺寸基准	以对称中心面、回转轴线、重要端面等要素作为基准	【操作】 □正确 □错误
根据零件特征合理设置辅助基准	重要的定位面、配合面、加工要求很高的表面或者回转轴线等	【操作】 □正确 □错误
合理确定尺寸公差及基本偏差	确定零件间配合的基准值、配合关系后,针对某个尺寸查表确定	【操作】 □正确 □错误
检查、校对	认真校对	【操作】 □正确 □错误

【任务小结】

本任务主要以主动齿轮轴为例,通过分析零件功能,明确零件各部分工艺结构特征、与相邻零件之间是否存在配合关系,合理选择设计基准、工艺基准,以及标注单个尺寸公差及极限偏差,从而完成主动齿轮轴的尺寸标注。

【思考实践】

1. 对零件某个关键部位(与轴承配合的轴径、孔径等)的测量出现数据误差,是否会导致尺寸标注错误?

2. 尺寸 "$\phi 16_{-0.034}^{-0.016}$" 中,公差是_____。

　A. −0.016　　　　B. −0.034　　　　C. 0.018　　　　D. +0.018

任务二　完成零件图

【任务要求】

技能点

1. 了解不同金属切削机床加工工艺特点及范围。
2. 明确技术要求的常规测试方法。

知识点

1. 理解表面粗糙度 Ra 值的选取与加工方法之间的关系。
2. 了解几何公差基准的设定以及公差项目的含义。
3. 熟悉常见工程材料及普通热处理工艺知识。

【任务引入】

合理配置表面粗糙度、几何公差、热处理等技术要求,完成齿轮油泵非标零件的零件图。

【知识链接】

表面粗糙度参数与加工方法的关系及应用举例见表 3-2。

表 3-2 表面粗糙度参数与加工方法的关系及应用举例

Ra 值 /μm	加工方法	应用举例
>12.5~25	粗车、粗铣、粗刨、钻、毛锉、锯断等	粗加工后、非配合表面,如轴端面、倒角、钻孔、齿轮和带轮侧面、键槽底面、垫圈接触面等
>6.3~12.5	车、铣、刨、镗、钻、粗铰等	半精加工表面,如不安装轴承、齿轮等处的非配合表面,轴和孔的退刀槽,以及支架、衬套、端盖、螺栓、螺母、齿顶圆、花键的非定心表面等
>3.2~6.3	车、铣、刨、镗、磨、拉、粗刮、铣齿等	半精加工表面,如箱体、支架、套筒、非传动用梯形螺纹等及与其他零件结合而无配合要求的表面
>1.6~3.2	车、铣、刨、镗、磨、拉、刮等	接近精加工表面,如箱体上安装轴承的孔和定位销的压入孔表面,以及齿轮齿条、传动螺纹、键槽、带轮槽的工作面、花键结合面等
>0.8~1.6	车、镗、磨、拉、刮、精铰、磨齿、滚压等	要求有定心及配合的表面,如圆柱销、圆锥销的表面,卧式车床导轨面,与 P0、P6 级滚动轴承配合的表面等
>0.4~0.8	精铰、精镗、磨、刮、滚压等	要求配合性质稳定的配合表面及活动支承面,如高精度车床导轨面、高精度活动球状接头表面等
>0.2~0.4	精磨、珩磨、研磨、超精加工等	精密机床主轴锥孔、顶尖圆锥面、发动机曲轴和凸轮轴工作表面、高精度齿轮齿面、与 P5 级滚动轴承配合的面等
>0.1~0.2	精磨、研磨、普通抛光等	精密机床主轴轴颈表面、一般量规工作表面、汽缸内表面、阀的工作表面、活塞销表面等
>0.025~0.1	超精磨、精抛光、镜面磨削等	精密机床主轴轴颈表面,滚动轴承内外圈滚道、滚珠及滚柱表面,工作量规的测量表面,高压液压泵中的柱塞表面等
>0.012~0.025	镜面磨削等	仪器的测量面、高精度量仪等
≤ 0.012	镜面磨削、超精研等	量块的工作面、光学仪器中的金属镜面等

【任务实施】

这里以主动齿轮轴为例,说明零件图的表面粗糙度、几何公差、热处理等技术要求的配置。技术要求的设置应遵循在满足零件使用要求的前提下,尽量就低不就高,简化工艺,保证经济性的原则。

1)表面粗糙度的选择:一般情况下,支承轴颈的表面粗糙度 Ra 值为 1.6~0.8 μm。当齿轮油泵工作时,主动齿轮轴轴颈与轴套之间存在相对运动,属于滑动摩擦。为了减小摩擦力,降低磨损,该处表面粗糙度 Ra 值取 0.8 μm。在工作中两齿轮轮齿啮合运动,为了降低磨损,轮廓表面粗糙度 Ra 值应取 1.6 μm。另外,齿轮齿顶圆与泵体内腔表面之间、齿轮两端面与泵盖之间也有相对运动，所以表面粗糙度 Ra 值取 1.6 μm，在保证满足使用要求的情况下，考虑经济性，其他加工面尽量降低要求，表面粗糙度 Ra 值取 6.3 μm。

2）几何公差的选择：主动齿轮轴上左右两端轴颈支承在轴套上，应对其有几何公差（同轴度、圆柱度等）要求。结合齿轮油泵的工作原理，以两支承轴段轴线为联合基准，几何公差选择同轴度，公差等级选择 7 级。

3）对于轴类零件，一般还有热处理的要求，根据主动齿轮轴的工作特征，对其做调质处理，硬度达到 240~260 HBW。为提高齿轮轮齿表面硬度，延长机器工作寿命，应对齿面进行表面淬火处理，硬度达到 48~52 HRC。

4）合理选材：根据主动齿轮轴在工作中的作用，选用综合力学性能较好的 40 Cr 钢。

5）填写齿轮参数表和标题栏，完成主动齿轮轴的零件图，如图 3-2 所示。

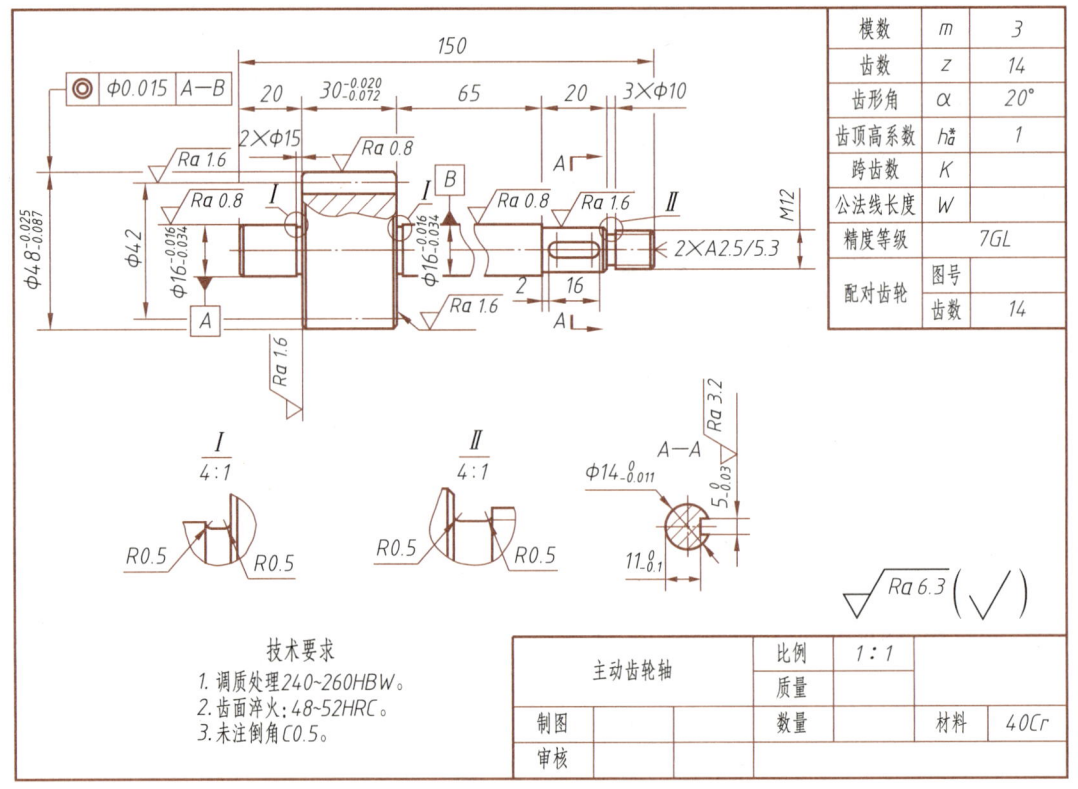

图 3-2　主动齿轮轴的零件图

【任务评价】

具体评价反馈见表 3-3。

表 3-3 评价反馈表

操作步骤	操作要点	自我评价
标注主动齿轮轴的表面粗糙度	根据主动齿轮轴每部分的功用,合理确定表面粗糙度,保证功能需求,同时考虑经济性	【操作】 □正确 □错误
标注主动齿轮轴的几何公差	合理确定主动齿轮轴几何公差,保证功能需求,同时考虑经济性	【操作】 □正确 □错误
注写主动齿轮轴的其他技术要求	合理选择热处理工艺,正确注写技术要求	【操作】 □正确 □错误
检查、校对	认真校对	【操作】 □正确 □错误

【任务小结】

本任务主要以主动齿轮轴为例,通过分析各轴段的功用,明确表面粗糙度、几何公差、热处理等技术要求的选择方法,合理确定主动齿轮轴的表面粗糙度、几何公差、热处理等技术要求,完成主动齿轮轴的零件图。

【知识拓展】

表面粗糙度的检测

常用的表面粗糙度检测方法包括比较法、光切法、干涉法和描针法四种,以下仅介绍比较法。

比较法是车间常用的方法,将被测量表面对照表面粗糙度样块,用眼睛判断或借助于放大镜、比较显微镜比较,也可用手摸,指甲划动的感觉来判断被加工表面的表面粗糙度。尽管这种方法不够严谨,但它具有测量方便、成本低、对环境要求不高等优点,所以被广泛应用于生产现场检验一般表面的表面粗糙度。

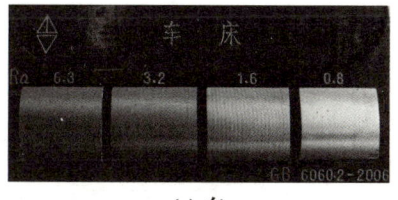

(a) 车　　　　　　　　(b) 铣

图 3-3 表面粗糙度比较样块

图 3-3 为车削、铣削加工表面的表面粗糙度比较样块,具体使用方法如下。

视觉比较：用眼睛反复比较被测表面与比较样块间的加工痕迹异同、反光强弱、色彩差异，以判定被测表面的表面粗糙度的大小。必要时可用放大镜进行比较。

触觉比较：用手指分别触摸或划过被测表面和比较样块，根据手的感觉判断被测表面与比较块板在峰谷高度和间距上的差别，从而判断被测表面的表面粗糙度大小。

【思考实践】

1. 下列测量仪器中，不用于几何公差测量的是_____。
A. 偏摆仪　　　　　B. 千分尺　　　　　C. 三坐标测量机　　　D. 水平尺

2. 要达到表面粗糙度 Ra 值 1.6 μm 的加工质量，_____加工方法不能实现。
A. 车削　　　　　　B. 铣削　　　　　　C. 钻削　　　　　　　D. 磨削

模块二 三维造型、零件图及装配图

本模块以典型部件齿轮油泵为载体，根据技术文件和模块一的测绘结果，利用中望3D软件构建零件三维模型并装配；根据齿轮油泵的工作原理生成工作动画；选择合适的表达方法生成零件及装配体的工程图；转入中望CAD软件进行完善，形成符合国家标准的工程图样。

通过完成齿轮油泵零件及装配体三维模型、零件图和装配图的绘制任务，熟练掌握计算机绘图软件的操作技巧、快捷键设置及应用。能根据机件性能需求，选择合适的零件视图表达方法，合理配置视图，正确地标注尺寸和技术要求，培养独立思考、严谨细致、不断进取的专业素质和在多种软件环境下高效完成工作任务的能力。

项目四

构建三维模型

 学习目标

搭乘人类现代科技之舟,游走现实与虚拟空间,以典型部件齿轮油泵为载体,借助三维建模软件,实现由实物到虚拟三维模型。将三维建模软件的操作和使用技巧、专业知识嵌入整个过程,从而培养严谨细致、不断进取的专业素质和实践动手能力。

1. 能读懂零件的主要结构形状及作用。
2. 能利用快捷命令正确、快速地构造零件三维模型。
3. 能正确设置零件材质、密度、纹理等。
4. 能根据装配体的装配关系,正确、快速装配零件模型,并进行静态干涉检查。
5. 根据装配体的工作原理,能运用运动仿真功能制作动画。
6. 能根据工作任务要求,正确绘制三维装配体的爆炸图。

知识框架

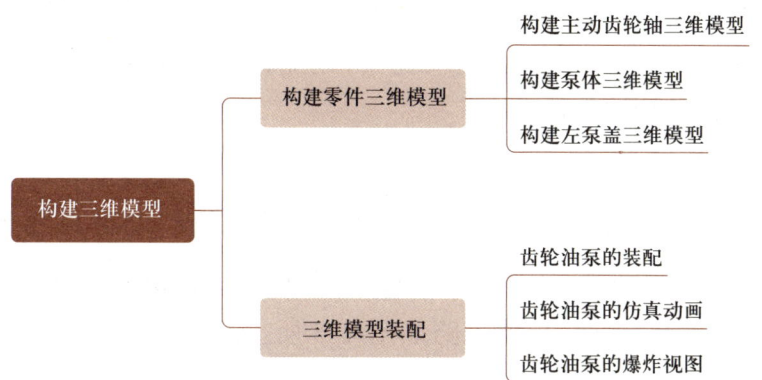

任务一　构建零件三维模型

【任务要求】

技能点

1. 能熟练建立复杂零件的三维模型。
2. 能熟练建立齿轮的三维模型。

知识点

1. 轴套类、箱体类和盘盖类零件的三维建模方法。
2. 直齿圆柱齿轮三维建模。

【任务引入】

以典型部件齿轮油泵为载体，根据所提供技术文件和模块一的测绘结果，构建如图 4-1 所示齿轮油泵零件的三维模型。

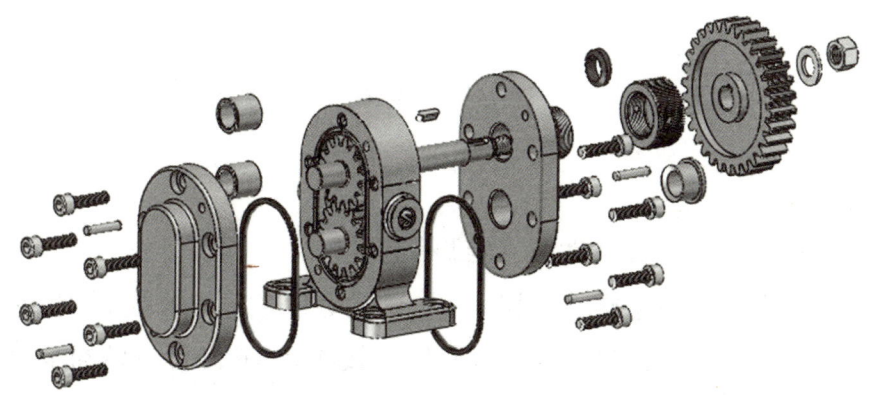

图 4-1　齿轮油泵零件

【任务实施】

齿轮油泵中的零件分为标准件和非标准件两大类,标准件有螺钉、螺母、垫圈、圆柱销、键,可以直接从软件的标准件库中调出,不需要建模,这里我们主要针对主动齿轮轴、泵体和左泵盖进行建模,说明其建模思路及方法。

1. 构建主动齿轮轴三维模型

根据图4-2所示的主动齿轮轴测绘尺寸,构建其三维模型。该零件属于轴套类零件,主体结构由回转体构成,齿轮与轴制成一体,与从动齿轮轴上的齿轮啮合,传递运动与动力。主动齿轮轴的建模难点在于齿轮建模,建模思路如图4-3所示。

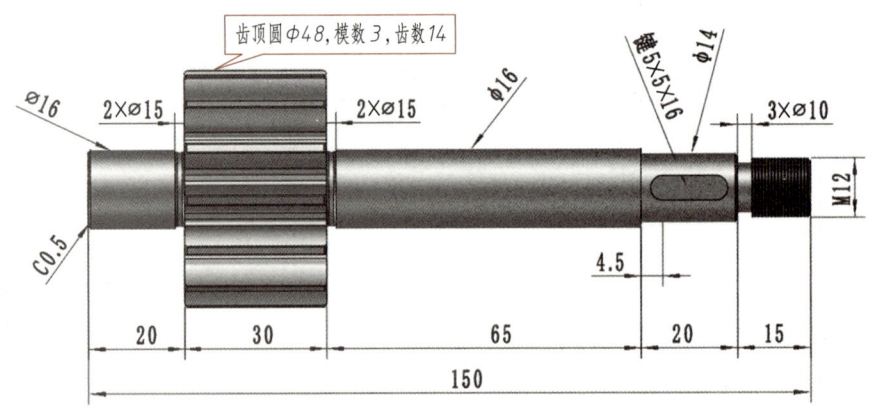

图4-2 主动齿轮轴测量尺寸

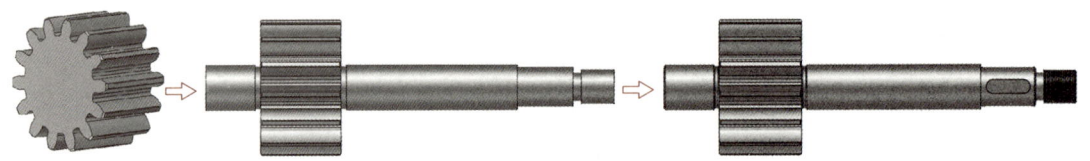

图4-3 主动齿轮轴建模思路

具体建模过程如下:

(1) 新建零件文件

打开中望3D软件,单击菜单栏"新建"按钮,创建"主动齿轮轴"三维模型文件。

(2) 齿轮建模

齿轮建模有两种方案:

方案一:从中望3D软件的标准件库直接调取齿轮。

单击软件右下方的文件浏览器,按照图4-4a中的数字顺序操作找到"齿轮",并双击。单击"支持圆柱外齿轮"调出添加可重用零件对话框,按图4-4b设置齿轮油泵主动齿轮轴中齿轮的参数,单击"确认"即可生成图4-4c所示的主动齿轮。

注：按图 4-4b 设置齿轮油泵主动齿轮轴中齿轮的参数时，应取消勾选"设置"下方的"在新文件创建实例"项。

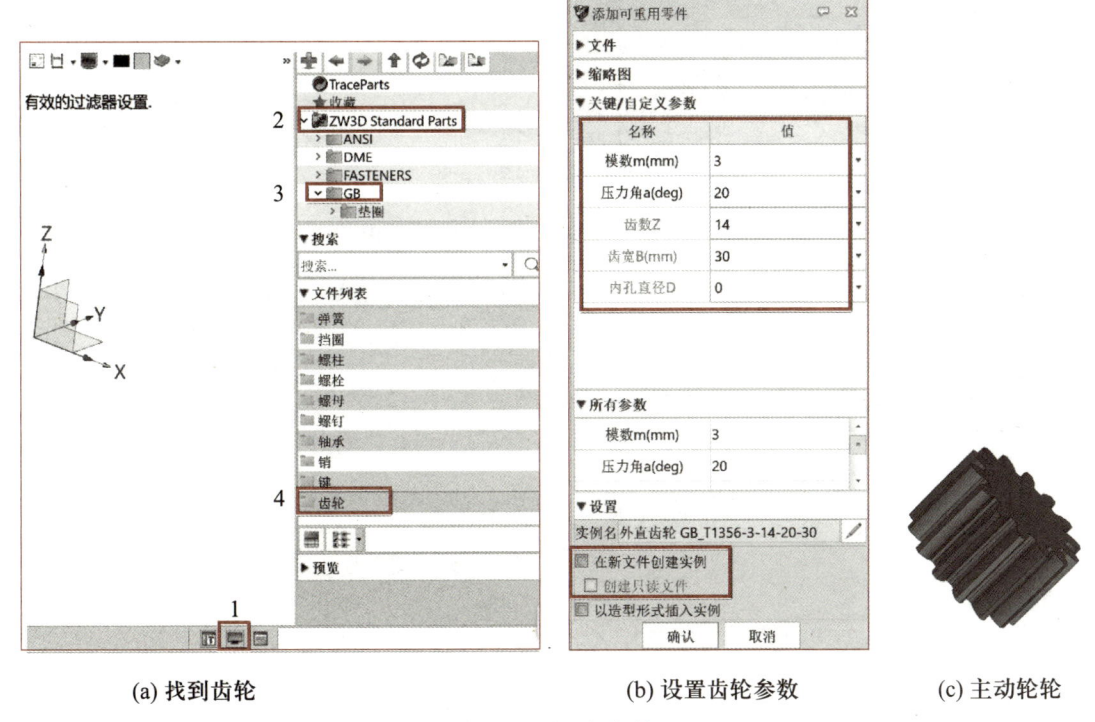

(a) 找到齿轮　　　　　　　(b) 设置齿轮参数　　　　　　(c) 主动轮轮

图 4-4　调取齿轮

方案二：手动绘制齿轮。

1）插入齿轮表达式。单击"插入—方程式管理"，输入变量名称和表达式，完成方程式的输入，如图 4-5a 所示。

注：如果出现"不匹配的类型"提示框，可将类型改为"常量"。

2）绘制齿轮轮廓线。单击"线框—圆"，以坐标原点为圆心，分别绘制直径为"d""da""db""df"的四个圆，如图 4-5b 所示。

3）插入渐开线。单击"插入—方程式"，在列表中选择"圆柱齿轮齿廓的渐开线"，双击鼠标左键，方程式曲线如图 4-6 所示；修改 X 轴、Y 轴，渐开线公式如图 4-7 所示。单击"确定"，插入渐开线。

4）延伸渐开线。单击"修剪/延伸"，选择渐开线，输入长度"abs(df-db)"，完成渐开线，如图 4-8 所示。

5）绘制直线。单击"线框—直线"，绘制坐标原点到渐开线与分度圆相交点的直线。单击"复制"命令，以角度"-360/4/z"，绕方向旋转，复制直线。完成后如图 4-9 所示。

6）创建基准面，镜像几何体。单击"基准面"，在上步复制的直线上创建基准面，以该基准面为镜像面，镜像渐开线，如图 4-10 所示。

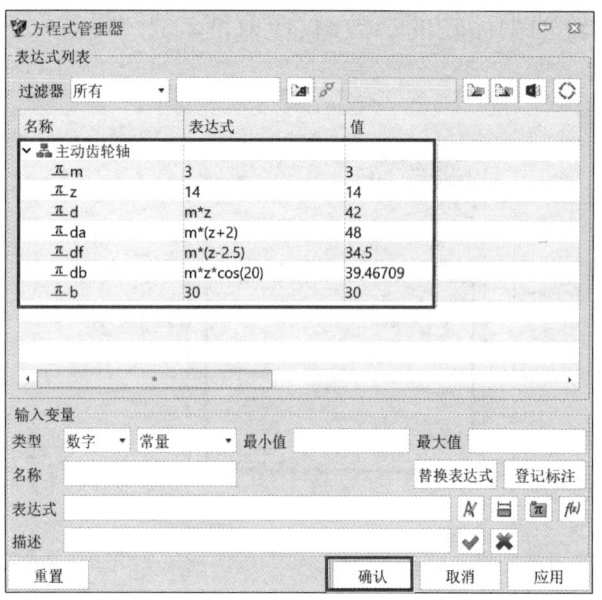
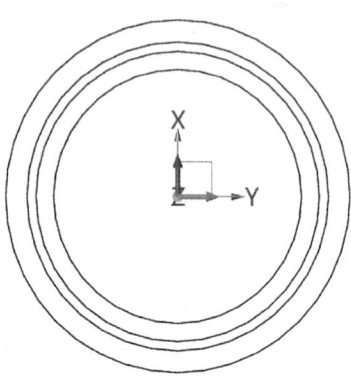

(a) 方程式的输入　　　　　　　　(b) 四个圆

图 4-5　手动绘制齿轮

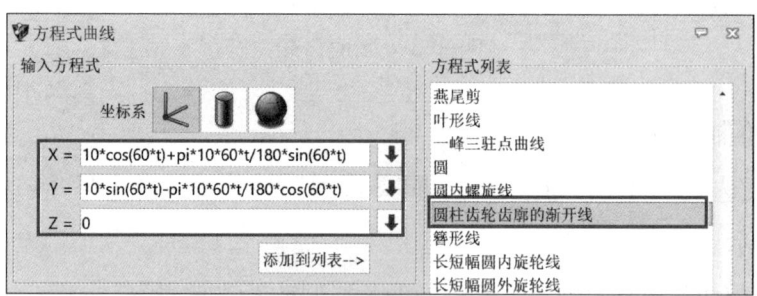

图 4-6　方程式曲线

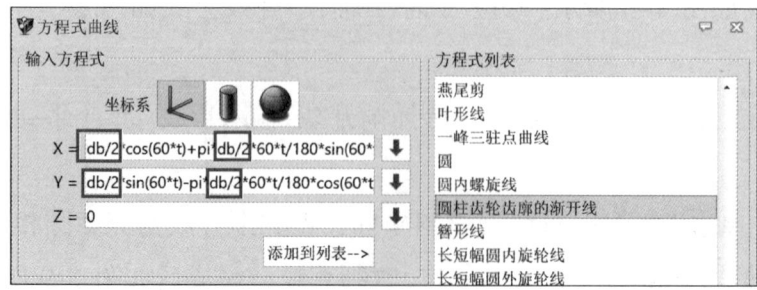

图 4-7　渐开线公式

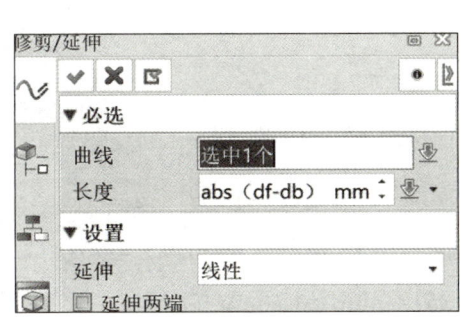
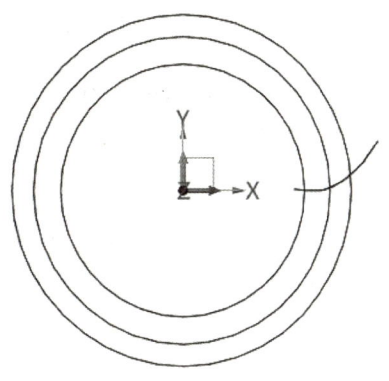

图 4-8　完成渐开线

7）修剪渐开线。单击"修剪"，修剪掉多余曲线。修剪后，单击鼠标右键，选择曲线列表，形成完整的齿形轮廓，如图 4-11 所示。

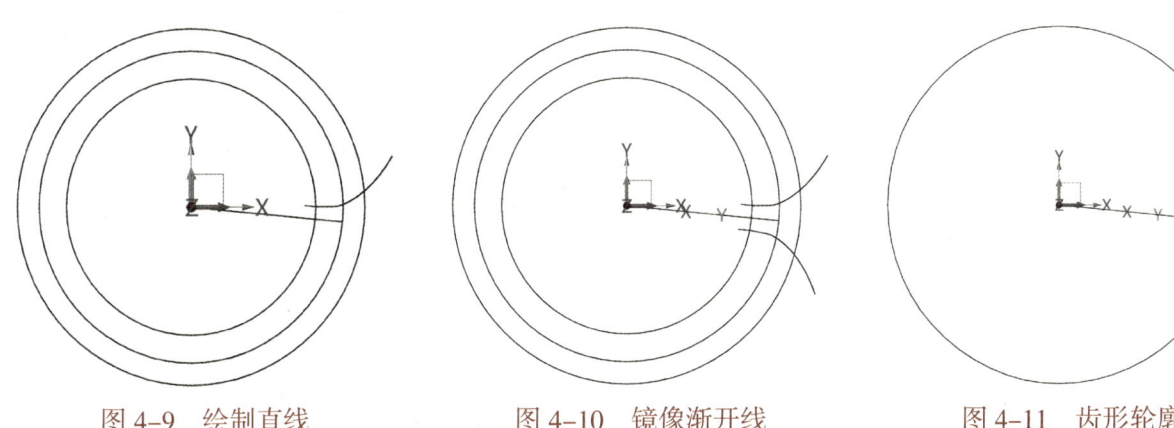

图 4-9　绘制直线　　　　图 4-10　镜像渐开线　　　　图 4-11　齿形轮廓

8）拉伸圆柱体与齿形特征。单击"造型—圆柱体"，构建直径为"da"，高度为"b"的圆柱体，并在两端倒角"0.5*m"，圆柱体如图 4-12 所示。拉伸齿形轮廓，通过减运算切出齿形，如图 4-13 所示。

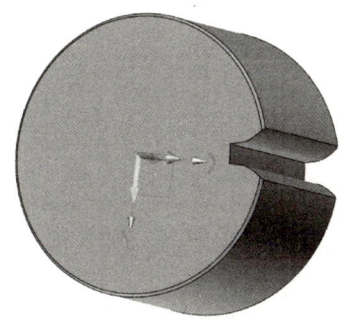
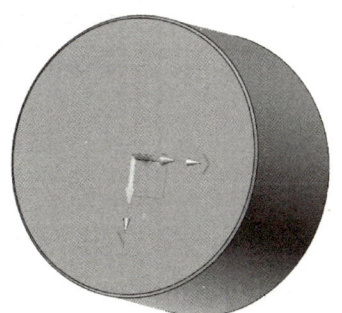

图 4-12　圆柱体　　　　　　　　　　图 4-13　拉伸齿形轮廓

9）倒圆角。对齿顶圆与齿形相交的两锐角边倒圆角"0.1*m"，在齿根圆与齿形相交的两锐角边倒圆角"0.38*m"。

10) 阵列齿形特征。单击"造型—阵列特征",对齿形特征、圆角,以角度"360/z",圆形阵列齿廓,完成如图 4-14 所示主动齿轮轴齿轮。

(3) 圆柱轴段建模

常用方法有两种,一是进入草图,绘制各轴段轮廓,用"造型—旋转"命令完成;二是用"造型—圆柱体"命令,分别构建各段圆柱体,运用加运算叠加完成。这里根据主动齿轮轴尺寸,运用"圆柱体"命令,分别完成齿轮两端 $\phi 15$ mm、$\phi 16$ mm、$\phi 14$ mm、$\phi 12$ mm 的圆柱轴段,如图 4-15 所示。

图 4-14　主动齿轮轴齿轮

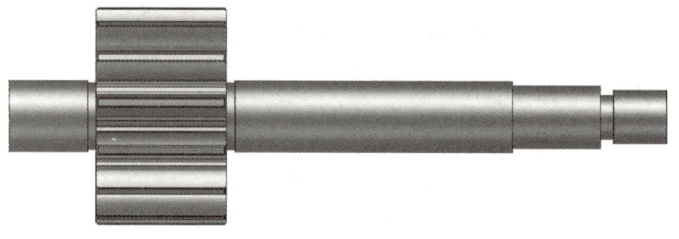

图 4-15　圆柱轴段

(4) 添加螺纹

单击"造型—标记外螺纹",选择最右端 $\phi 12$ mm 圆柱面,添加 M12 螺纹。

(5) 创建键槽

单击"造型—草图",选择 XZ 或 YZ 平面进入草图环境,单击"草图—槽",绘制键槽,并约束,退出草图。单击"造型—拉伸",拉伸键槽轮廓,运用减运算切出键槽,如图 4-16 所示。

注:选择"两边"拉伸,起始点应为槽底,结束点应大于等于该轴段半径。

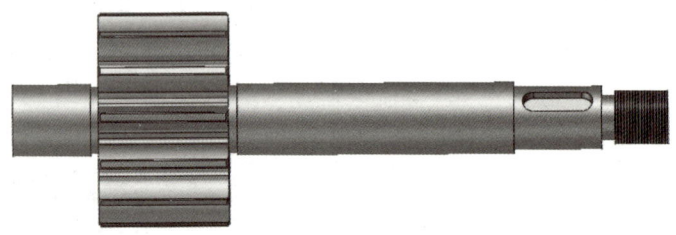

图 4-16　键槽

(6) 倒角及圆角

分别单击"造型—倒角"和"造型—圆角"命令,完成轴端倒角和退刀槽、砂轮越程槽根部圆角,完成如图 4-17 所示的主动齿轮轴模型。

从动齿轮轴和主动齿轮轴的齿轮参数一样,复制主动齿轮轴的齿轮,在此基础上继续建模,圆柱轴段的建模方法和主动齿轮轴一样。另外,外齿轮也可以复制主动齿轮轴的齿轮,在"方程式管理器"中修改齿轮的参数,重新生成新齿轮,在此基础上继续建模即可,具体建模过程不再赘述,图 4-18 和图 4-19 所示分别是从动齿轮轴模型及外齿轮模型。

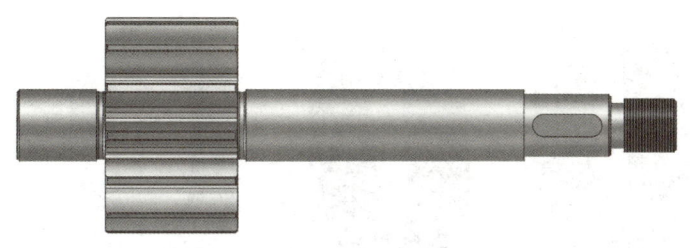

图 4-17 主动齿轮轴模型

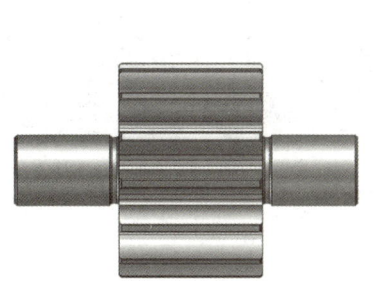

图 4-18 从动齿轮轴模型

图 4-19 外齿轮模型

2. 构建泵体三维模型

根据图 4-20 所示的泵体测绘尺寸，建立泵体三维模型。建模思路如图 4-21 所示。

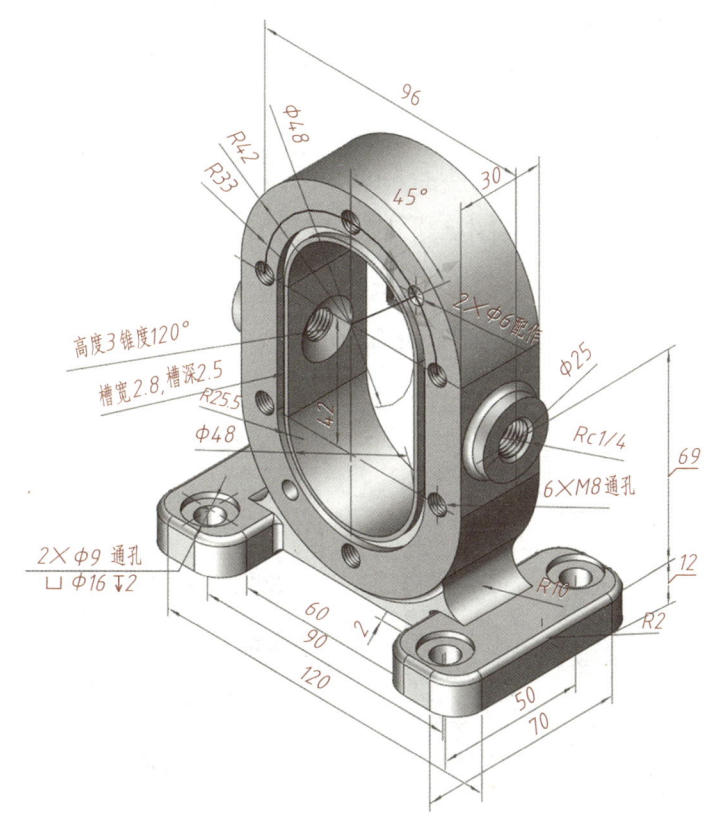

图 4-20 泵体测量尺寸

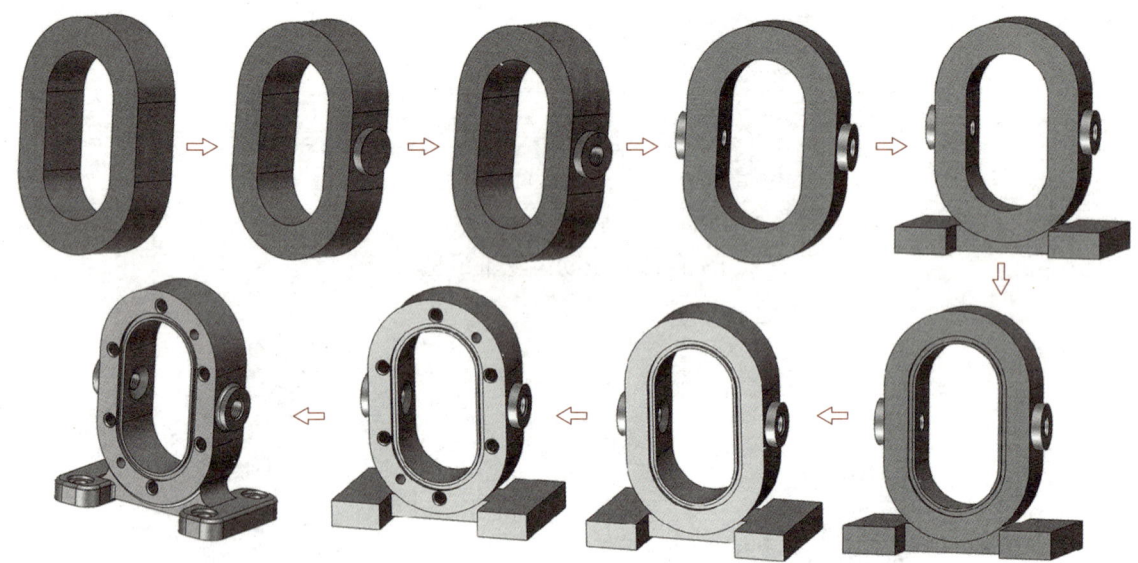

图 4-21　泵体建模思路

具体建模过程如下：

(1) 新建零件文件

单击"新建"按钮，创建"泵体"三维模型文件。

(2) 拉伸实体 1

选择"造型—草图"命令(或用已设置快捷键)，以 YZ 平面为草图平面进入草图，用"槽"命令绘制泵体外形轮廓，创建图 4-22 所示的草图 1，退出草图。运用"拉伸"命令完成厚度为 15 mm 的泵体主体部分，结果如图 4-23 所示的拉伸 1。

(3) 进出油口设计

1) 选择"造型—草图"命令，以泵体右侧面或左侧面为草图平面进入草图环境。绘制凸台轮廓，并约束，退出草图 2。拉伸草图 2，形成高度为 6 mm 的凸台，如图 4-24 所示。

2) 单击"造型—孔"，创建"Rc1/4"的螺纹孔，选择"倒角"，进行孔两端部倒角，镜像凸台、螺纹孔及倒角，完成进出油口的设计，如图 4-25 所示。

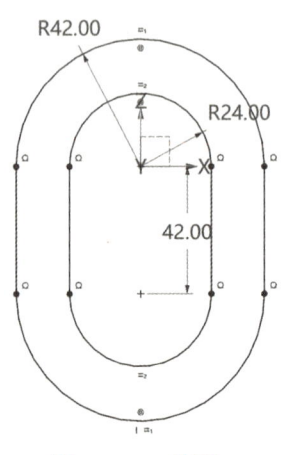

图 4-22　草图 1

图 4-23　拉伸 1

图 4-24　拉伸凸台

图 4-25　进出油口

(4) 创建底座

选择"造型"选项卡下的"草图",以 XY 平面为草图平面进入草图环境,绘制底座轮廓,并约束,如图 4-26 所示的草图 3,退出草图。拉伸草图 3,完成高度为 12 mm 的底座,如图 4-27 所示。

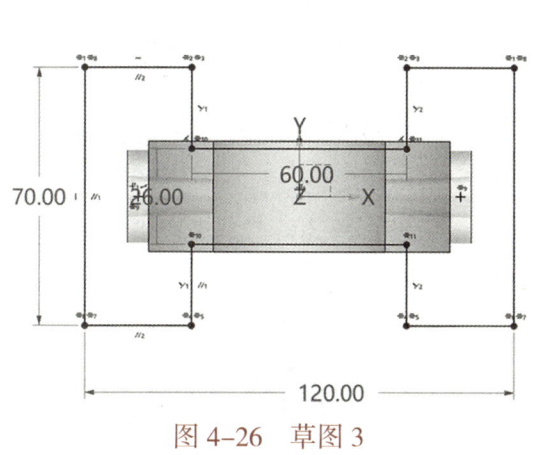

图 4-26　草图 3

图 4-27　底座

(5) 创建密封槽

以泵体主体左或右端面为草图平面进入草图环境,绘制密封槽轮廓,退出草图,运用"拉伸"命令,切出图 4-28 密封槽,以 YZ 平面为镜像面,镜像出另外一侧的密封槽。

(6) 创建底座通槽

常用方法有两种,一是进入草图,绘制通槽轮廓,拉伸切除材料。二是运用"六面体"作减运算切除材料。

(7) 创建螺钉孔和销孔

以泵体主体左或右端面为草图平面进入草图环境,用"点"命令作孔中心位置标记,绘制出 6 个螺钉孔和 2 个销孔的位置,如图 4-29 所示的草图 4。单击"造型—孔",以草图 4 标记作为孔中心位置,创建 6 个 M8 的螺纹通孔和 2 个 $\phi 6$ mm 的销孔,如图 4-30 所示。

图 4-28　密封槽

(8) 创建底座安装孔

常用方法有两种,一是以底座上表面为草图平面进入草图环境,绘制 4 个安装孔的轮廓,拉伸切出材料;二是同上步创建螺纹孔的方法,在草图中标记孔的位置,用"造型—孔"完成 4 个安装孔创建,如图 4-31 所示。

(9) 倒圆角

单击"造型—圆角",根据尺寸创建出 R10 mm、R2 mm 的圆角特征,完成泵体三维模型的创建,如图 4-32 所示。

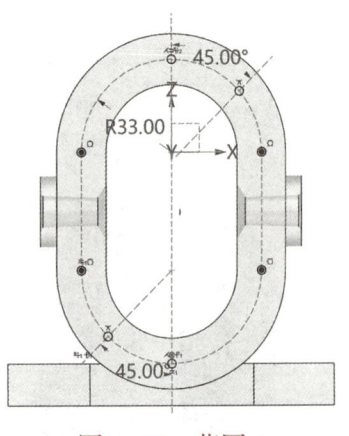

图 4-29 草图 4

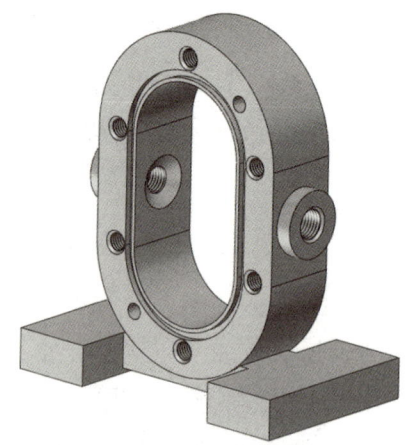

图 4-30 螺纹孔和销孔

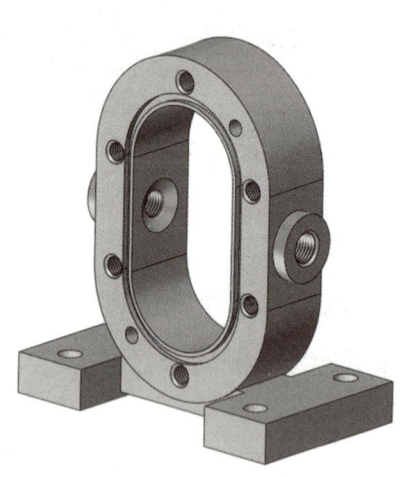

图 4-31 安装孔

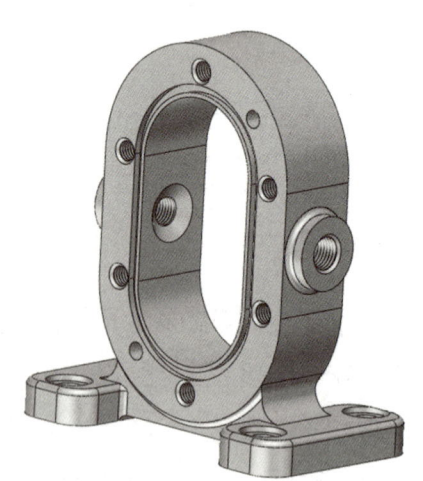

图 4-32 倒圆角

3. 构建左泵盖三维模型

根据图 4-33 所示的左泵盖测量尺寸，完成左泵盖的三维模型。该零件由两个轮廓形状相同，尺寸不同的实体同心叠加，再用回转体切割而成。建模方法有两种，一是参考泵体主体左端面轮廓，并复制到左泵盖草图中，然后用"拉伸"和"孔"命令完成主体部分和螺纹孔、销孔，最后完成其他部分的建模；二是根据齿轮测量尺寸，按照如图 4-34 所示的建模思路完成建模。

具体建模过程如下：

(1) 新建零件文件

单击"新建"按钮，创建"左泵盖"三维模型文件。

(2) 拉伸实体 1

选择"造型"选项卡下的"草图"（或用已设置快捷键），以 YZ 平面为草图平面进入草图，用"槽"命令绘制左泵盖外形轮廓，创建如图 4-35 所示的草图 1，退出草图。运用"拉伸"命令完成拉伸厚度为 15 mm 的左泵盖外形，如图 4-36 所示的拉伸 1。

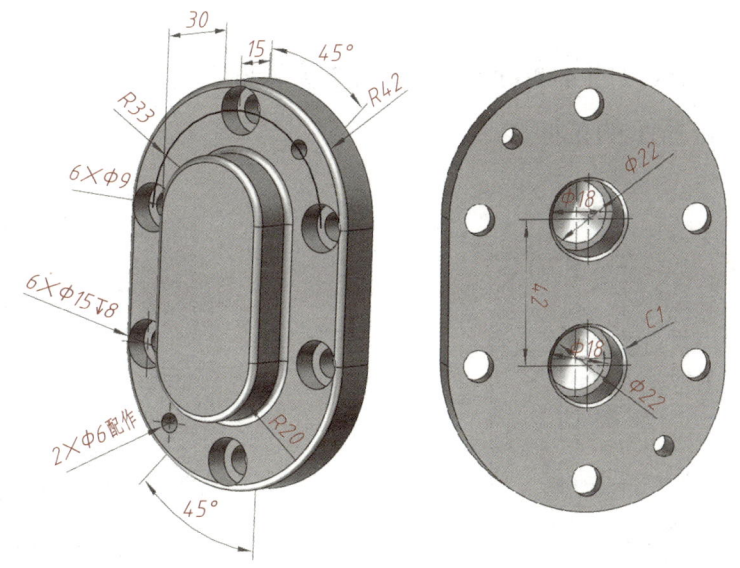

图 4-33 左泵盖测量尺寸

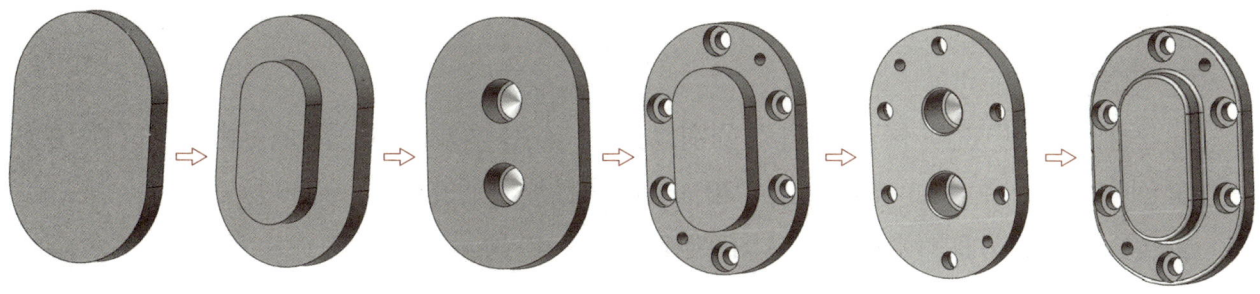

图 4-34 左泵盖建模思路

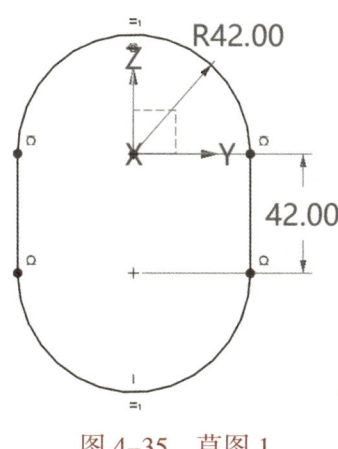

图 4-35 草图 1

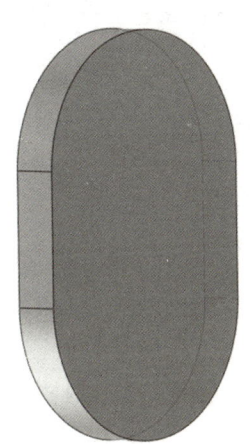

图 4-36 拉伸 1

(3) 拉伸实体 2

1) 选择"造型"选项卡下的"草图",以拉伸 1 实体的左端面为草图平面进入草图,用"槽"(或者用"偏移"命令偏移拉伸实体外形轮廓)绘制左泵盖凸台轮廓,创建如图 4-37 所示的草图 2，退出草图。

2）选择"拉伸"命令，以图 4-36 所示的草图 2 为轮廓，运用加运算，完成厚度为 15 mm 的左泵盖凸台，如图 4-38 所示的拉伸 2。

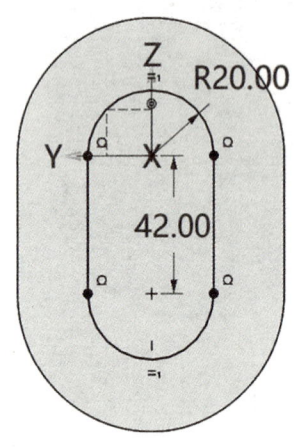

图 4-37　草图 2

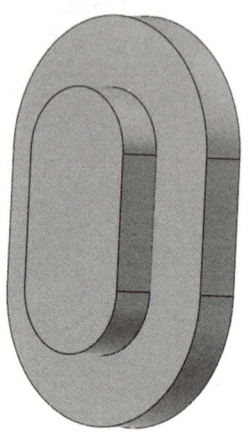

图 4-38　拉伸 2

（4）创建轴孔

1）选择"造型"选项卡下的"孔"，分别以拉伸 1 实体两端圆弧的圆心为孔中心位置，在其右端面创建两个直径为 22 mm、深度为 20 mm 的圆柱形不通孔，如图 4-39 所示。

2）以 XZ 平面为草图平面进入草图，绘制如图 4-40 所示的草图 3，退出草图。

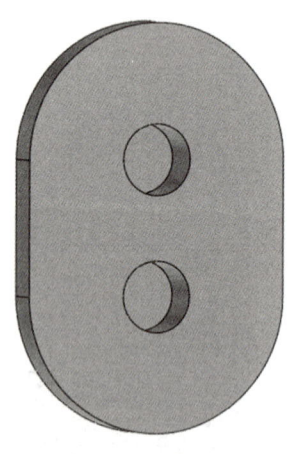

图 4-39　圆柱孔

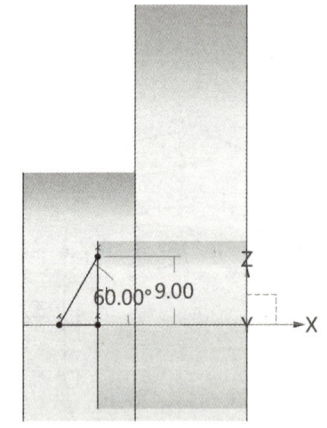

图 4-40　草图 3

3）选择"造型"选项卡下的"旋转"，以坐标轴 X 为旋转轴，以草图 3 为旋转轮廓，运用减运算功能，切出轴孔底部锥孔，如图 4-41a 所示。

4）点击"造型"选项卡下的"基准面"，在基准面对话框中选择 XY 平面，用"偏移"命令偏移 -21 mm，创建平面 1。

5）选择"镜像"命令,以平面1为镜像面,镜像刚刚完成的锥孔,创建出另外一个轴孔底部的锥孔,如图4-41b所示,完成两轴孔的创建。

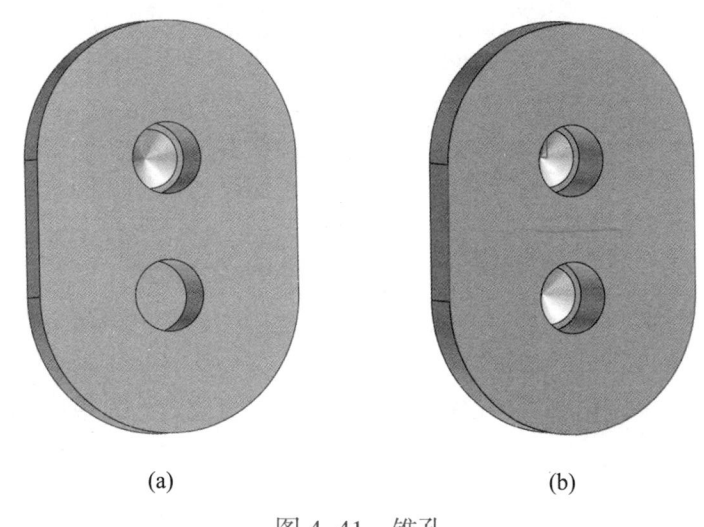

图 4-41　锥孔

(5) 创建螺纹孔和销孔

1) 选择"造型"选项卡下的"草图",以拉伸1实体右端面为草图平面进入草图,用"点"命令标记出6个螺纹孔和2个销孔的中心位置,如图4-42所示的草图4。

2) 选择"孔"命令,以草图3标记作为孔中心位置,选择"孔造型"命令中的"台阶孔",根据螺纹孔尺寸设置参数,创建下沉直径为15 mm、深度为8 mm、通孔直径为9 mm的6个台阶孔;单击鼠标中键,重复"孔"命令,创建直径为6 mm的两个通孔,如图4-43所示。

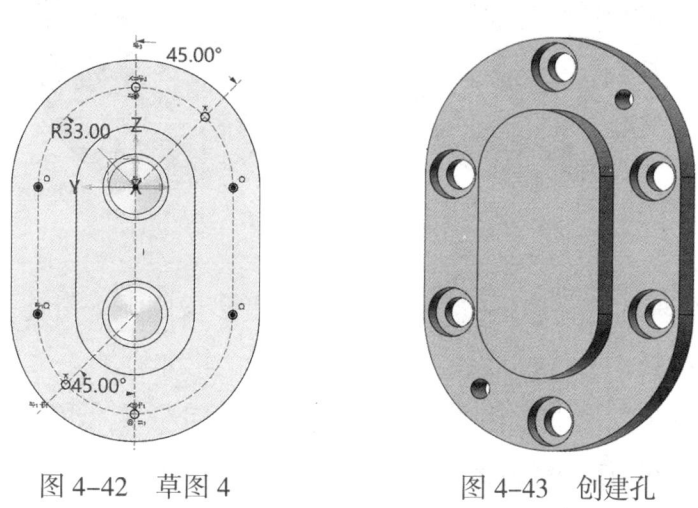

图 4-42　草图 4　　　　图 4-43　创建孔

(6) 创建倒角特征

选择"造型"选项卡下的"倒角",选取图4-44所示轴孔孔口轮廓作为倒角边,创建出倒角 $C1$。

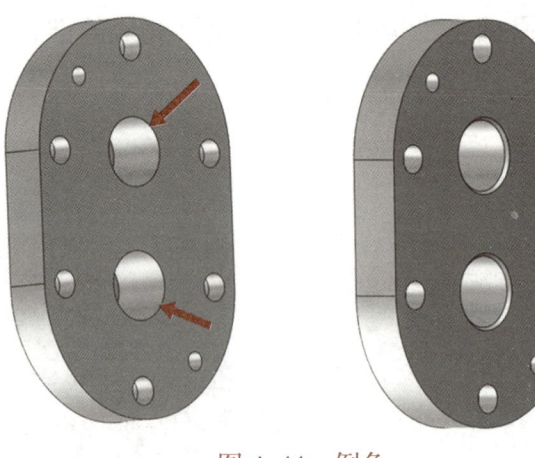

图 4-44　倒角

注：当倒角类型和尺寸相同时，可连续选择要倒角的边；当倒角类型或尺寸不同时，应分别倒角。

(7) 创建圆角特征

选择"造型"选项卡下的"圆角"，选取图 4-45 所示圆角轮廓作为圆角边，创建出铸造圆角 $R2$ mm。

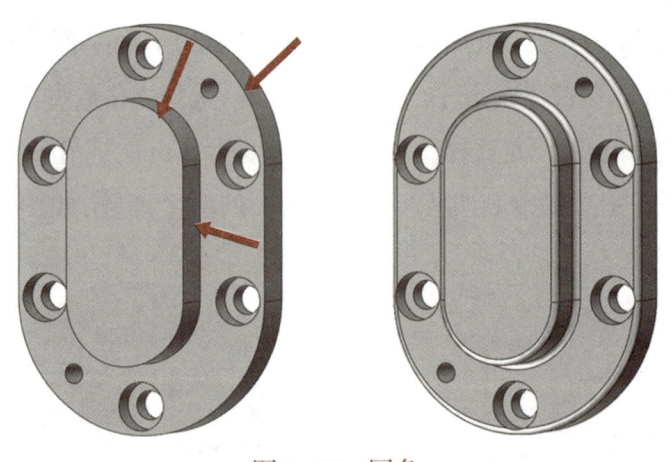

图 4-45　圆角

注：当需要创建圆角的轮廓边是由直线和圆弧或者多段圆弧平滑连接时，按下 Shift 键，同时用鼠标单击轮廓边中任意一段，可以实现链状圆角整个轮廓边。

右泵盖和左泵盖外形轮廓非常相似，建模思路和方法同左泵盖也基本相同，这里就不再赘述。另外，轴套、压紧螺母、压盖结构形状比较简单，建模过程也不再一一赘述，右泵盖及轴套、压盖、压紧螺母的三维模型如图 4-46 所示。

(a) 右泵盖　　　　(b) 轴套　　　　(c) 压盖　　　　(d) 压紧螺母

图 4-46　三维模型

【任务评价】

具体评价反馈见表 4-1。

表 4-1　评价反馈表

操作步骤	操作要点	自我评价
主动齿轮轴的三维建模	直齿齿轮的建模方法	【操作】 □正确 □错误
泵体的三维建模	箱体类零件的建模思路	【操作】 □正确 □错误
泵盖的三维建模	盘盖类零件的建模思路	【操作】 □正确 □错误

【任务小结】

本任务主要学习了主动齿轮轴、泵体和左泵盖的三维模型构建,掌握轴套类零件、箱体类零件、盘盖类零件的建模方法和步骤。

【知识拓展】

设置快捷键

为了更加快捷地构建三维模型,在建模过程中可以用键盘进行许多功能操作。根据个人习惯,可在建模环境和草图环境分别设置常用命令的快捷键。一般工作时左手操作键盘,右手操作鼠标,快捷键尽量设置在键盘左半部分,左手五指能触及的范围内,方便操作。

中望3D快捷键设置方法:单击菜单栏的"工具—自定义",弹出如图4-47所示的自定义对话框,单击"热键",根据需要设置常用命令的快捷键,设置完毕,单击"确认"即可。

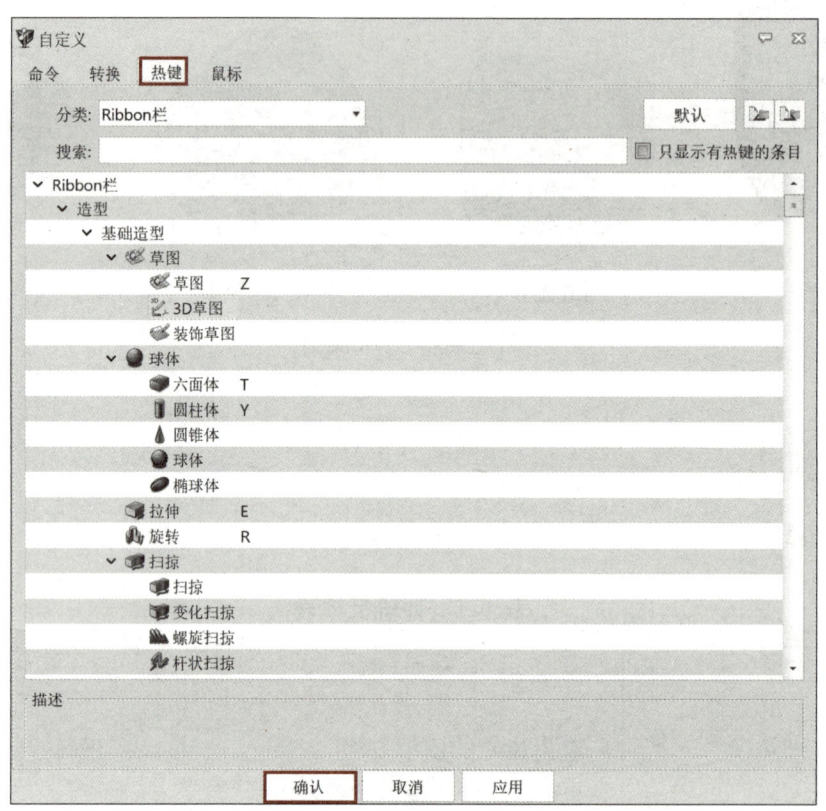

图4-47 自定义对话框

【思考实践】

1. 根据图4-48所示的从动齿轮轴测量尺寸,完成齿轮油泵从动齿轮轴的三维建模。

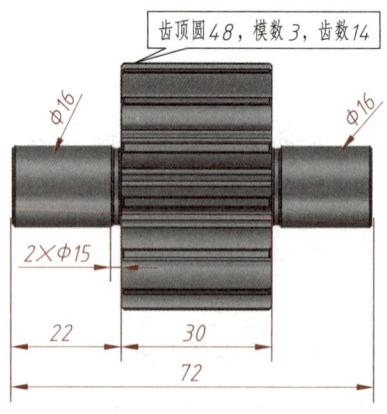

图4-48 从动齿轮轴测量尺寸

2. 根据图 4-49 所示的右泵盖测量尺寸，完成右泵盖的三维建模。

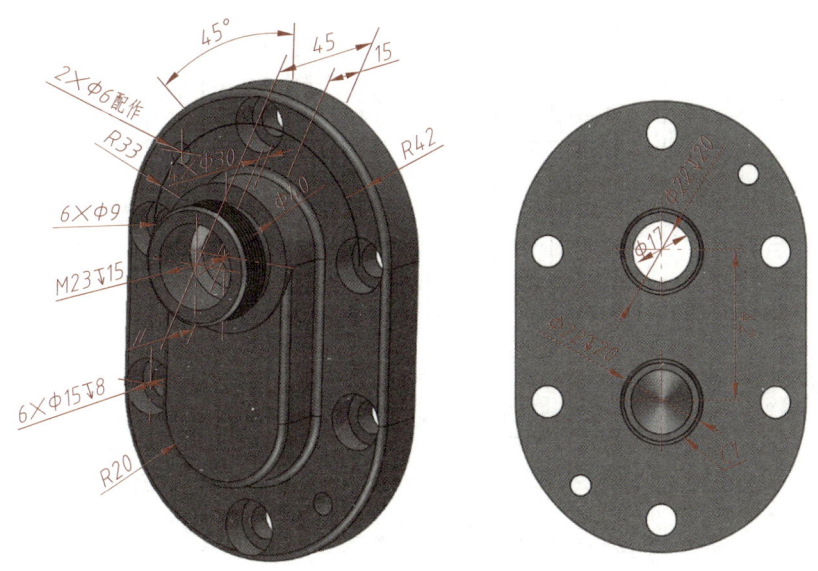

图 4-49　右泵盖测量尺寸

任务二　三维模型装配

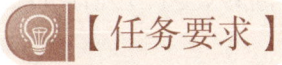【任务要求】

技能点

1. 能正确装配齿轮油泵。
2. 能正确制作齿轮油泵工作动画。
3. 能熟练制作齿轮油泵爆炸视图。

知识点

1. 模型装配及约束。
2. 动画仿真。
3. 爆炸视图。

【任务引入】

根据图 4-50 所示的齿轮油泵装配示意图及其工作原理、零件装配关系和实际装配工艺，将任务一完成的零件模型装配成齿轮油泵三维装配部件，并制作仿真动画和爆炸图。

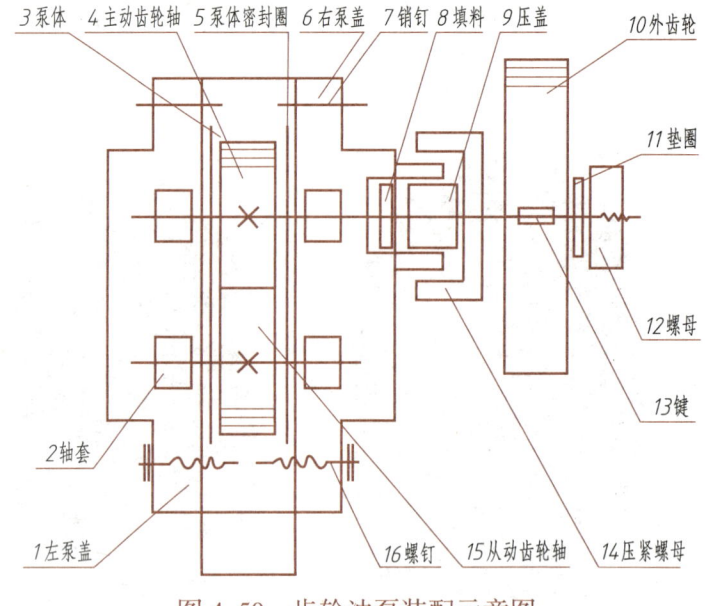

图 4-50 齿轮油泵装配示意图

图中标注：3 泵体　4 主动齿轮轴　5 泵体密封圈　6 右泵盖　7 销钉　8 填料　9 压盖　10 外齿轮　11 垫圈　12 螺母　13 键　2 轴套　1 左泵盖　16 螺钉　15 从动齿轮轴　14 压紧螺母

【任务实施】

1. 齿轮油泵的装配

齿轮油泵的装配过程是其拆卸的逆过程，根据其工程实际装配工艺，插入零件，并添加合适的约束关系，完成装配。具体过程如下：

(1) 新建装配文件

选择"零件/装配"对象，并将其命名为"齿轮油泵"。

(2) 插入泵体组件

选择"装配"选项卡下的"组件—插入"命令（或者单击右键，选择"插入组件"），从对象列表中选择泵体，用鼠标捕捉坐标原点，并勾选"固定组件"选项，单击"确定"或按 Enter 键，插入泵体，如图 4-51 所示。

注：插入其他零件时，均不勾选"固定组件"选项。

(3) 装配密封圈

1) 插入密封圈。单击鼠标中键，重复"插入组件"命令，或选择"插入"命令，从对象列表中选择密封圈，放置在远离泵体的某个位置，如图 4-52 所示。

2) 约束密封圈。选择"装配"选项卡下的"约束"命令（或者单击右键，选择"约束"），这里需要用到两类共三个约束，一是对泵体密封圈槽两端半圆柱内表面和密封圈两端外圆柱面分别"同心"约束，二是对泵体密封槽底面和密封圈端面"重合"约束，即

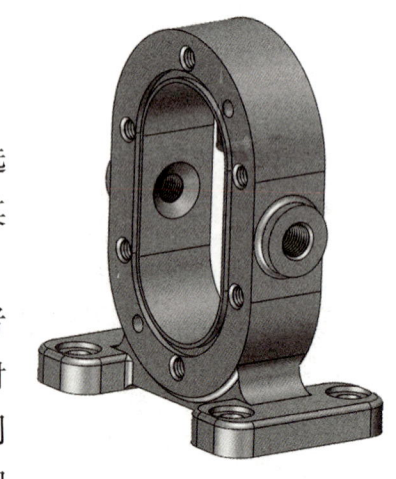

图 4-51 插入泵体

可完成一侧密封圈的装配。用同样的方法装入另外一侧密封圈,或者用"镜像组件"命令,完成另一侧密封圈的装配,如图4-53所示。

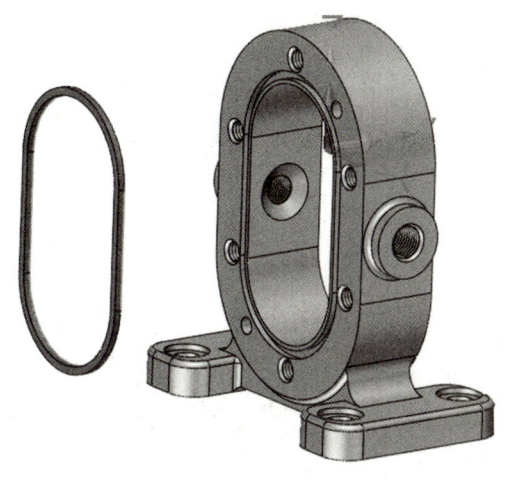
图4-52 插入密封圈

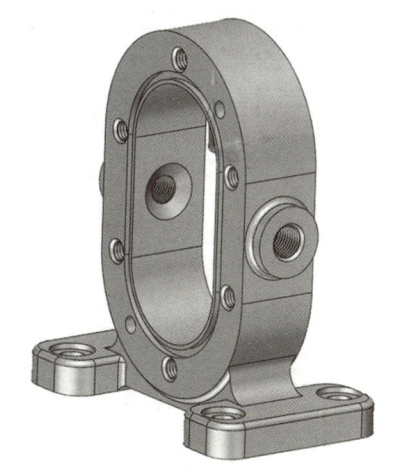
图4-53 密封圈的装配

(4) 插入左泵盖,装配轴套

用"插入"命令,分别插入左泵盖、两个轴套,放置在远离泵体的某个位置。用"约束"命令,约束轴孔圆柱内面和轴套外圆柱面"同心",约束孔底面和轴套端面"重合",把轴套装入左泵盖的轴孔,如图4-54所示。

(5) 对齐左泵盖

用"约束"命令,分别约束左泵盖和泵体两端半圆柱外表面"同心",约束左泵盖的右端面和泵体的左端面"重合",完成左泵盖的装配,如图4-55所示。

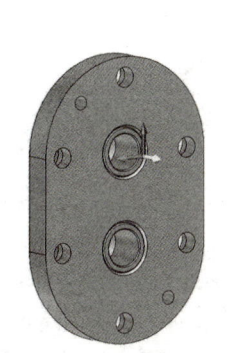
图4-54 轴套的装配

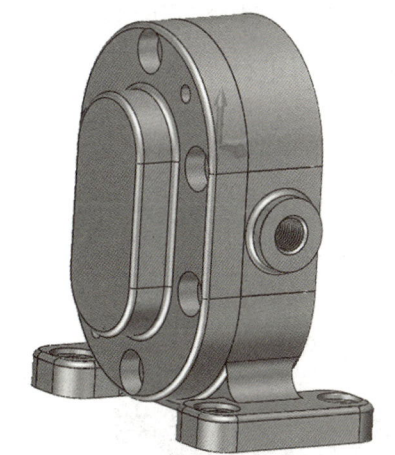
图4-55 左泵盖的装配

(6) 装配左泵盖圆柱销和螺钉,固定左泵盖

单击软件界面最下方的"文件浏览器"图标,弹出文件浏览器对话框,选择右侧"重用

库",按图 4-56 所示,从软件标准件库分别调取 2 个圆柱销和 6 个内六角圆柱头螺钉,装到左泵盖相应的销孔和螺钉孔中,如图 4-57 所示。

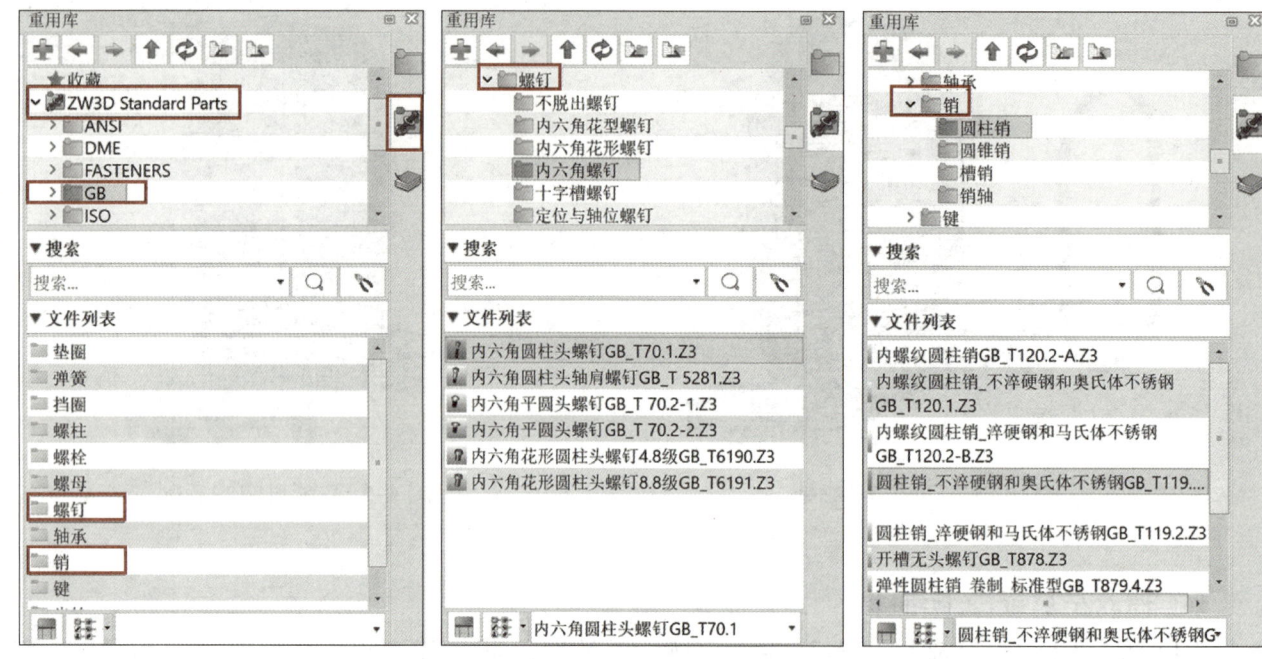

图 4-56 调取标准件

(7) 装配主、从动齿轮轴

用"插入"命令,插入主动齿轮轴。约束齿顶圆柱面和泵体空腔上端内圆柱面"同心",约束齿轮端面和泵体同侧端面"重合"。用相同的方法装入从动齿轮轴,主、从动齿轮轴装配如图 4-58 所示。

注:如果主动齿轮轴装入方向和装配示意图的方向相反,可单击约束对话框中约束图标下方的"反转方向"按钮进行调整。

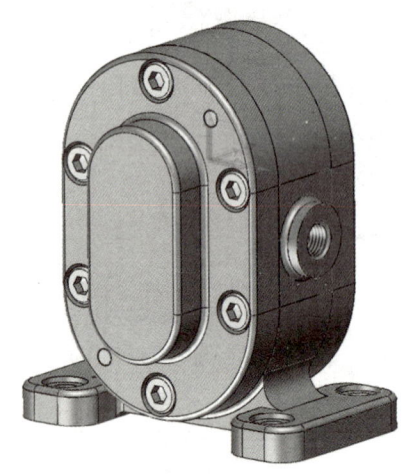

图 4-57 左泵盖圆柱销和螺钉装配

图 4-58 主、从动齿轮轴装配

(8) 添加齿轮机械约束

在添加"机械约束"前,首先要保证两齿轮的轮齿正确啮合。

1) 选择"约束"命令,"实体"选项分别选择两个齿轮相近轮齿所对应的齿面,约束齿轮齿面"相切",确定两轮齿的相对位置;然后在管理器"约束"列表中取消或删除"相切"约束。

2) 选择"装配"选项卡下的"机械约束"命令,"齿轮"选项分别选择两个齿轮,用"啮合"约束,选择"齿数",分别输入两齿轮齿数"14",勾选"反转"选项,单击"确定"。可使用"装配—拖拽"命令,拖动并查看两齿轮轴的运动情况。

(9) 装配右泵盖

选择"插入"命令,插入右泵盖。分别约束泵体和右泵盖两端半圆柱面"同心",约束泵体右端面和右泵盖左端面"重合",完成右泵盖的装配,如图 4-59 所示。

(10) 装配右泵盖圆柱销和螺钉,固定右泵盖

此过程有两种方案,一是重复第(6)步的操作,装配右泵盖 2 个圆柱销和 6 个内六角圆柱头螺钉;二是选择"装配"选项卡下的"镜像"命令,以 XZ 面作为镜像面,镜像左泵盖上的 2 个圆柱销和 6 个内六角圆柱头螺钉,如图 4-60 所示。

图 4-59 右泵盖的装配

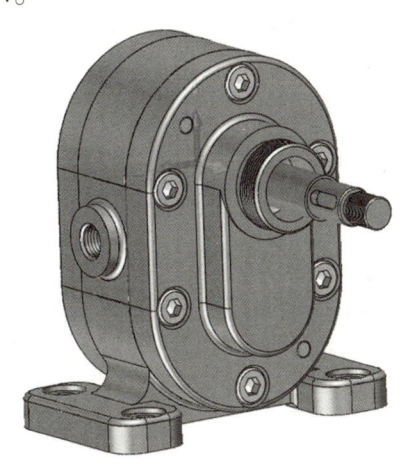

图 4-60 右泵盖圆柱销和螺钉装配

(11) 装配其余零件

按齿轮油泵装配示意图,依次装配填料→端盖→压紧螺母→键→外齿轮→垫圈→螺母,其中填料、端盖、压紧螺母和外齿轮的装配方法相同。在"装配"环境下,分别"插入"各零件,或批量插入零件,用"同心"和"重合"约束,即可完成装配。键的装配需要分别约束两端外圆柱面和键槽内圆柱面"同心"及其底面和键槽底面"重合"。垫圈和螺母的装配参考第(6)步中圆柱销和内六角圆柱头螺钉的装配,至此完成齿轮油泵的全部装配,如图 4-61 所示。

图 4-61 齿轮油泵的全部装配

(12) 查询约束

选择"装配"选项卡下的"查询 – 约束状态",可查询装配体中组件当前的约束状态,如图 4-62 所示。

图 4-62　约束状态

(13) 干涉检查

选择"装配"选项卡下的"查询 – 干涉检查",选择被检查组件,单击"检查"按钮,在 Result 列表中显示组件干涉情况,图 4-63 所示为左泵盖的干涉检查。也可全选组件,同时检查所有组件的干涉情况。

图 4-63　左泵盖的干涉检查

2. 齿轮油泵的仿真动画

用中望 3D 软件制作动画的方法一般有三种，一是制作简单动画，不用相机；二是制作简单动画，使用相机；三是参数化制作动画。

一般对于具有运动机构的部件，会综合使用三种方法制作动画，演示部件的入场、不同视角结构形状和运动机构的工作原理等。本例采用参数化＋使用相机的方法，制作齿轮油泵的入场、多视角展示和齿轮运动仿真动画。

（1）新建动画

打开齿轮油泵装配文件，选择"装配"选项卡下的"动画－新建动画"命令，在动画输入管理器中输入动画时长 10 s 和名称"齿轮油泵动画"，如图 4-64 所示，单击"确定"，进入制作动画环境，此时 0 s 处于激活状态。

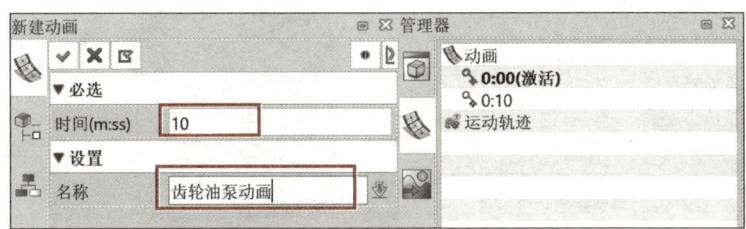

图 4-64　新建动画

（2）入场及不同角度展示动画

1）按住鼠标中键，把齿轮油泵拖出屏幕，不可见。

2）选择"动画"选项卡下"相机位置"命令，单击"当前视图"按钮，记录当前位置。

3）选择"关键帧"命令，在对话框中输入关键帧 2 s，并单击"确定"；按住鼠标中键，把齿轮油泵拖入屏幕合适位置，并滚动鼠标滚轮放大模型，选择"相机位置"命令，单击"当前视图"按钮，记录入场位置。

4）选择"关键帧"命令，输入关键帧 4 s，并确定；按住鼠标右键，将模型旋转一定的角度，用相机记录该位置。重复步骤 3）~4），添加关键帧 6 s、8 s、10 s，并记录此时模型所处位置，就可以得到一系列关键帧、入场及不同角度的展示动画，模型位置如图 4-65 所示。

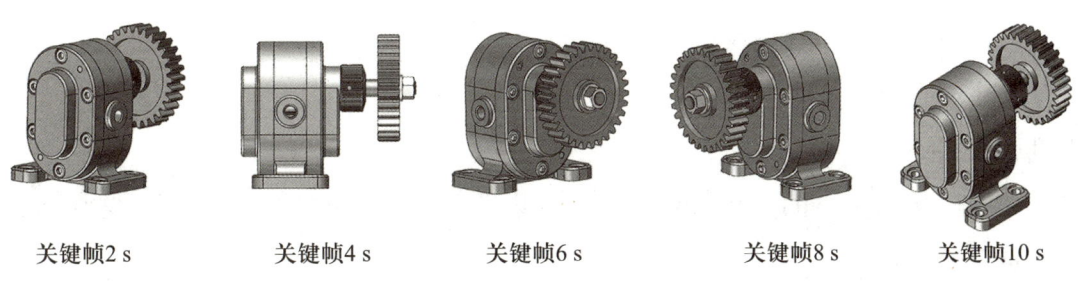

图 4-65　不同关键帧对应位置

(3) 齿轮传动动画

隐藏左端盖,或通过"视觉样式-面属性"命令调整左端盖的透明度,显示出齿轮油泵内两个齿轮,以便观察两个齿轮的运动。这里通过参数化约束角度,制作齿轮运动动画。

1) 选择"装配-约束"命令,"实体"分别选择主动齿轮轴上键的上表面和泵体或右端面上的某个平面,"约束"选"角度约束"。

2) 选择"动画-参数"命令,在参数列表中,选择刚刚添加的角度约束,双击该约束,输入标注值"0",并单击"确定"。在管理器列表中显示关键帧 0 s 时,角度为"0"。关键帧 0 s 设置过程如图 4-66 所示。

图 4-66 关键帧 0s 设置过程

3) 添加关键帧 2 s,双击管理器列表中的角度值,输入标注值"90",并单击"确定"。

4) 继续添加关键帧 4 s、6 s、8 s,重复步骤 3),并激活关键帧 10 s,在各关键帧分别设置角度"180""270""360""540"。

(4) 播放动画

选择管理器中的播放动画按钮,可以检验动画设置。

(5) 保存动画

选择"动画"选项卡下的"录制动画"命令,在弹出的保存文件对话框中设置动画保存位置、名称,保存动画,即可生成格式为 AVI 的动画。

3. 齿轮油泵的爆炸视图

(1) 新建文件

选择"装配"选项卡下的"爆炸视图"命令,以"齿轮油泵爆炸视图"命名,建立新文件。

(2) 生成爆炸视图

在爆炸视图对话框中,可以选择"由自动爆炸添加",系统将自动生成爆炸视图,但是此种方法生成的零件位置往往不够理想,所以一般通过"添加步骤",选择需要的方式,依次手动移动零件至合适位置,生成爆炸视图。本例通过"添加步骤",选用"动态移动"命令,选择要移动的零件,捕捉合适的坐标轴,按住左键拖动至合适位置即可。

1)选择"添加步骤","实体"选择螺母,捕捉 Z 坐标轴,按住左键拖动手柄至合适位置,松开左键,即可在列表中生成步骤,如图 4-67 所示。

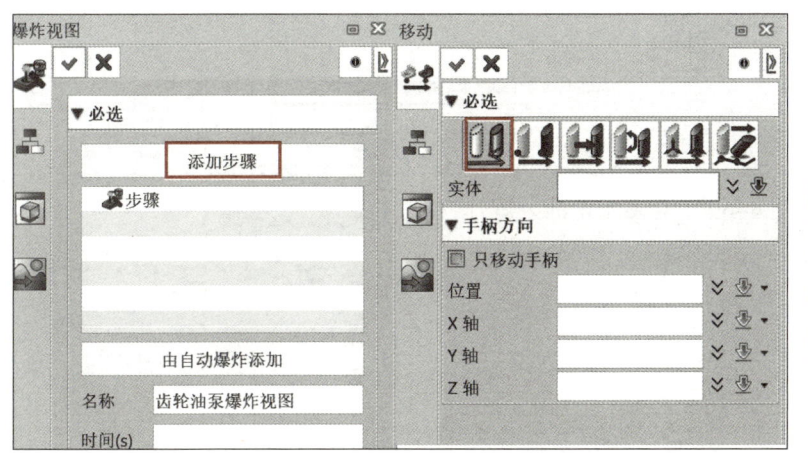
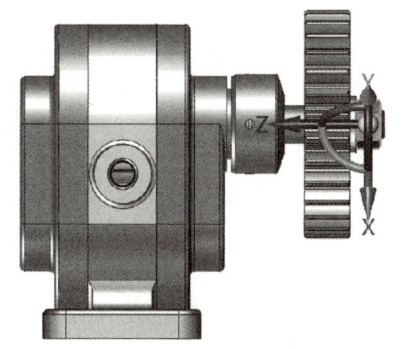

图 4-67　生成步骤

2)根据齿轮油泵装配工艺,重复上述过程,依次添加步骤,分别移动垫圈、外齿轮、键、压紧螺母、压盖、填料、右泵盖螺钉和圆柱销、右泵盖、左泵盖螺钉和圆柱销、左泵盖、轴套、泵体密封圈,生成齿轮油泵爆炸视图,如图 4-68 所示。

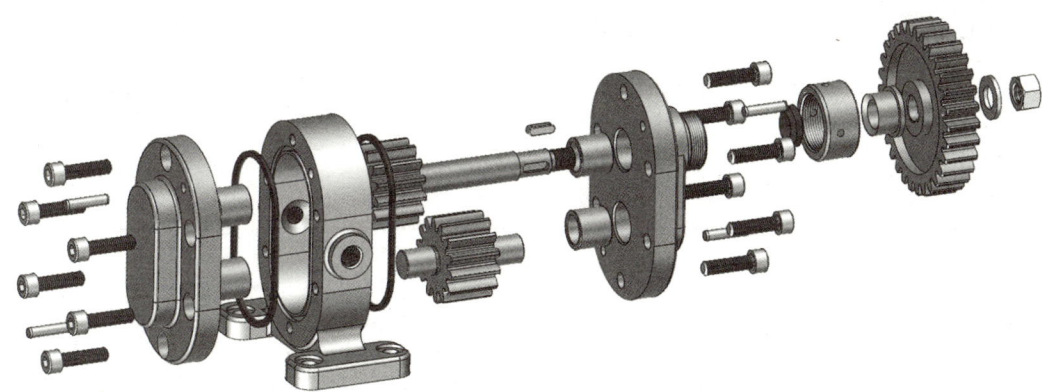

图 4-68　齿轮油泵爆炸视图

注:如果添加步骤顺序不对,可以直接拖动步骤列表中的步骤,调整拆装顺序。

(3)保存爆炸视频

点击"爆炸视频"命令,选择上步生成的齿轮油泵爆炸视图,设置合适的保存位置,以"齿轮油泵爆炸视频"命名,生成齿轮油泵爆炸视频,如图 4-69 所示。

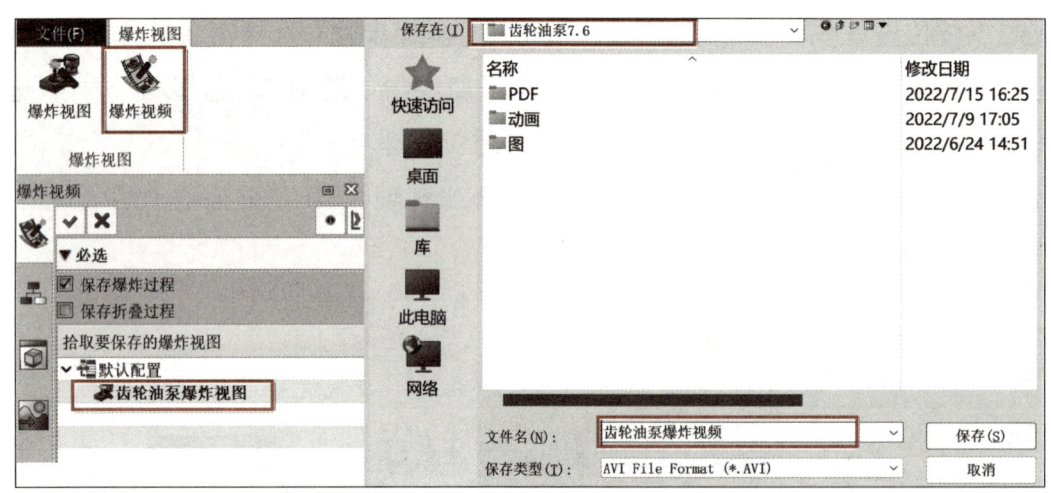

图 4-69　生成齿轮油泵爆炸视频

【任务评价】

具体评价反馈见表 4-2。

表 4-2　评价反馈表

操作步骤	操作要点	自我评价
齿轮油泵装配	齿轮传动的机械约束	【操作】 □正确 □错误
齿轮油泵工作动画	齿轮传动仿真	【操作】 □正确 □错误
齿轮油泵爆炸视图	拆装顺序	【操作】 □正确 □错误

【任务小结】

本任务主要学习了齿轮油泵的装配、工作动画和爆炸视图的制作。通过齿轮油泵三维模型装配，深入了解齿轮油泵的装配顺序、齿轮的约束方法及工作原理，掌握齿轮油泵的装配步骤和齿轮传动动画的制作方法。

【知识拓展】

操作小技巧

1）对于轮廓形状相同或相近的不同零件，可以共享草图或参考轮廓。具体操作方法：打开零件1的已有草图→复制该草图→在零件2中新建草图→粘贴共享草图→编辑草图,为后续造型做准备。

2)在装配过程中,对于多个相同标准件的装配,可以从软件标准件库中先装配一个,根据实际情况,利用"镜像"或"阵列"功能完成其他标准件的装配。

3)如需查找所做爆炸视图,可在装配管理器中选择"配置 –Default",即可显示所做的爆炸视图。右键单击爆炸视图,可以"炸开""动画爆炸""编辑爆炸"及"删除爆炸"。

【思考实践】

1. 简述齿轮油泵的装配顺序。
2. 简述制作动画的方法和步骤。

项目五

生成零件图

 学习目标

借助绘图软件,把零件三维模型转为零件图,整个过程不仅会用到软件的操作知识,还会用到机械专业知识,不仅能培养我们严谨细致、认真负责的专业素养,还能提高在多种软件环境下更为方便、高效地完成工作任务的能力。

1. 了解零件在机器中的功能。
2. 能根据产品结构特征,选择合适的图样表达方案。
3. 能熟练使用三维软件工程图功能,并合理设置参数。
4. 能熟练使用二维软件完善表达方案,正确、合理地标注尺寸并注写技术要求。
5. 能熟练完成零件图和装配图的虚拟打印。

知识框架

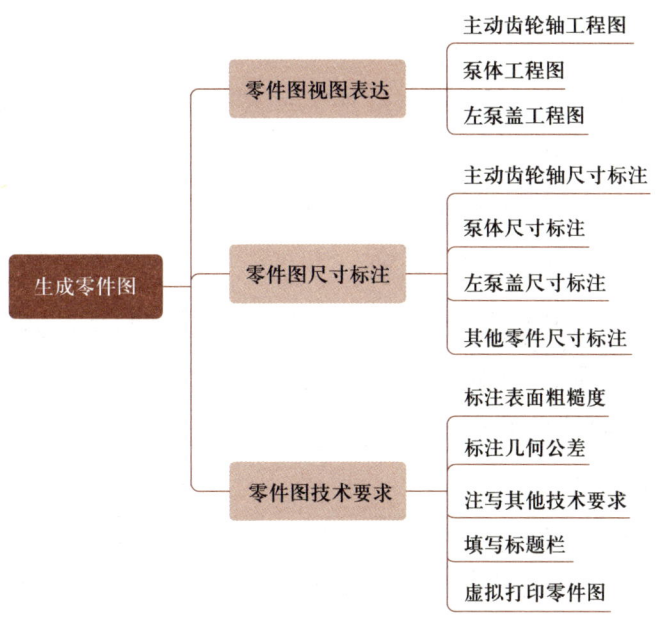

任务一 零件图视图表达

【任务要求】

技能点

1. 能够根据零件特征生成正确的零件图。
2. 能熟练使用二维软件对零件图进行分层和完善。

知识点

1. 三维模型转零件图。
2. 二维软件图层设置、图样分层及完善零件图。

【任务引入】

运用中望 3D 软件的"2D 工程图"(中望软件中,将零件图称为工程图)功能,由项目四所建立的齿轮油泵非标准零件模型生成零件图,并利用中望 CAD 软件完善视图。

【知识链接】

机件的表达方法有视图、剖视图、断面图、局部放大图、简化画法等。在选用各种表达方法绘制图样时,首先考虑看图方便;二是考虑零件的结构特点,选用适当的表达方法;三是在完整、清晰地表达零件形状的前提下,力求绘图简便。在选择视图时,应遵循"用最少数量的视图把零件结构表达清楚"的原则,从而实现优质高效加工出合格零件的目标。

【任务实施】

齿轮油泵中的零件分为标准零件和非标准零件两大类,其中螺钉、螺母、垫圈、圆柱销、键、密封圈属于标准零件,由厂家根据国家标准专门生产,可以直接购买。左泵盖、右泵盖、泵体、主动齿轮轴、从动齿轮轴、轴套、压紧螺母、压盖、外齿轮属于非标准零件,需要根据部件的功用和结构合理设计,依据零件图进行加工、检验。

根据零件的结构特征,齿轮油泵中非标准零件主动齿轮轴、从动齿轮轴、轴套、压紧螺母属于轴套类零件,左泵盖、右泵盖、压盖、外齿轮属于盘盖类零件,泵体属于箱体类零件。同一类零件的视图表达有许多共性,这里每类零件中选取一个典型零件进行分析。

1. 主动齿轮轴工程图

主动齿轮轴属于轴套类零件,主要结构是回转体,一般用一个主视图表示其主要结构形状,且主视图按零件加工位置原则,轴线水平放置。此外,还采用移出断面图、局部剖视图和局部放大图等表达零件的内部或局部特征。

图 5-1 所示为主动齿轮轴轴测图。根据其结构形状,主动齿轮轴需要用 4 个视图来表达,分别是基本视图——主视图、移出断面图和两个局部放大图。主视图用于表达主动齿轮轴的主要结构形状;移出断面图不仅表达键槽的结构形状,也用于断面尺寸标注;局部放大图分别表达砂轮越程槽和退刀槽的结构形状,同时方便标注尺寸。

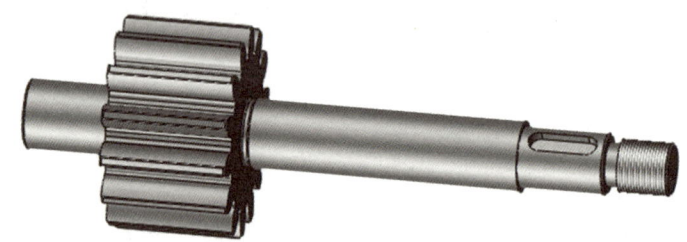

图 5-1 主动齿轮轴轴测图

生成主动齿轮轴的工程图,操作步骤如下:

(1) 进入工程图环境

打开主动齿轮轴文件,在"DA 工具栏"中选择"2D 工程图",选择"默认"模板,单击"确定"进入工程图环境。

(2) 生成主视图

在弹出的图 5-2 所示的标准对话框中,设置"视图"为"前视图","比例"选择"1∶1",移动鼠标,在合适位置单击,放置主视图,如图5-3所示。

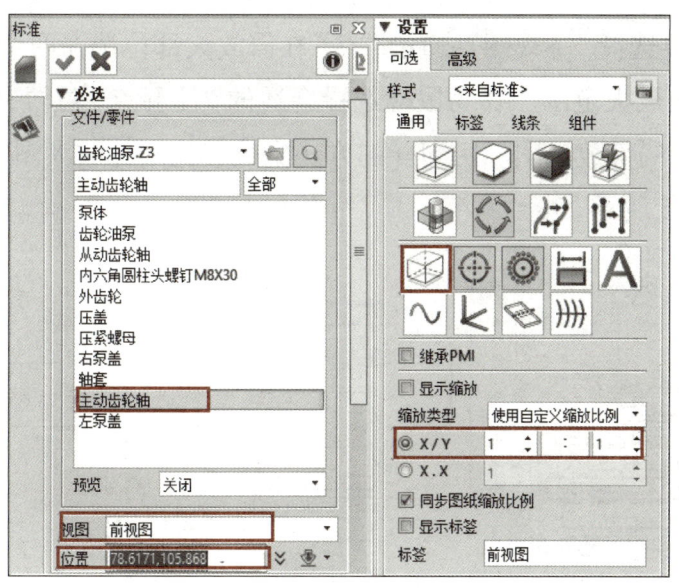

图 5-2　标准对话框

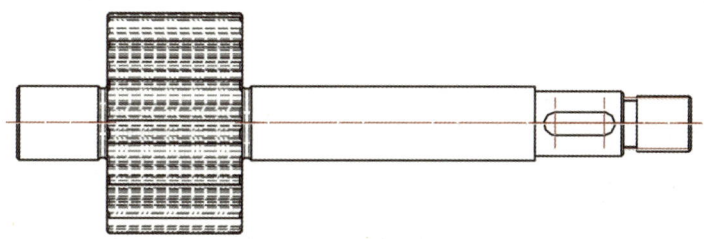

图 5-3　主视图

注：如投射方向相反,可勾选"反转箭头"选项。若视图方向不对,可使用"布局"选项卡下的"旋转视图"命令 旋转视图,将视图转到需要的角度。

(3) 生成移出断面图

单击菜单栏"布局"选项卡下的"全剖视图"命令 全剖视图,在全剖视图对话框中,设置"基准视图"为步骤(2)中生成的主视图,"点"选择键槽所在轴段轮廓外的两点,移动鼠标,在合适位置单击,放置视图,得到如图5-4所示的移出断面图。

注：在中望3D软件中,剖视图、移出断面图、局部放大图、局部视图的图名默认在视图下方,可以双击该视图,选择视图属性对话框中"标签",选中"视图上方",进行修改。

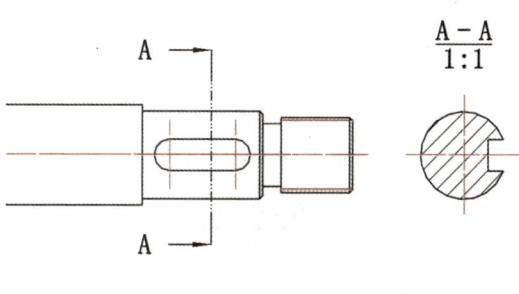

图 5-4　移出断面图

(4)生成局部放大图

选择"布局"选项卡下的"局部"命令 局部,在弹出的局部对话框中,单击"圆形局部视图"按钮,"基本视图"选择"主视图",通过"点"在需放大部位选择两个点,一个为圆心,一个为圆周点,用于确定被放大范围。移动鼠标选择合适的"注释点"位置,输入放大倍数"4",在合适的位置单击,放置局部放大图。用同样的方法生成其他局部放大图,这里不再重复。生成的局部放大图如图5-5所示。

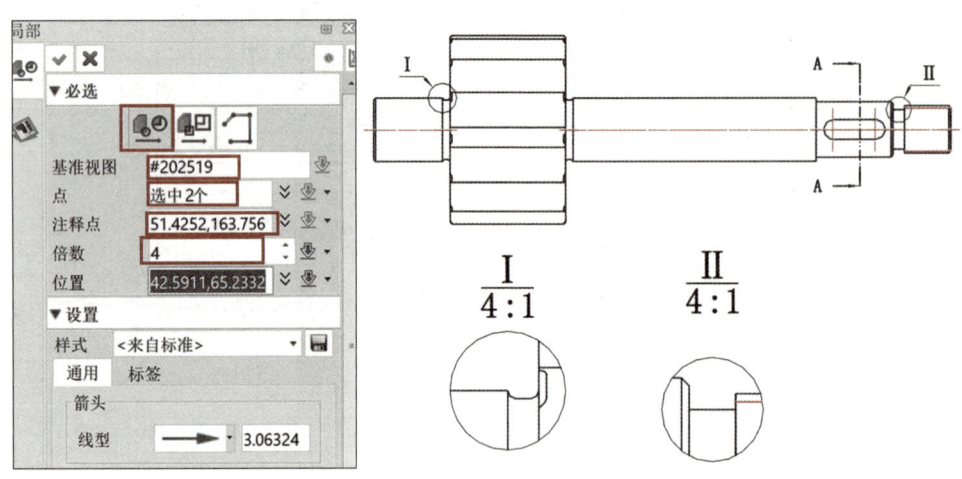

图5-5 局部放大图

(5)消隐多余线条

分别双击主视图和局部放大图,在视图属性对话框中单击"线条",分别选择"消隐""切线""消隐切线","线型"均设置为"忽略",单击"确定",完成图线设置,得到如图5-6所示主动齿轮轴工程图。

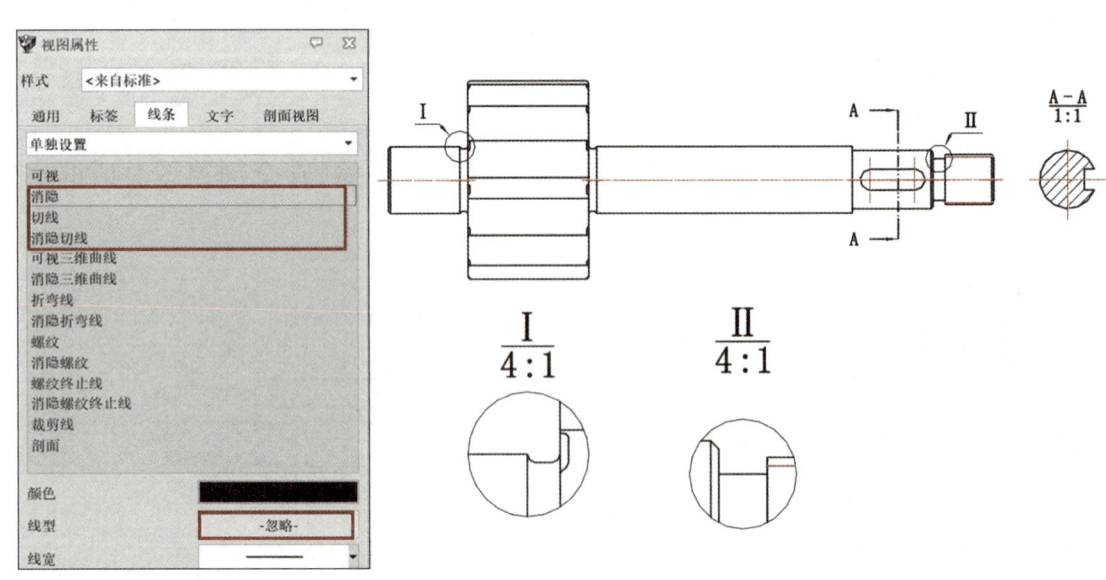

图5-6 主动齿轮轴工程图

注：生成的 2D 工程图中，有些线条不需要显示，如切线、消隐线、消隐切线等。消隐视图多余图线的方法有多种：一是对每个视图按照上述方法一一设置；二是设置好一个视图后，选择"DA 工具栏"的格式刷，"原实体"选择已经设置好的视图，"目标实体"选择需要编辑的视图，但局部视图不适用该方法；三是在左侧的管理器中的全选视图，单击右键，在快捷菜单中选"属性"，在弹出的属性对话框中批量编辑视图"线条"。

（6）输出 DWG 格式文件

单击"文件"，选择下拉菜单中的"输出"，在弹出的选择输出文件对话框（图 5-7）中，设置文件保存位置和文件名，"保存类型"设置为"DWG/DXF File（*.dwg;*.dxf）"，单击"保存"，弹出 DWG/DXF 文件生成对话框，默认设置，单击"确定"，即可得到 DWG 格式的主动齿轮轴工程图文件。

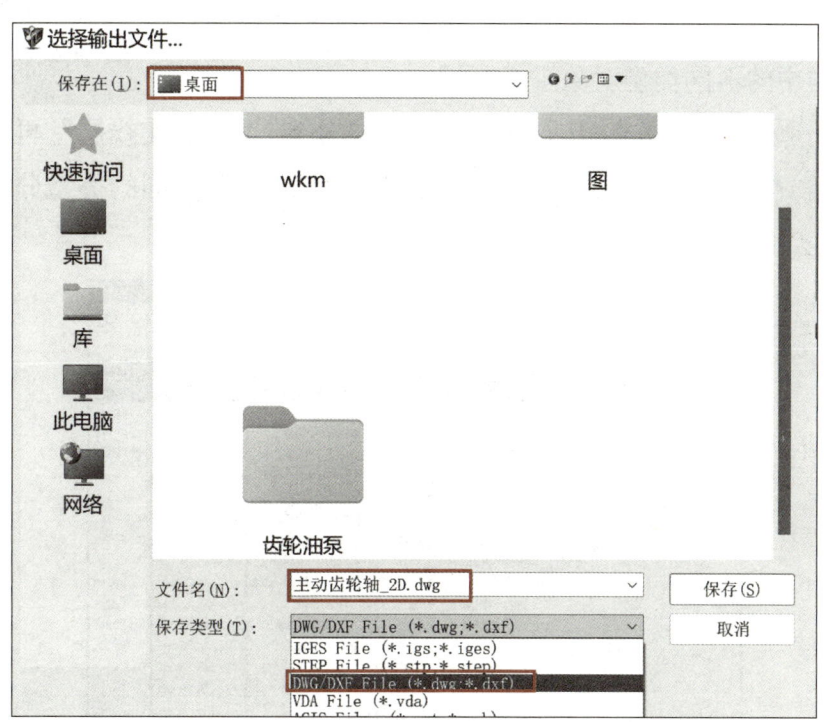

图 5-7 选择输出文件对话框图

以下操作在中望 CAD 软件中进行。

（7）删除重线

用中望 CAD 软件打开中望 3D 输出的主动齿轮轴工程图文件，全选视图中的图线（Alt+A），单击菜单栏"扩展工具"，选择"编辑工具"下拉菜单中的"删除重线"，即可删除视图中的重复图线。

（8）设置图幅

单击菜单栏中的"机械"，选择"图纸"中的"图幅设置"（或命令行输入快捷键 TF，按空格键），弹出如图 5-8 所示对话框。根据零件大小，选择合适的图幅、绘图比例、标题栏、明细栏、参数栏等，单击"确定"，选择合适位置放置图框等。

(9) 设置图层

在设置图幅之后，软件会自动调出已经设置好的图层，根据国家标准规定，设置线宽。单击工具栏中的"图层特性管理器"工具 ，弹出如图 5-9 所示的图层特性管理器对话框，修改"线宽"，轮廓实线层线宽为 0.5 mm，其他图层线宽为 0.25 mm。

(10) 图线分层

中望 3D 软件输出的工程图，在中望 CAD 软件中打开都默认在"0000"层，为了便于编辑和管理，应将图样中的不同类型对象进行分层。

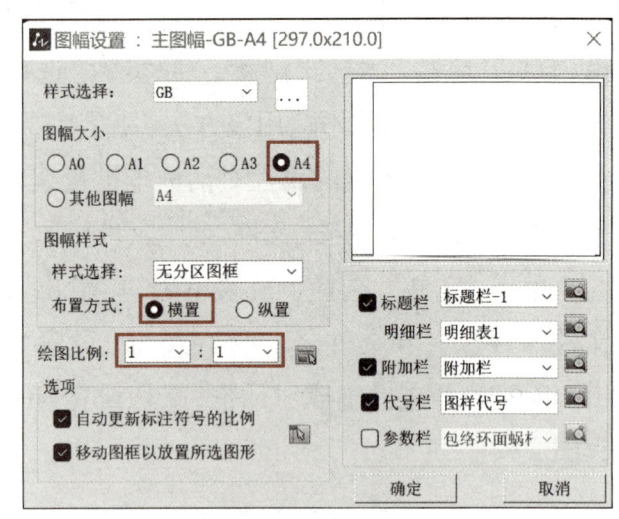

图 5-8　图幅设置

第一种方法：按照线宽，先将粗实线（轮廓实线）分到"1 轮廓实线层"，再将细线（中心线、细实线、细虚线等）全部划分到"3 中心线层"，最后把细线按照不同的类型分别划分到各自对应的图层。具体实施过程如下：

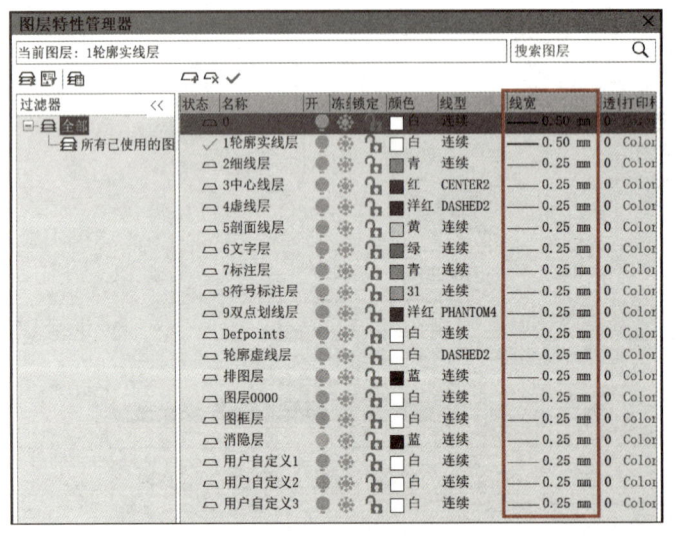

图 5-9　图层特性管理器

1) 单击菜单栏"工具"，选择"快速选择"（或命令行输入 QSE，按空格键），弹出快速选择对话框，"特性"选"线宽"，"值"选 0.25 mm，单击"确定"完成设置，即选中视图中所有的轮廓实线，按照如图 5-10 所示设置，"图层控制"选"1 轮廓实线层"，"颜色""线型""线宽"一律选择"随层"，即可完成轮廓实线的分层。

2) 按空格键重复"快速选择"命令，"特性"选"线宽"，"值"选 0.18 mm，单击"确定"按钮，选中视图中所有的细线（除剖面线外）。"图层控制"选"3 中心线层"，"颜色""线型""线宽"一律选择"随层"，即可完成细线的分层。

图 5-10　轮廓实线分层

3) 在"3中心线层",用鼠标选择,把其他细线(螺纹线、波浪线、剖面线等)放置到各自对应的图层,即可完成不同类型图线的分层。

第二种方法:把所有图线都放入"1轮廓实线层",然后再用鼠标选择其他不同类型的图线分别放入各自对应的图层,这种方法适应比较简单的视图分层。实施过程如下:

1) 全选视图,"图层控制"选"1轮廓实线层","颜色""线型""线宽"一律选择"随层",把所有图线都放入轮廓实线层。

2) 用鼠标选择其他图线(中心线、细实线、细虚线、波浪线等),分别放入其对应图层。

注:同一视图中,不同零件剖面线不一致;同一零件,不同视同中剖面线应一致。

(11) 调整视图布局,修整视图细节

机件的视图绘制、位置布置、符号标注等都应符合制图国家标准的相关规定。

根据制图国家标准的规定,主动齿轮轴中齿轮部分不需要按实际投影绘制,而是按照规定画法绘制,并且为了表达轮齿结构,采用局部剖视图,齿轮两侧砂轮越程槽的局部放大图也做出调整。另外,主动齿轮轴中较长轴段可采用断开(缩短)画法,以节约图纸空间。完善后的主动齿轮轴视图表达如图 5-11 所示。

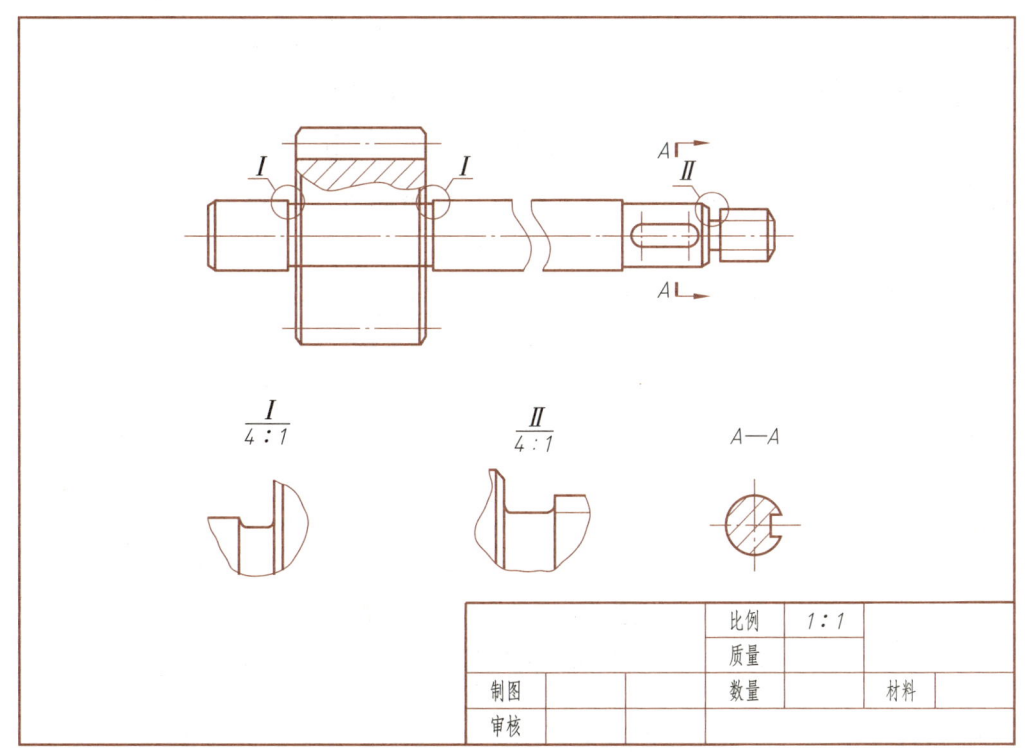

图 5-11　主动齿轮轴视图表达

2. 泵体工程图

图 5-12 所示为泵体轴测图，该零件属于箱体类零件，结构相对复杂，需要用 5 个视图来表达零件结构，包括主视图、左视图、右视图、局部视图及局部放大图。

（1）生成主、左视图

打开泵体文件，在桌面空白处单击右键，选择快捷菜单中的"2D 工程图"，单击"确定"进入工程图环境。在弹出的标准对话框中，"视图"选择"前视图"，"比例"选择"1∶1"，在合适位置放置主视图。向主视图正右方移动鼠标至合适位置，单击生成左视图。泵体主、左视图如图 5-13 所示。

图 5-12 泵体轴测图

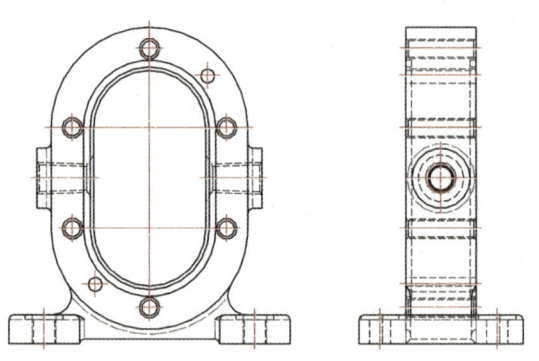

图 5-13 泵体主、左视图

（2）主、左视图局部剖

选择"布局"选项卡下的"局部剖"，在弹出的局部剖对话框中，选择"矩形边界"，"基本视图"选择刚生成的主视图，"边界点"拾取图 5-14 中的点 1 和点 2，"深度点"选择油孔中心线，以"点"作为"深度"的参照，"深度偏移"取"0"，单击"确定"，完成局部剖。重复上述步骤，得到右侧油孔的局部剖。在左视图中的安装孔部位做局部剖视，方法同上，不再赘述。

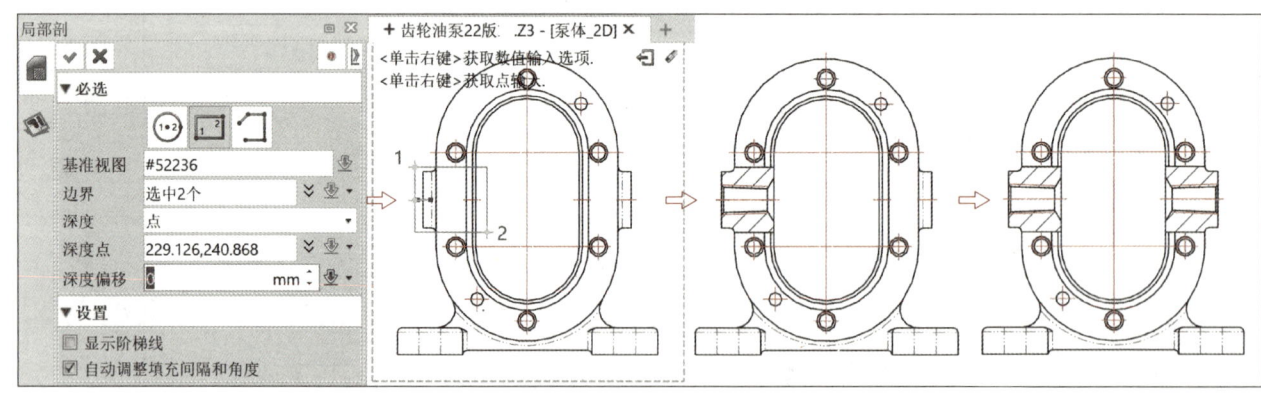

图 5-14 主视图局部剖

（3）生成右视图

选择"布局"选项卡下的"视图 - 对齐剖视图"，在弹出的对话框中，"基本视图"选择"主视图"，"基点"选择图 5-15 中的点 1（泵体上端半圆圆心）和点 2（螺钉孔中心），"对齐点"选择点 3(右上销孔中心),向左移动鼠标,选择合适位置,单击生成全剖的右视图。

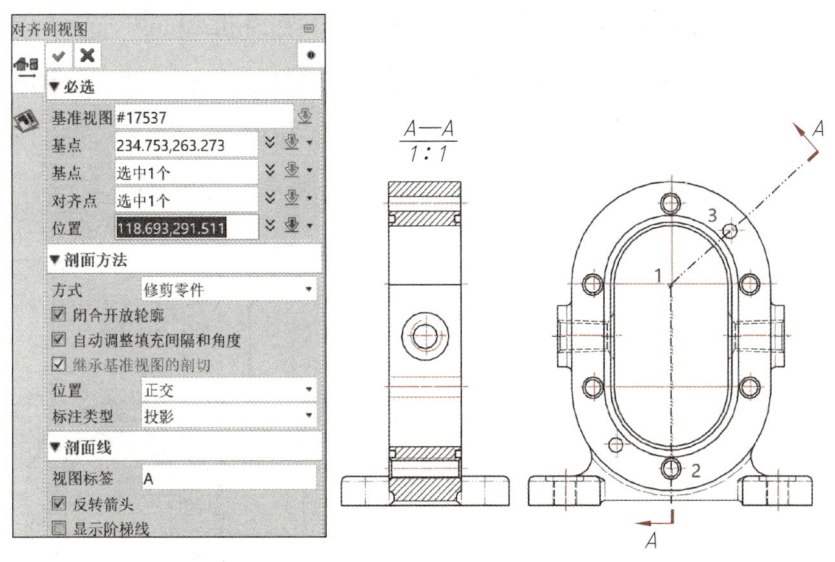

图 5-15 右视图

(4) 生成向视图

通过以上 3 个基本视图还不足以表达清楚泵体结构形状,为了表达底板的结构形状和安装孔的位置,可增加一个由泵体底部向上投射的向视图。选择"布局"选项卡下的"投影" 投影,"基本视图"选择"主视图",向上移动鼠标,选择合适位置放置视图,删除多余线条,只保留底座底面结构轮廓,得到向视图,如图 5-16 所示。

(5) 生成局部放大图

为了看图和便于标注尺寸,可用 1 个局部放大图表达泵体密封槽。选择"布局"选项卡下的"局部" 局部,在弹出的局部对话框中,选择"圆形局部视图" ,"基本视图"选择"右视图",通过"点"在放大部位选择两个点,一个为圆心,一个为圆周点,用于确定被放大范围。移动鼠标选择合适的"注释点"位置,输入放大倍数"2",选择合适的视图位置,单击放置局部放大图,如图 5-17 所示。

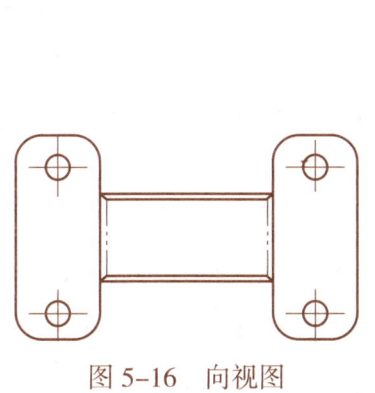

图 5-16 向视图

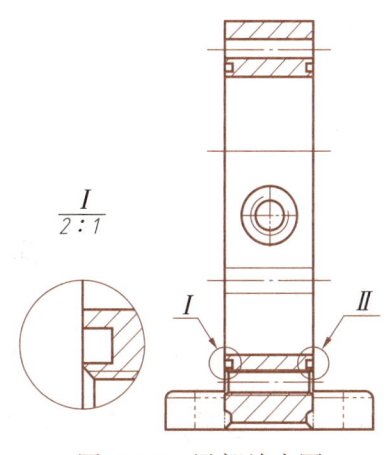

图 5-17 局部放大图

(6) 消隐多余线条,完成泵体工程图

在左侧管理器中全选视图(先选中第一个视图,再按 Shift 键同时选择最后一个视图),在视图上单击右键,选择快捷菜单中的"属性",弹出属性对话框,在"线条"选项卡下,分别单击"消隐""切线""消隐切线","线型"均设置为"忽略",并单击"确定",得到如图 5-18 所示的泵体工程图。

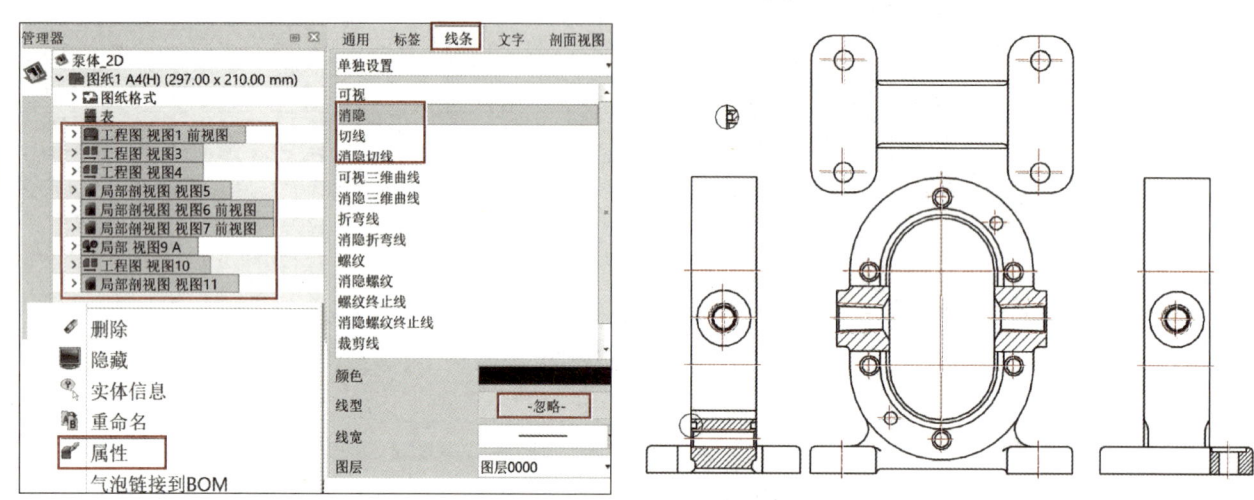

图 5-18 泵体工程图

(7) 输出 DWG 格式文件

选择"文件"下拉菜单中的"输出",设置文件保存位置、文件名及保存类型,输出 DWG 格式的泵体工程图文件。

(8) 完善泵体工程图

用中望 CAD 软件打开泵体工程图,删除重线、调出图幅、图线分层的方法不再赘述。

需要注意,按照制图国家标准规定,局部剖视图断裂边界应为波浪线。另外,向视图、剖视图、断面图等的投影及符号标注,一般在中望 CAD 软件中重新添加。按照前述步骤完善后的泵体视图,如图 5-19 所示。

3. 左泵盖工程图

图 5-20 所示为左泵盖轴测图,该零件属于盘盖类零件,采用了两个基本视图:1 个主视图,1 个左视图。按形状特征及加工位置,主视图轴线水平放置,用两个相交的平面全部剖开,表达左泵盖轴孔、螺钉孔及销孔等内部结构;左视图既表达左泵盖的形状特征,又表达左端面凸台和端面上螺纹孔及销孔的位置及轮廓。

(1) 生成左视图

打开左泵盖文件,选择"DA 工具栏"的"2D 工程图",单击确定进入工程图环境。在弹出的标准对话框中,"视图"选择"左视图","比例"选择"1∶1",移动鼠标,在合适位置单击,放置左视图,生成左泵盖左视图,如图 5-21 所示。

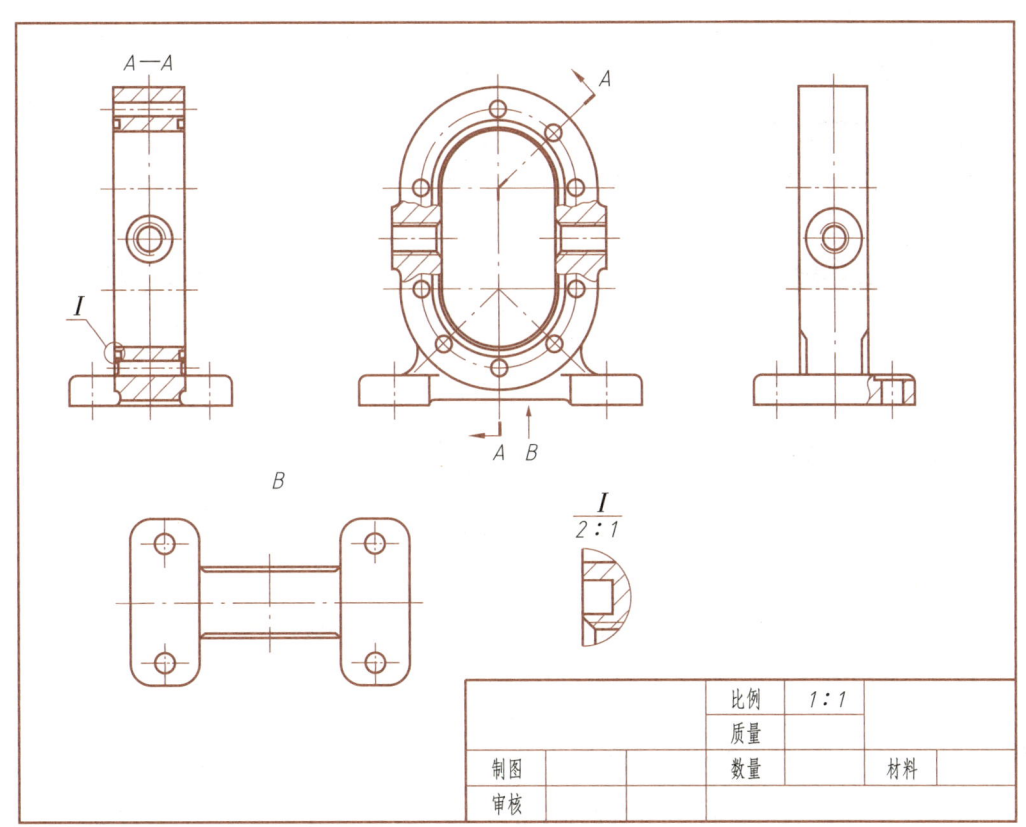

图 5-19 泵体视图

图 5-20 左泵盖轴测图

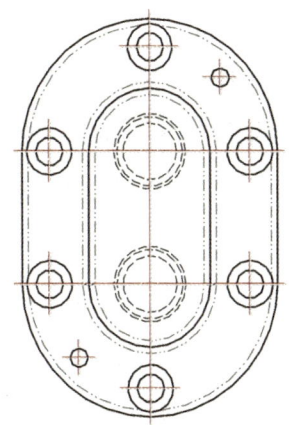

图 5-21 左泵盖左视图

(2) 生成主视图

选择"布局"选项卡下的"视图 – 对齐剖视图" 对齐剖视图，在弹出的对话框中，"基本视图"选择"左视图"，"基点"选择图 5-22 中的点 1（左泵盖上端半圆圆心）和点 2（螺钉孔中心），"对齐点"选择点 3（右上销孔中心），向左移动鼠标，在合适位置单击，生成全剖的左泵盖主视图，如图 5-22 所示。

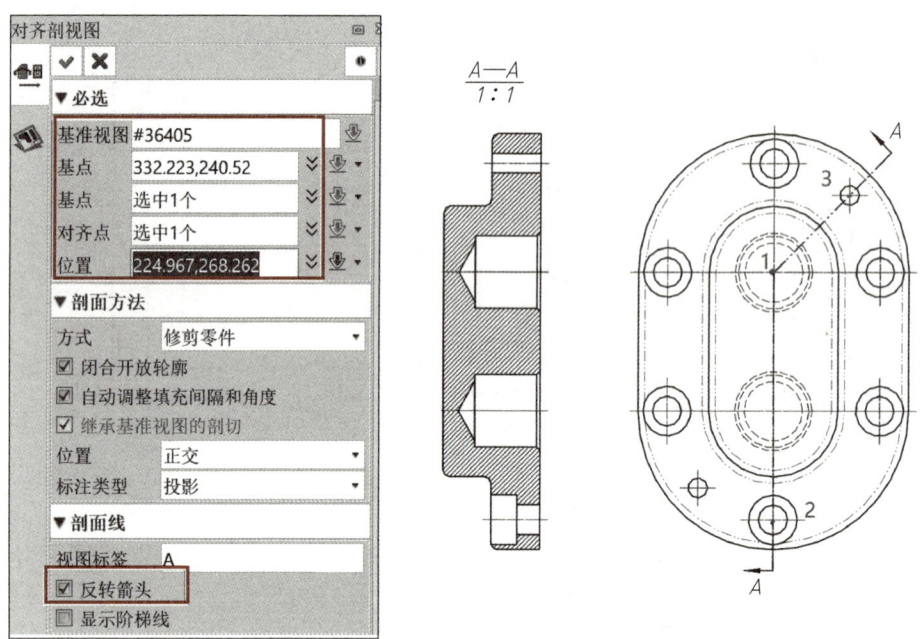

图 5-22　左泵盖主视图

(3) 消隐多余线条,完成左泵盖工程图

选择主视图、左视图,在属性对话框"线条"选项下,分别选择"消隐""切线""消隐切线","线型"均设置为"忽略",并单击"确定",得到如图 5-23 所示的左泵盖工程图。

(4) 输出 DWG 格式文件

选择"文件"下拉菜单中的"输出",设置文件保存位置、文件名及保存类型,输出 DWG 格式的左泵盖工程图文件。

(5) 完善左泵盖工程图

用中望 CAD 软件打开左泵盖工程图,删除重线、调出图幅、图线分层的方法不再赘述。得到左泵盖视图如图 5-24 所示。

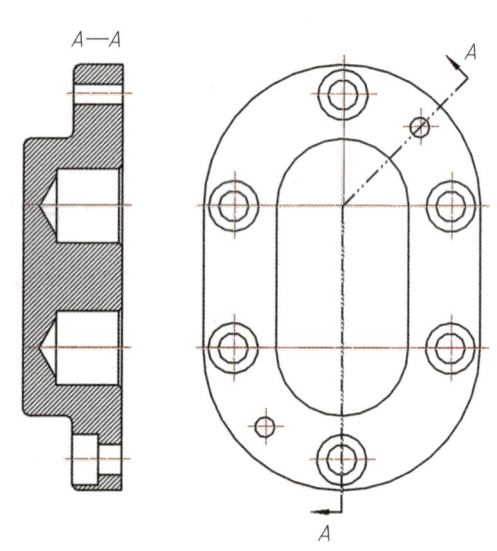

图 5-23　左泵盖工程图

同类零件的表达方法具有类似性,生成工程图的方法也基本相同,其他零件的视图分别如图 5-25 至图 5-30 所示。

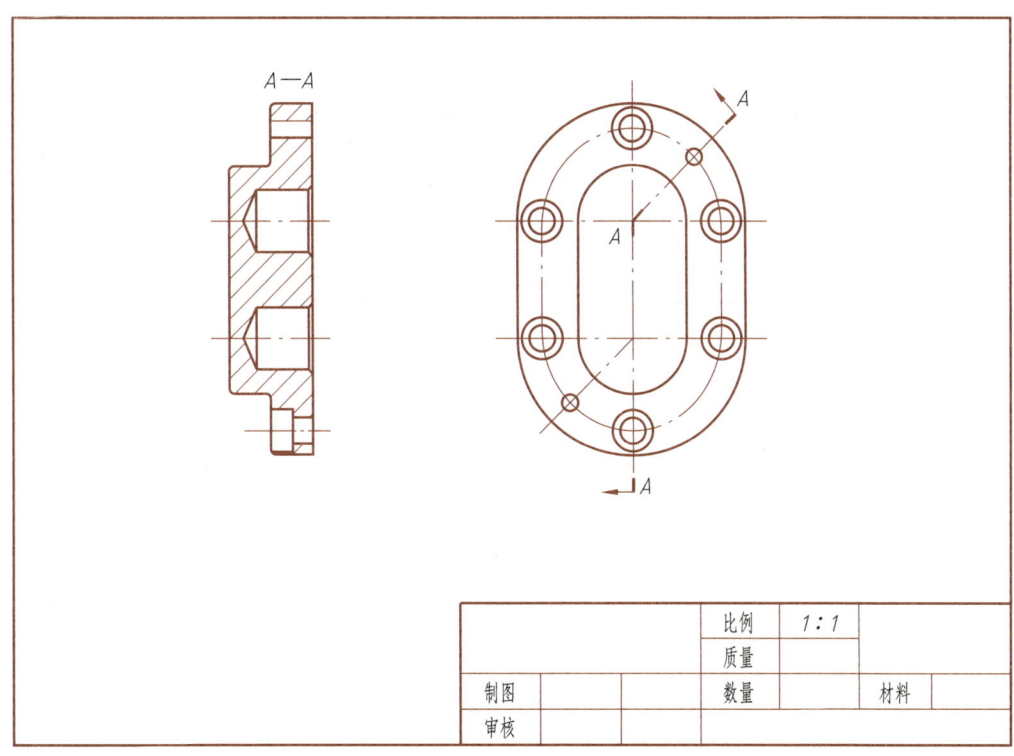

图 5-24 左泵盖视图

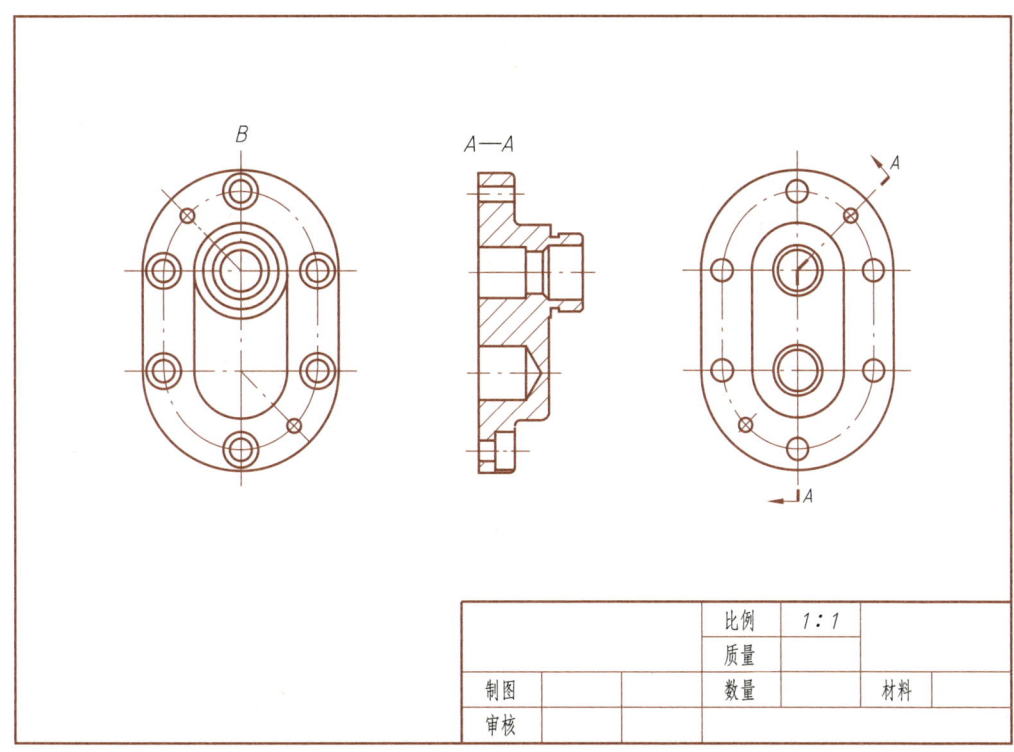

图 5-25 右泵盖视图

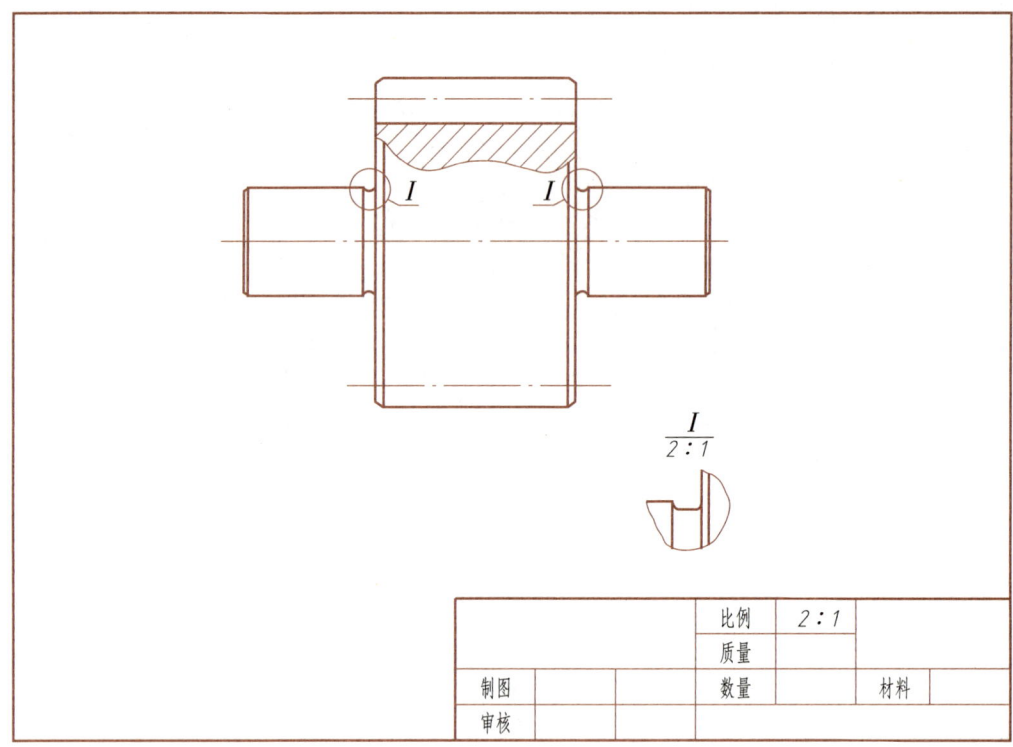

图 5-26 从动齿轮轴视图

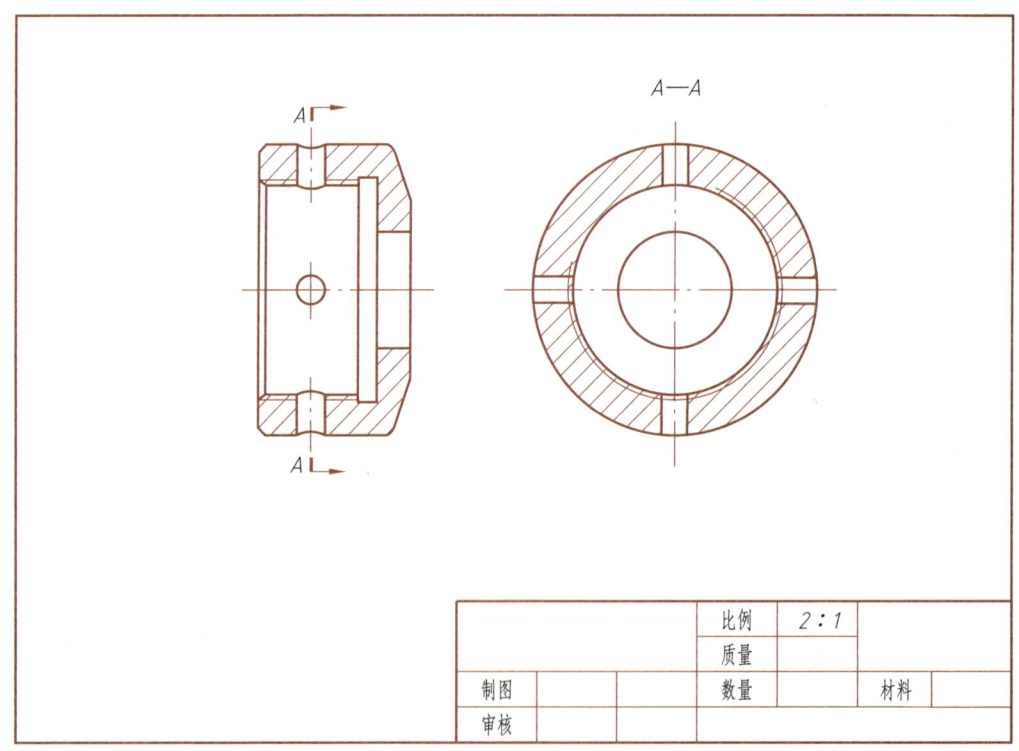

图 5-27 压紧螺母视图

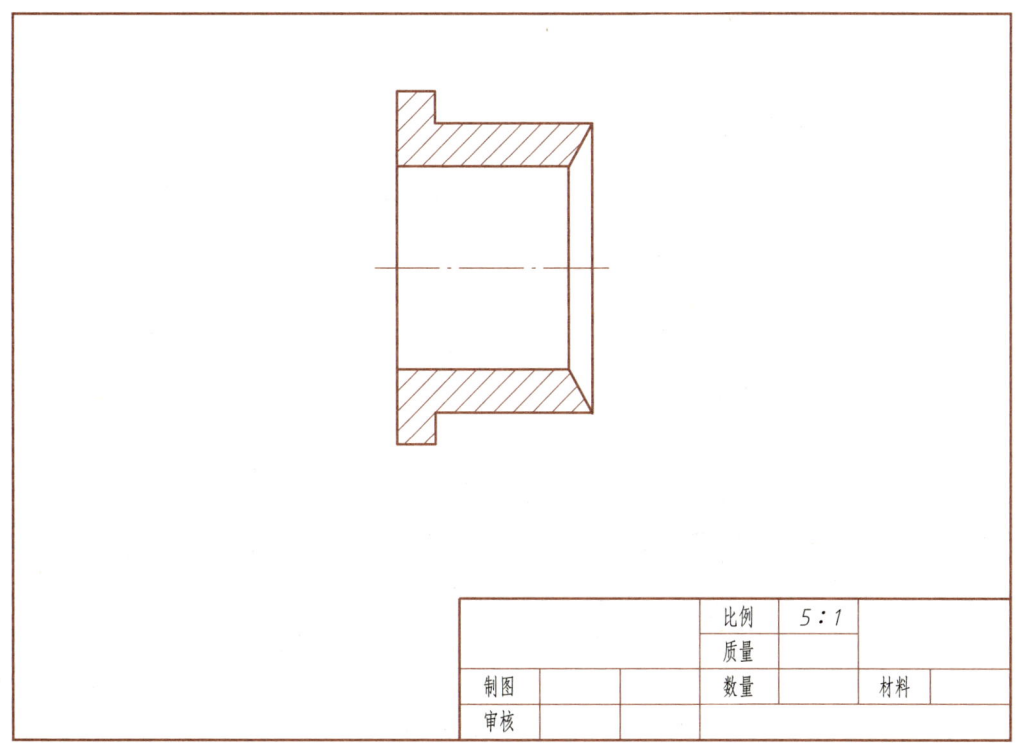

图 5-28 压盖视图

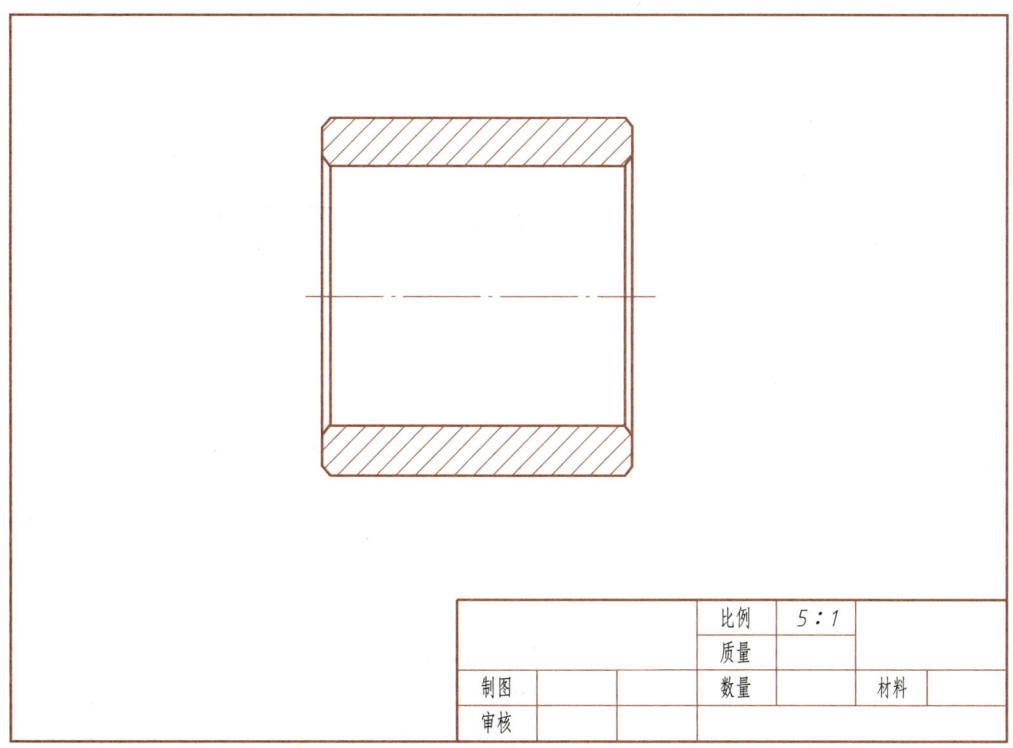

图 5-29 轴套视图

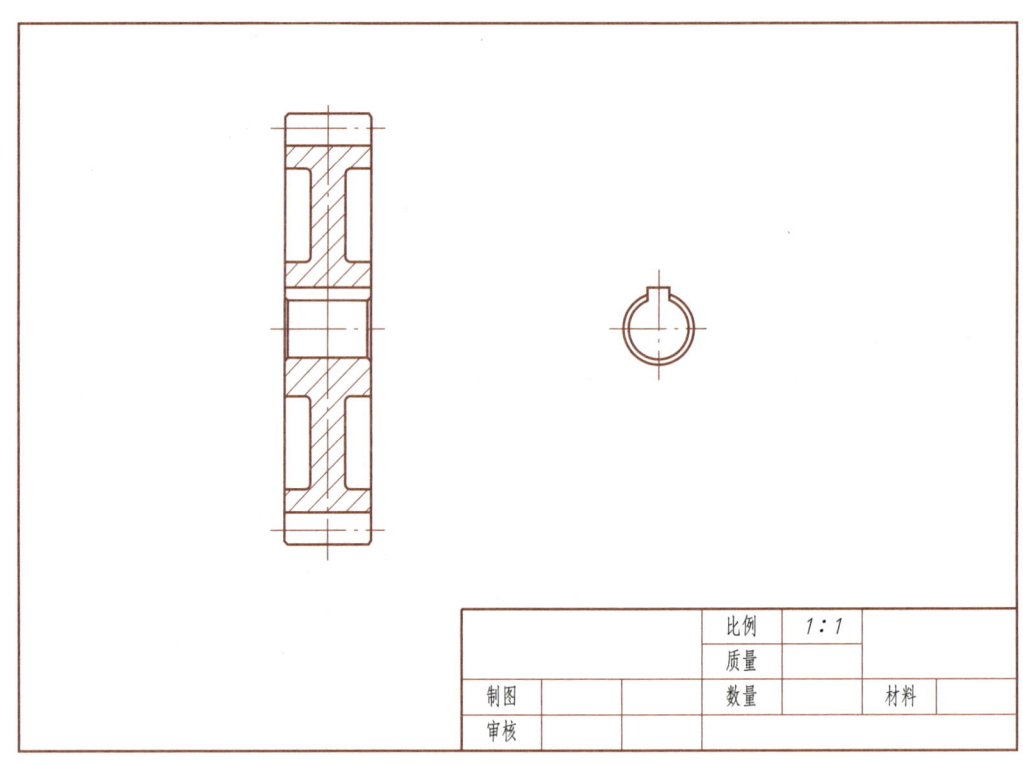

图 5-30 外齿轮视图

【任务评价】

具体评价反馈见表 5-1。

表 5-1 评价反馈表

操作步骤	操作要点	自我评价
主动齿轮轴的视图表达	主动齿轮轴的视图表达方法，齿轮的画法	【操作】 □正确 □错误
泵体的视图表达	泵体的视图表达方法	【操作】 □正确 □错误
左泵盖的视图表达	右泵盖的视图表达方法	【操作】 □正确 □错误
检查、校对	认真校对	【操作】 □正确 □错误

【任务小结】

本任务主要学习了由主动齿轮轴、泵体和左泵盖三维模型生成其工程图的方法,应掌握轴套类、箱体类和盘盖类零件的视图表达方法和生成工程图的过程,同时还应学会三维软件和二维软件协同,提高工作效率的方法。

【知识拓展】

工程图技巧

1) 工程图背景颜色设置。如图 5-31 所示,右键单击"管理器"中的"图纸",选择快捷菜单中的"属性",在弹出的图纸属性对话框中,单击显示纸张颜色后面的颜色按钮,选择需要的背景颜色,本项目均选用白色。

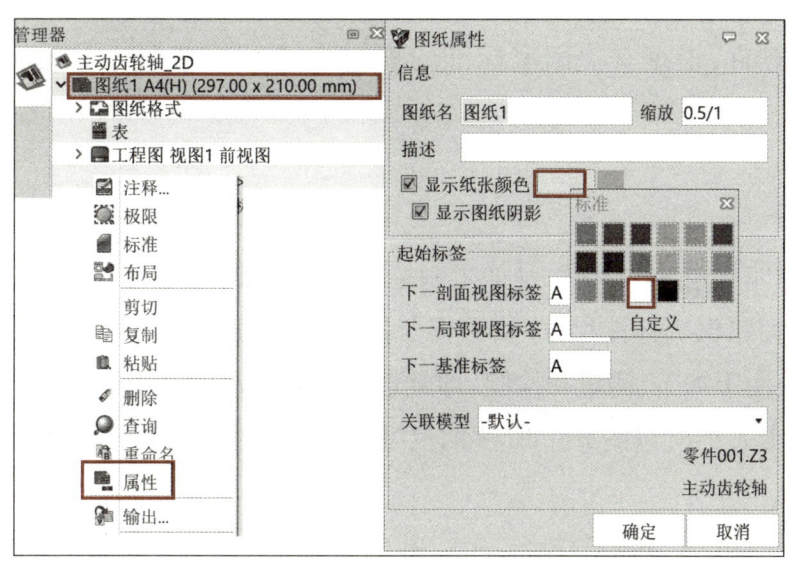

图 5-31 工程图背景颜色设置

2) 工程图中图线的线宽、线型及颜色,符号的位置及名称,文字的字体及大小等都可右键单击视图,在弹出的图纸属性对话框中进行设置。

【思考实践】

1. 完成齿轮油泵从动齿轮轴的工程图。
2. 完成齿轮油泵右泵盖的工程图。

任务二　零件图尺寸标注

【任务要求】

技能点

1. 能按照国家标准,正确标注零件尺寸。
2. 能熟练编辑尺寸、添加尺寸公差。

知识点

1. 尺寸标注。
2. 尺寸公差。

【任务引入】

用中望CAD软件,根据有关国家标准的规定,正确、合理地标注齿轮油泵非标零件的尺寸。

【知识链接】

尺寸是图样中非常重要的内容,是加工制造零件的主要依据,也是图样中指令性最强的部分,不允许出现任何错误。标注尺寸时,不仅要做到正确、完整、清晰,还要保证机器的使用性能,满足工艺要求,便于加工、测量和检验,即合理。尺寸标注的基本原则及注意事项如下:

1) 机件的真实大小应以图样上所注的尺寸数值为依据,与图形的大小及绘图的准确度无关。

2) 机件的每一个尺寸,一般只标注一次,并应标注在反映该结构最清楚的图形上。

3) 图样中的尺寸,以毫米为单位时,不需要标注单位符号或名称,如采用其他单位,则必须注明相应的单位符合,如45度30分应写成45°30′。

4) 图样中所标注尺寸为机件的最后完工尺寸,否则应另加说明。

5) 正确选择尺寸基准,定位尺寸从基准出发进行标注。

6) 功能尺寸应直接注出。

7) 避免出现封闭尺寸链。

8) 应考虑加工方法,符合加工顺序,不同工序应尽量分开标注。

9) 应考虑方便加工和测量。

10) 同一特征的定形和定位尺寸应尽量集中标注。

11) 标注尺寸时,应尽可能使用符号或缩写词,常用的符号和缩写词见表5-2。

表 5-2 常用的符号和缩写词

名称	符号或缩写词	名称	符号或缩写词	名称	符号或缩写词
直径	ϕ	厚度	t	沉孔或锪平	⊔
半径	R	正方形	□	埋头孔	∨
球直径	$S\phi$	45°倒角	C	均布	EQS
球半径	SR	深度	↓	弧长	⌒

图样中的尺寸包括定形尺寸、定位尺寸和总体尺寸。定形尺寸用来确定物体中各组成部分的形状大小，定位尺寸用来确定组成物体各部分之间相互位置，总体尺寸表示物体总体形状大小。为了标注定位尺寸，必须确定尺寸基准，尺寸基准是标注定位尺寸的起始点。一般选用物体的底面、对称面、主要的轴线、重要端面或较大的平面作为尺寸基准。

一般情况下，物体有长、宽、高三个方向的尺寸，所以每个方向至少应该有一个主要基准，为了便于加工、测量，还可以有若干辅助基准。辅助基准必须有尺寸与主要基准相联系。

【任务实施】

1. 主动齿轮轴尺寸标注

（1）选择基准

主动齿轮轴径向尺寸基准为轴线，轴向尺寸的主要基准为齿轮左端面，齿轮右端面和齿轮轴左端面等作为轴向尺寸的辅助基准。

（2）标注尺寸

单击菜单栏"机械"下拉菜单"尺寸标注"中的"智能标注"（或命令行输入快捷指令"D"，按空格键），按照命令行提示，标注尺寸。

1）由径向基准出发标注各轴段尺寸"$\phi16$""$\phi14$""M12"和齿轮直径"$\phi42$""$\phi48$"。

2）标注轴向尺寸"20""30""65""150"。为使不同工序的工人看图方便，该零件图将车削（或磨削）加工尺寸集中标注在主视图上方，而将铣削的加工尺寸（键槽尺寸）标注在主视图下方。

3）标注出零件上的工艺结构圆角、退刀槽、键槽、中心孔的定形、定位尺寸。由于该零件所有倒角尺寸相同，所以在标题栏附近统一用文字描述倒角尺寸。

（3）增强尺寸

双击尺寸，弹出如图 5-32 所示的增强尺寸标注对话框（软件中的"基本尺寸"在国家标准中称为"公称尺寸"），在此窗口可以添加符号、配合代号、尺寸偏差，修改标注样式等。分别双击各轴段及齿轮径向尺寸，单击"文字"下的符号按钮，添加直径符号"ϕ"，并单击对话框右上角的添加公差按钮，添加尺寸"$\phi48$""$\phi16$""$\phi14$"的尺寸偏差，主动齿轮轴尺寸标注如图 5-33 所示。

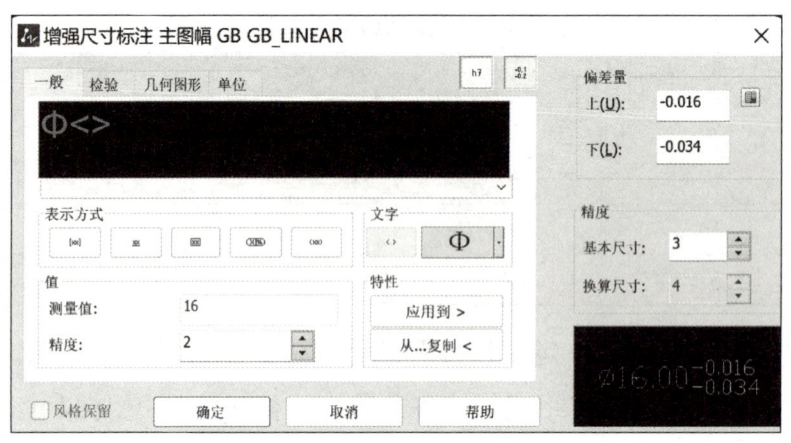

图 5-32 增强尺寸标注对话框

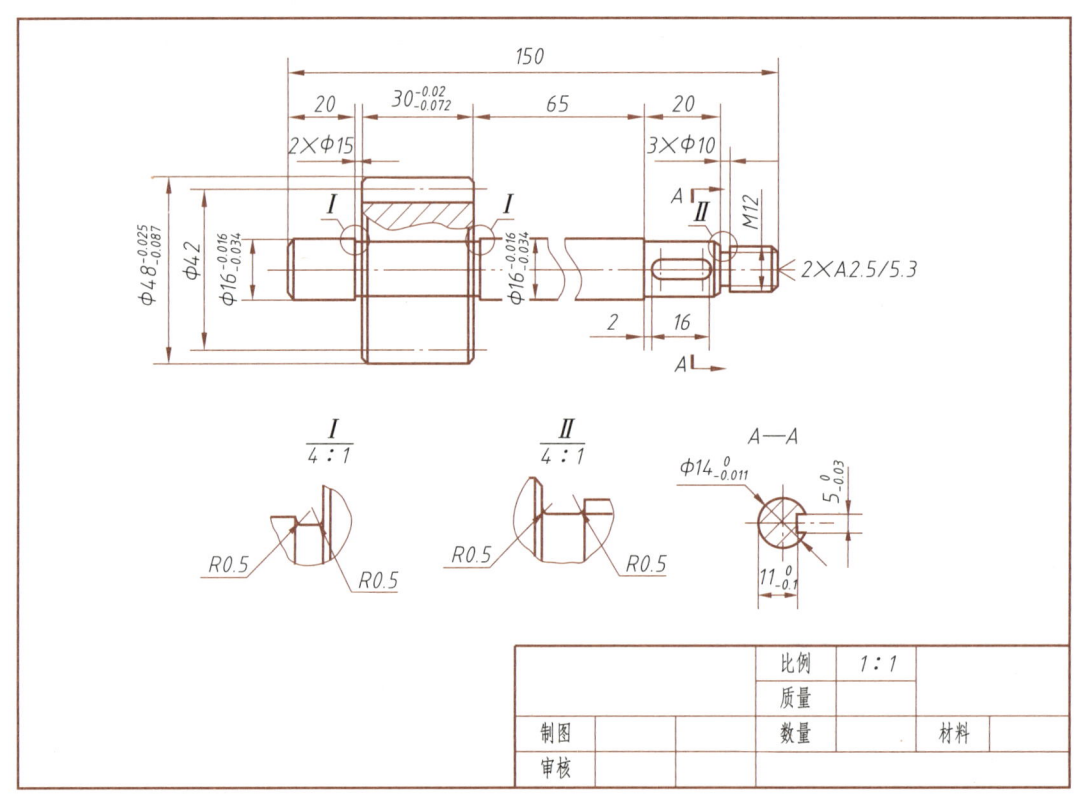

图 5-33 主动齿轮轴尺寸标注

注：当多个尺寸需要添加相同的符号或尺寸偏差时，双击其中一个尺寸，在增强尺寸对话框中完成添加后，单击"特性"下的"应用到"，根据命令行提示，选择其他尺寸，按空格键，即可完成相同符号或尺寸偏差的添加。

2. 泵体尺寸标注

（1）选择基准

泵体的左右对称面是长度方向的主要基准，前后对称面是宽度方向的主要基准，底面是高度方向的主要基准。泵体内腔长圆孔上面的中心线为高度方向的辅助基准，两基准之间有尺寸"90"相联系。

(2) 标注尺寸

单击菜单栏"机械"下拉菜单"尺寸标注"中的"智能标注"(或命令行输入快捷指令"D",按空格键),按照命令行提示,标注尺寸。

首先,标注泵体主体部分的定形尺寸"R42""ϕ48""30""120""70""12""R10""60""26"等和定位尺寸"96""90""42"等。

其次,标注泵体上进出油口定形尺寸、定位尺寸"ϕ25""Rc1/4""21""3""120°";标注螺纹孔、销孔的定形尺寸、定位尺寸"6×M8""2×ϕ6""R33""45°";标注底板上安装孔的定形尺寸、定位尺寸"$\frac{4\times\phi9}{\sqcup\phi16\nabla2}$""90""50";标注密封槽的定形尺寸、定位尺寸"R25.5""2.5""2.8"。其中进出油孔和安装孔定形尺寸采用"引线标注"命令(快捷键"YX")。

分别双击泵体长圆形内腔上下孔中心距、内腔半圆柱孔及销孔尺寸标注,添加尺寸偏差。泵体尺寸标注如图5-34所示。

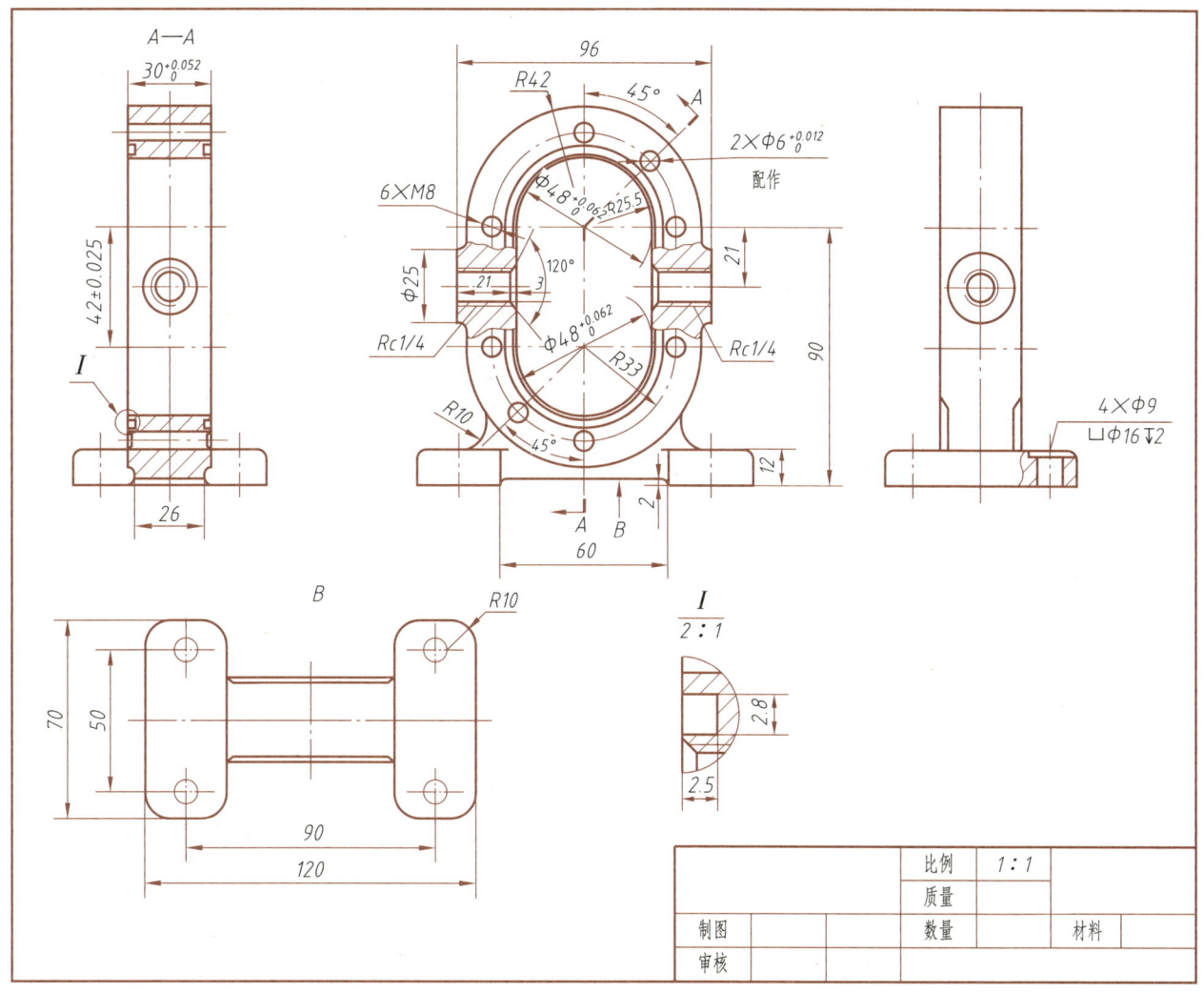

图5-34 泵体尺寸标注

3. 左泵盖尺寸标注

(1) 选择基准

左端盖长度方向的尺寸基准为右端面,宽度方向的尺寸基准为前后方向对称面,上部轴孔的轴线和下部轴孔的轴线分别为高度方向的主要基准和辅助基准,两基准之间有尺寸"42"相联系。

(2) 标注尺寸

单击菜单栏"机械"下拉菜单"尺寸标注"中的"智能标注"(或命令行输入快捷指令"D",按空格键),按照命令行提示,标注尺寸。

首先,标注左泵盖主体部分的定形尺寸、定位尺寸"R42""R20""30""15"。

其次,标注轴孔定形尺寸、定位尺寸"$\phi 18$""$22^{+0.021}_{0}$""20""42 ± 0.025"和螺纹孔、销孔的定形尺寸、定位尺寸"$\frac{6\times\phi 9}{\sqcup\phi 15 \downarrow 8}$""R33""$2\times\phi 6^{+0.012}_{0}$""45°",左泵盖尺寸标注如图 5-35 所示。

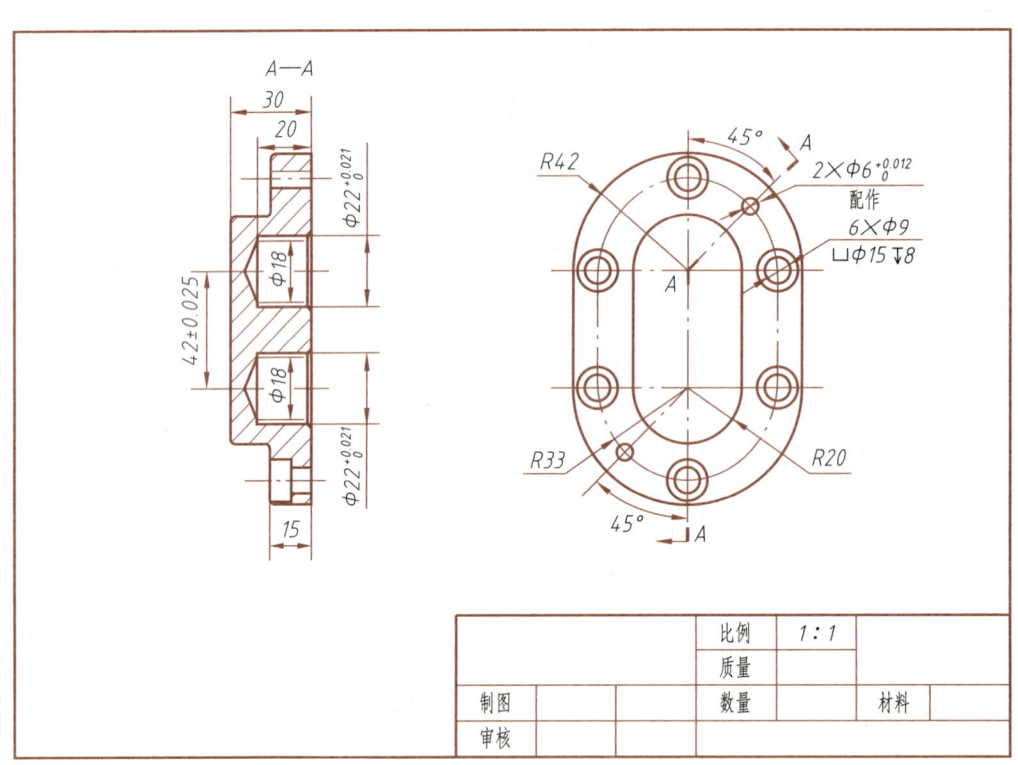

图 5-35 左泵盖尺寸标注

4. 其他零件尺寸标注

按照上述尺寸标注思路和方法,标注齿轮油泵其他零件图的尺寸,如图 5-36~图 5-41 所示。

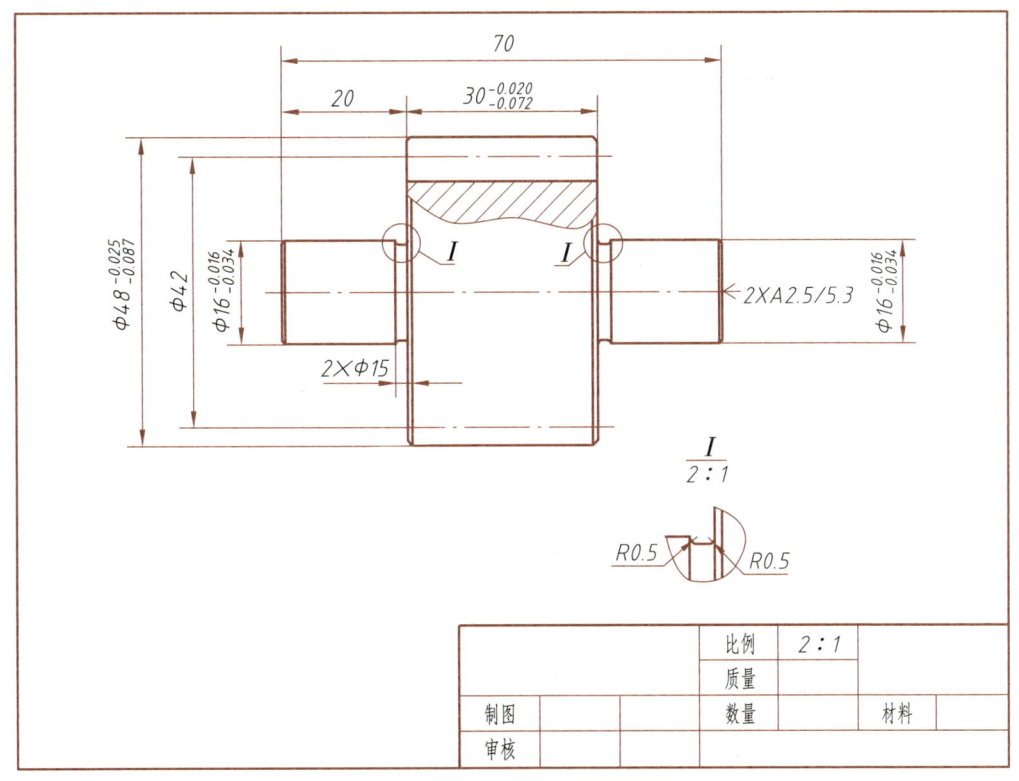

图 5-36 从动齿轮轴尺寸标注

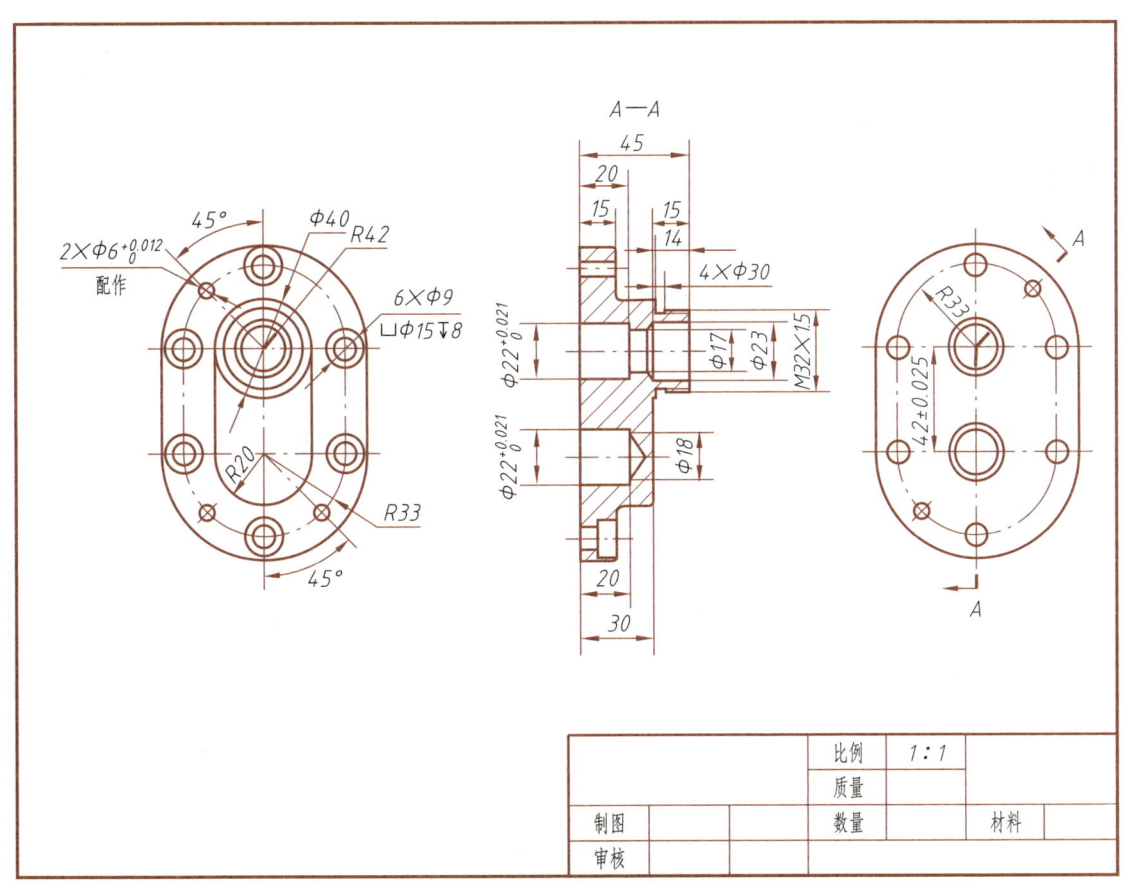

图 5-37 右泵盖尺寸标注

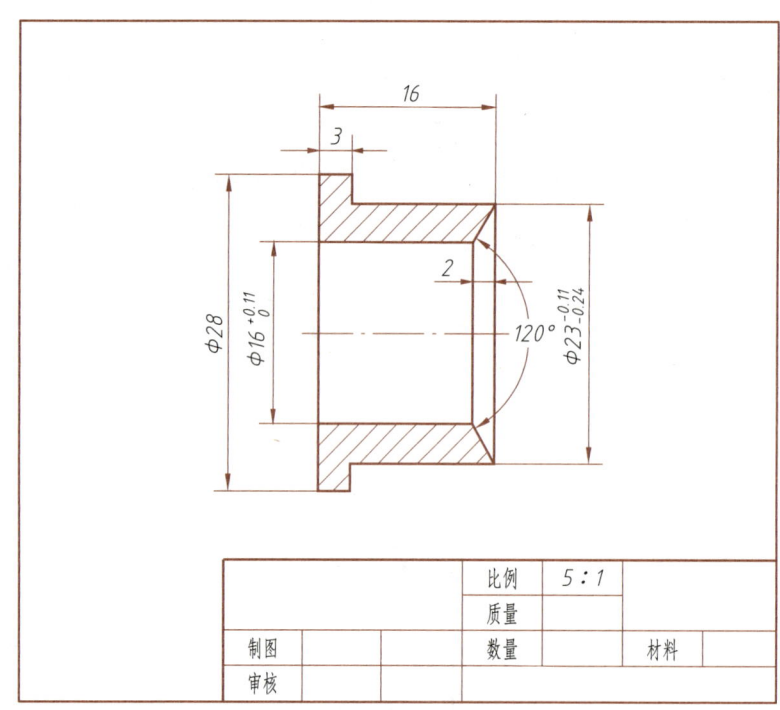

图 5-38 压盖尺寸标注

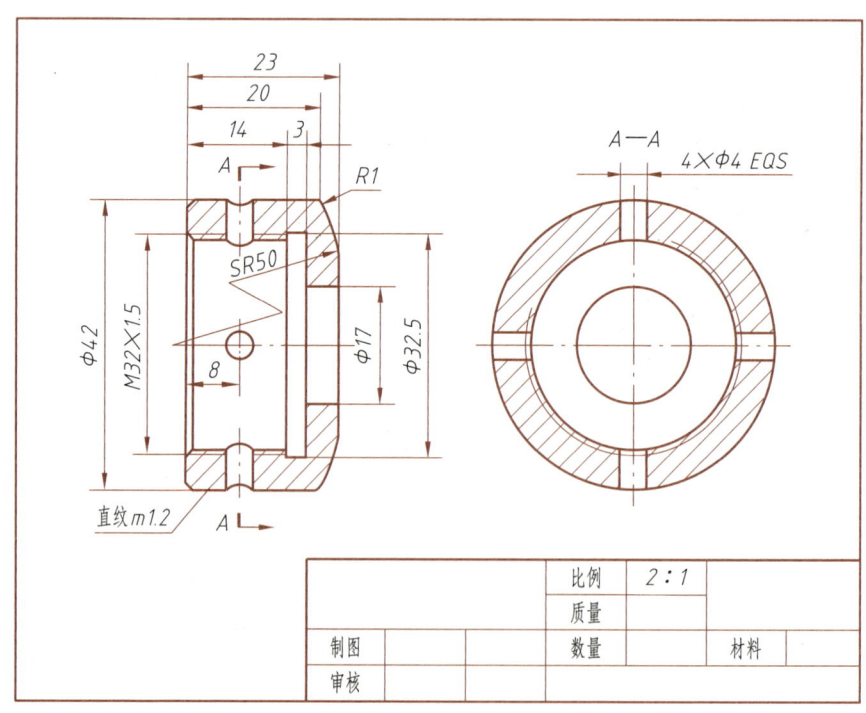

图 5-39 压紧螺母尺寸标注

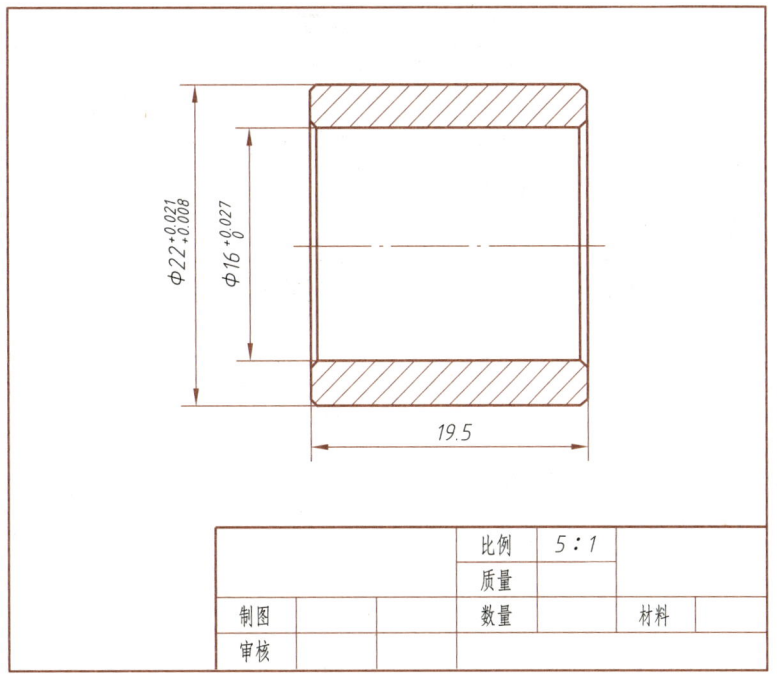

图 5-40 轴套尺寸标注

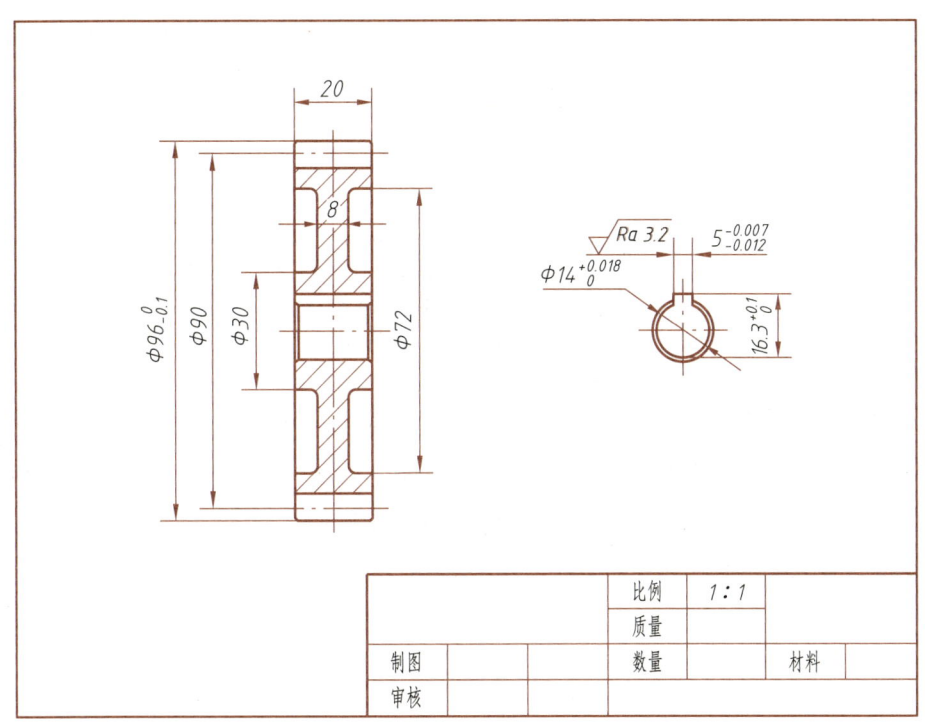

图 5-41 外齿轮尺寸标注

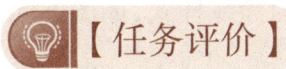

【任务评价】

具体评价反馈见表 5-3。

表 5-3 评价反馈表

操作步骤	操作要点	自我评价
标注主动齿轮轴尺寸	确定尺寸基准,标注主动齿轮轴的定形尺寸、定位尺寸和总体尺寸	【操作】 □正确 □错误
标注泵体尺寸	确定尺寸基准,标注泵体的定形尺寸、定位尺寸和总体尺寸	【操作】 □正确 □错误
标注左泵盖尺寸	确定尺寸基准,标注左泵盖的定形尺寸、定位尺寸和总体尺寸	【操作】 □正确 □错误
检查、校对	认真校对	【操作】 □正确 □错误

【任务小结】

本任务主要学习了主动齿轮轴、泵体、左泵盖的尺寸标注,通过这些零件的尺寸标注,了解轴套类、箱体类和盘盖类零件的制造工艺,学会选择零件的尺寸基准,能够正确、合理地标注零件尺寸。

【知识拓展】

快捷指令调用及样式设置

1. 中望 CAD 快捷指令的使用

在不清楚某个功能的快捷指令时,可先单击该功能按钮,在"命令行"会显示英文指令,一般快捷指令就是英文单词的首字母或前两个字母,输入该字母,按空格键,便可调用该功能。

2. 中望 CAD 图幅设置、图层设置、文字与标注样式设置

1) 图幅设置:在图幅设置对话框中,设置所需要的图幅,如图 5-42 所示。

2) 图层设置:在图层特性管理器对话框中,设置符合国家标准的各类线型,如图 5-43 所示。

3) 文字样式设置:在文字样式管理器对话框中,选择已有格式或者新建文字样式,设置符合国家标准的标注文字,如图 5-44 所示。

4) 标注样式设置:在标注样式管理器对话框中,设置符合国家标准的标注样式,如图 5-45 所示。

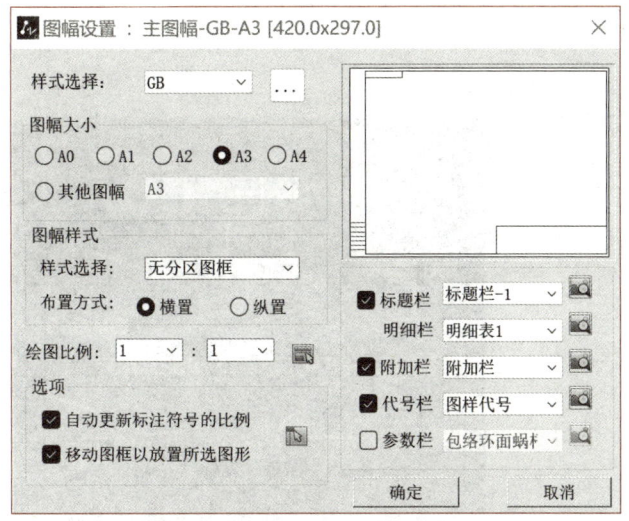

图 5-42　图幅设置

图 5-43　图层设置

图 5-44　文字样式设置

项目五　生成零件图

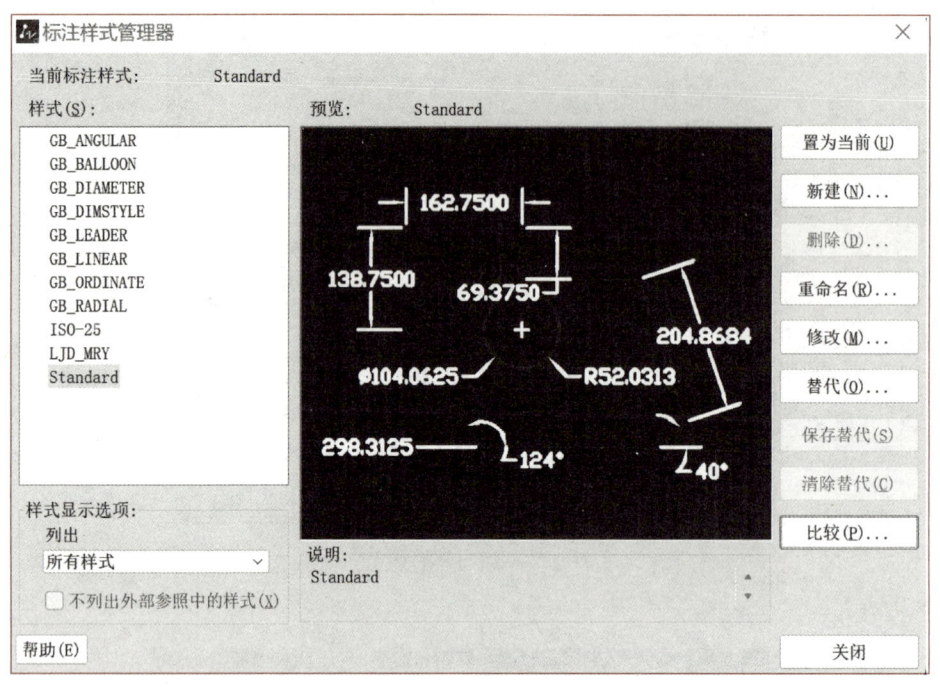

图 5-45 标注样式设置

【思考实践】

1. 完成齿轮油泵从动齿轮轴的尺寸标注。
2. 完成齿轮油泵右泵盖的尺寸标注。

任务三 零件图技术要求

【任务要求】

技能点

1. 能根据零件表面的功能,正确、合理地标注表面粗糙度。
2. 能根据零件的功能要求,正确、合理地标注几何公差。
3. 能熟练地使用二维软件标注零件的技术要求。
4. 能熟练地虚拟打印图样。

知识点

1. 表面粗糙度。
2. 几何公差。
3. 热处理。

【任务引入】

根据有关国家标准规定,结合零件的功用,在任务二视图表达的基础上,标注零件图的表面粗糙度、几何公差、热处理等技术要求,填写标题栏,并虚拟打印零件图。

【任务实施】

零件图中除了图形和尺寸外,还应具有加工和检验零件的技术要求,主要包括表面粗糙度、尺寸公差、几何公差、材料的热处理和表面处理方法,以及对指定加工方法和检验的说明等,通常用符号、代号或标记标注在图形上,或者用简明的文字注写在标题栏附近。技术要求是保证零件质量的重要措施,但是过分要求会增加成本,所以技术要求的选择应该在满足零件功能要求的条件下,兼顾经济性。

由于零件的尺寸公差注写在公称尺寸之后,已经在标注零件尺寸时一同加注,所以不再重复介绍。

1. 标注表面粗糙度

表面粗糙度直接影响零件的耐磨性、耐蚀性和密封、配合质量等,粗糙度参数数值越小,零件表面越光滑,制造成本越高,所以在满足功能要求的情况下,表面粗糙度数值应尽量选大些,避免造成不必要的生产浪费。通常零件有配合关系或者相接触的表面,表面质量要求较高,表面粗糙度数值要选小些。具体标注方法是:单击菜单栏"机械"下拉菜单"符号标注"中的"粗糙度"(或命令行输入快捷指令"CC",按空格键),在图 5-46 所示的粗糙度对话框设置参数,

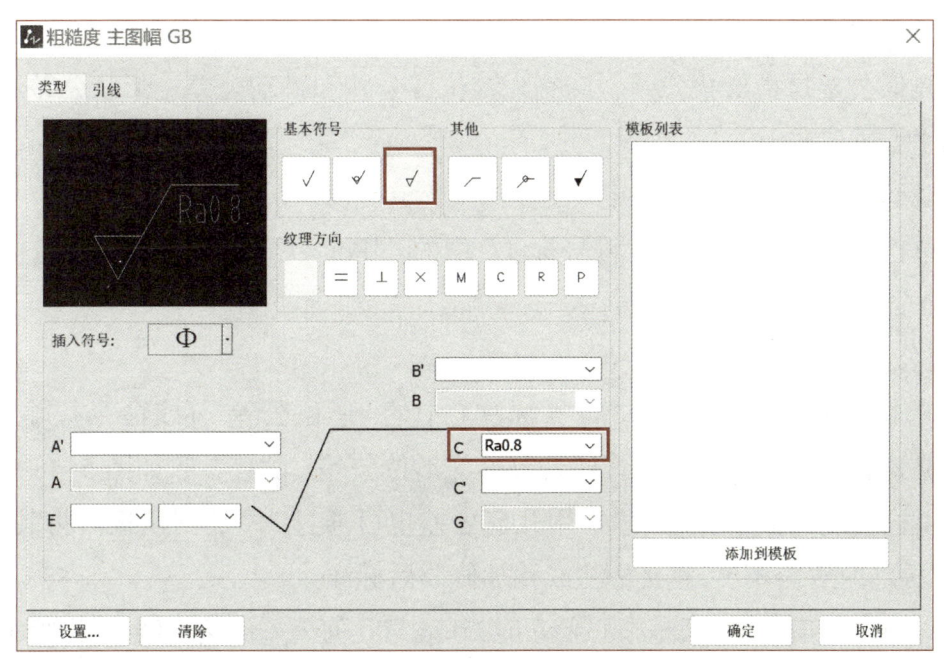

图 5-46 粗糙度对话框

按照命令行提示,分别标注表面粗糙度。对于具有相同表面粗糙度要求的零件表面,统一标注在标题栏上方。当多个表面具有相同的表面粗糙度要求或者图纸空间有限时,可以采用简化标注,如下文将提到的右泵盖零件图。

注:单击对话框左下角的"设置",可以设置标准、引线、文字等。选择标准系列"GB06",在粗糙度对话框"C"右侧列表中可直接选用表面粗糙度。单击对话框右下角的"添加到模板",可把常用表面粗糙度"Ra0.8""Ra1.6""Ra3.2""Ra6.3""Ra12.5"等,添加到模板列表,需要标注时,双击相应模板参数即可标注。表面粗糙度参数设置如图 5-47 所示。

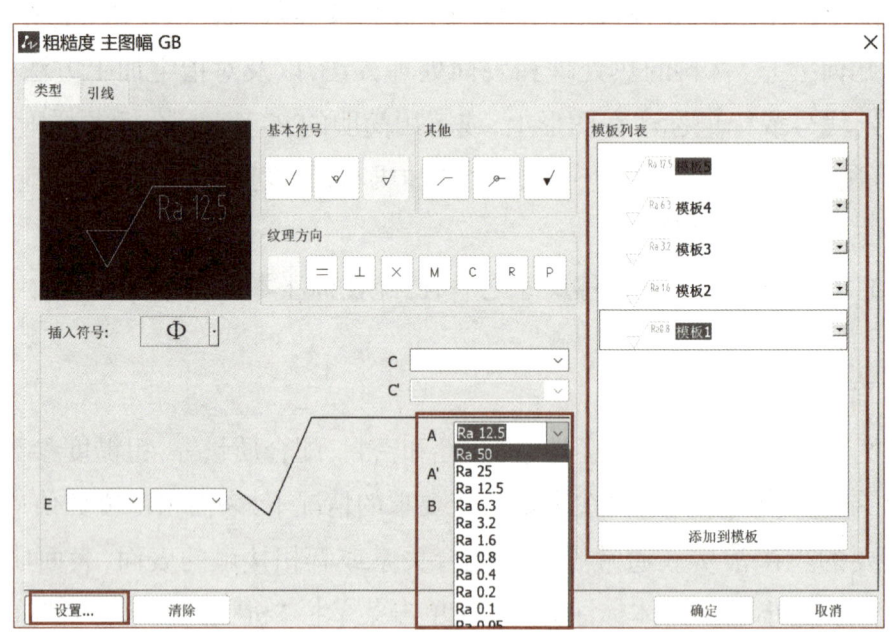

图 5-47 表面粗糙度参数设置

2. 标注几何公差

零件的几何公差是指形状公差、方向公差、位置公差和跳动公差。形状公差不需要基准,其他公差标注需要基准。

(1) 基准标注

单击菜单栏"机械"下拉菜单"符号标注"中的"基准"(或命令行输入快捷指令 JZ,按空格键),按照命令行提示,标注基准。

(2) 几何公差标注

单击菜单栏"机械"下拉菜单"符号标注"中的"形位公差"(或命令行输入快捷指令"XW",按空格键,中望 CAD 软件将几何公差称为形位公差),设置参数如图 5-48 所示,按照命令行提示,标注几何公差。对于一些常用几何公差也可通过"添加到模板",将其添加到模板列表中,需要标注时双击调出,直接标注或稍加修改后标注。

注:当基准要素和被测要素是中心要素时,基准与几何公差的指引线应分别和相应尺寸线对齐,并且两者基准符号应一致。

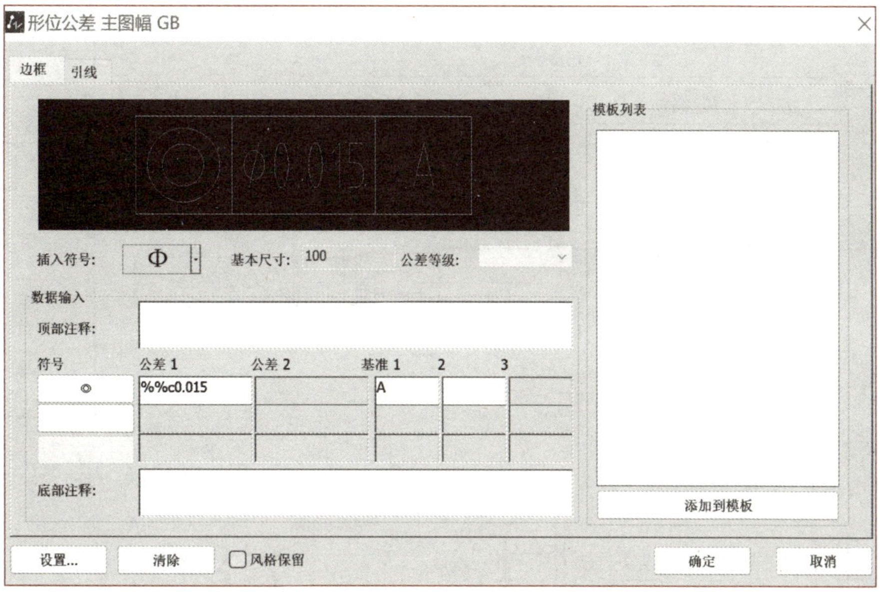

图 5-48 设置参数

3. 注写其他技术要求

零件的热处理、表面处理、零件未注工艺结构要求（如倒角尺寸、圆角尺寸、拔模斜度）等，统一用文字描述，放置在标题栏附近。

单击菜单栏"机械"下拉菜单"文字处理"中的"技术要求"（或命令行输入快捷指令"TJ"，按空格键），在技术要求对话框中输入技术要求，并单击"确认"。

注：对于常用零件的技术要求，可以从"技术库"中直接调取，也可自己编制，通过"存文件"保存，需要时通过"读文件"直接调取。技术要求对话框如图 5-49 所示。

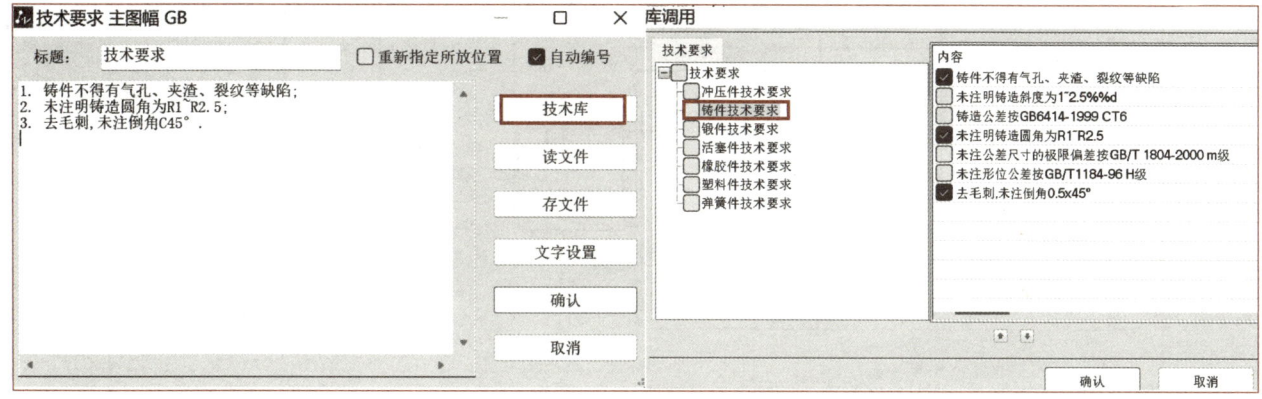

图 5-49 技术要求对话框

4. 填写标题栏

双击标题栏，在弹出的对话框中填写图号、图名、材料等信息。对于主动齿轮轴零件图、从动齿轮轴零件图、外齿轮零件图，需要在图框右上角绘制简化的齿轮参数表，并填写齿轮的有关参数。齿轮油泵所有非标零件的零件图如图 5-50~图 5-58 所示。

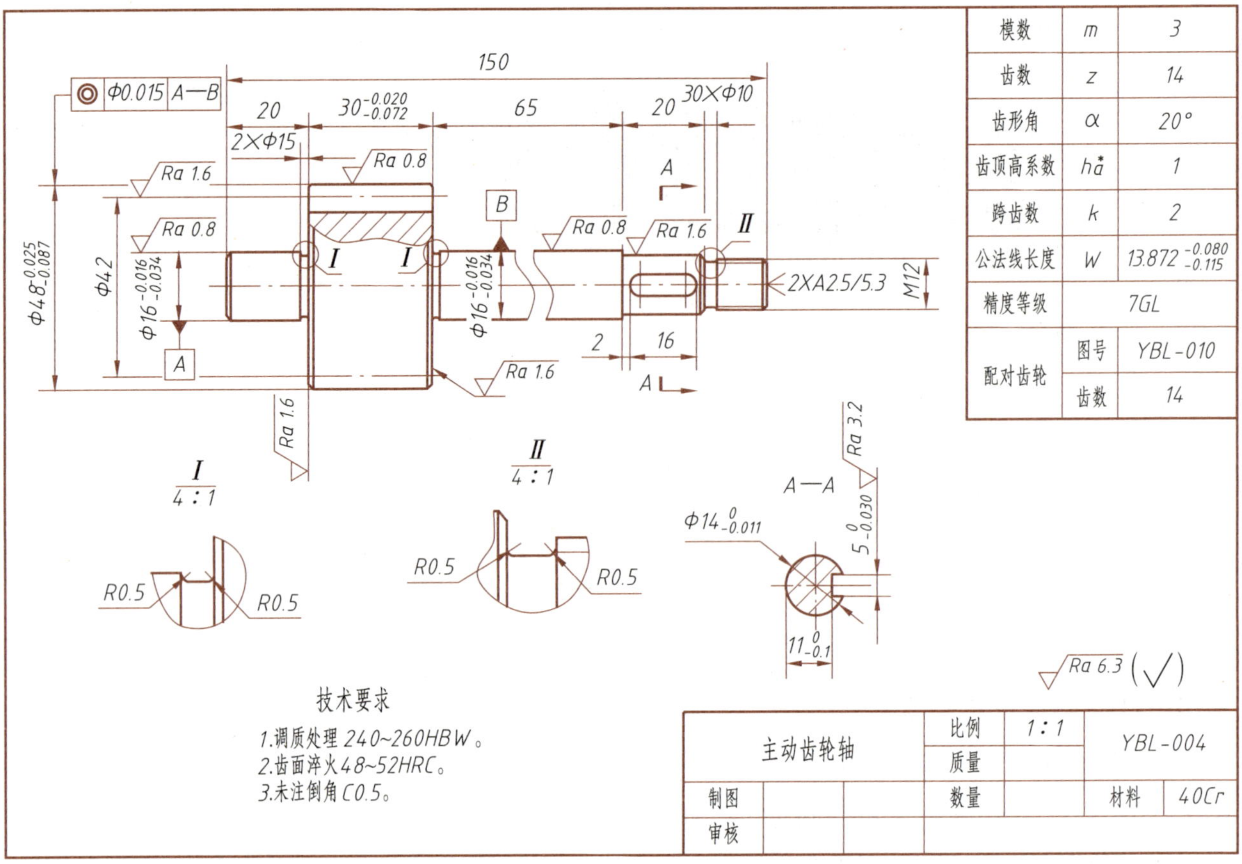

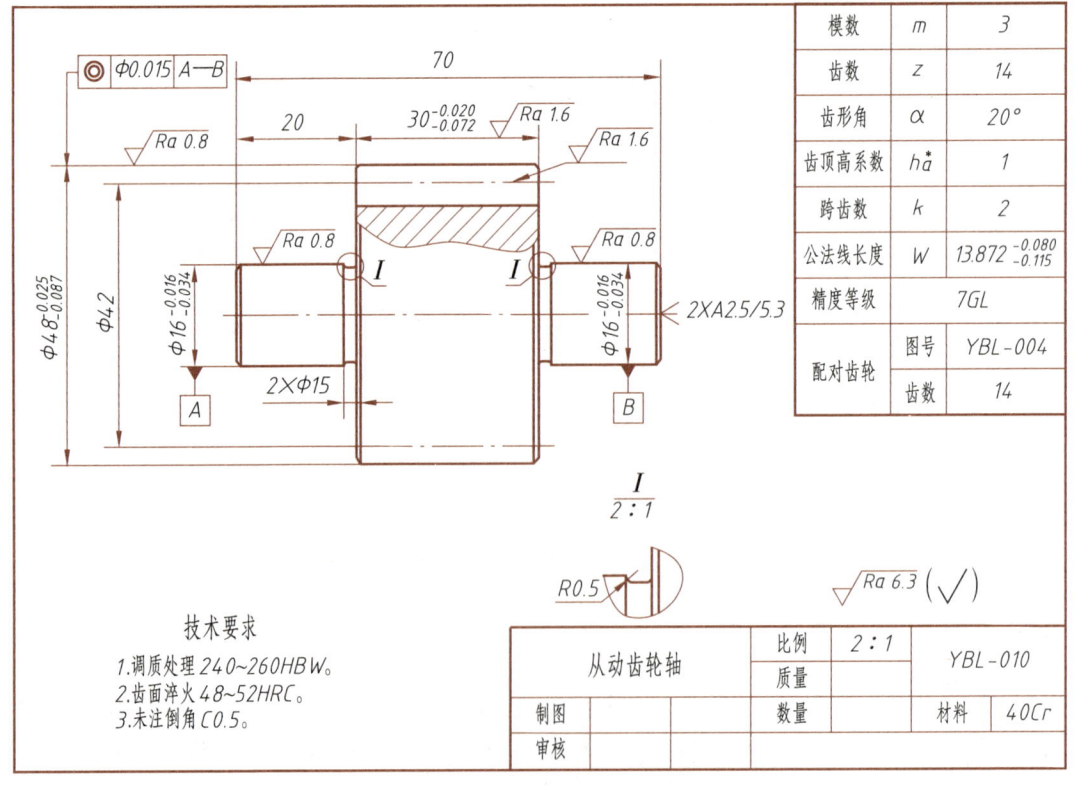

图 5-50 主动齿轮轴零件图

图 5-51 从动齿轮轴零件图

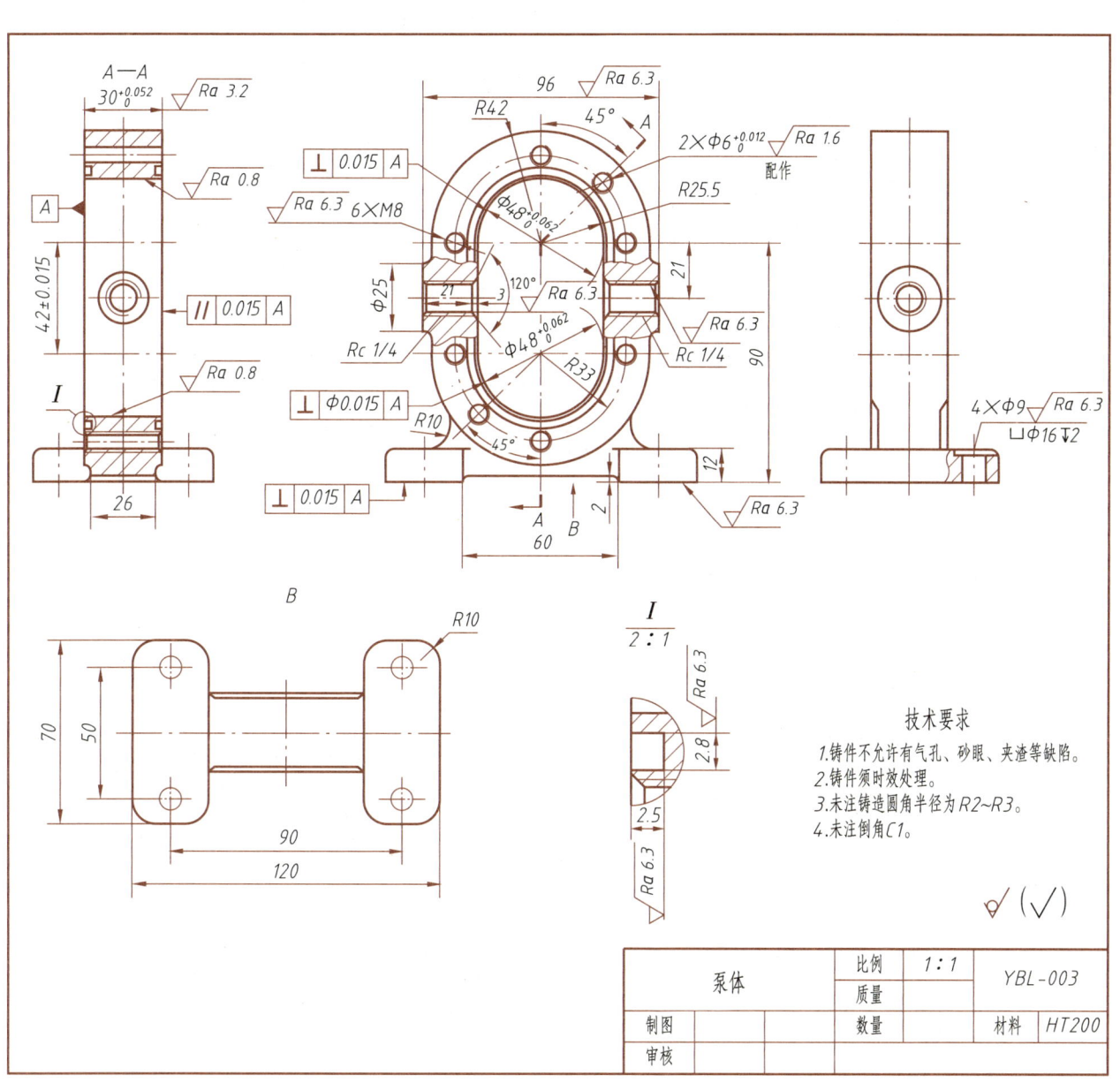

图 5-52 泵体零件图

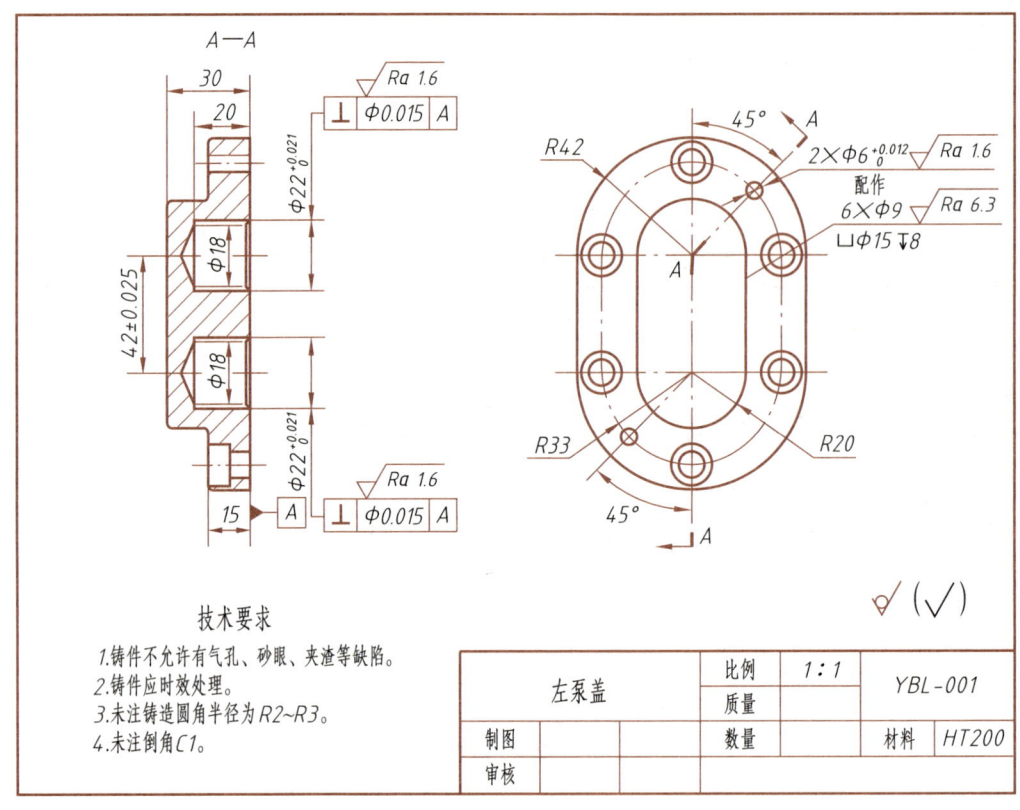

图 5-53 左泵盖零件图

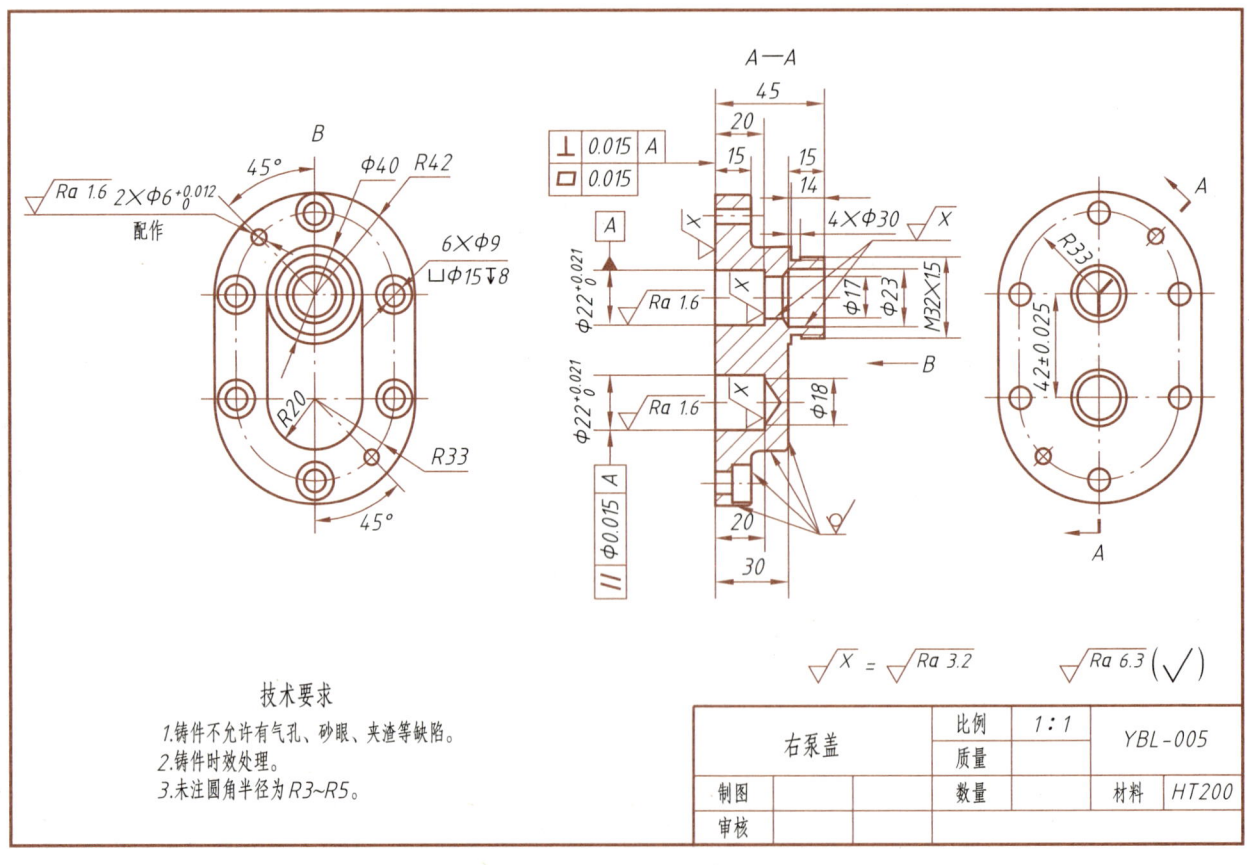

图 5-54 右泵盖零件图

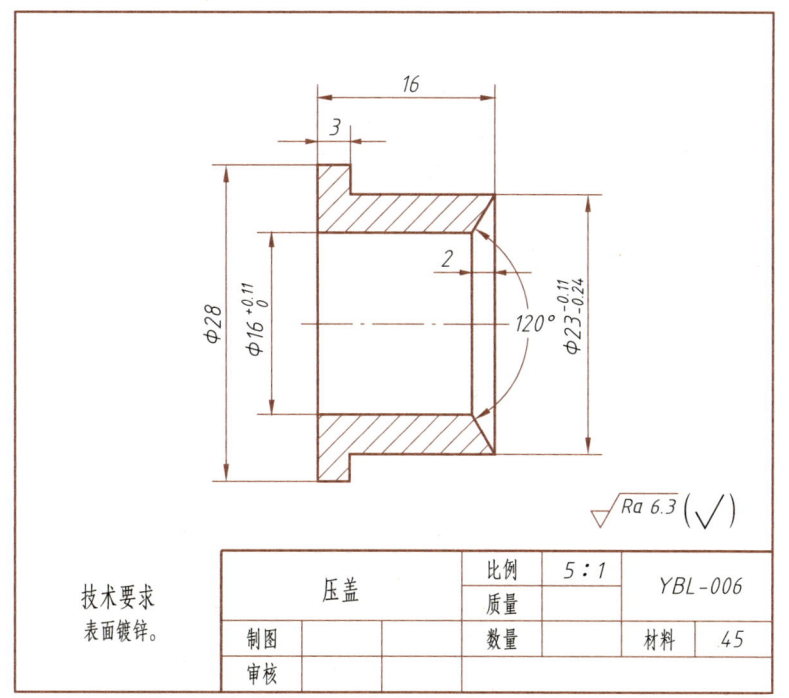

图 5-55 压盖零件图

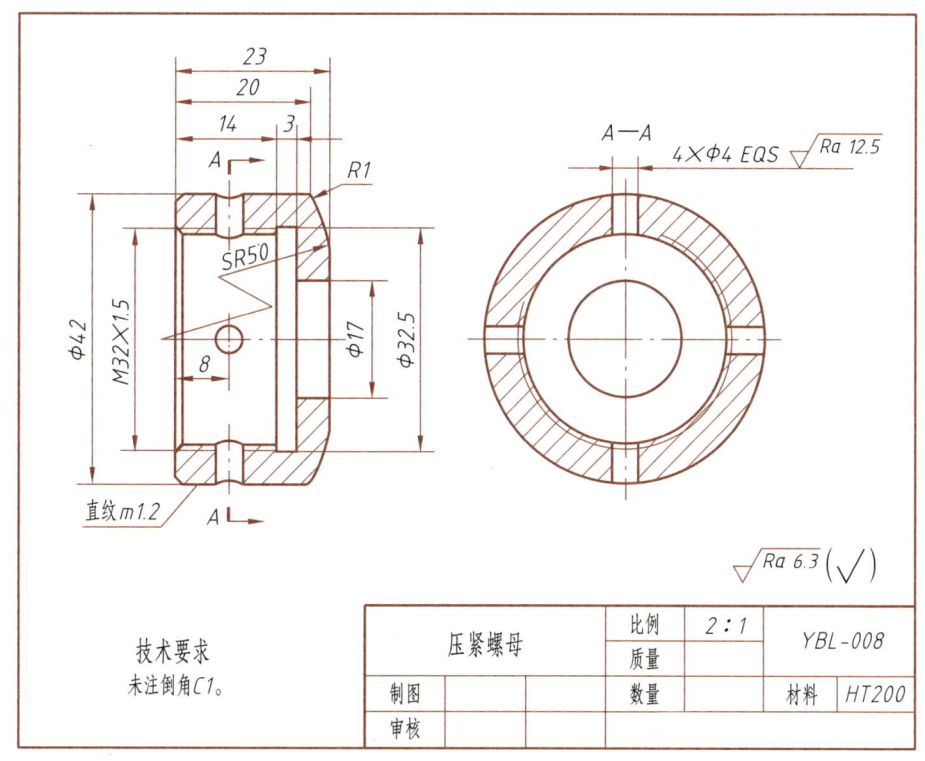

图 5-56 压紧螺母零件图

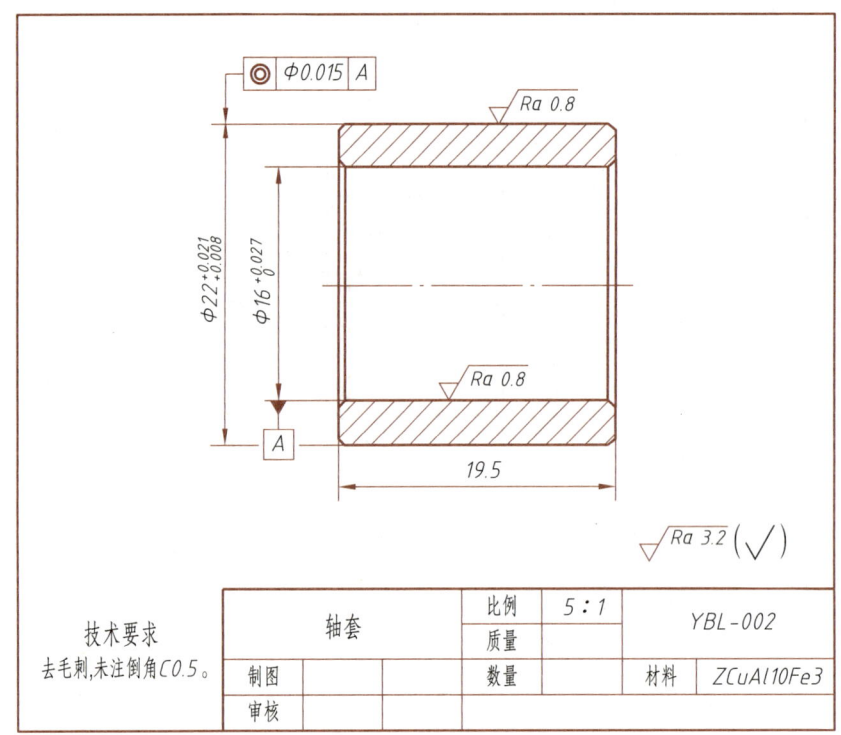

图 5-57 轴套零件图

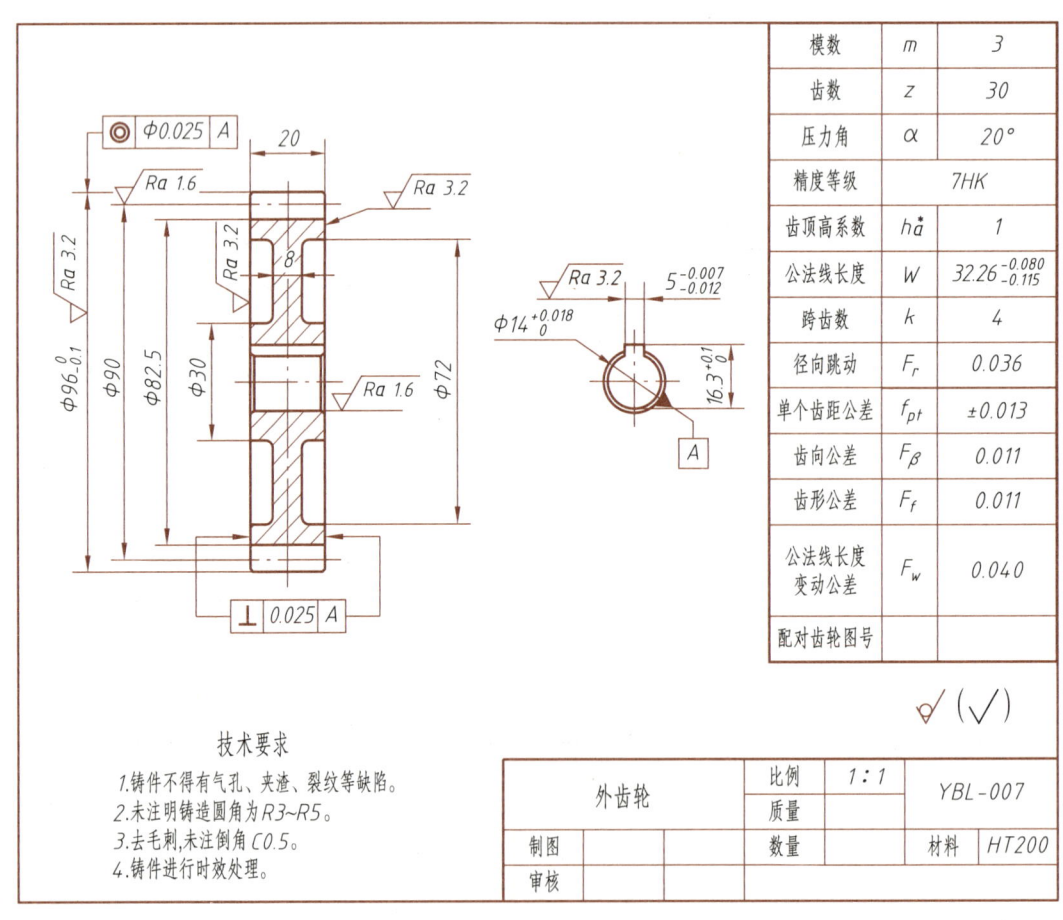

图 5-58 外齿轮零件图

5. 虚拟打印零件图

单击菜单栏中的"打印"（或输入快捷指令 Ctrl+P），弹出打印 – 模型对话框，按图 5-59 进行打印设置，生成 PDF 格式的齿轮油泵零件图和装配图。

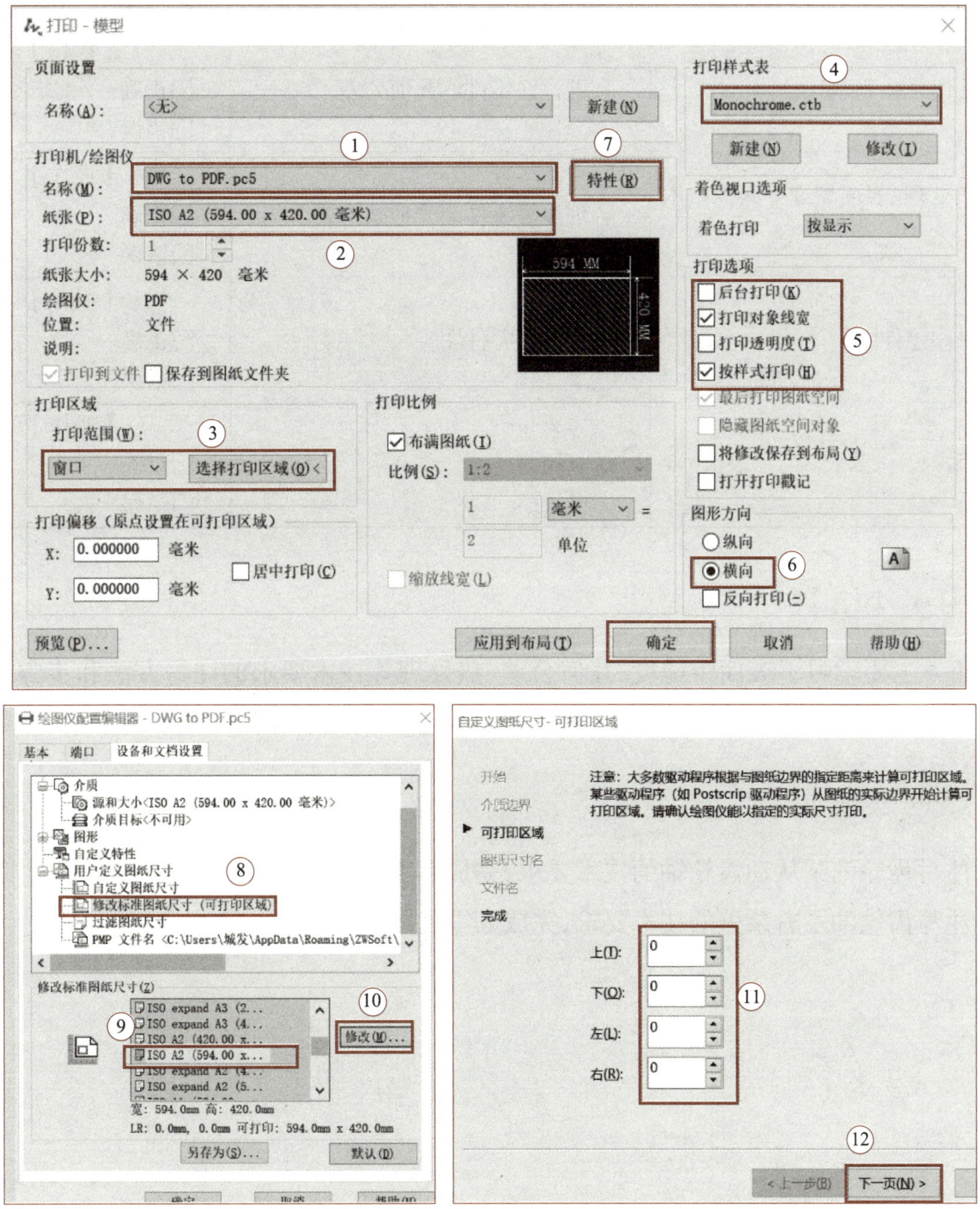

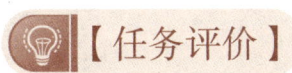

图 5-59　打印设置

【任务评价】

具体评价反馈见表 5-4。

表 5-4 评价反馈表

操作步骤	操作要点	自我评价
标注零件表面粗糙度	合理确定零件不同表面的表面粗糙度	【操作】 □正确 □错误
标注几何公差和基准	合理标注零件的几何公差	【操作】 □正确 □错误
注写热处理、表面处理等其他技术要求	合理注写零件的其他技术要求	【操作】 □正确 □错误
虚拟打印零件图	虚拟打印零件图	【操作】 □正确 □错误
检查、校对	认真校对	【操作】 □正确 □错误

【任务小结】

本任务主要学习了表面粗糙度、几何公差、热处理等技术要求的注写方法和步骤，应理解轴套类、箱体类和盘盖类零件的技术要求，能正确标注不同类型零件的技术要求。

【思考实践】

1. 注写齿轮油泵从动齿轮轴的技术要求，完成其零件图。
2. 注写齿轮油泵右泵盖的技术要求，完成其零件图。

项目六

生成装配图

 学习目标

在满足功能需要的条件下,应合理确定技术要求,兼顾产品经济性,综合利用装配图相关知识,生成装配图。通过学习培养学以致用的能力,团队协作的精神和认真负责的工作态度。

1. 知道齿轮油泵的工作原理、装配关系。
2. 能用合适的视图表达方法生成装配图。
3. 能正确、合理地标注装配图的尺寸和技术要求。
4. 能熟练使用软件的快捷键。
5. 能对零件编号,并生成明细表。

知识框架

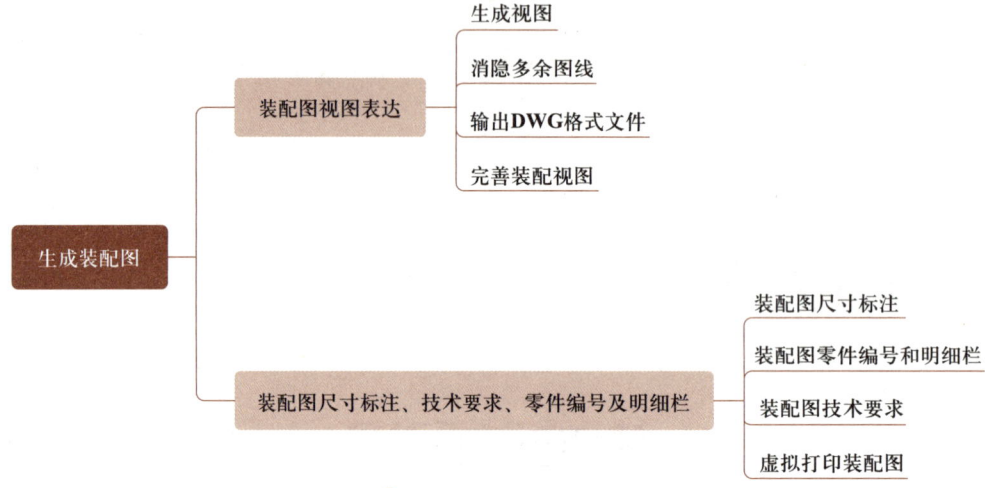

任务一　装配图视图表达

【任务要求】

技能点

1. 使用三维软件，能熟练地生成装配体的视图、剖视图等。
2. 能正确输出 DWG 格式视图文件。
3. 能熟练使用软件完善装配图。

知识点

1. 装配图的生成。
2. 输出文件。

【任务引入】

选用合适的视图表达方法，绘制齿轮油泵的装配图视图。

【任务实施】

本齿轮油泵采用主视图、左视图、俯视图及向视图4个视图，主视图采用全剖视图，主要表达齿轮油泵传动机构的传动路线、相关零件间的配合关系、泵盖与泵体螺纹连接及销定位情况；由于外齿轮尺寸较大，在左视图中易扰乱视线，同时为了避免重复，故简化作图；左视图采用拆卸画法,拆去外齿轮后绘制,同时在安装孔部位采用局部剖视,主要表达齿轮油泵及安装孔的结构形状、进出油口位置、螺纹连接及销定位位置等情况。另外,同样采用了拆卸画法,假想将左端盖、连接螺钉和定位销拆去后绘制 B 向视图,用于表达齿轮油泵内部齿轮的啮合、进出油口结构及油泵密封等情况。

1. 生成左视图

打开齿轮油泵装配文件,如图 6-1 所示,隐藏外齿轮,选择 DA 工具栏的"2D 工程图"按钮,单击"确定"进入工程图环境。在弹出的对话框中,"视图"选择"左视图",关闭"显示消隐线"按钮,不显示虚线,"比例"选择"1∶1",移动鼠标在合适位置,单击放置左视图。在左视图安装孔部位局部剖,得到如图 6-2 所示的齿轮油泵左视图。

图 6-1 齿轮油泵装配文件

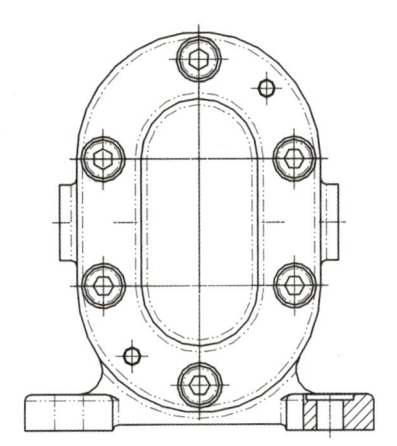
图 6-2 齿轮油泵左视图

2. 生成主视图

选择"布局"选项卡下的"视图 - 对齐剖视图" 对齐剖视图,在弹出的对话框中,"基本视图"选择"左视图","基点"选择图 6-3 中的 1 点(左泵盖上端半圆圆心),下一个"基点"选择点 2(螺钉孔中心),"对齐点"选择点 3(右上销孔中心),取消勾选剖面选项下的"组件剖切状态来源于零件",在列表中右键单击"主动齿轮轴"和"从动齿轮轴",选择不剖切。向左移动鼠标,在合适位置放置视图。

注:根据国家标准规定,螺纹紧固件、实心轴、手柄、连杆、键、销等,若纵向剖切,均按未剖绘制。

3. 生成俯视图

选择"布局"选项卡下的"投影"按钮 投影,"视图"选择"主视图",移动鼠标,在主视图下方合适位置放置俯视图,如图 6-4 所示。

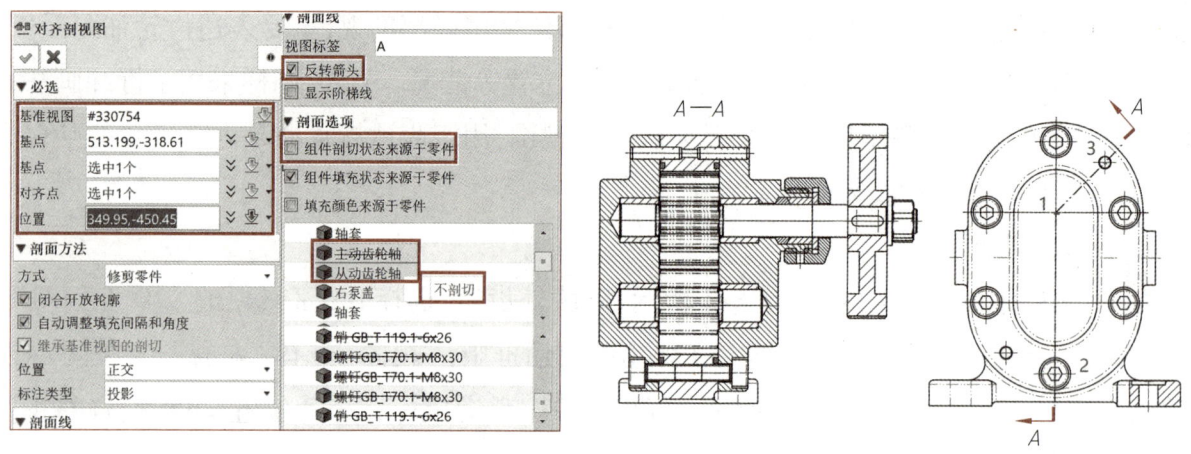

图 6-3 齿轮油泵主视图

4. 生成向视图

用 DA 工具栏的隐藏命令隐藏左泵盖、轴套、螺钉、销和外齿轮组件,进入 2D 工程图环境,选择"布局"选项卡下的"标准"命令,生成由左向右投射的向视图;利用"局部剖"命令在进出油口部位做局部剖视,得到如图 6-5 所示的齿轮油泵向视图。

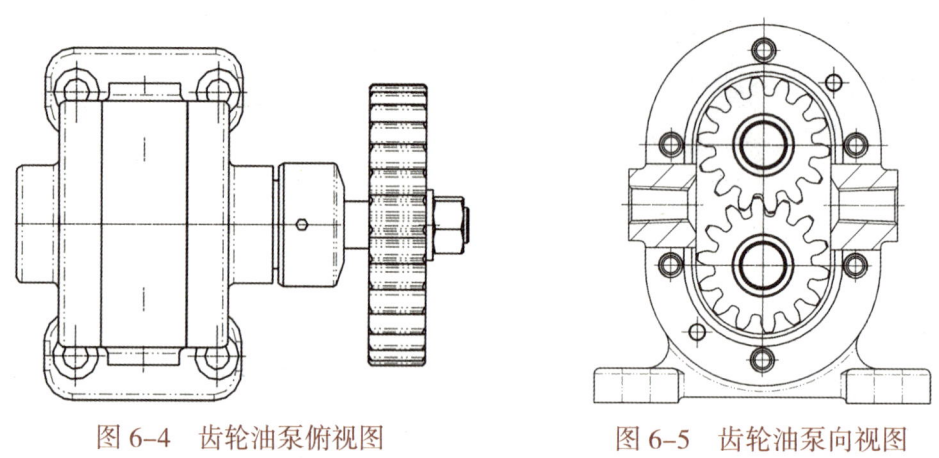

图 6-4 齿轮油泵俯视图　　　　图 6-5 齿轮油泵向视图

5. 消隐多余图线,完成齿轮油泵工程图

在管理器中全选视图,在属性对话框"线条"选项下,分别选择"消隐""切线""消隐切线","线型"均设置为"忽略",并单击"确定",得到如图 6-6 所示齿轮油泵装配视图。

6. 输出 DWG 格式文件

选择"文件"下拉菜单中的"输出",设置文件保存位置、文件名及保存类型,输出 DWG 格式的齿轮油泵装配视图文件。

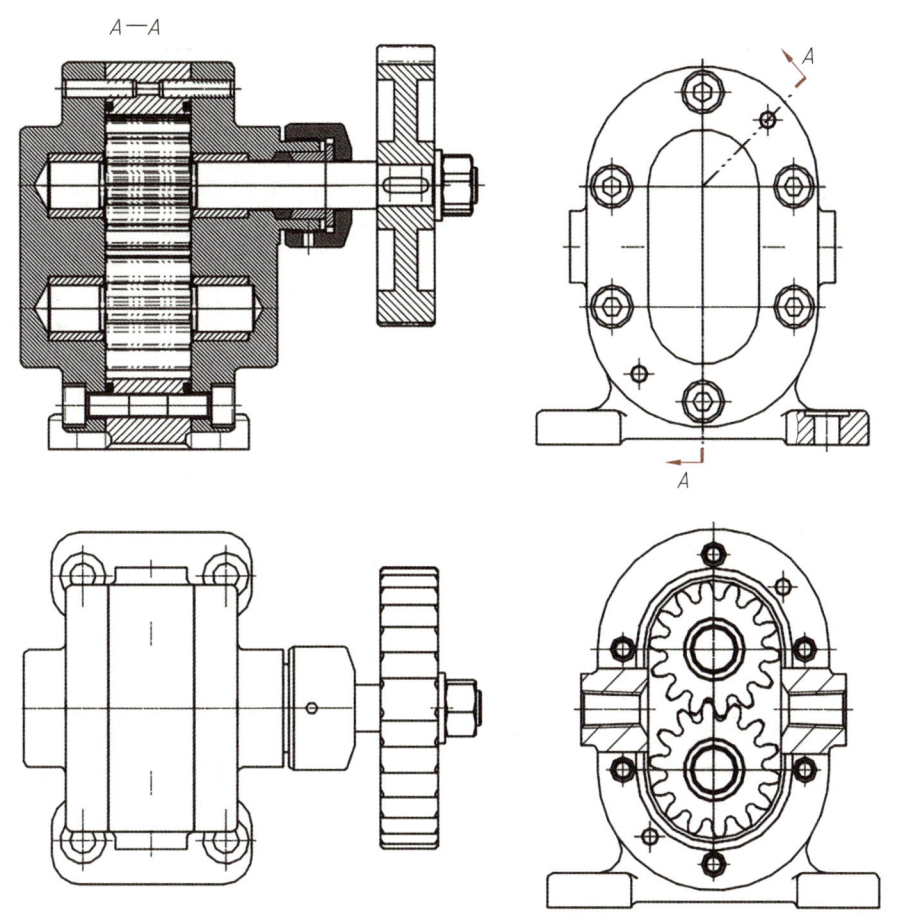

图 6-6　齿轮油泵装配视图

7. 完善装配视图

将装配视图输入 2D 软件、删除重线、图线分层、调出图幅等与零件视图的操作方法相同，不再赘述。但在视图完善、细节修整方面与零件图还有些不同之处，应根据装配图国家标准相关规定进行调整。

在齿轮油泵装配图的主视图和俯视图中，按规定绘制齿轮，并在两齿轮相互啮合处采用局部剖视，表达两个齿轮的啮合情况；装配图中，零件上的倒角、圆角、退刀槽等工艺结构采用简化画法，省略不画。另外，装配体包含多个零件，零件之间往往存在相互遮挡、配合或接触，所以装配图不仅要将所有零件表达出来，还要注意相邻零件间的位置关系，零件视图的投射方向等，例如左视图假想拆去外齿轮，B 向视图假想拆去左泵盖、螺钉、销，采用了拆卸画法；摆正螺母、螺钉、键槽、孔等的投射方向及位置。完善后的齿轮油泵装配视图如图 6-7 所示。

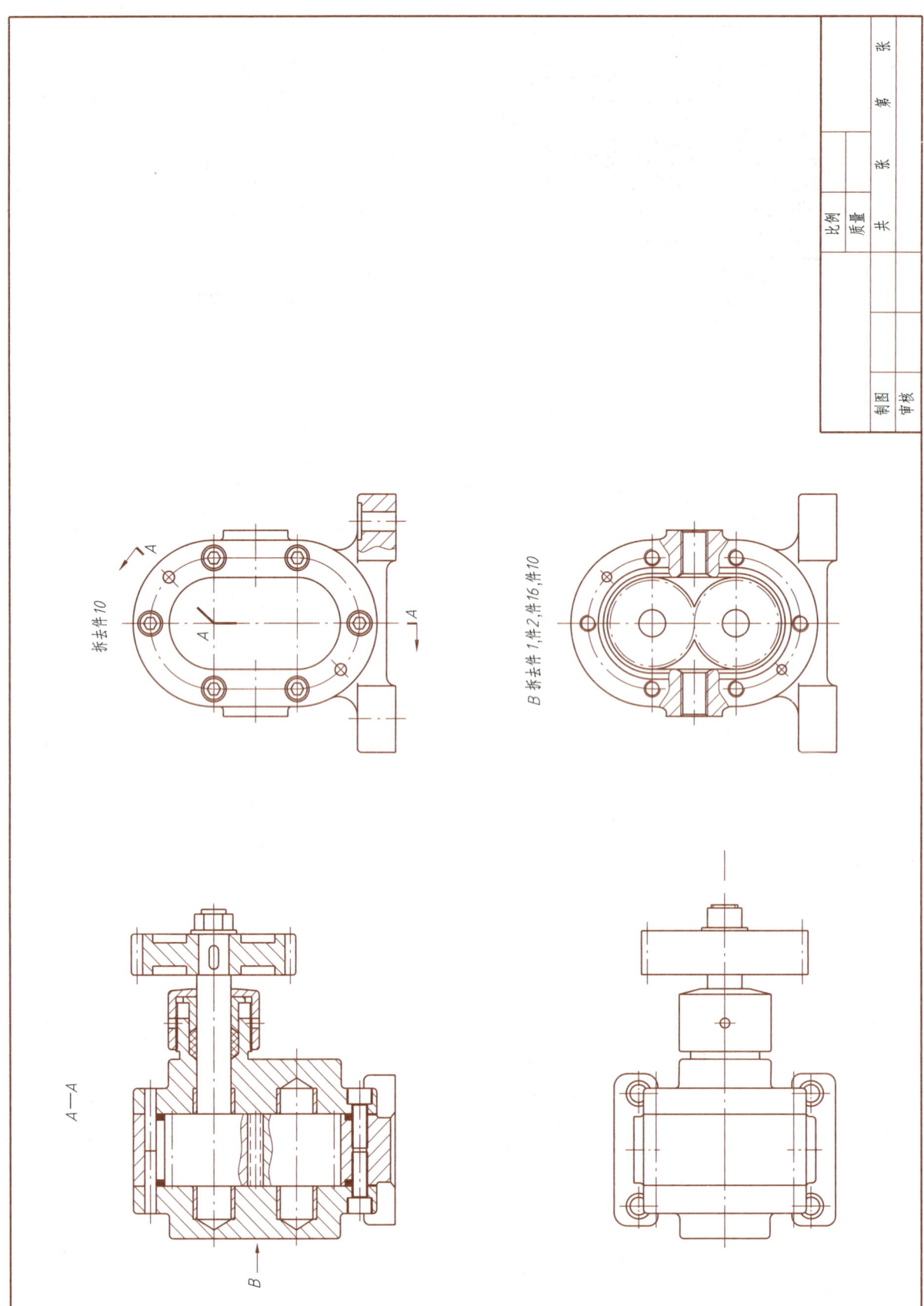

图 6-7 完善后的齿轮油泵装配视图

【任务评价】

具体评价反馈见表6-1。

表6-1 评价反馈表

操作步骤	操作要点	自我评价
生成齿轮油泵装配视图	生成主视图、俯视图、左视图和向视图	【操作】 □正确 □错误
输出DWG格式视图文件	输出DWG格式的齿轮油泵装配视图文件	【操作】 □正确 □错误
完成齿轮油泵装配视图	利用中望CAD软件对齿轮油泵装配视图分层、完善	【操作】 □正确 □错误
检查、校对	认真校对	【操作】 □正确 □错误

【任务小结】

本任务主要学习了齿轮油泵装配视图的生成方法和步骤。通过生成齿轮油泵装配视图，熟悉由装配体三维模型生成二维装配视图的流程。

【思考实践】

1. 在生成2D工程图时，若螺纹紧固件、实心轴、键等纵向沿其轴线被剖切，怎么实现在剖切区域不填充剖面符号？

2. 简述图样分层方法。

任务二 装配图尺寸标注、技术要求、零件编号及明细栏

【任务要求】

技能点

1. 能正确标注装配图的尺寸。
2. 能正确对装配图中的零件进行编号。
3. 能熟练生成明细栏，并正确填写明细栏。

4. 能根据装配体的功能和特点，合理编写装配图的技术要求。

知识点

1. 装配图尺寸标注。

2. 零件序号。

3. 明细栏。

4. 虚拟打印。

【任务引入】

根据国家标准规定，正确、合理地标注齿轮油泵装配图尺寸，注写技术要求，对零件编号，生成明细栏。

【任务实施】

1. 装配图尺寸标注

由于装配图与零件图的功用不同，所以不需要标注零件的全部尺寸，只需标出一些必要的尺寸，根据尺寸的作用不同，分为性能（规格）尺寸、装配尺寸、安装尺寸、总体尺寸及其他重要尺寸。标注方法如下。

单击菜单栏"机械"下拉菜单"尺寸标注"中的"智能标注"（或在命令行输入快捷指令"D"，按空格键），按照命令行提示，标注齿轮油泵装配图尺寸。

1) 标注总体尺寸：标注总长"160"，总高"138"，总宽"120"。

2) 标注装配尺寸：装配尺寸包括配合尺寸和主要零件相对位置尺寸，在齿轮油泵装配图中共有12处配合尺寸，分别是轴套与主动齿轮轴、从动齿轮轴、左右泵盖轴孔的配合尺寸"$\phi16H8/f7$""$\phi22H7/n6$"，主动齿轮、从动齿轮与泵体内腔及左右泵盖端面的配合尺寸"$\phi48H9/f9$""$\phi30H9/f9$"，圆柱销与左右泵盖的配合尺寸"$\phi6\ H7/n6$"，外齿轮轴孔与所在轴段的配合尺寸"$\phi16H7/h6$"。

注：对于具有相同标注样式、符号、配合代号的尺寸，在增强尺寸对话框中添加一个尺寸，用"特性–应用到"功能，复制完成其他尺寸，可避免重复添加操作。

另外，主要零件相对位置尺寸共有4个。主、从动齿轮轴中心距"42±0.025"，主动齿轮轴线与底面相对位置尺寸"90"，进出油口凸台相对位置尺寸"96"，进出油口轴线与底面相对位置尺寸"69"。

3) 标注性能（规格）尺寸：齿轮油泵进出油口螺纹"$Rc1/4$"。

4) 标注安装尺寸：齿轮油泵的安装尺寸"$4\times\phi9$""90""50"。

5) 其他重要尺寸：其他重要尺寸有外齿轮左端面与其相邻安装孔的相对位置尺寸"55"，外齿轮的宽度尺寸"20"。图6-8所示为齿轮油泵装配图尺寸标注。

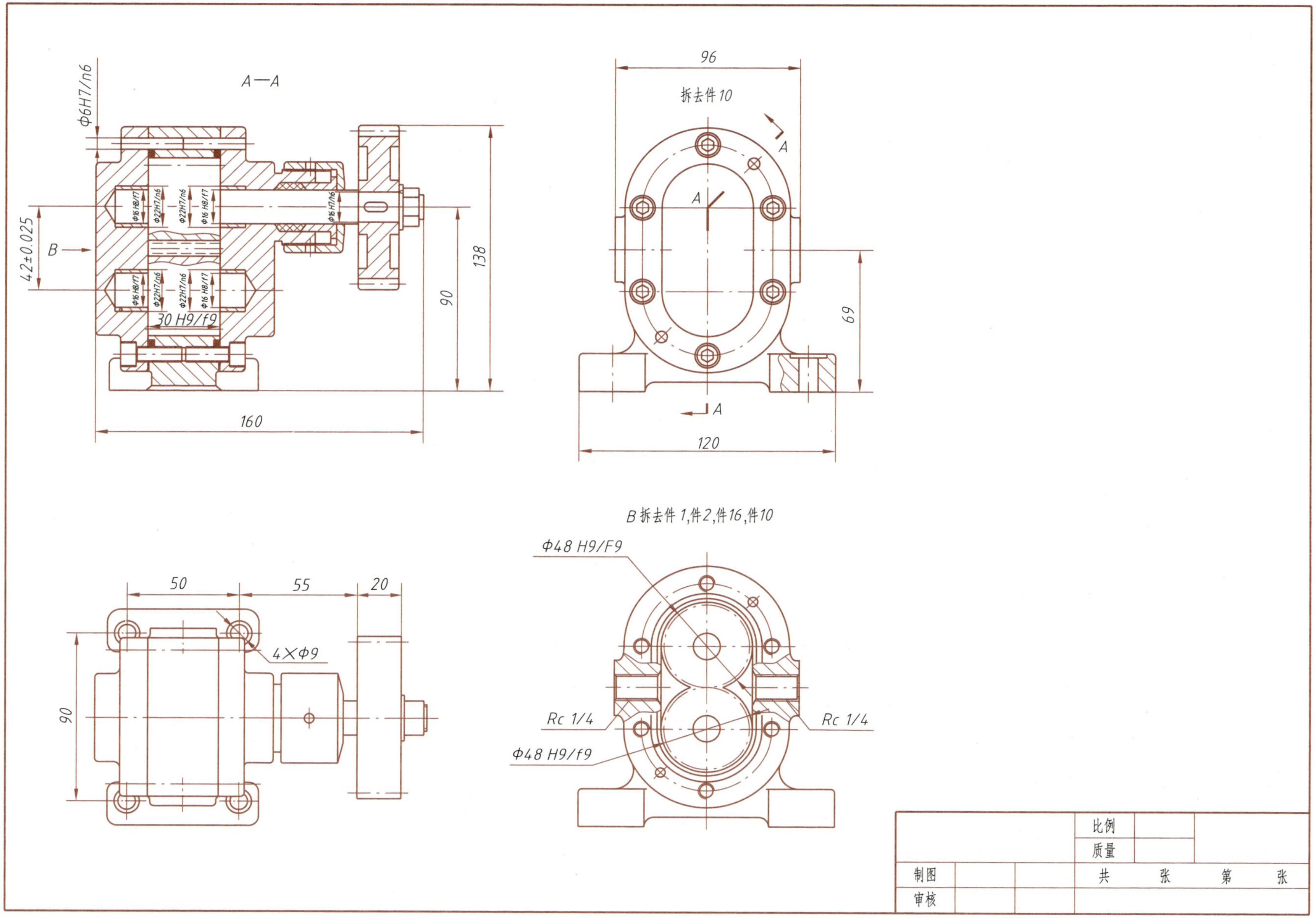

图 6-8 齿轮油泵装配图尺寸标注

2. 装配图零件编号和明细栏

为了便于看图和管理图样，装配图中必须对每种零件进行编号，并根据零件编号绘制相应的明细栏。

1) 本例齿轮油泵共包含 16 种零件，单击菜单栏"机械"下拉菜单中的"序号/明细表"，选择"标注序号"（或在命令行输入快捷指令"XH"），在图 6-9 所示的引出序号对话框中，选择"序号类型和内容"，设置"序号内容"等，单击"确定"。根据国家标准规定，按照顺时针或逆时针顺序对零件进行编号。

注：零件编号时，从零件轮廓内引线，引线不能与剖面线重合或平行，也不能与轮廓线重合或标在轮廓线上。

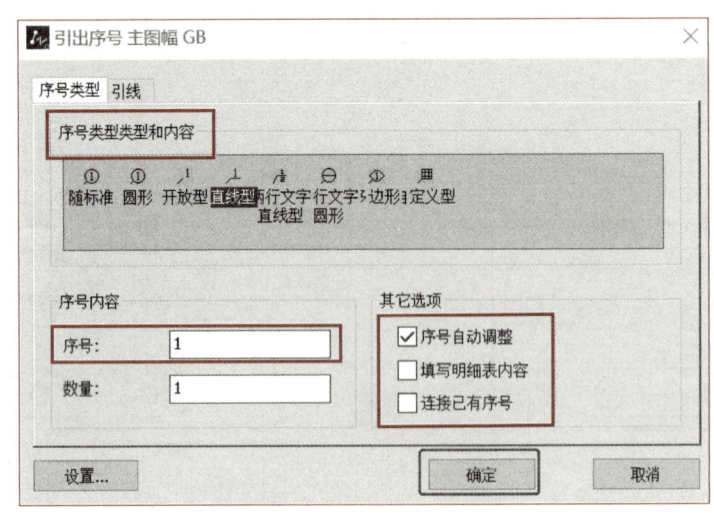

图 6-9　引出序号对话框

2) 单击菜单栏"机械"下拉菜单中的"序号/明细表"，选择"生成明细表"（或输入快捷指令"MX"，按空格键），软件会自动在标题栏上方生成明细栏表头，按照命令行提示，选择生成方向，单击即可生成明细栏。如果标题栏上方空间不够，可以按照提示放置在标题栏左侧。

3) 单击菜单栏"机械"下拉菜单中的"序号/明细表"，选择"处理明细表"（或输入快捷指令"MXB"，按空格键），在弹出的明细表编辑窗口，按图 6-10 所示填写齿轮油泵零件相关内容。

注：如果在引出序号对话框中勾选"填写明细表内容"，每编完一个零件序号，即会弹出对话框，可以填写该零件的明细表内容。

3. 装配图技术要求

与零件图不同，装配图的技术要求是用文字或符号对机器或部件的装配、检验要求和使用方法进行的说明。

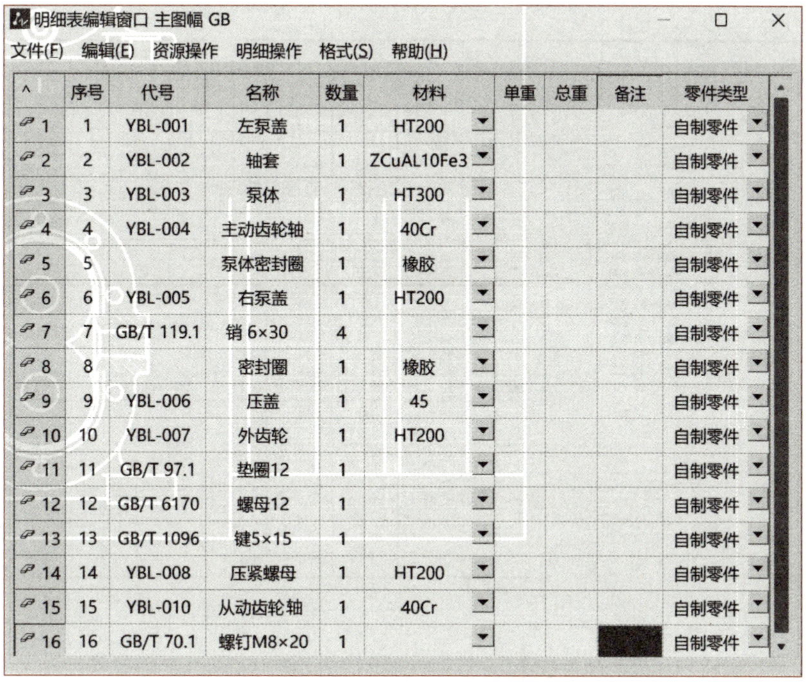

图 6-10　明细表编辑窗口

单击菜单栏"机械"下拉菜单"文字处理"中的"技术要求"(或命令行输入快捷指令"TJ",按空格键),按图 6-11 所示输入齿轮油泵技术要求,放置在明细栏上方。

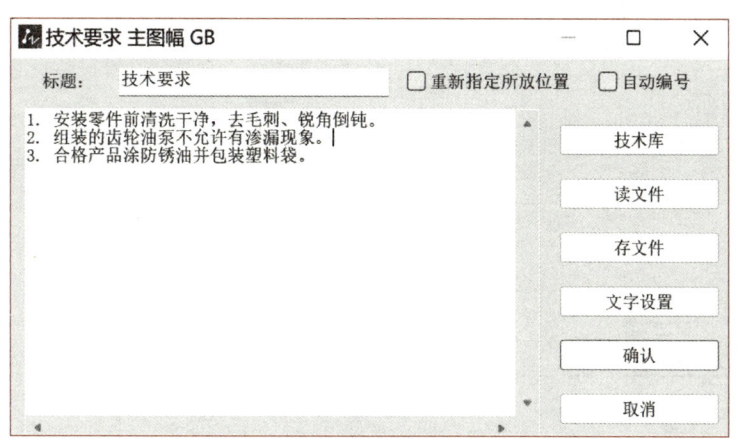

图 6-11　齿轮油泵技术要求

双击标题栏,按要求填写标题栏,完成齿轮油泵装配图,如图 6-12 所示。

4. 虚拟打印装配图

单击菜单栏中的"打印"🖨(或输入快捷指令 Ctrl+P),虚拟打印齿轮油泵装配图,具体操作方法见项目五。

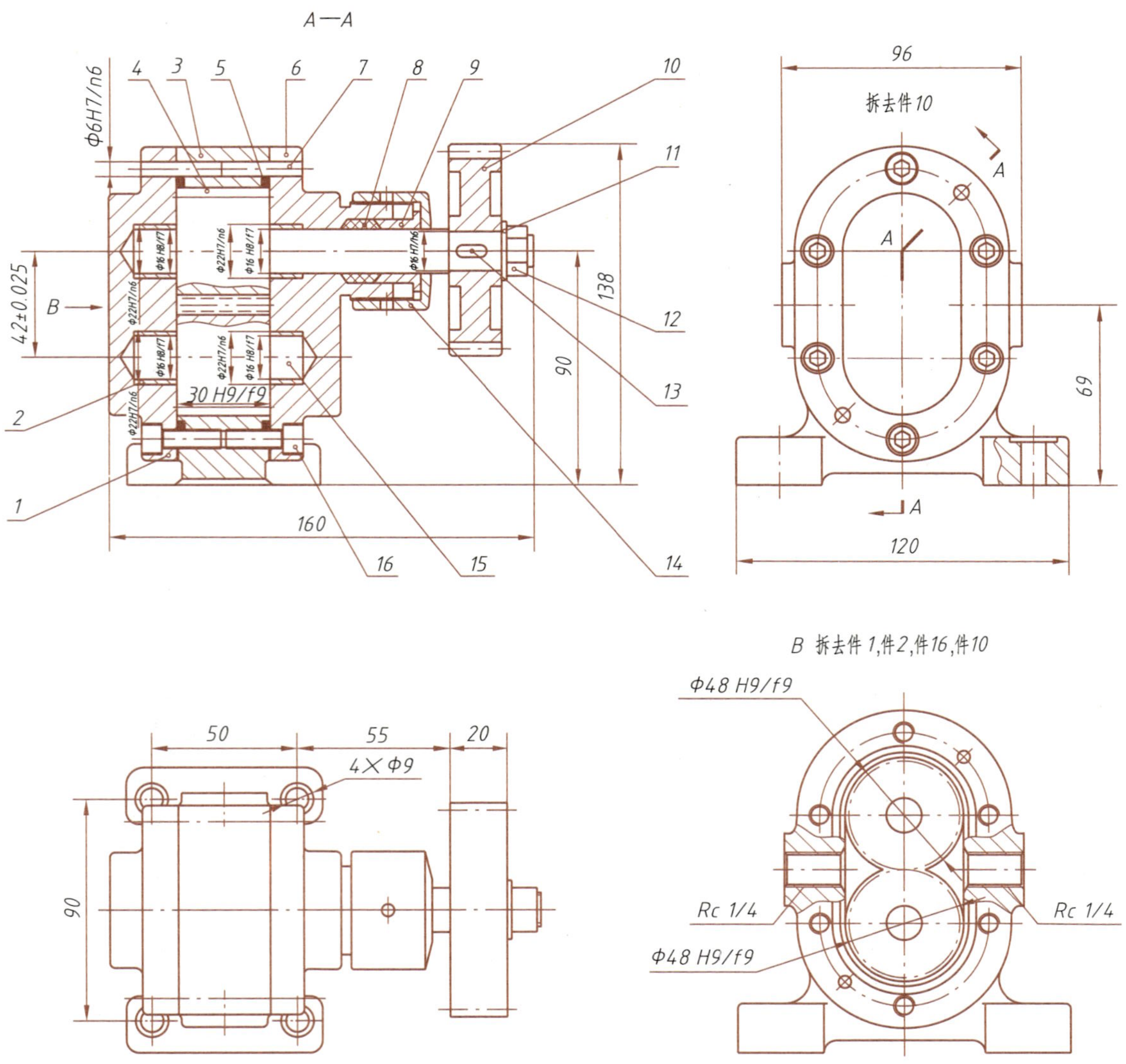

模块二 三维造型、零件图及装配图

技术要求
1. 安装零件前清洗干净，去毛刺，锐角倒钝。
2. 组装时的齿轮油泵不允许有渗漏现象。
3. 合格产品涂防锈油并包装塑料袋。

序号	代号	名称	数量	材料	备注
16	GB/T 70.1	螺钉M8×20	12		
15	YBL-010	从动齿轮轴	1	40Cr	
14	YBL-008	压紧螺母	1	HT200	
13	GB/T 1096	键 5×15	1		
12	GB/T 6170	螺母L2	1		
11	GB/T 97.1	垫圈L2	1		
10	YBL-007	外齿轮	1	HT200	
9	YBL-006	压盖	1	45	
8		密封圈	1	橡胶	
7	GB/T 119.1	销 6×30	4		
6	YBL-005	右泵盖	1	HT200	
5		泵体密封圈	2	耐油橡胶	
4	YBL-004	主动齿轮轴	1	40Cr	
3	YBL-003	泵体	1	HT300	
2	YBL-002	轴套	4	2CuAl10Fe3	
1	YBL-001	左泵盖	1	HT200	

齿轮油泵		比例	1:1	YBL-000	
		质量		共 张 第 张	
制图					
审核					

图6-12 齿轮油泵装配图

【任务评价】

具体评价反馈见表 6-2。

表 6-2 评价反馈表

操作步骤	操作要点	自我评价
齿轮油泵装配图尺寸标注	合理标注齿轮油泵装配图尺寸	【操作】 □正确 □错误
齿轮油泵装配图零件编号	按顺序正确编写齿轮油泵装配图零件序号	【操作】 □正确 □错误
生成装配图明细栏	生成齿轮油泵明细栏,并正确填写明细栏内容	【操作】 □正确 □错误
编写装配图技术要求	合理编写齿轮油泵装配图技术要求	【操作】 □正确 □错误
检查、校对	认真校对	【操作】 □正确 □错误

【任务小结】

本任务主要学习了齿轮油泵装配图的尺寸标注、零件编号和明细栏生成,在掌握装配图尺寸标注、零件序号编写和明细栏生成的操作方法和步骤。

【思考实践】

1. 简述装配图中尺寸配合代号的标注方法。
2. 中望 CAD 软件中标注零件序号的快捷指令是什么?

模块三　设计方案优化

本模块从装配图入手,以不同的视角按照零件和装配体两条主线,一方面通过对装配体中各零件装配关系及功能分析,对相关零件进行结构、表达方式、尺寸标注及相关技术要求等各方面的优化,使零件在功能、结构及成本等各方面更好地满足设计及使用的要求;另一方面对整个装配体的工作原理,各零件间的装配关系,机构传动及标准件、常用件选配等方面进行分析及合理优化,更好地满足实际工作要求。

通过设计方案的优化,构建工程思维,针对工程上各类实际问题,综合运用所学知识,合理、高效地解决遇到的问题。

项目七

零件优化

 学习目标

本项目以简单的机械部件为载体,将产品中零件的功能、作用等知识点嵌入其中,以工匠精神为引导,在满足设计及功能要求的前提下,从简洁的设计、较低的制造成本及安全性等方面,对零件结构进行优化,以期获得较高的产品性能和经济效益。

1. 能根据装配图信息快速读懂重要组成零件的主要形状、结构和作用。
2. 能依据零件的功能进行结构分析,对零件结构及其表达方式进行优化。
3. 能够依照设计原则,兼顾加工、测量、检验及装配工艺,合理标注零件图尺寸。
4. 能够按照零件的工艺性能要求,对零件的技术要求内容进行合理配置及编写。

 知识框架

- 零件优化
  - 识读装配图
    - 明确各零件的定位和固定方式及零件间装配关系
    - 依据工作原理，明确各零件的作用
    - 明确各零件的主要结构、形状
    - 明确为满足使用性能所采取的零件调整方法、装拆顺序及要领
    - 明确加工精度与公差等级
  - 零件结构的优化
    - 千斤顶零件的优化
    - 结构设计时应注意的问题
  - 表达方案的优化
    - 向视图
    - 局部视图
    - 典型零件图样表达的一般原则
  - 合理的尺寸标注
    - 尺寸基准
      - 轴套类零件
      - 轮盘类零件
      - 叉架类零件
      - 箱体类零件
    - 合理标注尺寸的原则
  - 技术要求的合理配置
    - 零件图中表面粗糙度的标注原则
    - 零件图中几何公差的合理配置
    - 零件材料的选用原则
    - 典型零件材料的选用
    - 金属热处理方式
    - 其他技术要求的书写规范和要点

任务一　识读装配图

【任务要求】

技能点

1. 装配体中零件的装、拆顺序。
2. 不同装配关系的装拆要点。
3. 为满足工作原理，相关零件的调整方法。

知识点

1. 了解装配体的工作原理。
2. 明确各零件的装配位置、装配关系及作用。
3. 掌握主要零件的定位、调整或运动情况。

【任务引入】

图 7-1 所示为千斤顶装配图，识读该装配图。

【知识链接】

在机械制图基础知识的学习中，已经涉及读装配图的基本要求和方法，由于本项目的主要目的是针对零件的优化，所以本任务中读装配图应更加侧重以下方面：

1）了解装配体中各零件间的装配关系及装拆顺序。

2）明确各零件的主要结构、形状及作用。

3）弄清楚重要零件在装配体中进行功能驱动、配合、限位、定位或调整等情况下的特点。

4）一般设计方案优化问题所给的装配图都存在少量局部不完整、不合理甚至错误的地方，在识读的过程中，需要根据机械专业常识，正确理解这部分内容。

【任务实施】

千斤顶是一种起重高度较小的简单起重设备，工作频次低，加工精度不高。千斤顶最上端为支顶重物的顶垫，通过紧定螺钉将其与传动螺杆相连。当施加外力旋转绞杠时，传动螺杆旋转，通过螺杆与螺套的螺旋传动，带动顶垫沿轴向上下移动，从而实现千斤顶上升支顶重物或下降卸载的目的。

由于本任务侧重零件优化，因此识读图 7-1 千斤顶装配图，可按下面的方法步骤进行。

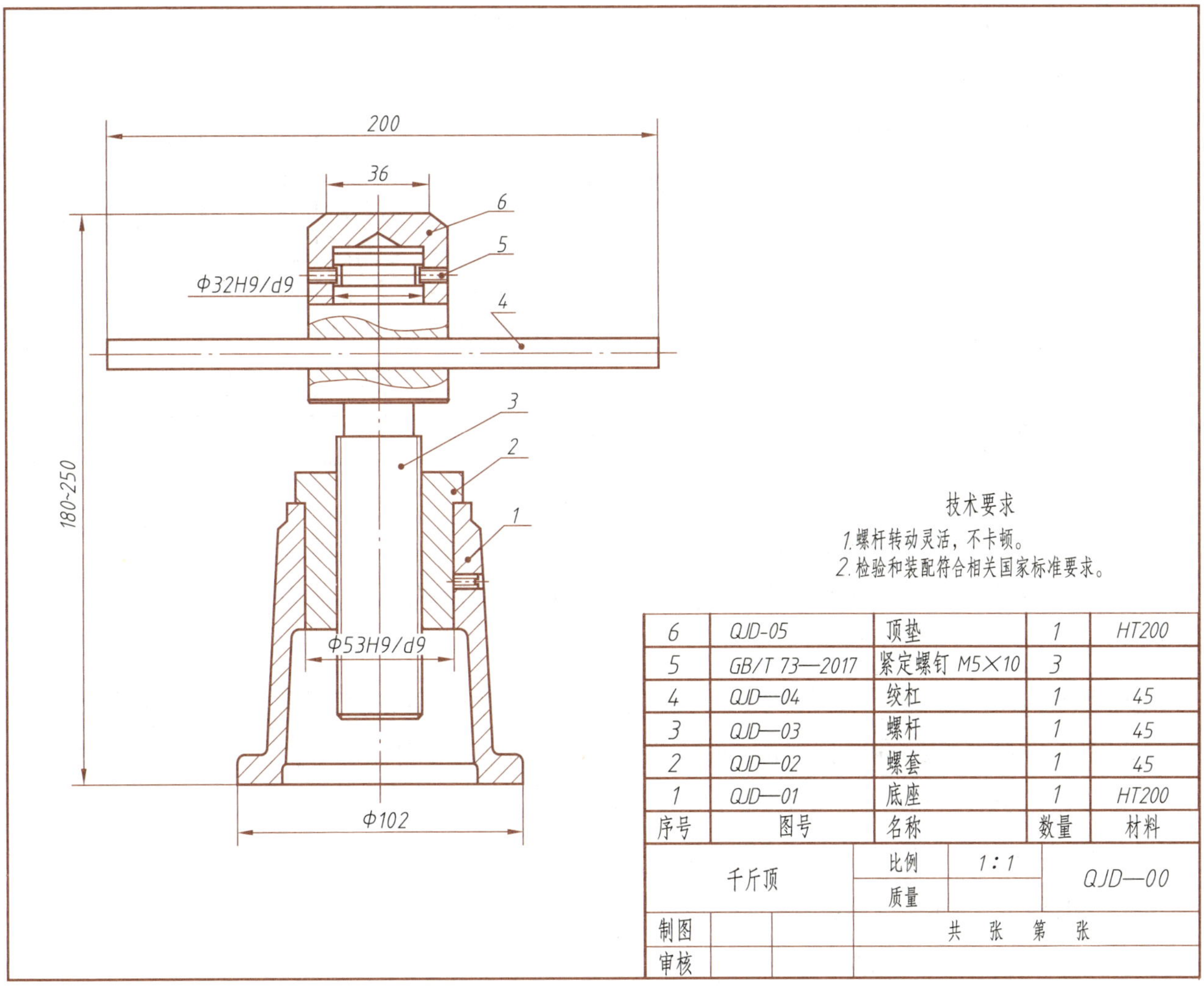

图 7-1 千斤顶装配图

1. 明确各零件的定位和固定方式及零件间装配关系

1）顶垫 6 位于千斤顶最上端，它的下端面与螺杆 3 上部轴肩端面相接触，其内孔与螺杆 3 上部轴段的 φ32 mm 轴径为基孔制间隙配合，如图 7-2 所示。

2）千斤顶上方紧定螺钉 5 从顶垫 6 侧部的螺纹孔旋入，其顶部旋至螺杆 3 的矩形环槽中，如图 7-2 所示。

3）绞杠 4 从螺杆 3 的最大直径轴段的通孔处径向穿入。

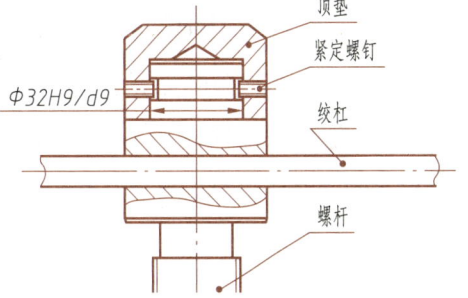

图 7-2 顶垫、螺杆等零件的装配关系

4）螺套 2 装在底座 1 的内孔中，螺套 2 中 φ53 mm 的外圆柱面与底座 1 内孔为基孔制间隙配合，螺套 2 同时与传动螺杆 3 进行螺纹连接，如图 7-3 所示。

5）底座 1 内孔与螺套 2 的圆柱外表面为基孔制的间隙配合。

6）底座 1 侧部的紧定螺钉 5 通过螺纹孔旋入，顶住螺套 2 的外圆柱面。

2. 依据工作原理，明确各零件的作用

1）顶垫 6 的作用是支顶重物。在支顶重物时依靠螺杆 3 的轴肩支承。

2）千斤顶上方两侧紧定螺钉 5 的作用是限制顶垫 6 相对于螺杆 3 的轴向移动，但不限制顶垫 6 与螺杆 3 的相对转动。

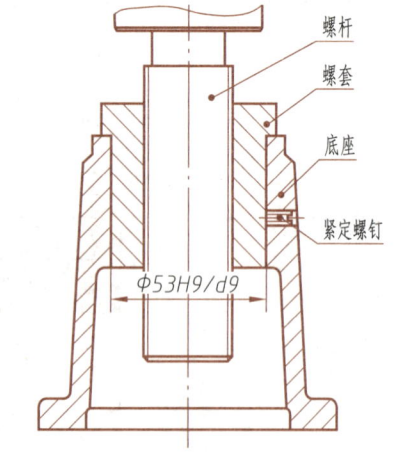

图 7-3　底座、螺套等零件的装配关系

3）螺杆 3 为千斤顶的核心传动零件。通过绞杠 4 旋转的动力转动，与螺套 2 进行螺旋传动，实现螺杆 3 相对于螺套 2 的轴向竖直升降运动。

4）在装配螺套 2 时，必须保持固定不动以保证在螺旋传动时，通过螺纹副的相对运动，"推动"螺杆 3 进行竖直升降运动。

5）底座 1 是千斤顶重要的承托零件。之所以不将螺纹直接加工在底座内孔，是为了避免频繁的工作使底座螺纹孔磨损，导致底座整体报废。多加一个体积较小的螺套 2，使易损部位转移至螺套 2 上，即使该零件失效报废，也不会导致较大的经济损失。

6）底座 1 右侧紧定螺钉 5 的作用是通过螺纹连接产生的顶紧力固定螺套 2，保证螺套 2 与螺杆 3 螺纹副之间有效的螺旋传动。

3. 明确各零件的主要结构、形状

从图 7-1 千斤顶装配图的视图表达中，我们可以较为清晰地推断：底座 1、螺套 2、螺杆 3、绞杠 4 及顶垫 6 的主要外形轮廓均为回转体。

顶垫 6 上端面的尺寸标注"36"提醒我们，该端面的形状为非回转面，该零件的具体形状特征，还需要查阅相关的零件图进一步确定。

从装配图明细栏中的材料信息可以看到，底座 1 的材料为 HT200，表示该零件为铸件，因此其外轮廓有起模斜度及铸造圆角的特征。

4. 明确为满足使用性能所采取的零件调整方法、装拆顺序及要领

1）装配时，首先将螺套 2 装入底座 1 的内孔中。

2）千斤顶下方右侧紧定螺钉 5 旋入时，要顶紧螺套 2 的圆柱外表面，保证底座 1 与螺套 2 不能相对转动。

3）将绞杠 4 插入螺杆 3 的孔内后，转动绞杠使螺杆 3 旋入螺套 2 内。

4）将顶垫 1 套装在螺杆 3 的顶部，保证顶垫的下端面与螺杆 3 上部轴肩端面相接触。

5）将紧定螺钉 5 旋入顶垫 1 两侧时，要边旋入边轻轻旋转顶垫 1，保证紧定螺钉不能顶住螺杆 3 的槽底，顶垫能够灵活转动。

装配完成的千斤顶如图 7-4 所示。拆卸顺序：先将三个紧定螺钉 5 全部旋出，取下最上面的顶垫 1；再抽出绞杠 4，将螺杆 3 同螺套 2 一起从底座 1 上取出；最后将螺杆 3 从螺套 2 中旋出，完成拆卸。

图 7-4　千斤顶

【任务评价】

具体评价反馈见表 7-1。

表 7-1　评价反馈表

分析步骤	分析要点	自我评价
顶垫内孔与螺杆上轴段装配关系	顶垫内孔端面与螺杆顶部贴合，保证顶盖与螺杆相对转动顺滑	【操作】 □正确 □错误
顶垫侧部安装紧定螺钉	旋入即可，不得接触内部螺杆槽底	【操作】 □正确 □错误
底座侧部安装紧定螺钉	顶住螺套，保证底座与螺套无相对转动	【操作】 □正确 □错误
检查、校对	认真校对	【操作】 □正确 □错误

【任务小结】

本任务主要针对装配图的识读，通过分析工作原理，明确各零件的工艺结构特征、定位、固定方式及相互配合关系,为接下来的零件优化做准备。

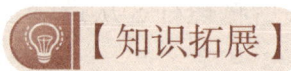【知识拓展】

加工精度与公差等级

在实际工作中,常遇到有些人将机械产品的加工精度与公差等级混为一谈,这样是不对的。

加工精度是一个综合指标,加工精度中的尺寸精度、形状精度、位置精度可以用公差等级衡量,等级值越小,其精度越高。加工精度高的机械产品对应的各项目的公差等级也会比较高,但是不同项目的公差等级并非与精度等级同级对应,按照设计和工艺要求,有些公差等级高,有些公差等级不太高。

加工精度:加工后零件表面的实际尺寸、形状、位置三种几何参数与图样要求的理想几何参数的符合程度。加工精度包括三个方面内容:尺寸精度、形状精度、位置精度。

尺寸精度:指加工后零件的实际尺寸与零件尺寸的公差带中心的相符合程度。

形状精度:指加工后零件表面的实际几何形状与理想的几何形状的相符合程度。

位置精度:指加工后零件有关表面之间的实际位置与理想位置相符合程度。

理想的几何参数,对尺寸而言,就是平均尺寸;对表面几何形状而言,就是绝对的圆、圆柱、平面、锥面和直线等;对表面之间的相互位置而言,就是绝对的平行、垂直、同轴、对称等。

公差等级:确定尺寸精确程度的等级,国家标准规定分为20个等级,从高到低分别为:IT01、IT0、IT1、IT2~IT18,公差等级值越小,公差等级越高,尺寸允许的变动范围(公差值)越小,加工难度越大,加工成本也越高。

【思考实践】

1. 千斤顶结构中,底座和螺套之间的连接方式是_____。
   A. 紧定螺钉连接　　　　　　B. 螺纹连接
   C. 过盈配合　　　　　　　　D. 铆接
2. 千斤顶结构中,加螺套的目的是_____。
   A. 降低更换磨损零件的成本
   B. 增加底座的重量及稳定性
   C. 便于加工
   D. 利于千斤顶操作

任务二　零件结构的优化

【任务要求】

技能点

1. 熟悉常见机械加工工艺方法。
2. 了解机械装配过程对零件重要部位的要求。

知识点

1. 熟悉零件工艺结构。
2. 掌握机构连接及传动特点。
3. 熟悉常用机械工程材料的牌号及用途。

【任务引入】

识读零件图,对零件进行结构优化。

【知识链接】

复习常见金属切削机床(车、铣、刨、磨、钻床等)工艺范围;零件结构工艺性知识;常见工程材料应用知识。

【任务实施】

1. 千斤顶零件的优化——顶垫结构优化

根据图 7-5 所示的顶垫零件图及图 7-6 所示的顶垫模型,对其结构进行优化。

(1) 结构设计不合理的地方

这里主要是从简化顶垫加工工艺方面进行分析。

通过识读图 7-5 所示的顶垫零件图并参照图 7-6 所示的顶垫模型,我们了解到顶垫主要轮廓为回转体,因此该零件大部分结构(外圆、端面、内孔及倒角)均可在车床上加工。

但是在顶垫的支顶一端,为形成矩形摩擦面而切制的四个斜面,以及为了增大摩擦在端面上开设的沟槽,通常要在铣床上进行加工。而且为保证斜面结构对称需要用到铣床的分度功能,端面开设的均布沟槽在加工时也较为麻烦。

(2) 优化方案

既然顶垫支顶端面的主要作用是增大摩擦力,我们考虑在保证功能的前提下,将矩形摩擦面改为圆形,用车削加工出锥面替代角度铣刀分度铣削四个斜面;将相互垂直的沟槽改为环形

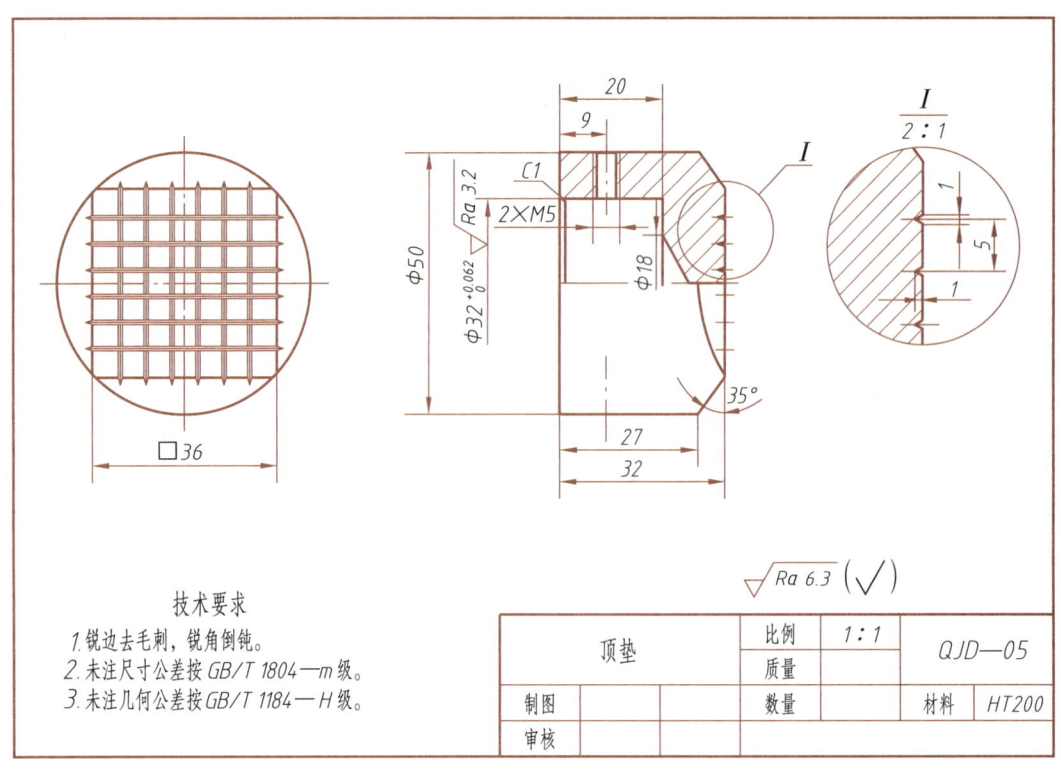

图 7-5 顶垫零件图

沟槽,就可以用车削工艺替代铣削工艺,简化了加工工艺,提高加工效率,相应降低制造成本。优化后的顶垫模型如图 7-7 所示。

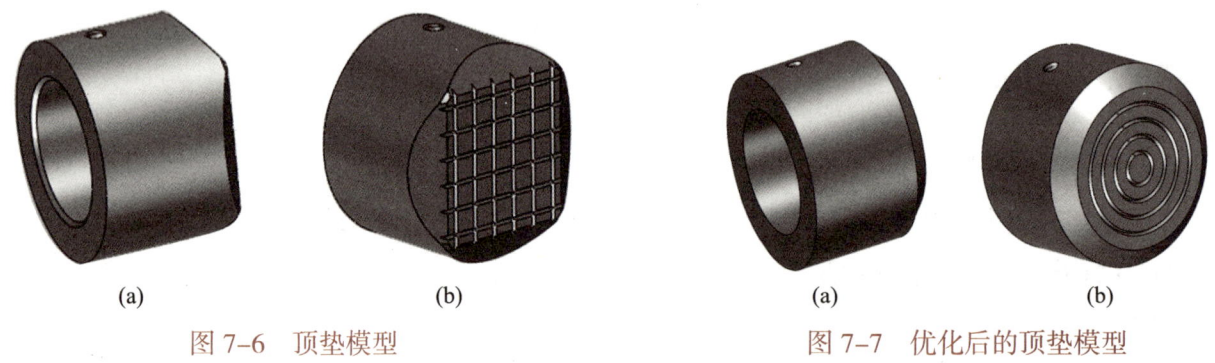

图 7-6 顶垫模型　　　　　　图 7-7 优化后的顶垫模型

(3) 优化后的零件图

优化后的顶垫零件图如图 7-8 所示。

2. 千斤顶零件的优化——螺套结构优化

根据图 7-9 所示的螺套零件图及图 7-10 所示的螺套模型,对其结构进行优化。

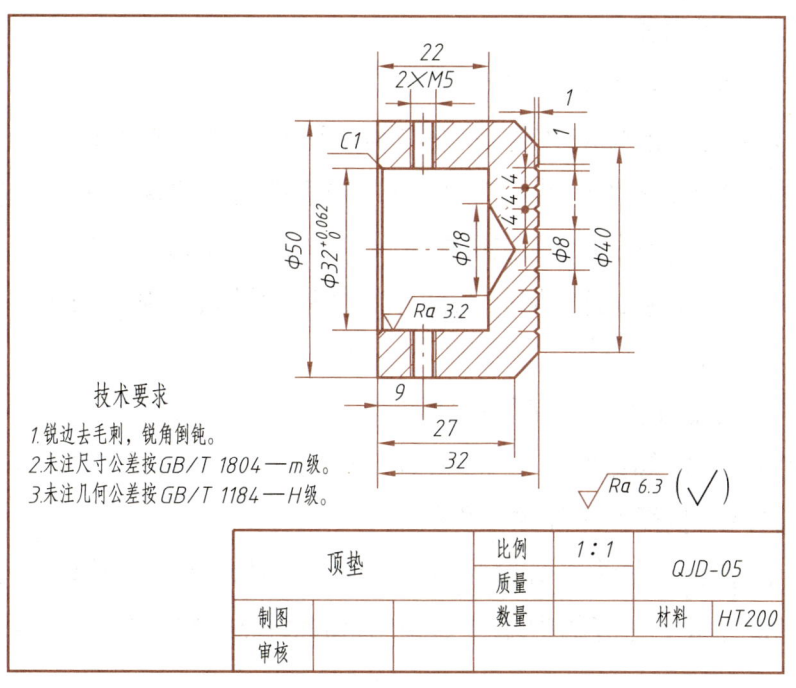

图 7-8 优化后的顶垫零件图

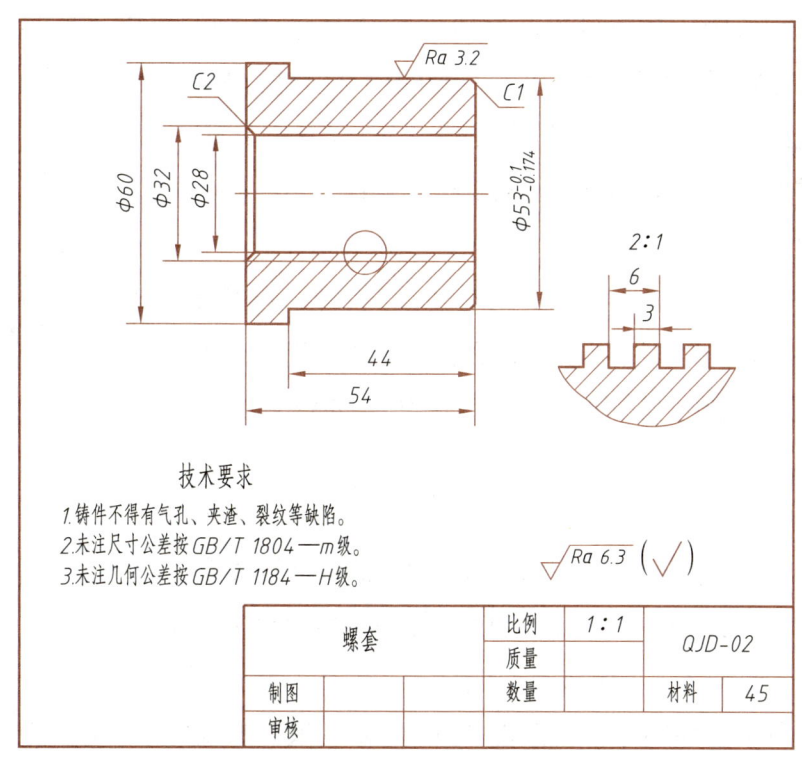

图 7-9 螺套零件图

(1) 结构设计不合理的地方

1) 从装配工艺方面对螺套进行分析。

通过识读图 7-9 所示的螺套零件图、图 7-10 所示的螺套模型以及图 7-3 所示的底座、螺套等零件的装配关系，可以知道螺套与底座不发生相对转动是依靠紧定螺钉的顶紧力。在机械设计手册中，紧定螺钉的作用为：适用于轴向力很小、转速很低或者仅为防止零件偶然沿轴向滑动的场合，对于径向限位并不可靠。

图 7-10 螺套模型

这种设计结构有可能发生两个问题：

① 当操作者旋入紧定螺钉时力量不够，致使顶紧力不足时，千斤顶工作的转矩会导致螺套与底座发生相对转动，从而使千斤顶工作失效。

② 当螺套与底座由于支承载荷过大，螺纹副间摩擦力增大导致转矩增大，迫使螺套与底座发生相对转动时，紧定螺钉的尖端会划伤与底座配合的螺套外圆柱表面，导致径向限位失效。

2) 从材料工艺方面对螺套进行分析。

千斤顶工作时，螺套与螺杆进行螺旋传动，实现千斤顶上升支顶重物或下降卸载的目的。通过图 7-1 所示的千斤顶装配图中的明细栏，我们知道螺套与螺杆材料均为 45 钢，这两个相对运动零件在工作时，因大载荷导致产生较大的摩擦力，相同的材质容易产生黏着磨损，极端情况甚至可能导致同质胶合，因此应尽量避免同种材料进行配对。

考虑到螺杆在千斤顶中既承受轴向压力，又承受径向转矩，所以保持螺杆材料不变，而选择变更螺套材质，由原来的 45 钢改为 HT200 灰铸铁。

(2) 结构优化方案

为从根本上避免螺套与底座发生相对转动，将螺套端部沉入底座端面，可通过配作方式添加"骑缝螺纹孔"，这样，装配后从上方旋入紧定螺钉，可避免相对转动的现象。优化后的螺套如图 7-11 所示。

图 7-11 优化后的螺套

(3) 优化后的零件图

由于优化后的螺套端部沉入底座端面，为保证螺套与底座的间隙配合，防止径向过定位，将螺套端部直径 $\phi60$ mm 添加负偏差。优化后的螺套零件图如图 7-12 所示。

3. 千斤顶零件的优化——底座结构优化

根据图 7-13 所示的底座零件图及图 7-14 所示的底座模型，对其结构进行优化。

(1) 结构设计不合理的地方

在前面螺套的结构优化中，已经对底座与螺套的装配工艺进行了分析，这里不再赘述。

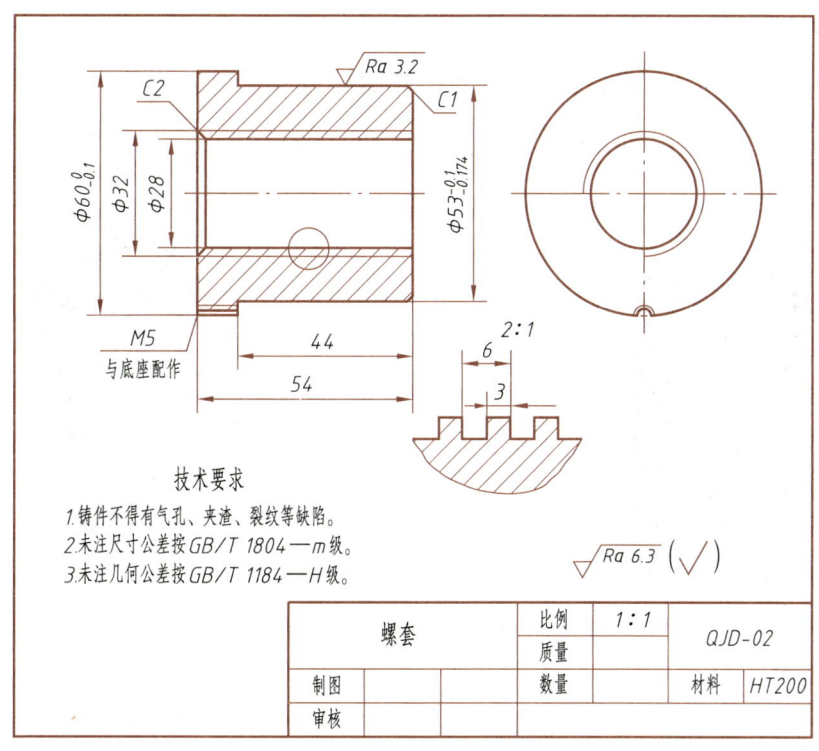

图 7-12　优化后的螺套零件图

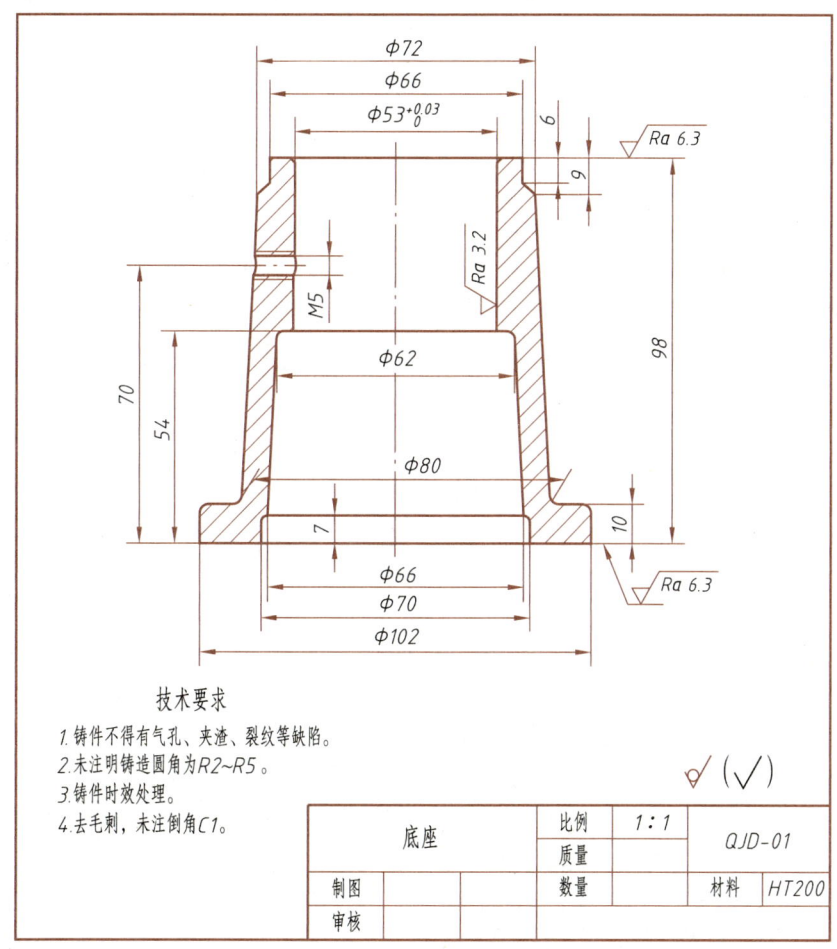

图 7-13　底座零件图

(2) 优化方案

在底座上端面开设沉孔,通过配作方式在孔口边缘添加"骑缝螺纹孔",装配后从上方旋入紧定螺钉,即可避免相对转动的现象。优化后的底座模型如图7-15所示。

图 7-14 底座模型

图 7-15 优化后的底座模型

(3) 优化后的零件图

优化后的底座零件图如图7-16所示。

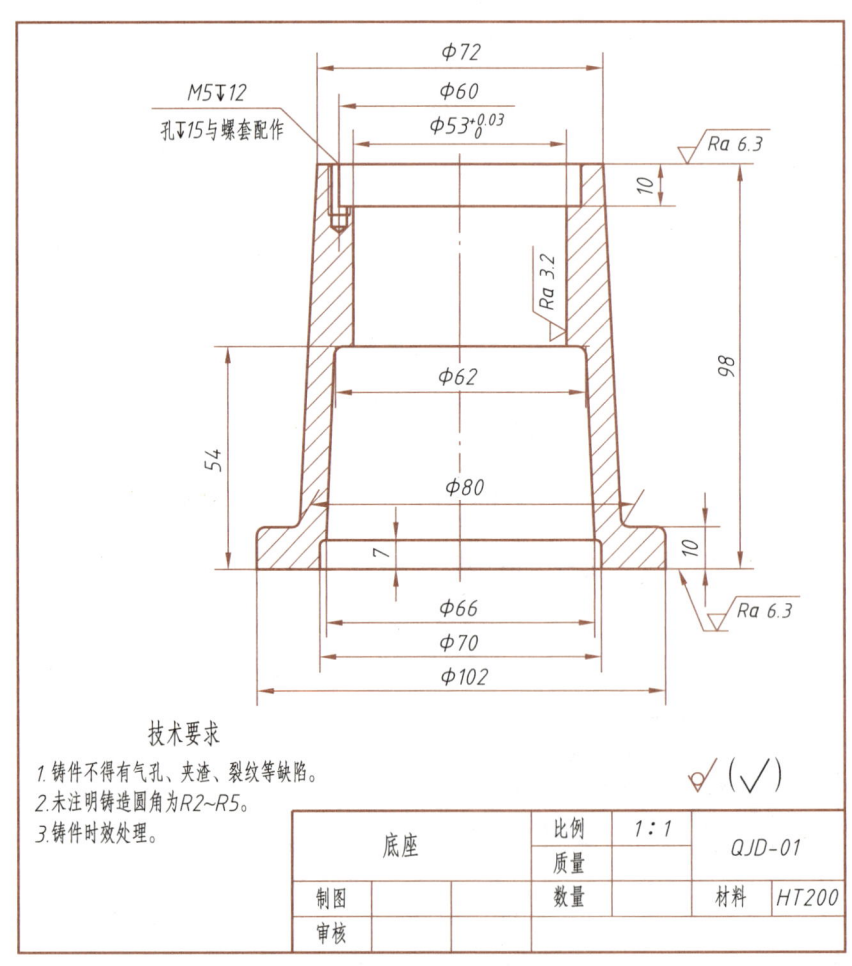

图 7-16 优化后的底座零件图

4. 结构设计时应注意的问题

1) 在一根轴上，用平键分别固定两个零件时，轴上需要开设两个键槽（图 7-17），为了铣削键槽时加工方便，键槽应布置在同一素线上。

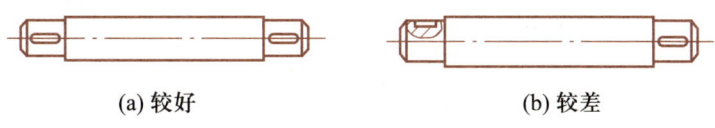

(a) 较好　　　　　　　　　　(b) 较差

图 7-17　轴上双键槽位置

2) 车削加工轴类零件时，同一根轴上如果有多个退刀槽（或砂轮越程槽），其宽度尺寸应尽量一致，以减少切槽刀换刀次数（图 7-18）。

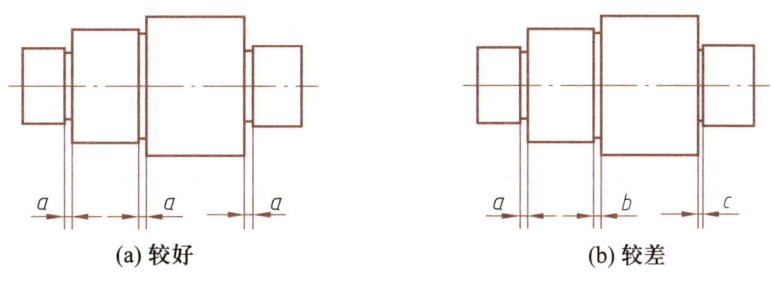

(a) 较好　　　　　　　　　　(b) 较差

图 7-18　槽的尺寸

3) 如一个轴上有几个零件孔径相同，与轴连接时应采用一个通连的键，不应该用若干个键与轴分段连接，这是因为各个键的方向一致，将导致安装时插入轴上零件困难，甚至无法安装（图 7-19）。

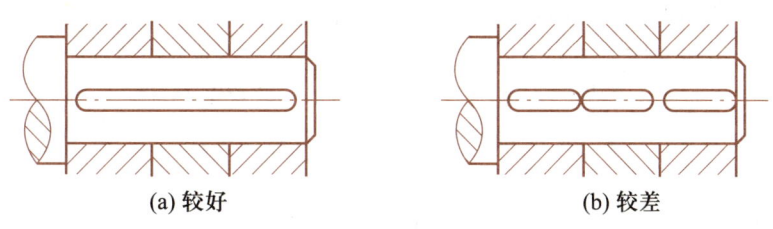

(a) 较好　　　　　　　　　　(b) 较差

图 7-19　轴上多零件的键连接

4) 轴上零件如果因转矩过大采用双键连接时，则两键应径向对称，以保证受力的平衡（图 7-20）。为了保证两键均匀受力，键槽的形状尺寸及位置尺寸都必须有较高的公差等级。

5) 为了确定零件的相对位置，定位销需要成对使用，并且两个定位销在零件上的安装位置，应尽可能采取距离较远的布置方案，以获得较高的定位精度（图 7-21）。

6) 如果需要在对称结构的零件上安装定位销，为避免误操作导致反转 180° 安装，定位销不宜布置在对称位置（图 7-22）。

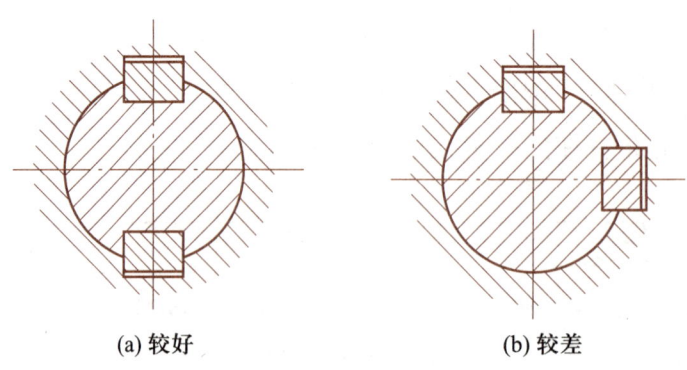

(a) 较好　　　　　　　(b) 较差

图 7-20　轴上双键连接

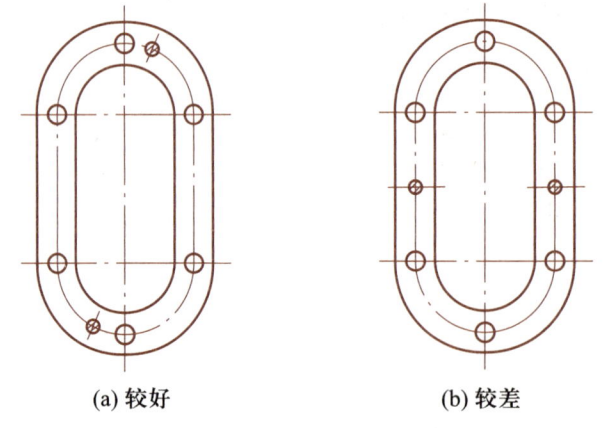

(a) 较好　　　　　　　(b) 较差

图 7-21　定位销孔间的距离

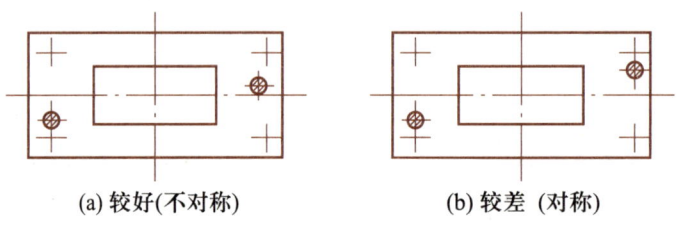

(a) 较好(不对称)　　　　(b) 较差 (对称)

图 7-22　定位销孔间的相对位置

7) 紧配合的轴和轮毂,配合面的轴向要有一定的长度,以免轴上零件发生晃动(图 7-23)。若配合直径为 d,建议轴上配合长度 $L \geqslant 4 \times 2/3d$。

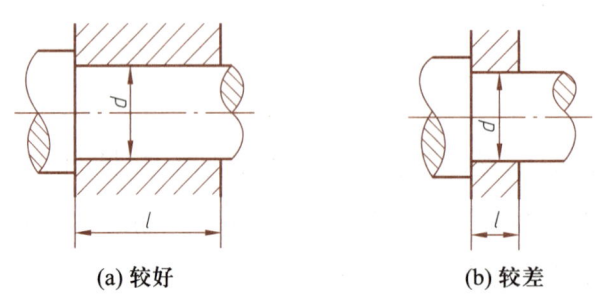

(a) 较好　　　　　　　(b) 较差

图 7-23　配合面轴向尺寸

8）为提高轴上传动零件传动能力及平稳性，应根据实际空间单向或双向加长轮毂的轴向尺寸（图7-24）。

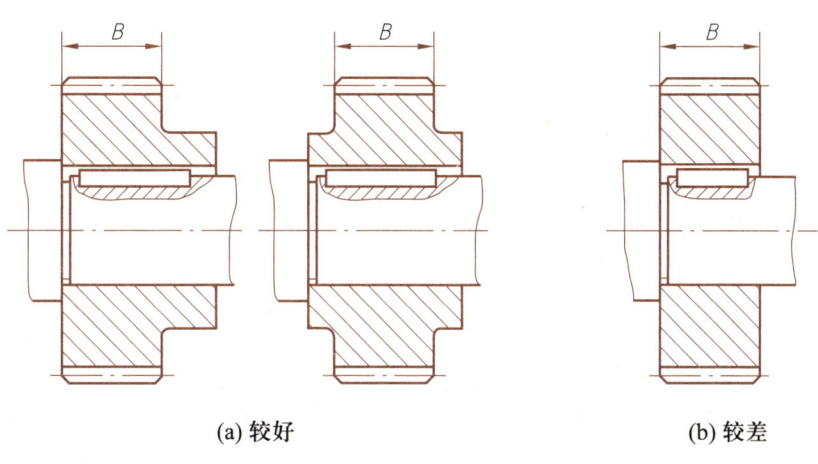

(a) 较好　　　　　　　　　(b) 较差

图7-24　加大传动件轮毂轴向尺寸

9）利用圆锥面配合来实现轴向定位，并依靠摩擦力传递转矩时，不能在该圆锥配合面轴段用轴肩固定轴上零件（图7-25），否则将使得轴向压紧力失效。

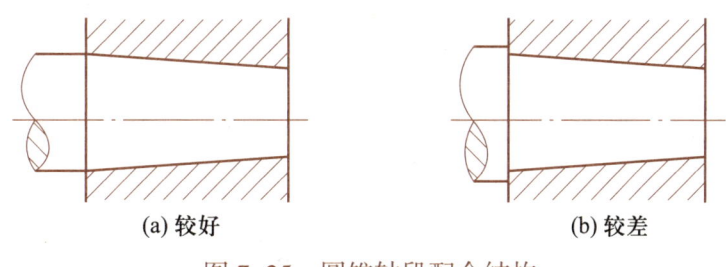

(a) 较好　　　　　　　　　(b) 较差

图7-25　圆锥轴段配合结构

10）在空心轴上开设键槽，应注意空心轴的壁厚（图7-26），尽量避免由于键槽下部太薄，导致空心轴传递较大转矩时在该部位附近损坏。

11）因需要调整位置而在底板上开设长圆孔，可以采用开放式的拱形槽来简化加工工艺（图7-27）。

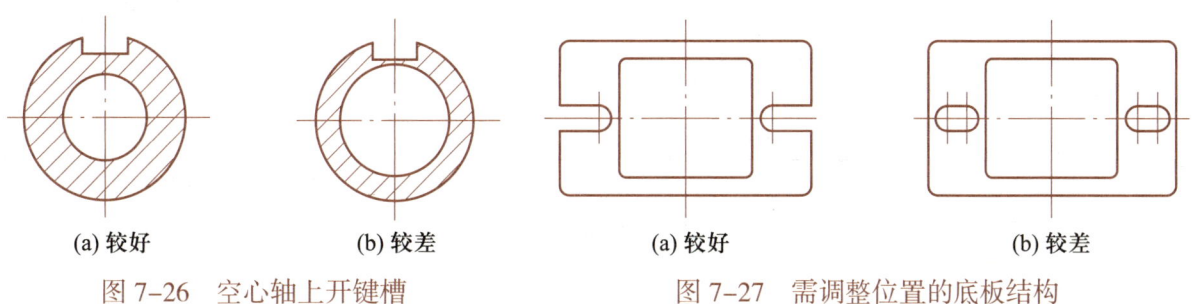

(a) 较好　　　(b) 较差　　　　　　(a) 较好　　　　(b) 较差

图7-26　空心轴上开键槽　　　　图7-27　需调整位置的底板结构

12）高速旋转的两键上如果有螺栓连接，例如联轴器凸缘，螺栓头部或者螺母等从端面凸出，会因为高速旋转而危及人身安全，应在端面设置沉孔，使突出物沉入凸缘的外轮廓面内（图 7-28）。

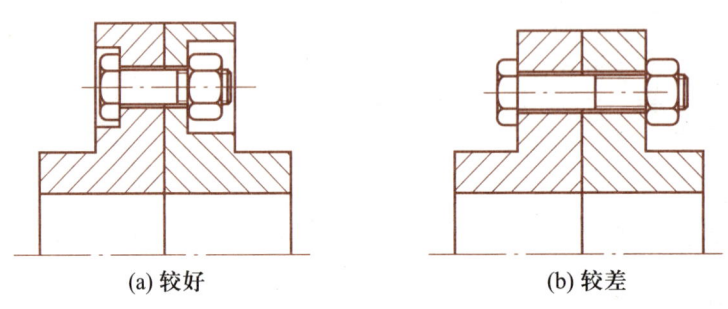

(a) 较好　　　　　　　　(b) 较差

图 7-28　高速回转零件端面结构

13）设计箱体零件结构时，安装部位应留出装、拆螺纹紧固件的活动空间，包括扳手空间及装拆空间（图 7-29）。

(a) 较好　　　　　　　　(b) 较差

图 7-29　预留扳手空间及装拆空间

【任务评价】

具体评价反馈见表 7-2。

表 7-2　评价反馈表

分析步骤	分析要点	自我评价
顶垫端面的工艺结构	加工合理性	【操作】 □正确 □错误
螺套的定位方式	紧定螺钉的定位方式	【操作】 □正确 □错误

续表

分析步骤	分析要点	自我评价
螺套的用材	螺套工作传动及受力	【操作】 □正确 □错误
底座与螺套的定位	骑缝螺钉	【操作】 □正确 □错误
检查、校对	认真校对	【操作】 □正确 □错误

【任务小结】

本任务主要学习了从零件的结构工艺、加工方式、在装配体中承担的作用,以及合理用材等诸多方面来分析零件,培养优化零件的思维方式。

【知识拓展】

黏着磨损、耐磨材料与减摩材料

摩擦副的摩擦与磨损是影响机器设备的工作效率和使用寿命的主要因素。

1. 黏着磨损

黏着磨损又称咬合磨损,是指滑动摩擦时,摩擦副接触面局部发生金属黏着,在随后相对滑动中黏着处被破坏,有金属屑从零件表面被拉拽下来或零件表面被擦伤的一种磨损形式。

一对相同材质的摩擦副之间发生黏着磨损的可能性很大,因此在设计时对于零件的选材要特别注意。

2. 耐磨材料

耐磨材料是在一定的工况条件下,具备抵抗磨损的摩擦副材料。

材料的耐磨性离不开工况条件(速度、载荷、温度、介质等)。同一种材料,在不同的工况条件下的耐磨性相差很大。材料的配对、摩擦副的结构形状、磨损的形式、维护条件等的不同,其耐磨性也不相同。因此,可以说并不存在一种材料,在各种情况下都是耐磨(或减摩)的。材料的耐磨性是有条件的,也是相对的。

常用的耐磨金属材料有高锰钢、低合金耐磨钢、石墨钢、耐磨铸铁等。

3. 减摩材料

减摩材料是具有摩擦系数低及耐磨性好的特点,并可减轻各种机器中摩擦部件互相接触部分间摩擦的材料。减摩材料的主要用途之一就是防止机器在运行过程中零件接触表面之间发生黏合现象。

减摩材料应当具有低的摩擦系数；较好的耐磨性、抗黏着性和磨合性；良好的顺应性和嵌合性；足够的强度；导热性好、热膨胀系数小、抗腐蚀性好，与油膜的吸附能力强等性能特点。

减摩材料品种繁多，包括金属及非金属减摩材料。机械工程中常用的金属减摩材料大体分为两大类，即铸造的减摩材料（巴氏合金、铝基轴承合金、铜基轴承合金、铁基合金）和粉末冶金方法制造的减摩材料。

(1) 巴氏合金

巴氏合金是最早应用于滑动轴承上的减摩材料，它是以锡或铅为基体的软合金，因主要用于轴瓦，也称轴承合金。按组成的主要元素分，有锡基轴承合金和铅基轴承合金两类。

1) 锡基轴承合金。锡基轴承合金的硬度较低（13~32HBW），熔点也较低（240~320℃），当温度升高时，合金表面软化，起着润滑的作用，而且磨合容易。

锡基轴承合金有良好的减摩性能，具有摩擦系数和膨胀系数小，塑性和导热性好等优点，但疲劳强度低。

2) 铅基轴承合金。铅基轴承合金以铅为主，含有适量的锑（10%~18%）和锡（0~20%）。其特点是成本低，高温强度好，亲油性好，有自润滑性，适用于润滑较差的场合。但其机械强度、耐磨性、导热性不及锡基轴承合金，可用于载荷不大和转速不高的场合，如汽车、拖拉机曲轴的轴瓦等。

(2) 铝基轴承合金

铝基轴承合金的特点是比重小，导热性好，疲劳强度高和耐磨性好，且原料充足，价格低廉。但其热膨胀系数大，抗黏着性、嵌合性与顺应性较差。目前应用的有铝锑镁轴承合金和高锡铝基轴承合金。铝锑镁轴承合金适用于载荷不超过 20 N/mm^2，且滑动速度不大于 10 m/s 的滑动轴承。高锡铝基轴承合金适用于载荷达 28 N/mm^2，且滑动速度在 13 m/s 以下的滑动轴承。

(3) 铜基轴承合金

用作减摩材料的铜基轴承合金主要有锡青铜和铅青铜。锡青铜的机械强度较高，减摩性和耐磨性也较好，适于制造重载轴承。铅青铜的承载能力和疲劳强度高，能在 250℃ 以下的温度正常工作，但顺应性和嵌合性较差，也不耐腐蚀。

(4) 铁基合金

铸铁的力学性能远不如钢，但由于铸铁组织中含有大量的石墨而具有良好的减摩性，故在轻载低速的轴承中应用比钢广泛。

铸铁的减摩性与石墨的形状有关，球状和厚片状石墨比薄片状石墨耐磨，同时组织中应含有少量游离的渗碳体。

(5) 粉末冶金减摩材料

粉末冶金减摩材料是由金属粉末与具有减摩性的非金属固体粉末，按一定比例混合压制成型,经烧结和整形后得到的有多孔性组织的材料。使用前用浸渍方法使空隙中充满润滑油,可成为一种具有自润滑性能的减摩材料,如含油轴承。这是一种具有自润滑、减摩及耐磨,以及吸振作用的减摩材料。

除了上述金属减摩材料之外,还有非金属减摩材料,很多无机和有机材料都具有减摩性能,可用于干摩擦或边界摩擦条件下工作的摩擦副,其中应用较多的是高分子聚合物和各种工程塑料,在此不再赘述。

【思考实践】

1. 千斤顶底座顶部位处,螺钉的作用是_____。
   A. 固定螺套位置　　　　　　　　B. 固定底座位置
   C. 固定并连接螺套和底座　　　　D. 固定螺套和底座位置
2. 下列对材料 45 钢的描述正确的是_____(多选)。
   A. 普通碳素结构钢　　　　　　　B. 优质碳素结构钢
   C. 中碳钢　　　　　　　　　　　D. 渗碳钢

任务三　表达方案的优化

【任务要求】

技能点

1. 能根据加工工艺要求选择表达方案。
2. 能根据现场施工及加工过程选择表达方案。

知识点

1. 视图、剖视图等常见表达方式的合理配置。
2. 本着为看图者服务的思想,在清晰表达零件前提下,适当对视图进行取舍。

【任务引入】

识读零件图,并对其表达方式进行优化。

【知识链接】

1. 向视图

向视图是没有按照标准位置配置、可以平移至有效图面任何位置的基本视图。

在同一张图纸内的 6 个基本视图如果不能按照标准位置配置,应在视图上方标出视图名称"×"(× 为大写拉丁字母),并在相应视图的附近用箭头指明投射方向,并标注相同的字母。向视图的投射方向尽量标注在主视图上。

注意:向视图是可以自由配置的基本视图,无论投射方向标注在任何视图上,其向视图都不得改变该空间形体在空间的初始摆放位置及姿态,因此,如图 7-30 所示,如果在俯视图标注投射方向 D,则 D 向视图应按左视图画出并进行标注。

2. 局部视图

将机件的某一部分向基本投影面投射所得的视图称为局部视图。

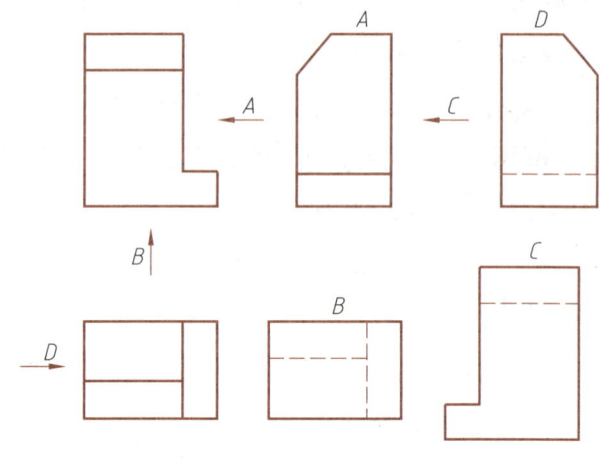

图 7-30　向视图

局部视图用于当机件大部分主体结构已表达清楚,而在某投射方向有部分结构形状需要表达,但又没有必要画出整个视图时,可单独画出该视图的一部分,从而使机件的表达更为简练、作图更加简单。如图 7-31b 所示,由于主、俯两个视图已经将机件的主要结构形状表达出来,为表达左右两侧凸台的形状及左侧肋的厚度,只需要画出表达这些部分的局部视图。

注意:局部视图以表达局部结构为目的,对机件任何部位的结构用局部视图表达,无论投射方向标注在任何视图上,其投影规则都与向视图的一致,均不得改变其在空间的初始摆放位置及"姿态"。

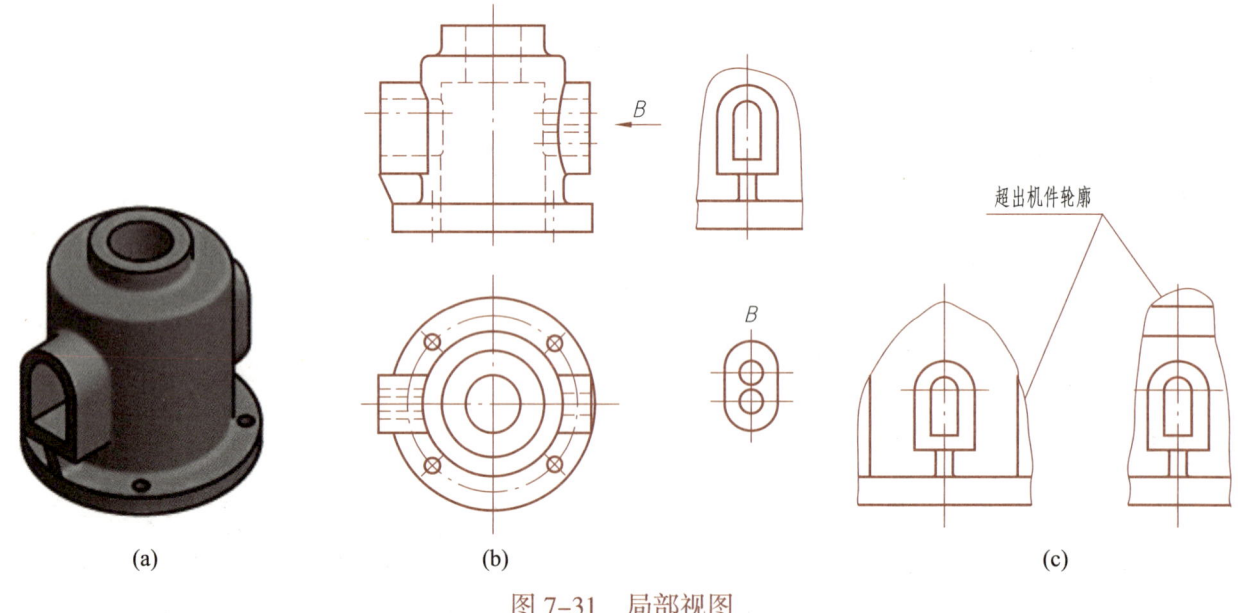

图 7-31　局部视图

(1) 局部视图的画法

局部视图的表达存在"景宽"和"景深"范围的选择。

1)景宽:当需要表达的局部结构是机件整体的一部分,局部视图的边界用波浪线绘制;如果需表达的局部结构是完整的,其投影的外轮廓线呈封闭的独立结构形状,可省略波浪线,如图 7-31b 所示的 B 向视图。注意画波浪线时,不能超出机件轮廓,如图 7-31c 所示画法,是不正确的。

2)景深:当需要表达的局部结构是机件的一部分,且在同一投射方向上有其他结构的投影干扰,则可仅取要表达局部结构的景深,忽略其投射方向后面的结构投影重叠部分,如图 7-32c 所示,如果仍然按照视图投影关系表达,如图 7-32d 所示,则显然是不够清晰的。

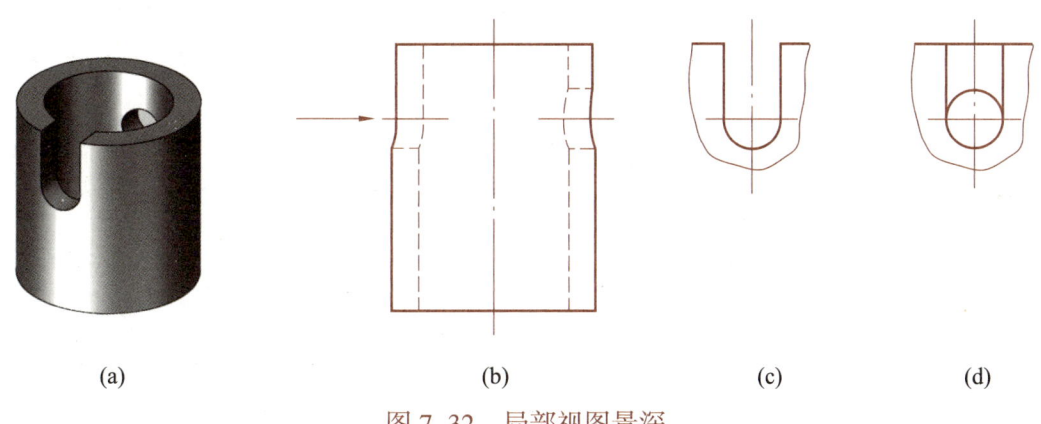

(a)　　　　　　(b)　　　　　　(c)　　　　　　(d)

图 7-32　局部视图景深

(2) 局部视图的标注

通常在局部视图上方用大写的拉丁字母标出视图的名称"×",在相应的视图附近用箭头指明投射方向,并注上同样的拉丁字母"×"。

1)如局部视图按照向视图的形式配置,应进行完整标注。

2)如局部视图按照基本视图的形式配置,可省略标注。

3. 典型零件图样表达的一般原则

根据零件结构特征及用途,大致可将其分为轴套类、轮盘类、叉架类和箱体类等典型零件。它们在视图表达方面虽然有共同的原则,但是也各有不同的特点。

(1) 轴套类零件

1)轴套类零件(图 7-33)的大多数表面都在车床上加工,应按形状特征和加工位置确定主视图,轴线横放,一般大头在左,小头在右,键槽、孔等结构可以朝前。

2)轴套类零件的其他结构形状可以用剖视图、断面图、局部视图和局部放大图等加以补充。

3) 对于细长实心杆件,机械制图画法中规定,即使剖开也按照不剖绘制,所以实心轴通常以视图形式表达,但轴上个别部分的内部结构形状的表达可以采用局部剖视。对空心轴则需要剖开表达它的内部结构形状,外部结构形状简单可采用全剖视图,内外结构复杂则用半剖视图表达。

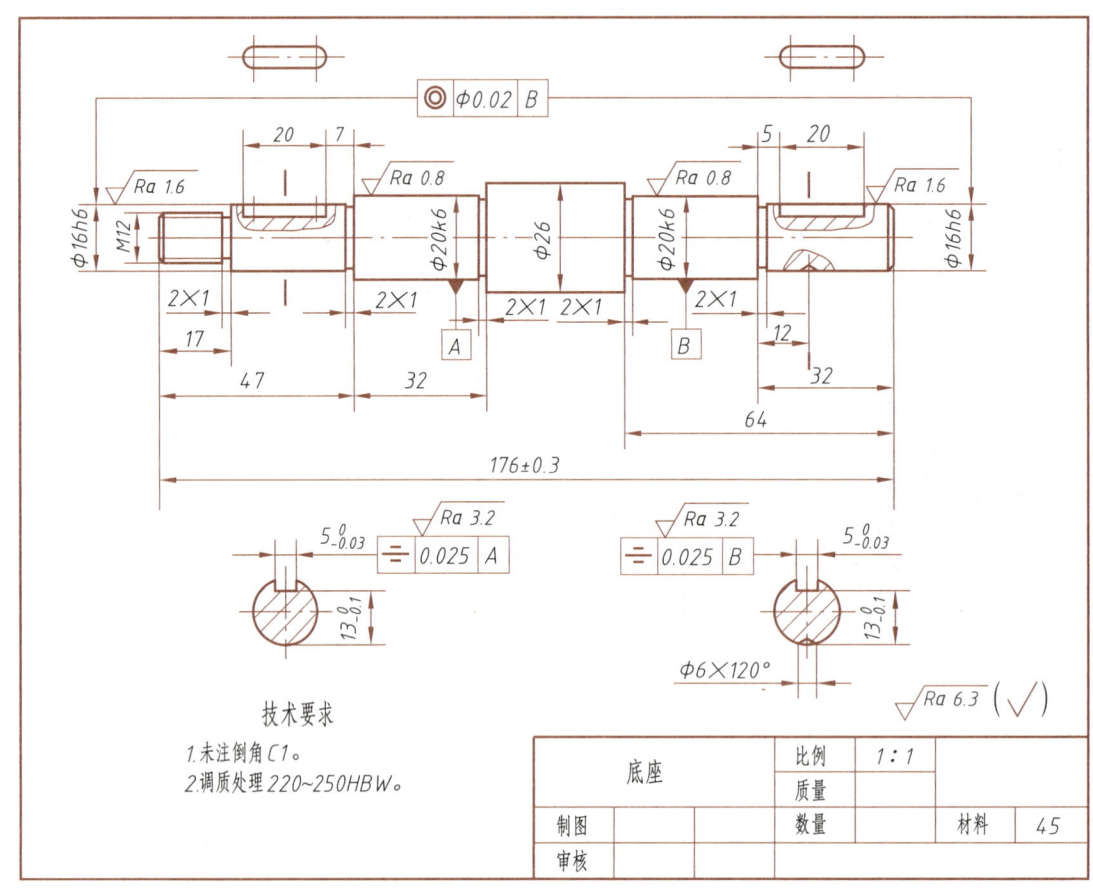

图 7-33 轴套类零件

(2) 轮盘类零件

1) 轮盘类零件(图 7-34)的主体结构一般为同轴回转体或其他形状的扁平盘状体,为了与其他零件连接,这类零件常有凸台、凹槽、销孔,以及以某种规律均匀分布的沉孔、肋板、轮辐等结构。轮盘类零件主要是在车床上加工,所以应按形状特征和加工位置选择主视图,轴线横放;对有些不以车床加工为主的零件可按形状特征和工作位置布局视图。

2) 轮盘类零件一般需要两个视图。

3) 轮盘类零件的其他结构形状,如轮辐可用移出断面图或重合断面图表示。

4) 根据轮盘类零件的结构特点,各个视图具有对称平面时,可作半剖视,无对称平面时,可作全剖视。

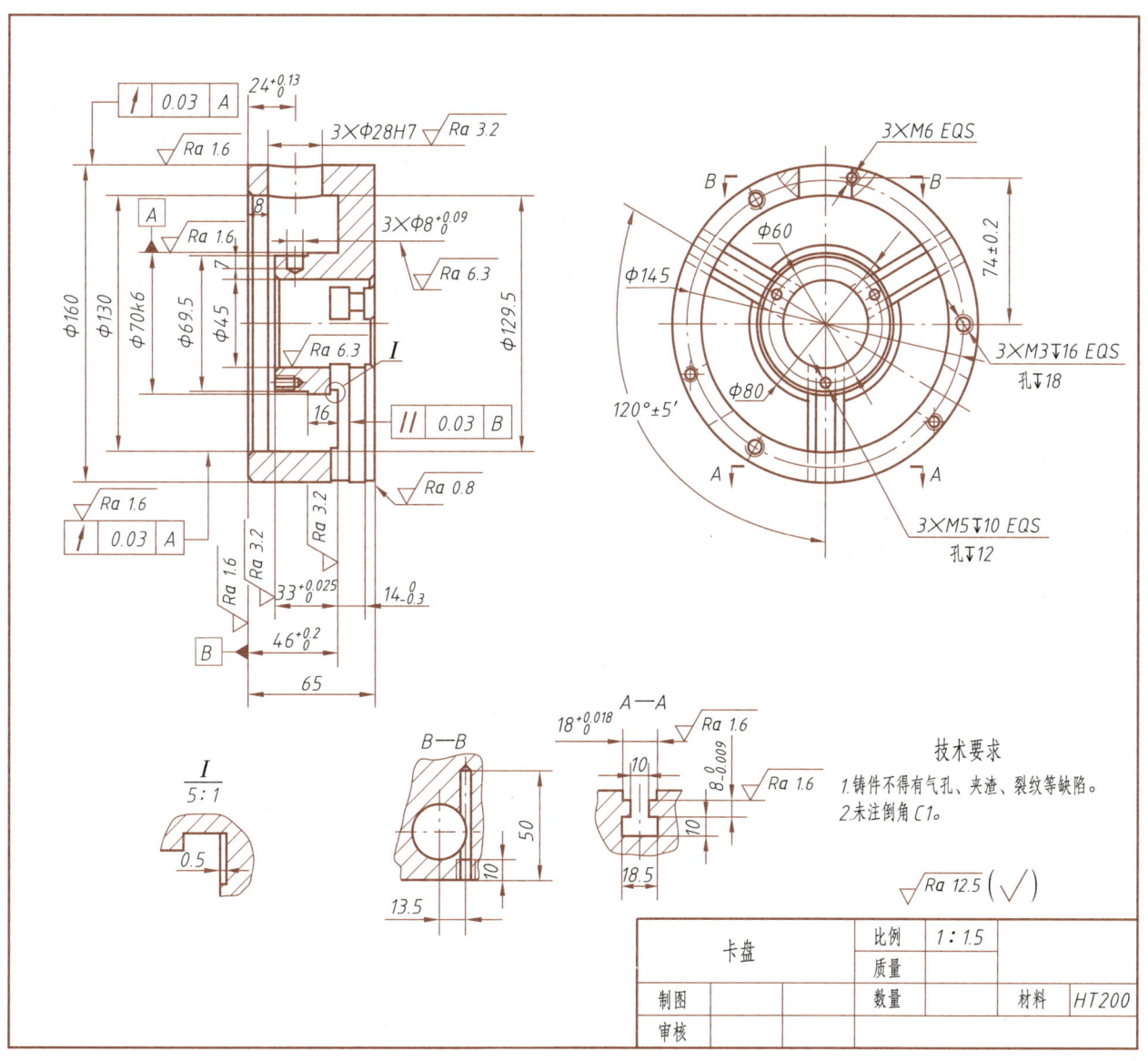

图 7-34 轮盘类零件

(3) 叉架类零件

1) 叉架类零件(图 7-35)由于结构不规范,常有倾斜或弯曲部分,一般都由铸件和锻件毛坯,经不同的机械加工而成。毛坯形状较为复杂,零件上常有过渡圆角、起模斜度、凸台、凹坑、销孔、螺纹孔等结构,机械加工位置难以分出主次。所以,在选择主视图时,主要按形状特征和工作位置确定。

2) 叉架类零件的结构形状较为复杂,一般需要两个以上视图。它的某些结构形状常采用斜视图、斜剖视图和断面图来表示。

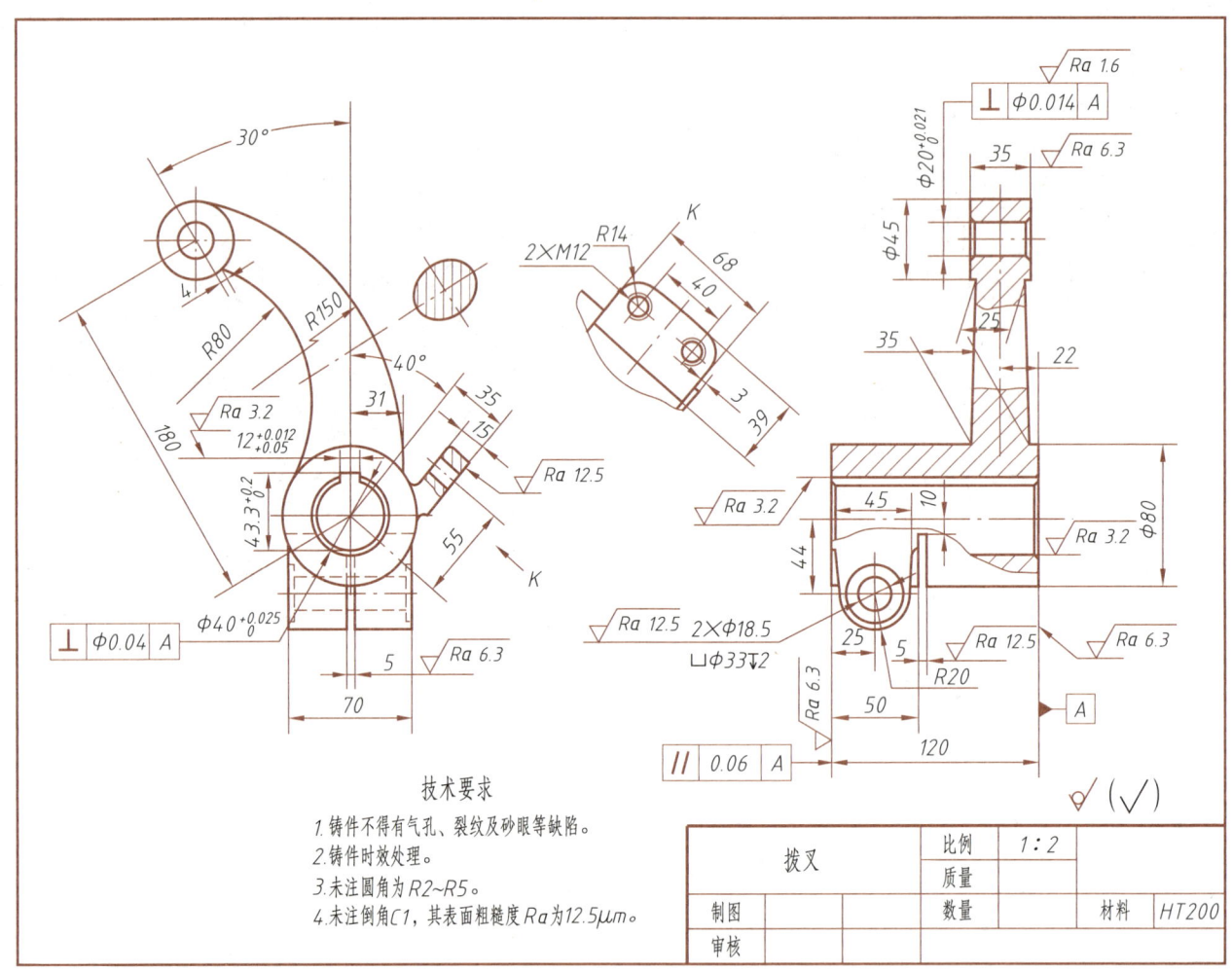

图 7-35 叉架类零件

(4) 箱体类零件

1) 箱体类零件(图 7-36)多由薄壁围成不同形状的较大空腔及底板组成。一般包括底板、箱壁、箱孔等结构,箱壁上有轴承孔或半圆孔、凸缘、肋板,此外还有销孔、放油孔、螺纹孔等细小结构,底板上有安装用的凸台或凹坑及通槽。箱体类零件多为铸件,具有很多铸造工艺结构,如铸造圆角、起模斜度、加强肋等。在制造中通常经过较多工序制造而成,各工序的加工位置不尽相同,因而主视图主要按形状特征和工作位置确定。

2) 箱体类零件一般都较复杂,常需要三个以上的视图,对内部结构形状都采用剖视图表示。如果外部结构形状简单,内部结构形状复杂,且具有对称面,可采用半剖视;如果外部结构形状复杂,内部结构形状简单,可采用局部剖视图;如果内、外部结构形状都较复杂,且投影不重叠,也可采用局部剖视;投影重叠时,外部结构形状和内部结构形状应分别表达;对局部的内、外部结构形状可采用局部视图、局部剖视图和断面图来表示。

3) 箱体类零件投影关系复杂,常会出现截交线和相贯线;由于它们是铸件毛坯,所以经常会遇到过渡线,注意机械制图画法中过渡线为细实线。

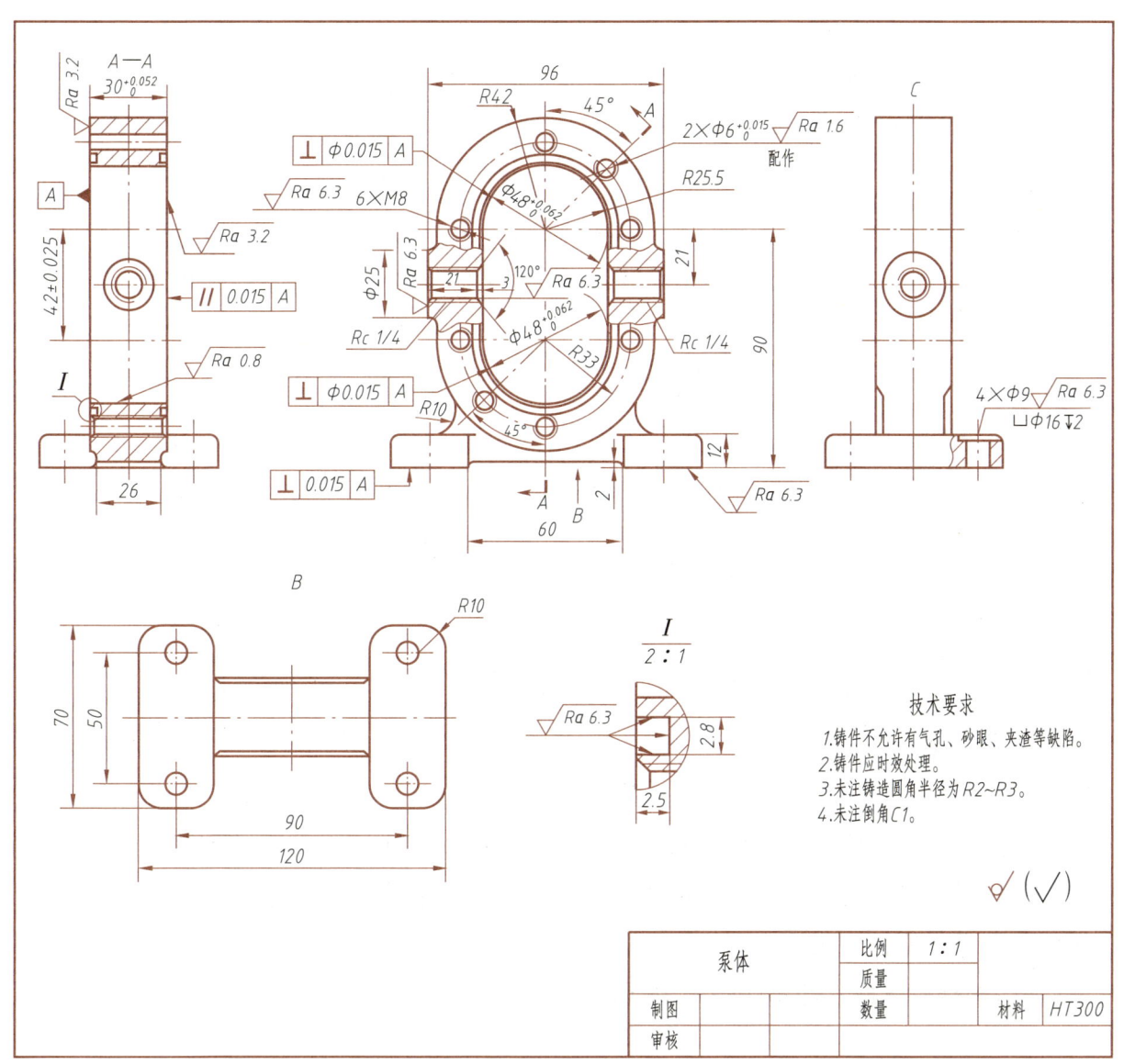

图 7-36 箱体类零件

【任务实施】

1. 台钳丝杠零件图优化

识读图 7-37 所示的台钳丝杠零件图,对其表达方式进行优化。

(1) 表达方式不合理的地方

台钳丝杠属于轴类零件,该零件图采用了基本视图来表示各轴段的形状特征,采用两个移出断面图对台钳丝杠自左而右第一轴段及第二轴段上开设的贯穿孔进行表达。

乍看上去这样的表达方式很清晰地表示出了轴上的所有结构,但是仔细观察不难发现两个断面图除了表示主视图中两个圆孔的通透性外,并没有传递更多的信息,断面图上的直径完全可以标注在主视图上。

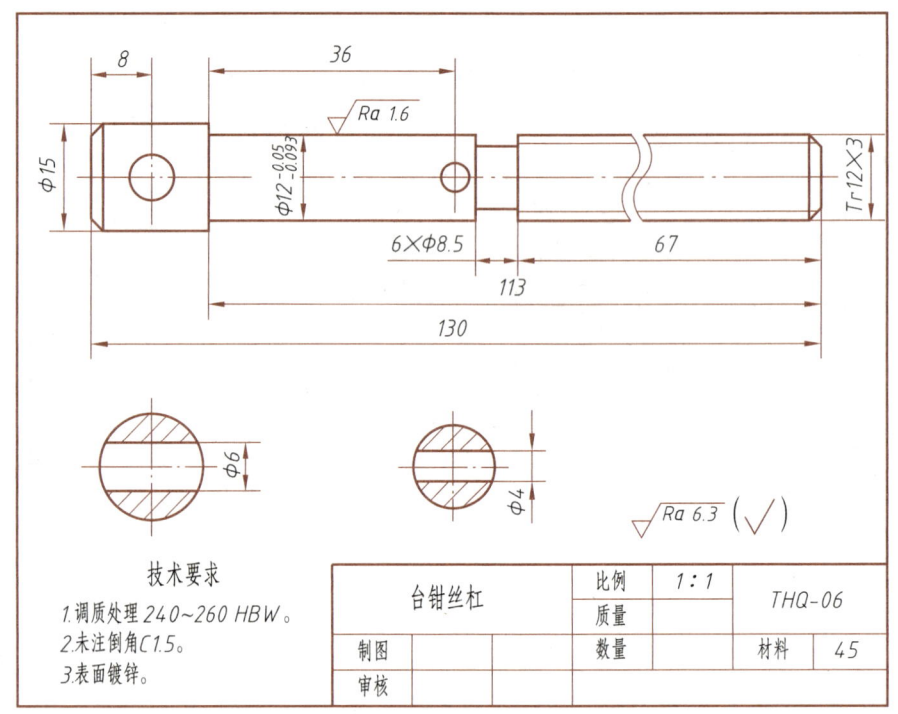

图 7-37　台钳丝杠

(2) 优化方案

将台钳丝杠绕其轴线转 90°进行主视图投射,在主视图中采用两处局部剖视的表达方式来表达贯穿孔的特征,删除两个移出断面图,将更多的信息集中表示在一个视图上。这样的视图表达不仅简洁,同时还可以使绘图者节省一定的绘图工作量。

(3) 优化后的零件图表达方案

优化后的台钳丝杠零件图如图 7-38 所示。

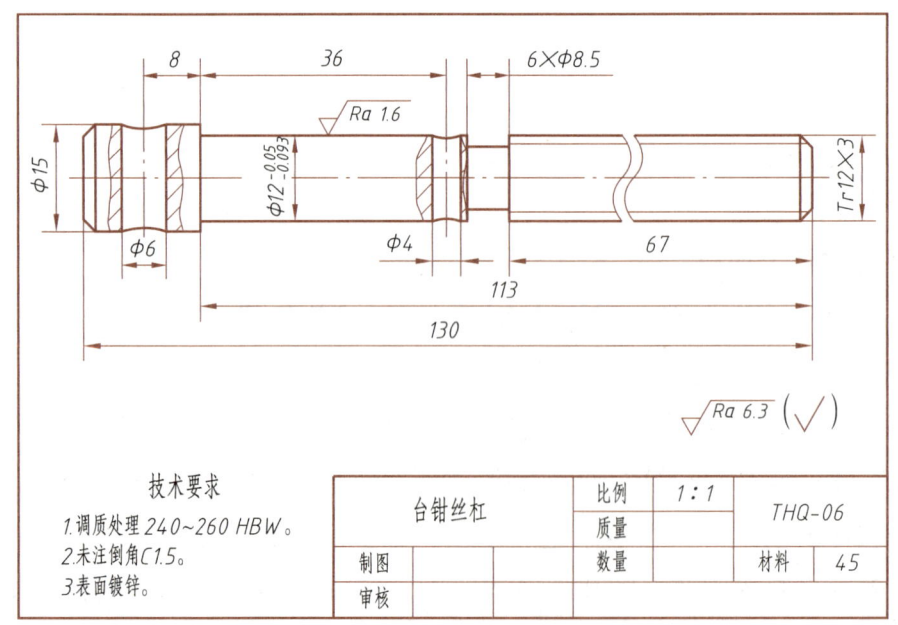

图 7-38　优化后的台钳丝杠零件图

2. 原体零件图优化

识读图 7-39 所示的泵体零件图,对照其模型(图 7-40),对其表达方式进行优化。

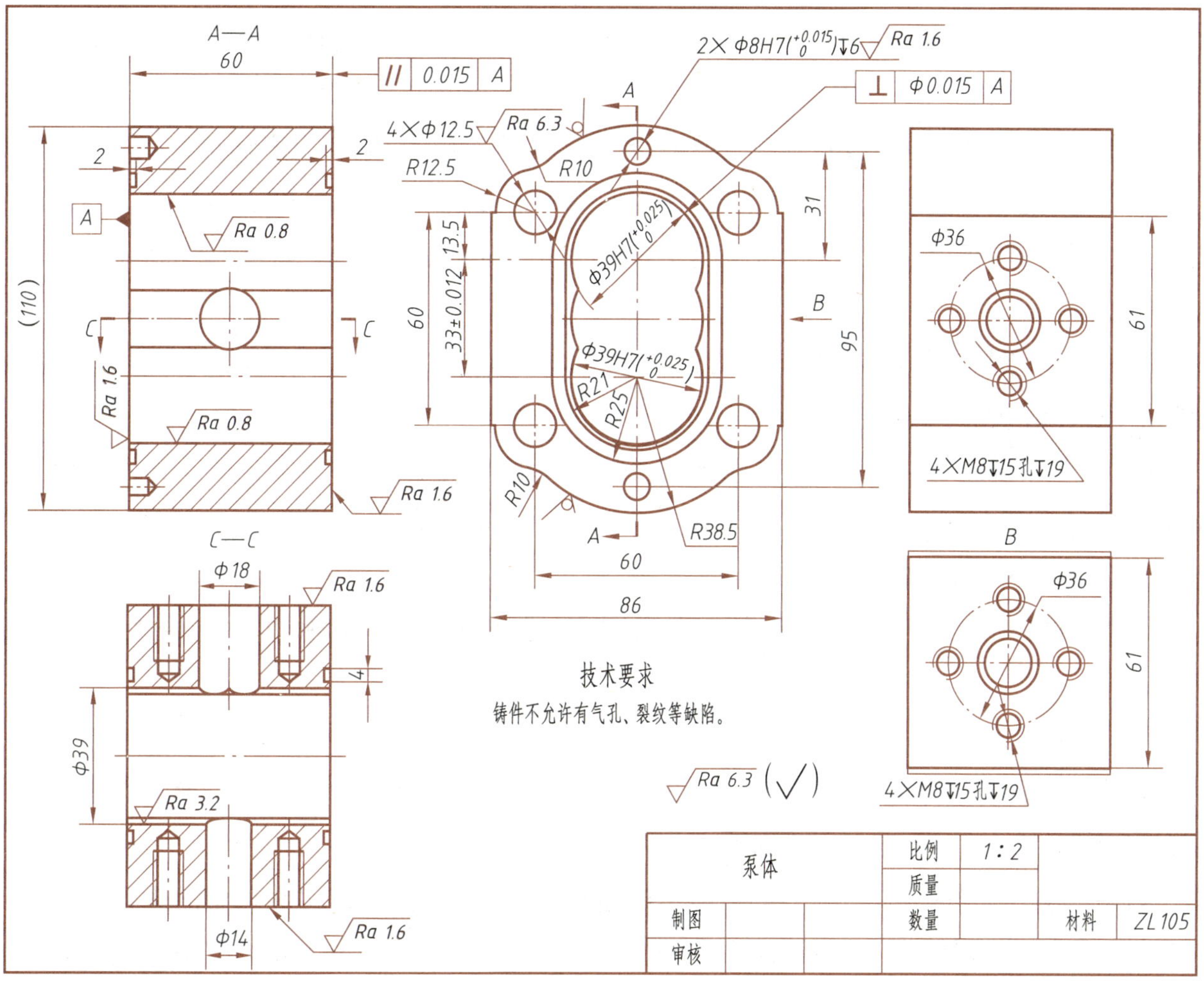

图 7-39 泵体

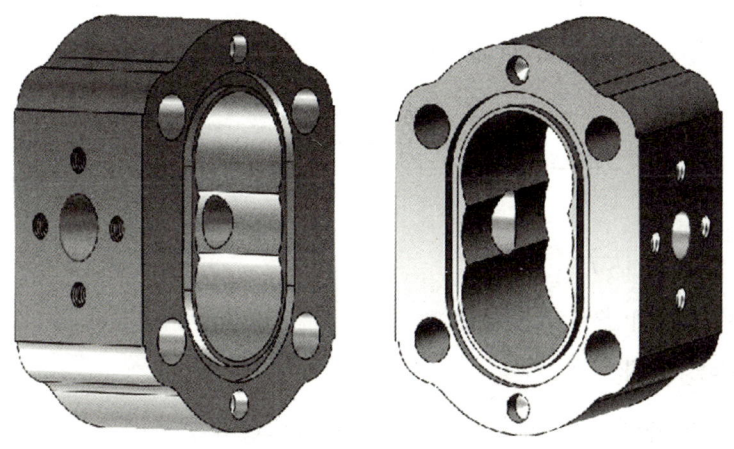

图 7-40 泵体模型

(1) 表达方式不合理的地方

泵体属于箱体类零件，按照主视图选择应尽可能将较多的形体特征作为主视图的内容、将零件的工作位置或加工位置作为主视图的摆放位置，该泵体零件图的主视图应该位于图面正中位置。视图表达由：主视图、左视图、B 向局部视图、全剖的右视图以及在右视图基础上的 C—C 全剖视图构成。

第一，B 向局部视图的边界应该是波浪线，该视图中为细实线，所以表达错误。

第二，主视图右侧是左视图，其中部有两个直径很接近的同心圆，表示的是左右两侧的通孔的叠加投影，但很容易误导看图者联想到沉孔、阶梯孔或者带有不等直径锥坑等结构，表达主题不够鲜明。

第三，主视图左侧为全剖的右视图，其中部的圆也不能给看图者更多的识读信息，无法准确判断该圆所代表的孔的通透性。

第四，在右视图基础上的 C—C 全剖视图属于剖切后再剖切，因此图样的表达已经改变了泵体在空间的原有姿态，泵体原来左右两侧中心线水平的通孔，在 C—C 全剖视图中变成了中心线竖直方向，给看图者识读带来不必要的麻烦。

第五，泵体在三个方向上大多为对称结构，因此图样的对称中心线的表达也不够完整。

(2) 优化方案

本着为看图者服务的思想，采用惯常的三视图布局，表达方式为：主视图，沿对称中心平面全剖的俯视图和左视图，再加一个 B 向局部视图。

第一，主视图表达泵体的外观特征，在主视图中添加表示左右进出油路径的虚线，将上下、左右主要结构对称中心线补画完整，并添画左、右进出油孔端部四个均布螺纹不通孔中心线位置的点画线。

第二，左视图全剖视图主要表达泵体前、后端面上开设的定位孔及油沟的形状及位置，添画了前、后主要结构对称中心线。

第三，俯视图采用全剖视图来反映泵体左、右端面螺纹孔及进出油孔的情况。

第四，B 向局部视图显示螺纹孔的分布，注意该局部视图采用了减少景深的做法，仅表达了左侧 $\phi 18$ mm 大孔的投影，避免了全部结构投影使得 $\phi 14$ mm 圆干扰看图者对于泵体结构的识读。

(3) 优化后的零件图表达方案

优化后的泵体零件图如图 7-41 所示。

3. 偏心弯轴零件图优化

识读图 7-42 所示的偏心弯轴零件图，对其表达方式进行优化。

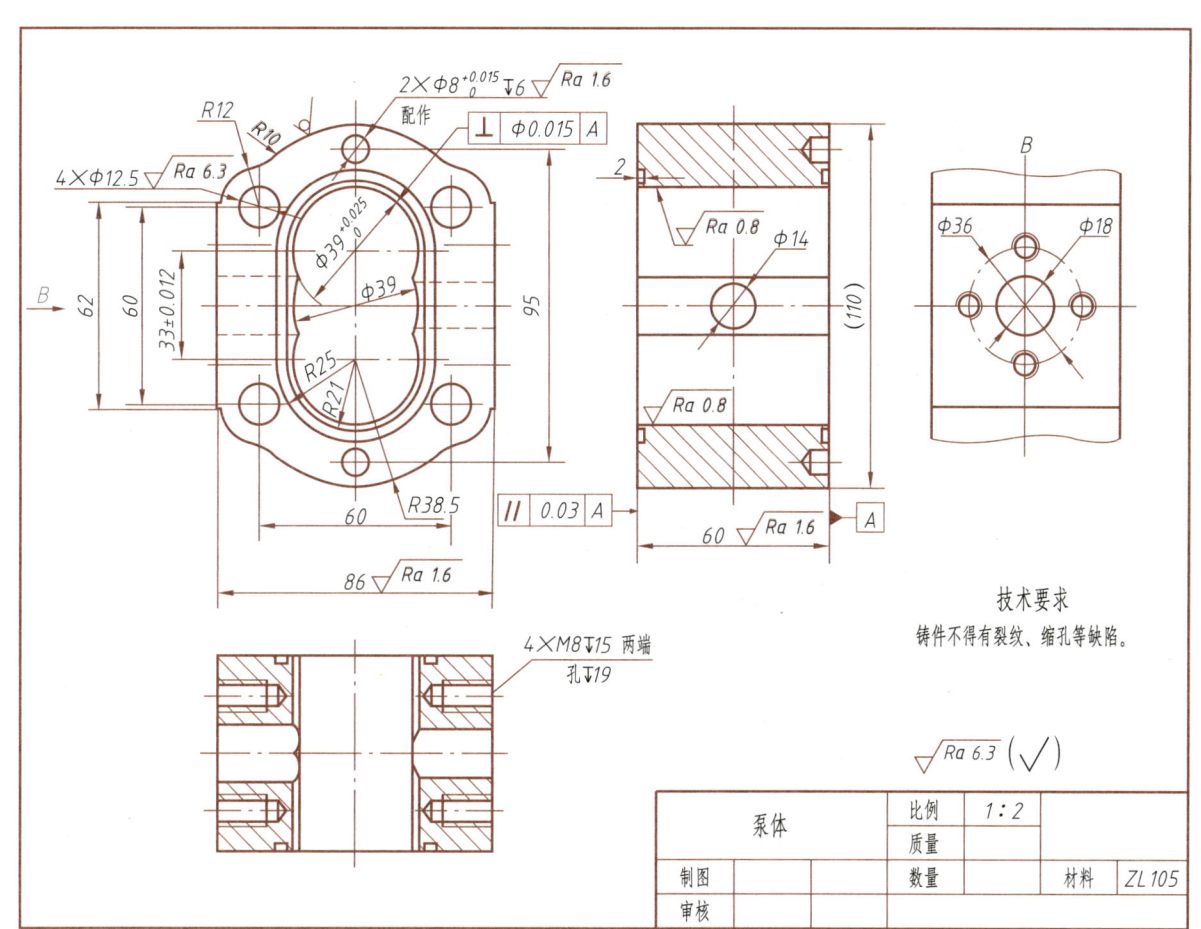

图 7-41　优化后的泵体零件图

（1）表达方式不合理的地方

偏心弯轴采用了主视图和 A—A 全剖视图的表达方式，主视图表达偏心弯轴的主要形状特征，A—A 全剖视图则表达偏心轴的偏心距。

从几何作图的角度出发来分析这个主视图，其表达方式没有问题。但是这个图忽略了一个关键的问题：图样除了要表达设计者的设计思想之外，更重要的是还要指导生产加工。主视图中表达了成品弯曲后的几何角度。首先，弯轴下料时毛坯的总长尺寸需要计算，而且在技术要求中注明"加工完成后再折弯 100°"，在加工生产时工人必须事先现场放样，才能对这个弯轴进行弯曲成形。其次，偏心弯轴的球面端部也增加了加工的难度。最后，A—A 全剖视图右侧 35 mm 尺寸不好测量，可操作性差。

（2）优化方案

本着一切为看图者服务的思想，将偏心弯轴折弯前的展开形状用双点画线画出并标注长度，简化偏心弯轴的球面端部，将其端部改为圆柱端面倒角。这样优化之后，不仅使表达方式更加完善，也降低了生产人员的制造难度。

（3）优化后的零件图表达方案

优化后的偏心弯轴零件图如图 7-43 所示。

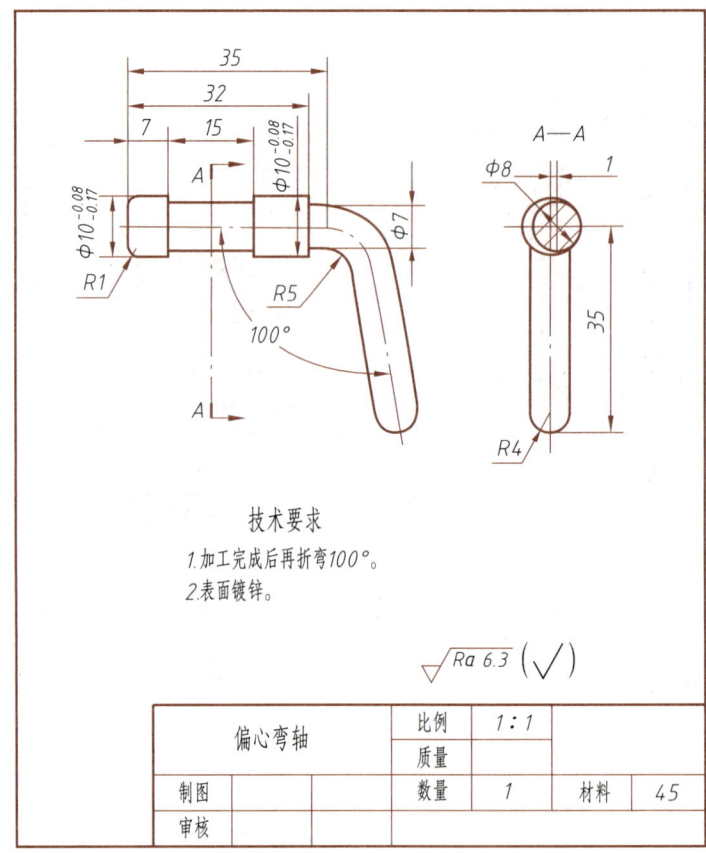

图 7-42 偏心弯轴

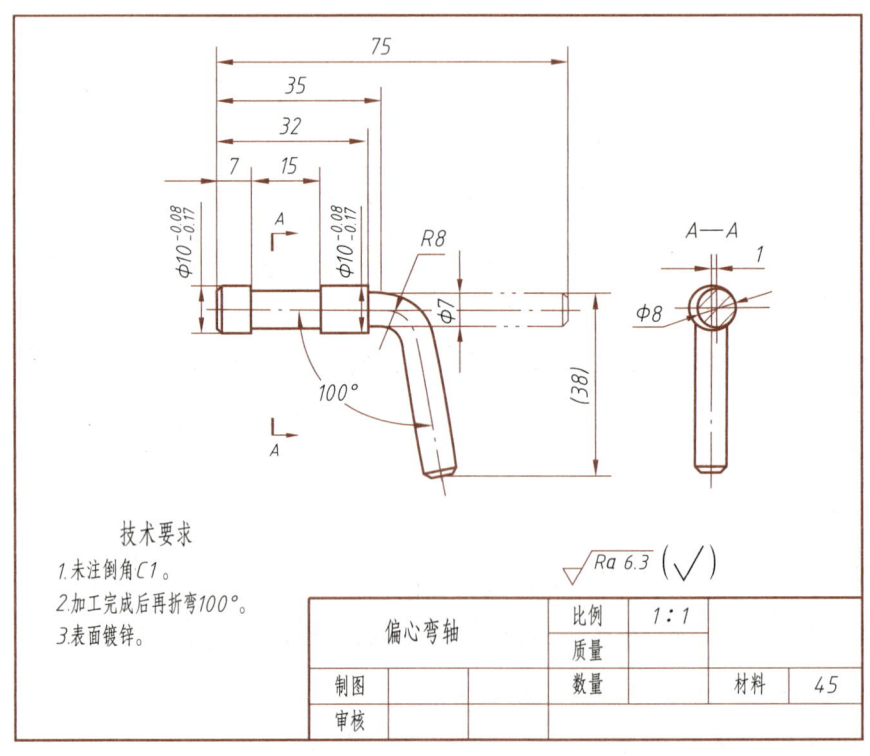

图 7-43 优化后的偏心弯轴零件图

优化后,增加了采用双点画线来表示弯轴变形前长度方向的假想轮廓,并标注总长尺寸 75 mm;将弯曲之后的高度尺寸加注括号,变为参考尺寸(材料弯曲变形是个相对复杂的形变过程,伴随塑性变形、加工硬化,以及材质不均匀导致变形后总体尺寸的微幅波动,而且此处弯曲的目的仅仅是为了方便操作,因此不宜规定精确尺寸);弯轴右端部将球面变为圆柱倒角端面。

【任务评价】

具体评价反馈见表 7-3。

表 7-3 评价反馈表

操作步骤	操作要点	自我评价
零件工艺结构表达	合理运用机件表达方式	【操作】 □正确 □错误
典型零件的视图表达	主要视图及辅助图样的配置	【操作】 □正确 □错误
图样表达的合理性	结合具体加工工艺过程	【操作】 □正确 □错误
检查、校对	认真校对	【操作】 □正确 □错误

【任务小结】

本任务通过对图样表达方式的优化,学会图样的合理配置,并分析图样表达过程中,零件图与加工工艺、现场施工及加工过程的关系。

【知识拓展】

放 样

放样是生产中的一道工序,用于把图样上的方案"搬挪"到实际现场。生产中根据图样表达及尺寸标注,按 1∶1 或放大比例,将复杂的曲面展开成平面,以便准确地定出物件的尺寸,作为制造样板、下料、加工等工作的依据。

在棒料、管道生产中,经常会遇到转弯、分支或者变径等形状特征的零件,这些零件中的相当一部分要先进行展开放样之后才能进行加工生产,因此,展开放样是机械生产中应具备的技能之一。现场放样大致步骤如下:

1) 找出放样点的坐标。

2) 按照图样的表达方式及尺寸标注(线性尺寸及角度尺寸),分别算出放样点到已知点的方位角和距离。

3) 使用测量工具及绘图工具,绘制出放样后的展开图形。

4) 按照放样图形尺寸进行构件或零件的加工。

【思考实践】

1. 双点画线的应用场合是什么?在图 7-43 所示的偏心弯轴的主视图中,该双点画线表示的含义是什么?

2. 在绘制移出断面图时,是否都要将其配置在剖切符号或剖切线延长线上?

任务四　合理的尺寸标注

【任务要求】

技能点

1. 能够根据零件的结构特征,在适当的视图中合理标注尺寸。
2. 了解常见加工工艺,会标注零件常见结构。

知识点

1. 掌握图样中主要尺寸基准的选择。
2. 明确区分总体尺寸、定形尺寸、定位尺寸的类型及特点。
3. 了解最新国家标准中对结构要素尺寸标注的基本要求。
4. 了解零件重要的工艺结构的作用,添加合适的尺寸公差。

【任务引入】

对零件结构特征进行分析,规范、合理地对零件进行尺寸标注。

【知识链接】

尺寸标注是一张图样中最见功力的部分,它既是标注者综合设计水平的体现,也会影响给看图者提供工艺信息的多少。尺寸标注涉及标注者对于表达对象的材质、加工工艺、装配工艺以及检验方法等各方面的理解。

尺寸标注没有唯一正确标准,只有相对合理。不同的加工手段、不同的制造装备、不同水平的生产人员,会产生不同的尺寸标注方法,真的是仁者见仁、智者见智。尤其是对于一些复杂零件,尺寸标注者必须在充分满足设计要求的前提下,深度研究并根据机件的材料、现有工艺、装配、检测要求及测试手段等因素来设计加工工艺,并将其体现在尺寸标准的基准选择、尺寸分布等方面。尺寸标注合理与否,思路是否清晰,从图中一目了然。

尺寸标注的工作量时常不亚于图样表达。在看图分析尺寸标注时,如何从中更多地获取设计者的思想,进而理解所表达机件的工艺思路,更是难上加难。

在"机械测绘与CAD成图"技能大赛中,对于参赛选手提交的竞赛作品,常会设定"一张零件图中尺寸标注数量达不到全部尺寸标注量的80%,作0分处理"的评分规则。这一规则,既遵循了机械制图尺寸标注最基本的"正确、完整、清晰、合理"原则,也规避了少数选手投机取巧的行为,同时符合企业的出图实际需要。在规范的企业中,一张合格的图样需要经过设计(制图)、审核、工艺、标准化管理及项目负责人签字批准等多道程序。一名设计者绘制的零件图,如果尺寸标注数量连80%都达不到,这样的图样根本无法指导加工生产。

1. 尺寸基准

尺寸基准就是尺寸度量的起点。根据基准的作用不同,又可分为设计基准和工艺基准(图7-44)。

设计基准用来确定零件在机器或部件中准确位置的基准,通常选其中之一作为主要尺寸基准,零件的重要尺寸应从设计基准出发标注。

工艺基准是在零件加工或测量时选定的基准,一般为确定零件在机床上加工时的装夹位置,测量零件尺寸时所利用的点、线、面,常作为辅助尺寸基准。

选择基准时,尽量使设计基准与工艺基准重合,这样,即能保证设计要求又能兼顾工艺要求。如两者不能统一,应以保证设计要求为主。

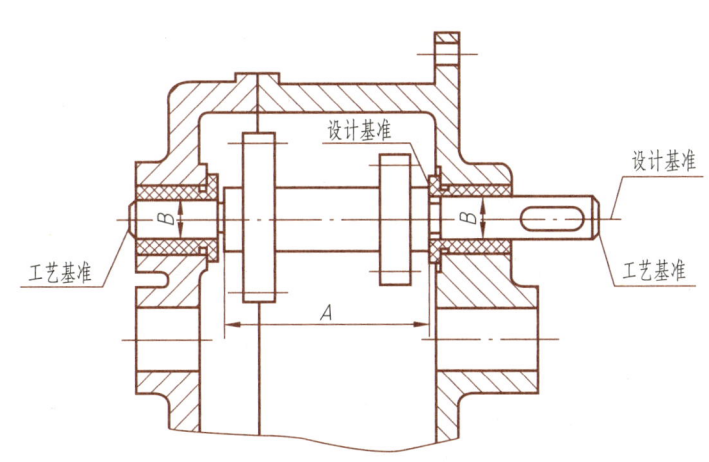

图7-44 设计基准和工艺基准

常作为基准的要素有:零件重要底面、端面、对称平面、装配结合面、主要孔的中心线或轴的轴线等。基准为每个方向尺寸的起点,因此在长、宽、高三方向都要至少有一个主要尺寸基准,另外,根据设计、加工要求,一般还有一些辅助基准。下面我们就典型零件的尺寸标注逐一进行分析。

（1）轴套类零件

轴套类零件的径向基准一般为轴线；轴向尺寸基准通常选择轴上重要的轴肩端面作为设计基准；应正确、合理选择工艺基准、标注基准之间的联系尺寸。轴套类零件尺寸标注如图7-45所示。

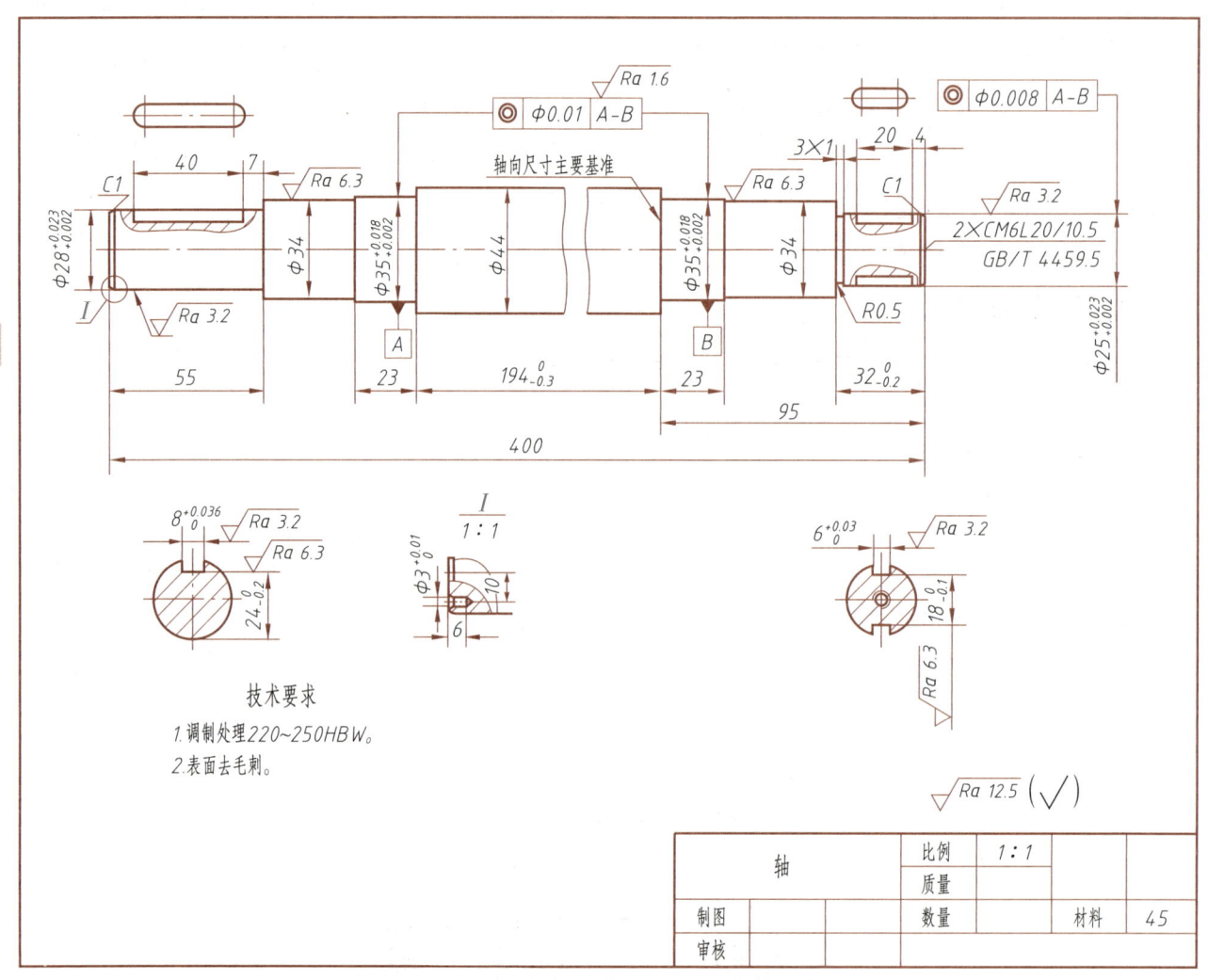

图7-45 轴套类零件尺寸标注

（2）轮盘类零件

轮盘类零件的主体结构一般为同轴回转体或其他形状的扁平盘状体，其中长度方向的尺寸远远小于其余两个方向尺寸。宽度及高度方向的主要基准一般为公共回转轴线、对称中心面；长度方向通常选择重要端面、安装的接触面等作为设计基准。轮盘类零件尺寸标注如图7-46所示。

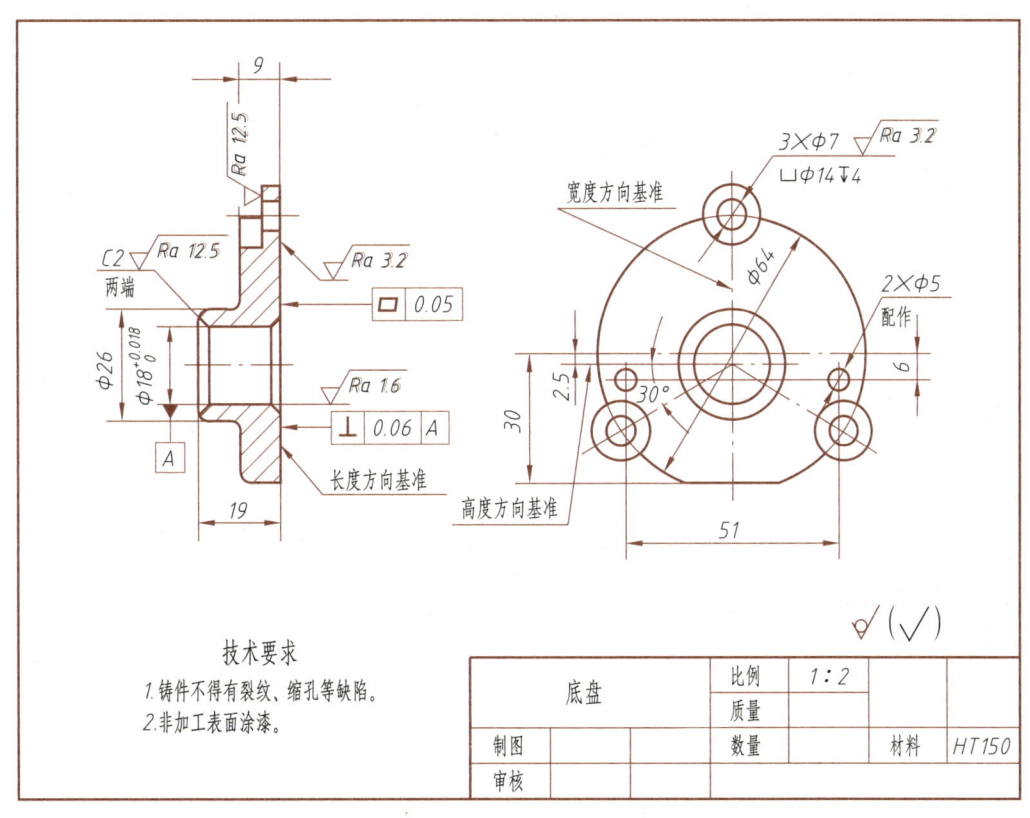

图 7-46 轮盘类零件尺寸标注

(3) 叉架类零件

叉架类零件一般以重要的端面、安装基准面、零件的对称平面作为尺寸基准。长度方向、宽度方向、高度方向的主要基准一般为孔中心线、轴线、对称平面和较大的加工平面。如图 7-47 所示的 Ⅰ、Ⅱ、Ⅲ 分别为长度、宽度及高度三个方向的主要基准。由于叉架类零件定位尺寸较多,要注意能否保证定位的精度。一般要标出孔中心线间的距离、孔中心线到平面间的距离,或平面到平面的距离。

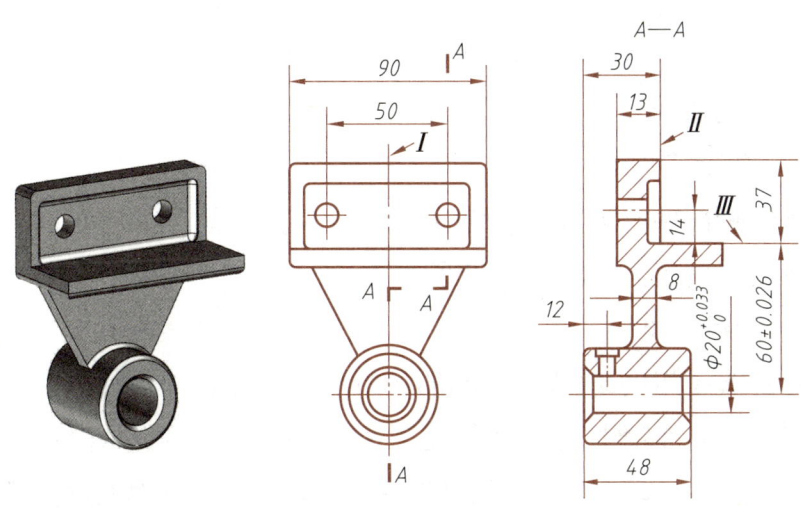

图 7-47 叉架类零件尺寸标注

(4) 箱体类零件

箱体类零件一般常以安装底面作为高度方向的主要基准,长度和宽度方向常以对称中心平面、较大的结合面或重要加工平面作为基准。箱体类零件尺寸标注如图 7-48 所示。

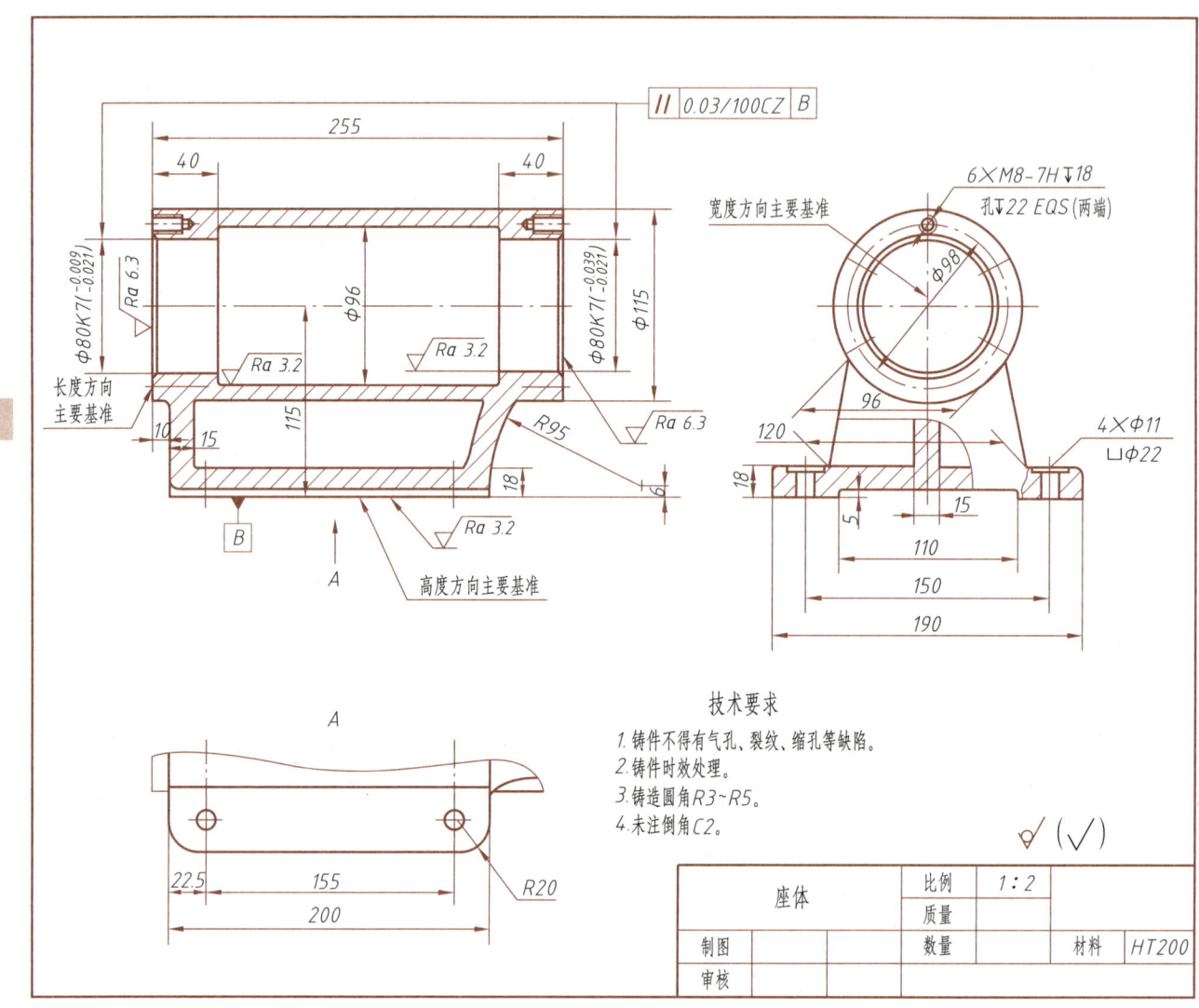

图 7-48 箱座类零件尺寸标注

2. 合理标注尺寸的原则

(1) 主要尺寸必须直接注出

主要尺寸是指影响部件或机器规格性能、精度及互换性的尺寸,如机件中与轴配合的孔,其中心高度,孔之间的中心距等,如图 7-49 所示。

(2) 不要注成封闭尺寸链

封闭尺寸链是由头尾相接,绕成一整圈的一组尺寸,如图 7-50 所示。封闭尺寸链的缺点是各段尺寸精度相互影响,很难同时保证各段尺寸精度的要求,因此,零件图上的尺寸,一般应注有开口环(图 7-50b),不允许有多余的尺寸出现。所谓开口环即对精度要求较低的一环不注尺寸,这样既保证了设计要求,又降低了加工费用。

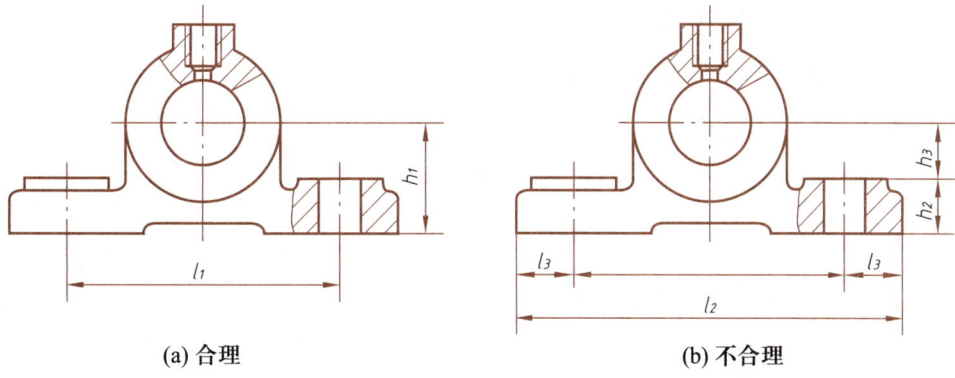

(a) 合理　　　　　　　　　　　(b) 不合理

图 7-49　主要尺寸必须直接注出

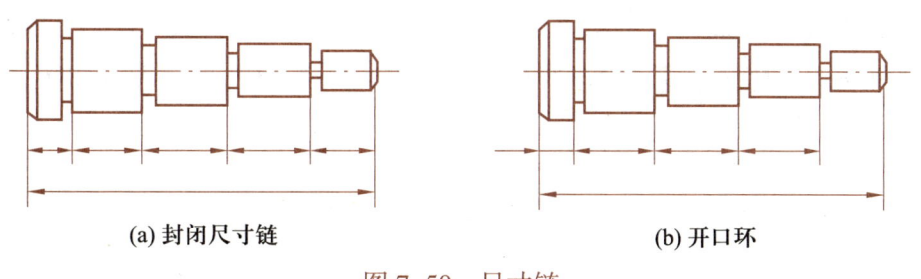

(a) 封闭尺寸链　　　　　　　　(b) 开口环

图 7-50　尺寸链

有时，为了作为设计和加工时的参考，也注成封闭尺寸链，这时，根据需要把某一个环的尺寸加注括号，作为参考尺寸，如图 7-51 所示。

(3) 要符合加工顺序和便于测量

按加工顺序标注尺寸，符合加工过程，便于加工和检测。图 7-52a 所示为零件尺寸的合理标注，7-52b 所示为符合加工顺序的标注，而图 7-52c 所示的尺寸标注就不便于测量。

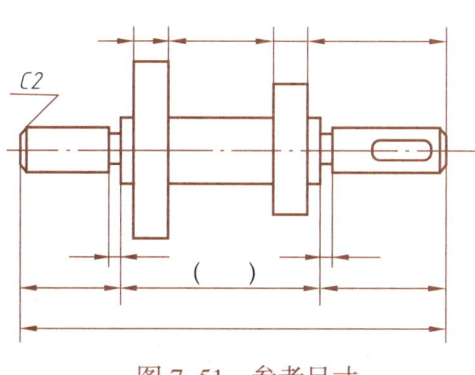

图 7-51　参考尺寸

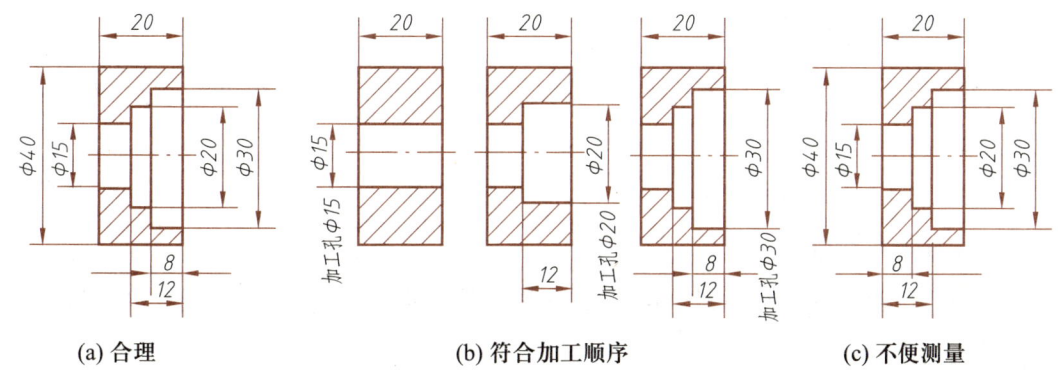

(a) 合理　　　　　　(b) 符合加工顺序　　　　　(c) 不便测量

图 7-52　符合加工顺序和便于测量

(4) 避免跨过最大轴径标注轴向尺寸

如图 7-53 所示，尺寸 "24" 就是错误标注。

(5) 同一工种所需尺寸要集中标注

一个零件，一般不会采用单一的加工方法，而是经过多种加工方法才能制成。在标注尺寸时，最好把相同加工方法的有关尺寸集中标注，如图 7-45 所示的轴套类零件尺寸标注中，轴上键槽的尺寸集中标注在轴的上方。

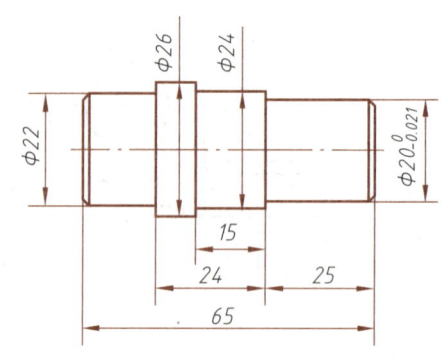

图 7-53 避免跨最大轴径标注轴向尺寸

(6) 同一个方向只能有一个非加工面与加工面联系尺寸

应尽量将毛坯尺寸与加工尺寸分开标注，方便读图，如图 7-54b 所示。图 7-54a 所示的高度方向尺寸虽然齐全，但不合理，而图 7-54b 所示只有一个加工面与非加工面之间的联系尺寸，故合理。

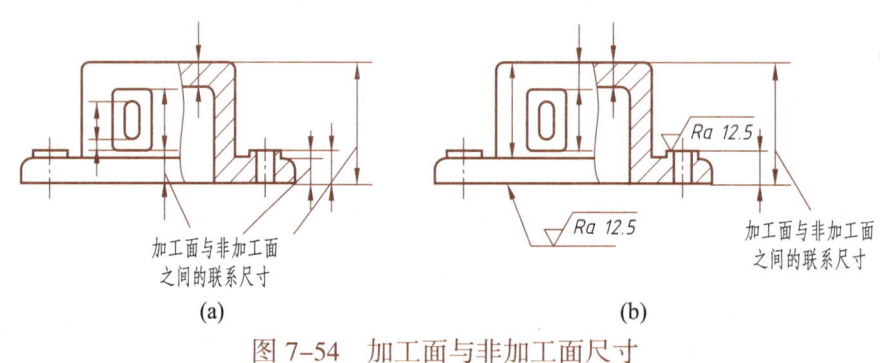

图 7-54 加工面与非加工面尺寸

(7) 长圆形结构的尺寸标注

零件上长圆形的槽、孔或凸台，由于其作用和加工方法不同，有不同的尺寸标注。

1) 一般情况下，如键槽、散热孔以及在薄板零件上冲出的加强肋等，采用图 7-55a 所示的注法。

2) 当长圆孔作为安装孔用于穿入螺栓时，中心距就是允许螺栓变动的距离，也是钻孔的定位尺寸，采用图 7-55b 所示的注法。

3) 在特殊情况下，采用图 7-55c 所示的注法，此时宽度与半径 R 同时标注，此处不认为是重复尺寸，但是通常二者会有一个尺寸精度要求高一些。在图 7-55c 所示的注法中，宽度要求高于圆弧，宽度公差值小，圆弧半径实际尺寸必须随宽度实际尺寸的变化而变化。

(8) 腰形孔的尺寸标注

根据加工特点，参照图 7-55c 所示的长圆形结构的尺寸标注的形式，可以理解如图 7-56 所示腰形孔的尺寸标注。

(9) 剖视图的尺寸标注

剖视图的尺寸标注基本上与组合体相同，其主要不同点如下。

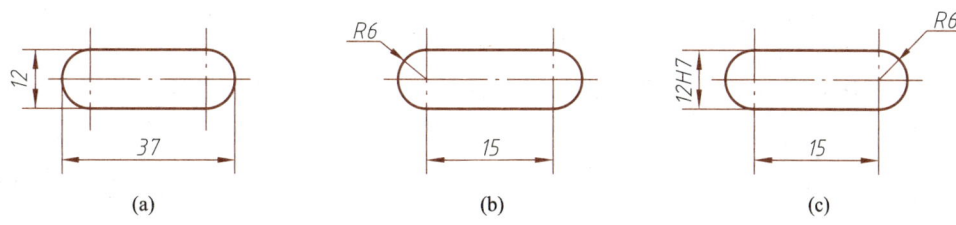

图 7-55 长圆形结构的尺寸标注

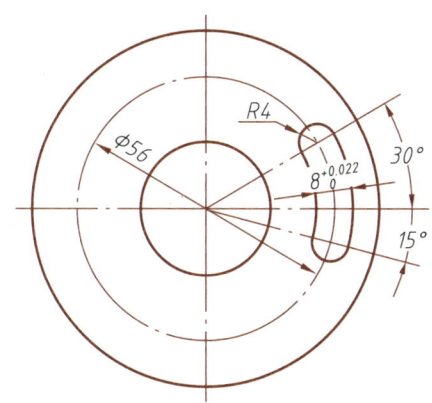

图 7-56 腰形孔的尺寸标注

1) 在全剖视图中,内外结构形状都用可见方式(实线)表达清楚了,故剖视图中的尺寸一般都要注在实线上,且内外形尺寸适当集中标注,如图 7-57 所示。

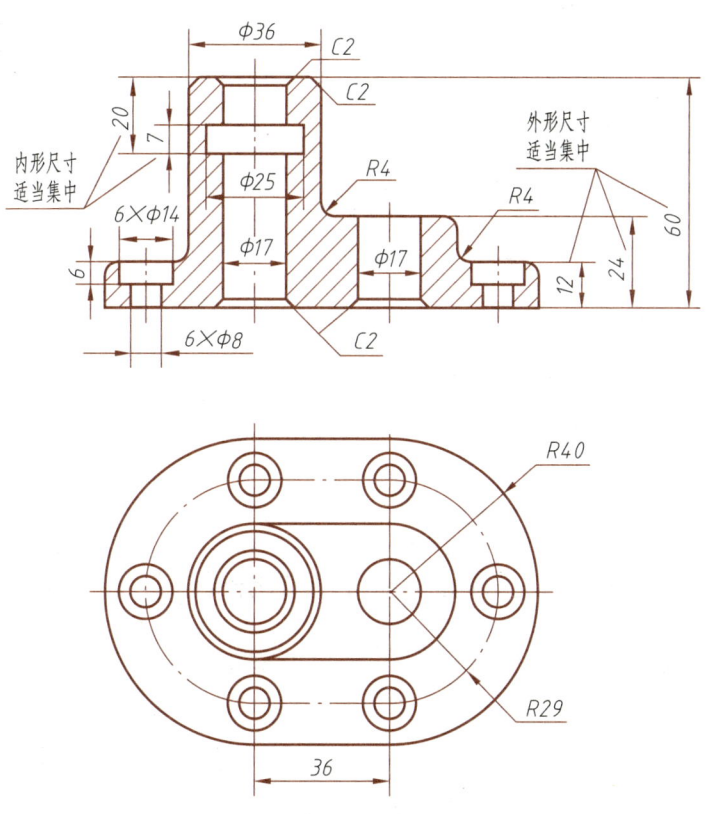

图 7-57 全剖视图中的尺寸标注

2)在半剖视图中,对称结构只画出一半,故标注尺寸时,尺寸线应略超过对称中心线,仅在尺寸线的一端画出箭头,如图7-58所示主视图中的尺寸 $\phi25$ mm、$\phi22$ mm、120°,俯视图中的尺寸 50 mm、38 mm、$\phi42$ mm 等。

3)在局部剖视图中,有些表达内外形结构的轮廓线不完整,故标注尺寸时,尺寸线应略超过断裂处的边界,仅在尺寸线的一端画出箭头,如图7-59所示主视图中的尺寸 $\phi28$ mm、$\phi20$ mm、$\phi15$ mm。

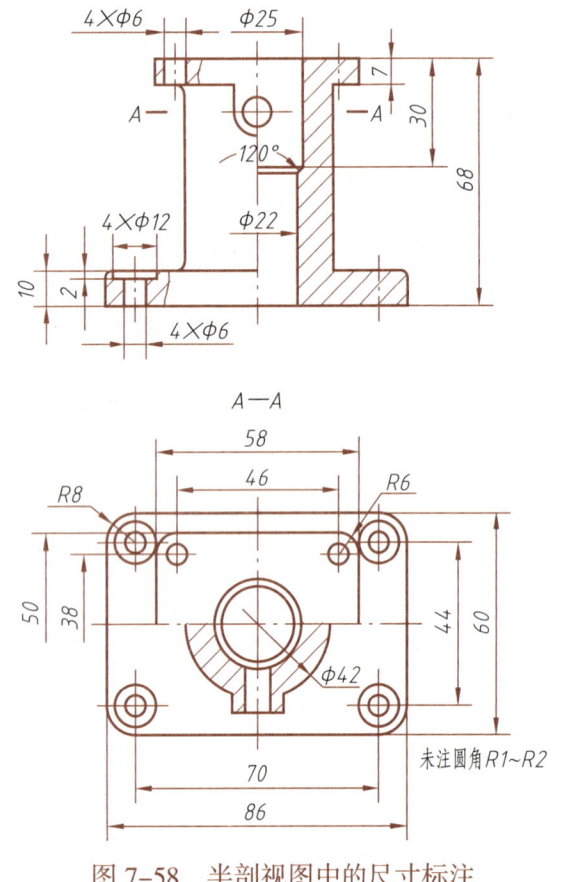

图 7-58 半剖视图中的尺寸标注

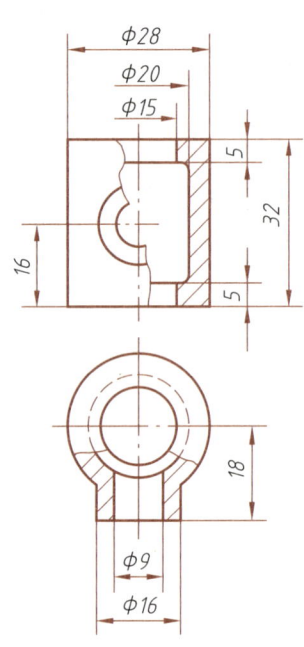

图 7-59 局部剖视图中的尺寸标注

(10)各类孔的尺寸标注

各类孔的尺寸可以按一般标注法标注,也可以简化标注,常见孔的注法见表7-4。

表 7-4 常见孔的注法

零件结构类型		一般标注	简化标注		说明
光孔	一般孔	4×φ5，深10	4×φ5↓10	4×φ5↓10	↓为深度符号 "4×φ5↓10"表示4个直径为5 mm光孔，深10 mm
	锥孔	锥销孔φ5 配作	锥销孔φ5 配作	锥销孔φ5 配作	"φ5"是与锥孔相配的圆锥销小端直径。锥孔通常是在两零件装在一起时加工的
沉孔	锥形沉孔	90°，φ13，4×φ7	4×φ7 ∨φ13×90°	4×φ7 ∨φ13×90°	∨为锥形沉孔符号 "4×φ7"表示4个直径为7 mm的光孔，"∨φ13×90°"表示90°锥形沉孔的直径为φ13 mm
	柱形沉孔	φ13，3，4×φ7	4×φ7 ⊔φ13↓3	4×φ7 ⊔φ13↓3	⊔为柱形沉孔及锪平符号 "4×φ7"表示4个孔的小直径为7 mm，"⊔φ13↓3"表示沉孔直径为13 mm，深度为3 mm
	锪平沉孔	φ13，锪平，4×φ7	4×φ7 ⊔φ13	4×φ7 ⊔φ13	锪平φ13 mm的深度不必标出，一般锪平到不出现毛面为止
螺纹孔	通孔	2×M8	2×M8	2×M8	"2×M8"表示公称直径为8 mm的两个螺纹孔
	不通孔	2×M8，10，14	2×M8↓10 孔↓14	2×M8↓10 孔↓14	表示两个M8螺纹孔的螺纹长度为10 mm，钻孔深度为14 mm

(11) 工艺凸台

铸件或者锻件的某些工艺凸台不需要拘泥于设计基准,以方便做模样或者便于测量为原则。例如图 7-60 所示的工艺凸台的尺寸标注中,右下角工艺凸台高度"12"的尺寸标注。

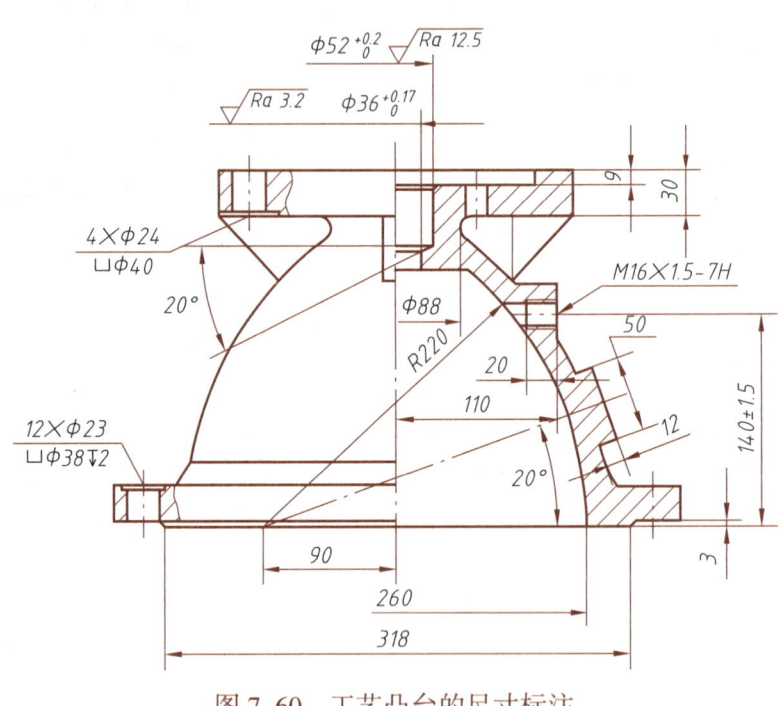

图 7-60 工艺凸台的尺寸标注

(12) 网格状板件

网格状板件标注壁厚可以省略很多的定位及定形尺寸。如图 7-61a 所示的网格状板件壁厚的尺寸标注中,在中间隔板壁厚"3"后加注"(全部)"、边框壁厚"3"后加注"(周边)",避免了图 7-61b 中很多尺寸标注的情况。

(13) 轴上键槽尺寸公差的标注

如图 7-62 所示,b 和 t_1 是轴上键槽的宽度及深度,其尺寸可在键槽各部尺寸附表中查得。注意 $(d-t_1)$ 的极限偏差应取负值。例如,当 $d=50$ mm,查表得到 t_1 的公称尺寸是 5.5 mm,极限偏差是 $^{+0.2}_{0}$,尺寸标注如图 7-62b 所示。

(14) 螺纹的省略标注

根据国家标准 GB/T 197—2018,中等公差精度螺纹的公差带代号(中径、顶径公差带代号)在下列情况中可以省略:当公称直径 ≥ 1.6 mm 时,内螺纹省略"6H",外螺纹省略"6 g";当公称直径 ≤ 1.4 mm 时,内螺纹省略"5H",外螺纹省略"6h"。例如:"M16-6H",只需要标注"M16"即可。

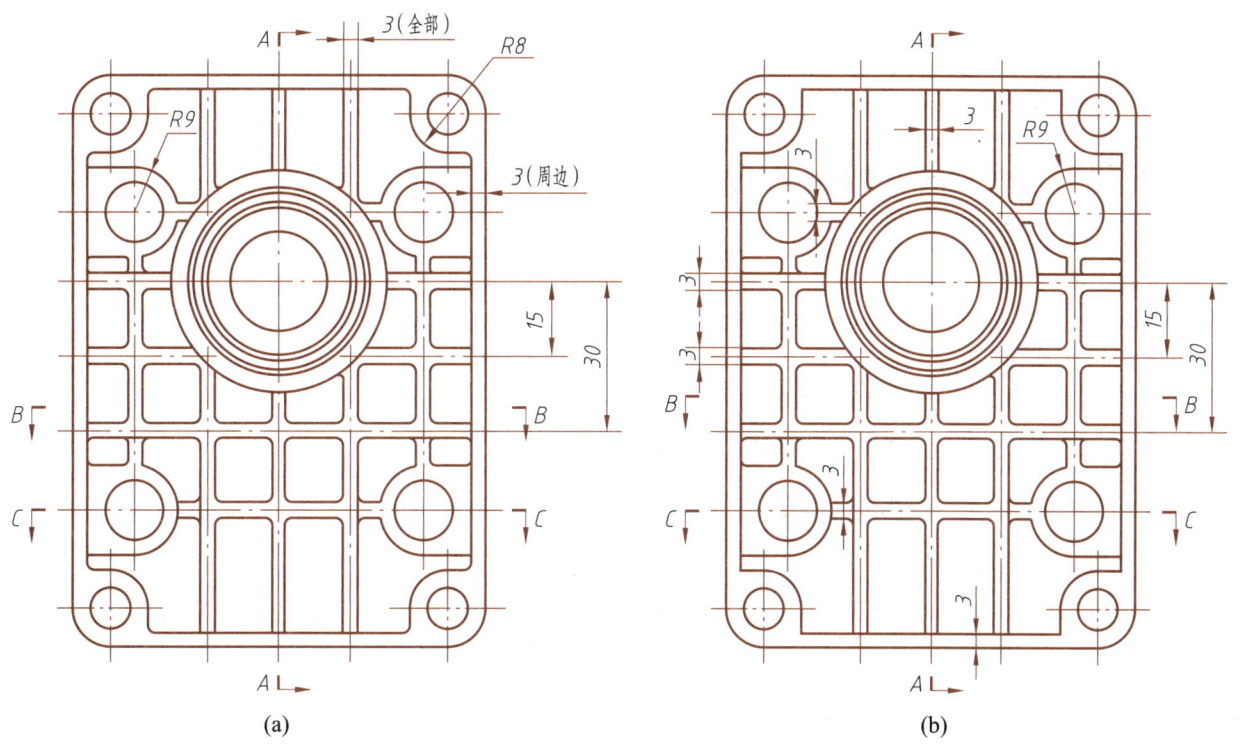

图 7-61 网格状板件壁厚的尺寸标注

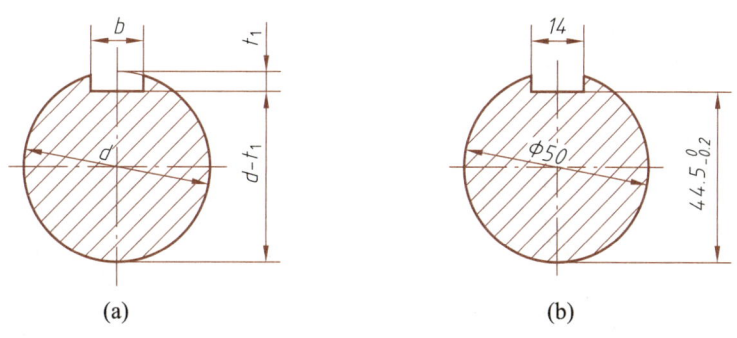

图 7-62 轴上键槽尺寸公差的标注

(15) 企业的一些特殊尺寸标注方法

对于形状、结构特别复杂的机件，为方便看图者，尤其是操作工人查找尺寸，会针对零件某个重要部位、结构复杂部位、微小结构区域进行投影的重复表达。而由于标注空间有限，在一个视图中尺寸标注过于密集等原因，一些结构的尺寸标注也会在一张图样的不同视图中重复出现。这种做法类似于我们说的"重要的事情讲三遍"。毕竟图样是人们进行技术交流的语言，其目的是保证沟通顺畅，尽可能让对方理解，所以企业在尺寸标注方面会根据具体情况，不太拘泥于"尺寸标注不重复"的形式。

【任务实施】

根据图 7-63 所示的泵体视图表达,对其进行尺寸标注。

1. 标注尺寸的思路

1) 选择基准。

2) 考虑设计要求,标注出主要尺寸。

3) 考虑工艺要求,标注出其他尺寸。

4) 用形体分析法、结构分析法补全尺寸和检查尺寸,同时检查三个方向的尺寸链是否封闭,根据设计及工艺要求增加尺寸公差及相关的技术要求。

2. 标注尺寸的具体方法

1) 根据图 7-63,分析泵体的视图表达方式,结合装配图等技术文件,了解泵体的形状及工艺结构。

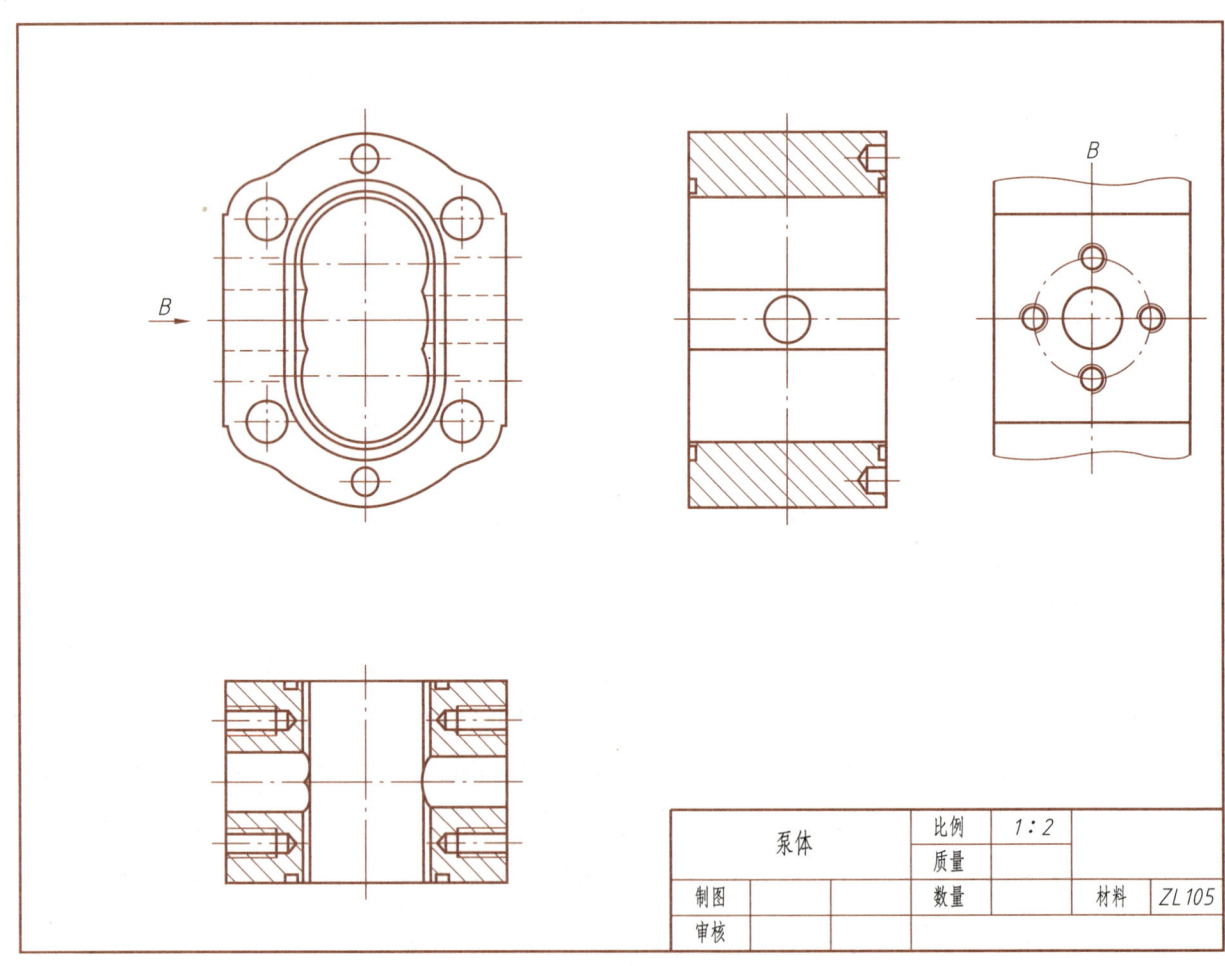

图 7-63 泵体视图表达

该泵体零件图采用了两个全剖视图、一个基本视图及一个局部视图的表达方式。左视图为全剖视图,主要表达泵体前、后端面上开设的定位孔及油沟的形状及位置,俯视图为全剖视图,反映泵体左、右端面螺纹孔及进出油孔情况,主视图表达泵体的外观特征,B 向局部视图显示螺纹孔的分布。

2) 确定尺寸标注在长度、宽度及高度三个方向上的主要基准。对泵体的工艺结构及其与相邻零件的接触或装配关系进行综合分析,确定长、宽、高三个方向尺寸标注的主要基准,如图 7-64 所示。

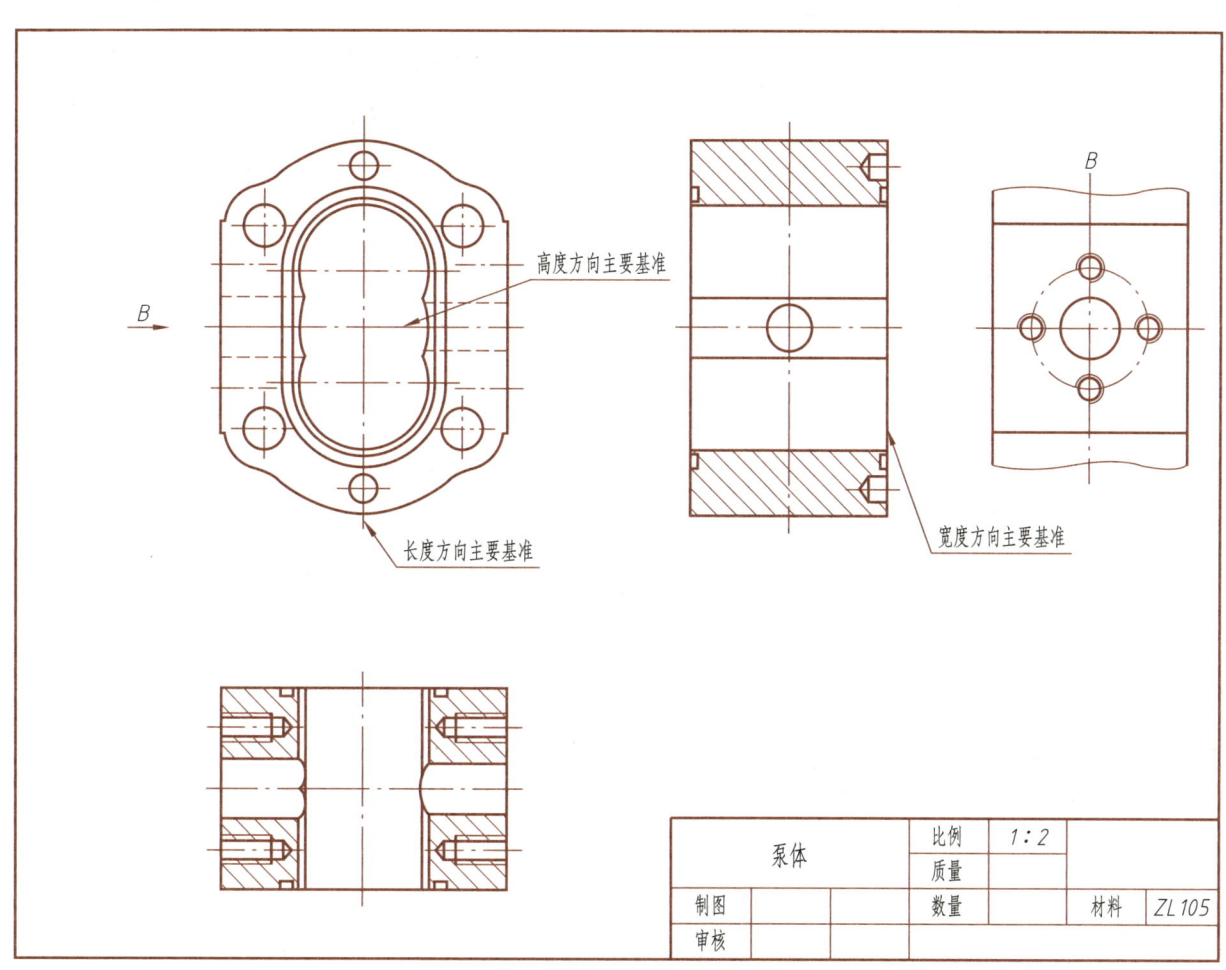

图 7-64　确定泵体尺寸基准

3）标注出各部分的功能尺寸。从设计基准出发标注主要尺寸，对于重要尺寸，应根据工艺结构的作用，查阅国家标准，添加相应的尺寸公差（极限偏差），如图7-65所示。

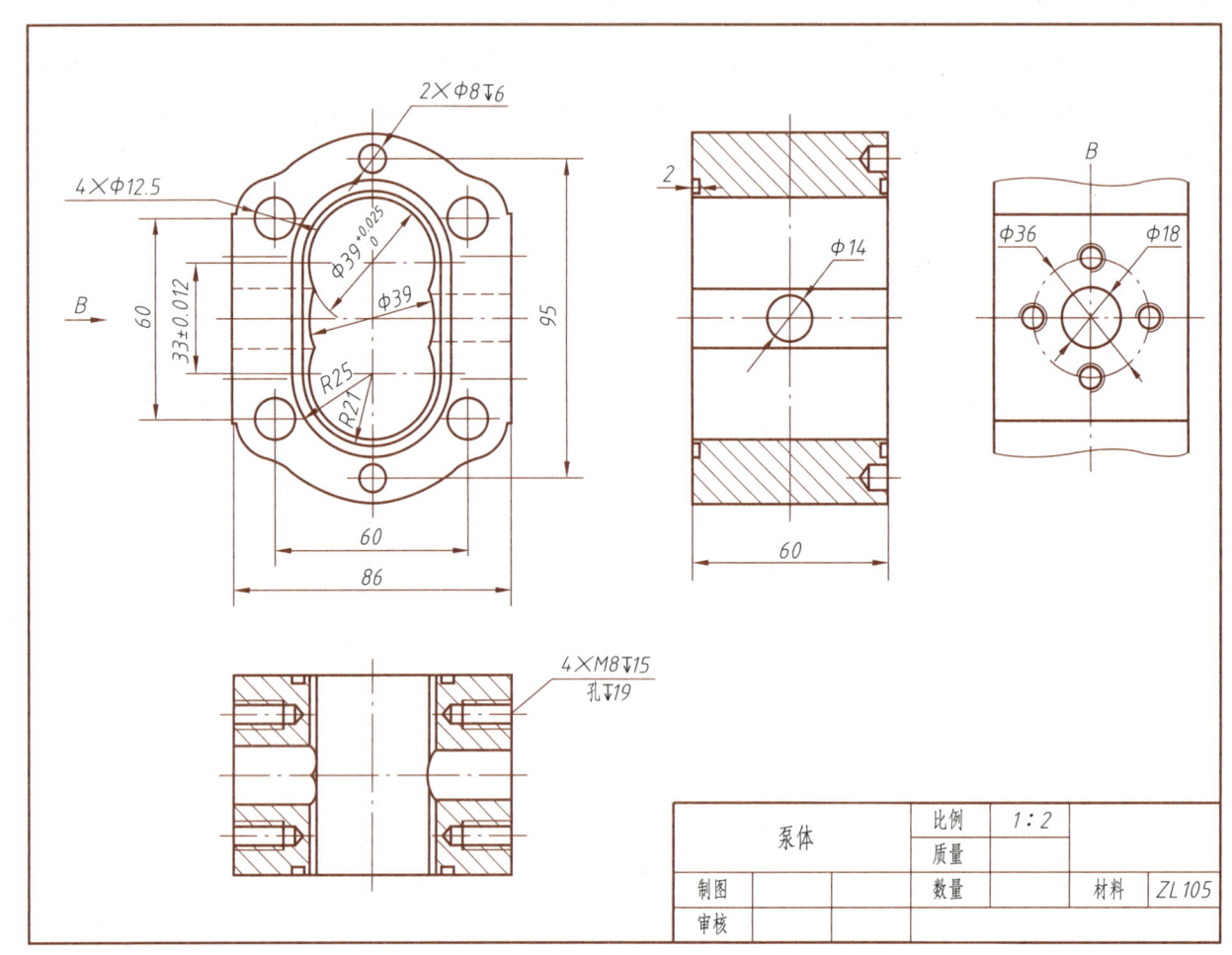

图7-65　标注泵体主要尺寸

4）标注出非功能尺寸。考虑加工制造要求，选择适当工艺基准，注全其他尺寸，如图7-66所示。

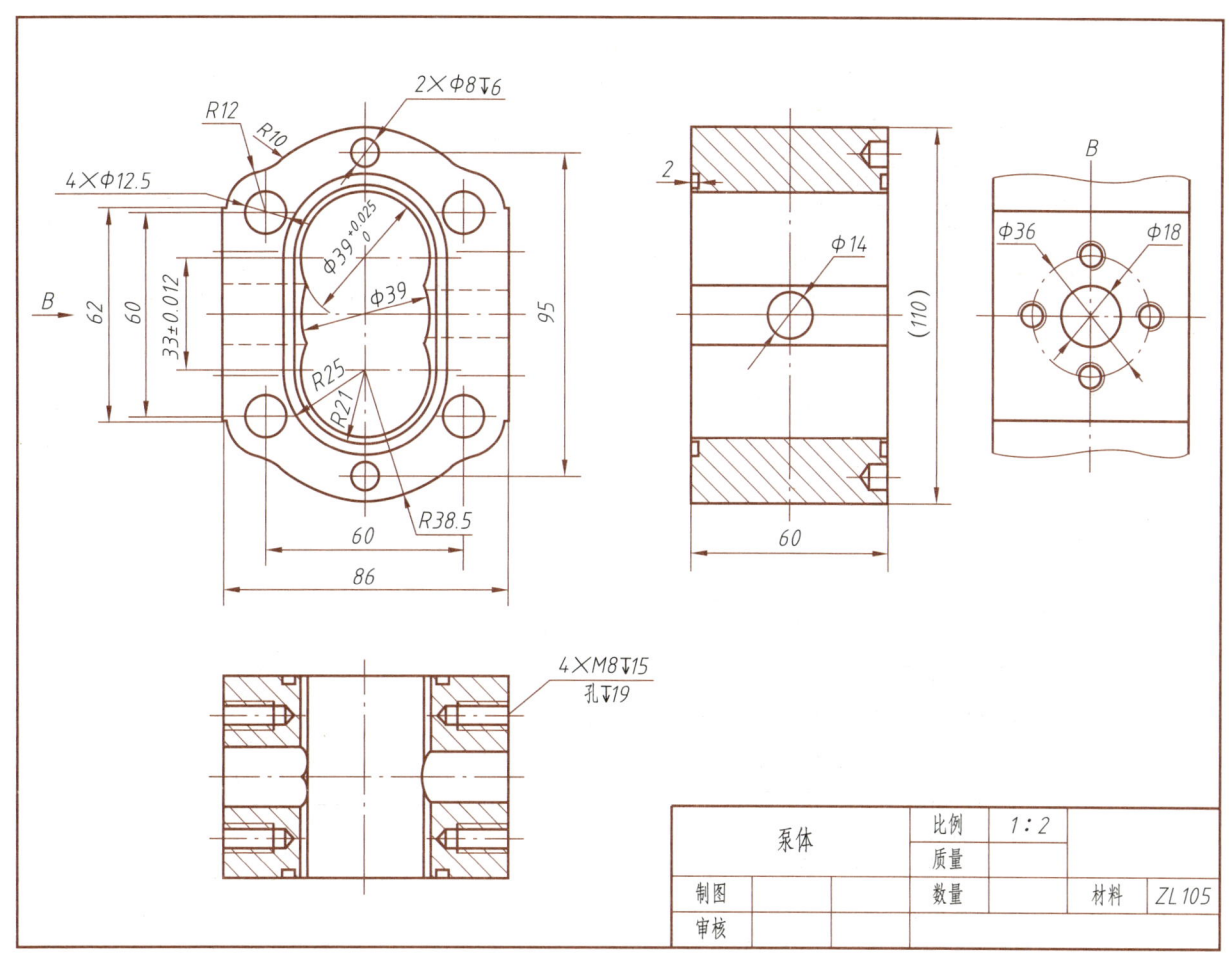

图 7-66 标注泵体其他尺寸

5) 检查。检查主要尺寸和设计基准是否恰当,有无遗漏,尺寸数值及其偏差能否满足设计要求,与其他零件的相关尺寸是否协调。

根据零件的结构形状,检查定形尺寸和定位尺寸是否齐全,例如俯视图右侧螺纹孔标注添加"两端"字样,以及其他字样是否符合国家标准关于尺寸标注的相关要求等;对于标注位置不合适的尺寸进行微调;分析泵体的工艺要求及与相邻零件的装配要求,例如主视图上方的"2×φ8"销孔的"配作";合理添加表面粗糙度、几何公差及其他技术要求。标注结果如图7-67所示。

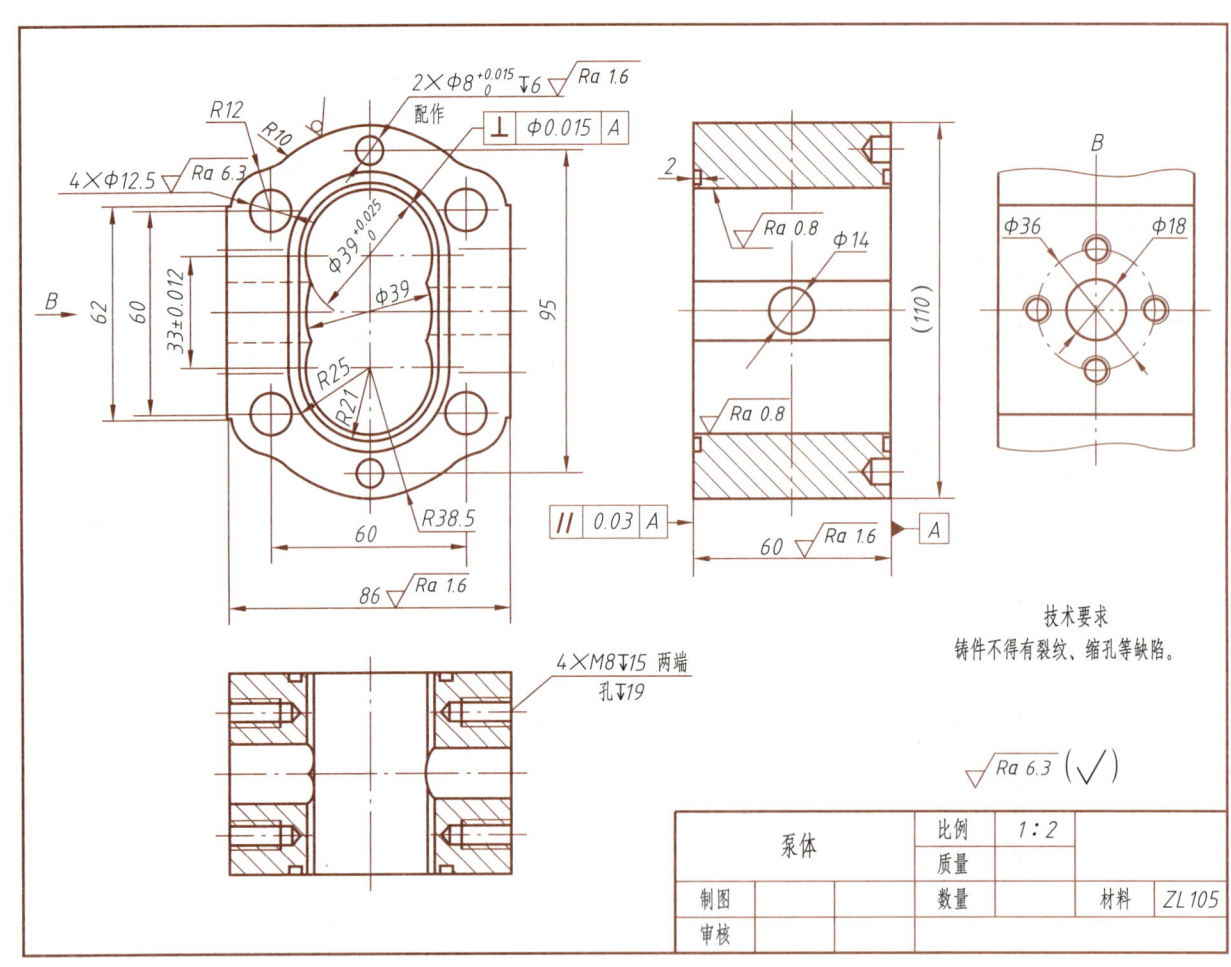

图 7-67 标注结果

【任务评价】

具体评价反馈见表 7-5。

表 7-5 评价反馈表

操作步骤	操作要点	自我评价
设计基准和工艺基准的确定	先定设计基准,根据实际情况合理选取工艺基准	【操作】 □正确 □错误
主要结构的定位尺寸及公差	定位尺寸及公差标注正确	【操作】 □正确 □错误
螺纹孔的引出标注方法	螺纹孔的标注正确	【操作】 □正确 □错误

续表

操作步骤	操作要点	自我评价
销孔的标注	销孔的标注正确	【操作】 □正确 □错误
检查、校对	认真校对	【操作】 □正确 □错误

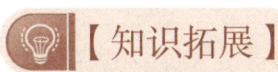【任务小结】

本任务主要针对尺寸标注基准的选择，典型工艺结构的尺寸标注，理解尺寸标注的一般规律，学会分析图样表达中每个尺寸的作用以及各尺寸间的关系，并初步形成合理标注尺寸的工艺思想。

【知识拓展】

退刀槽与越程槽

退刀槽和越程槽是在轴肩的根部或孔的底部加工出的环形沟槽，或者在刀具行程端部切制出的直槽，有普通退刀槽、螺纹退刀槽、插齿退刀槽、滚齿退刀槽、砂轮越程槽、刨切越程槽、插削越程槽、珩磨越程槽等。沟槽的作用一是避让刀具，避免过切伤及临近表面；二是避免在刀具进行切削时靠近根部，因退刀而产生"无用的线尾"，保证被加工表面质量；三是保证装配时相邻零件的端面靠紧。

退刀槽：在车床加工中，如车削轴类零件外圆、内孔，镗孔，车削外螺纹、内螺纹等，为便于退出刀具并将工序加工到毛坯底部，常在待加工面末端预先制出退刀的空槽，称为退刀槽。实际生产中也将此工艺方法称为"清根"。

越程槽：是加工回转面或者端面时用的，比较常见的是砂轮越程槽。由于砂轮作为磨削的"刀具"，其自锐性特征使得砂轮在工作时磨粒破碎或脱落，其端部周边圆角半径尺寸很难控制，并且不稳定，工艺上没法利用。在需要磨削阶梯轴的外径或者轴肩端面时，由于砂轮端部圆角形状，使其无法磨到轴肩根部，达到图样上要求的这个轴段的尺寸要求和表面质量，同时也为方便磨削时退出砂轮或砂带，因此在轴肩根部沿圆周方向开设沟槽。

在对退刀槽或越程槽进行尺寸标注时，在没有特殊要求及尺寸公差要求的前提下，其尺寸标注方式用槽宽 × 直径（$b \times \phi$）或者槽宽 × 槽深（$b \times h$）均可，但在一张图样上，应尽量采用同一种尺寸标注类型。如果零件结构尺寸允许，为了减少刀具准备时间和刀具刃磨时间，应尽量采用同一种沟槽尺寸。

对于有相应国家标准的螺纹退刀槽（GB/T 3—1997）、砂轮越程槽（GB/T 6403.5—2008）等，应尽量按照国家标准推荐的尺寸及标注方式进行标注。

【思考实践】

1. 什么是尺寸基准？

2. 在图 7-66 所示的标注泵体其他尺寸中，左视图中部靠近圆 $\phi14$ 上下各有一条水平的粗实线，为什么不标注这两条平行线的间距？

任务五　技术要求的合理配置

【任务要求】

技能点

1. 能够针对零件结构中不同部位的"工艺角色"，合理标注其表面结构、几何公差等技术要求。
2. 了解零件加工工艺对于技术要求的匹配。
3. 能够对产品技术要求的合理性及经济性进行初步的判断。

知识点

1. 熟悉表面结构、几何公差、热处理要求等技术要求内容。
2. 正确采用国家标准的相关规定，对零件进行技术要求的合理配置和标注。
3. 合理选择零件的材料及热处理方式。

【任务引入】

分析零件图中相关的技术要求，对几何公差进行优化。

【知识链接】

1. 零件图中表面粗糙度的标注原则

1）如果配合表面有定位要求或者有相对运动情况，例如安装轴承内圈的轴径、活塞圆柱外表面或者活塞缸内孔，应选择 $Ra0.8\ \mu m$ 或 $Ra1.6\ \mu m$；对于具有密封功能的环槽、安装键的键槽，可以考虑 $Ra3.2\ \mu m$。具体实例参考图 7-68 所示的传动轴零件图。

2）如果活塞是高速往复运动的（例如柱塞泵），则应该选择表面粗糙度 $Ra0.8\ \mu m$。具体实例参考图 7-69 所示的柱塞泵零件图。

3）集中标注原则。

① 如果未标注表面粗糙度的表面质量要求一致，可在标题栏上方统一注明。

② 在显实性投影的表面，表面粗糙度标注用圆点引出，在积聚性投影的轮廓线上用箭头

引出,如图 7-70 右上角表面粗糙度表示方法。

③ 在既能明确区分所标注表面,又不至于产生误解的前提下,表面粗糙度可标注在特征尺寸的尺寸线上,如图 7-71 所示。

4)标注表面粗糙度时容易出现的问题。标注时,表面粗糙度符号的尖角必须接触轮廓线,不得标在轮廓线上方或标注在轮廓线转折处(图 7-72a),以免产生歧义;当表面粗糙度符号非水平注写时,注意符号尾部正确的方向,右侧面不能直接标注时要用箭头引出注写。正确的标注方式如图 7-72b 所示。

5)螺纹表面粗糙度标注的问题。表面粗糙度是指加工表面上具有最小的间距和峰谷所组成的微观几何形状特征,生产中通常与样板比对得出判断;对于螺纹表面很难进行精确测量,也无法进行样板比对,所以即使标注螺纹的表面粗糙度,也只是一个对于加工要求的概念。通常连接用内、外螺纹均可不标注表面粗糙度,对于有特殊要求的传动螺纹,可根据设计要求进行标注。

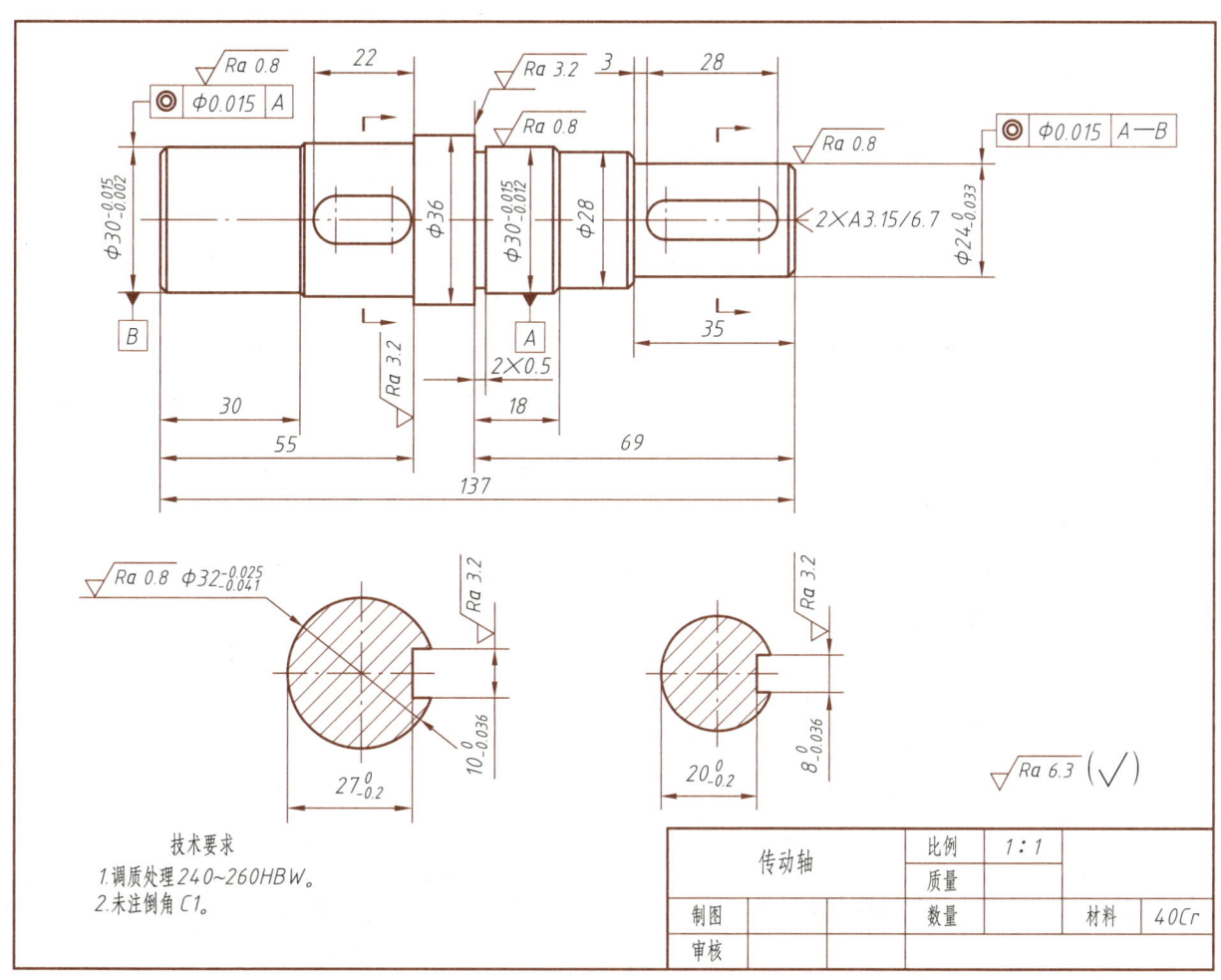

图 7-68 传动轴零件图

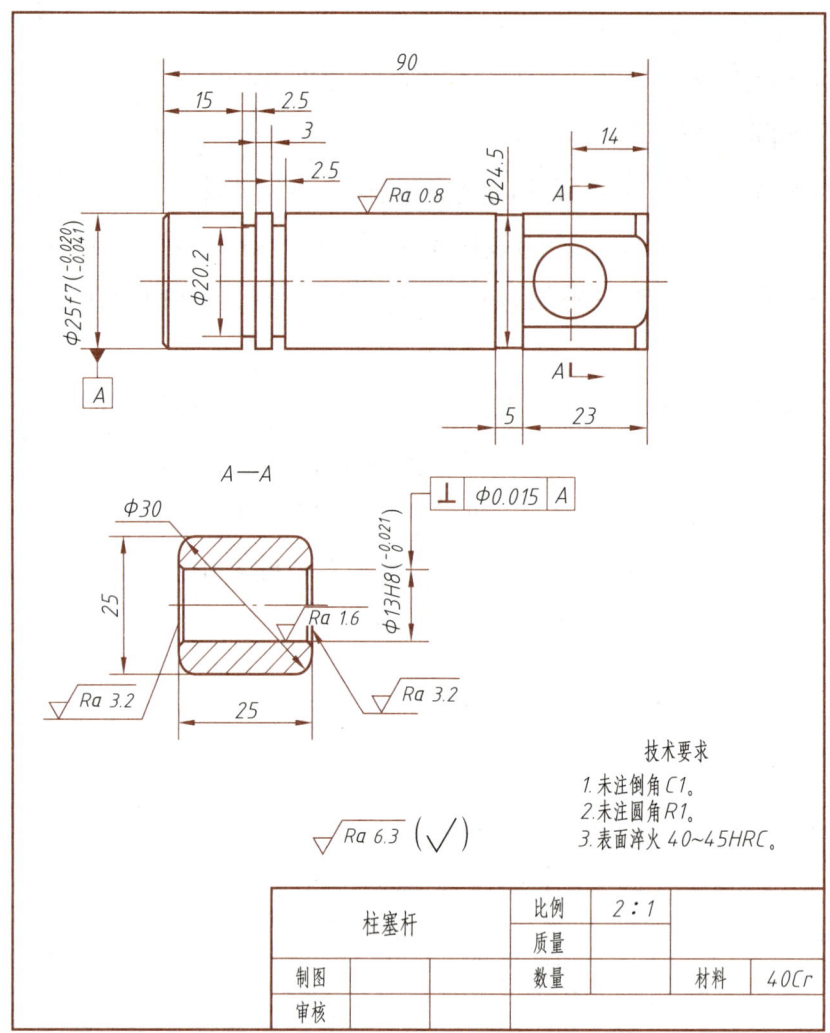

图 7-69 柱塞泵零件图

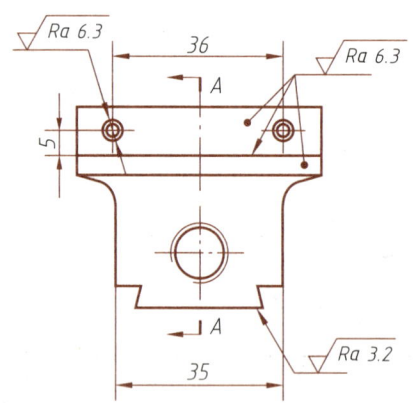

图 7-70 粗糙度的集中标注

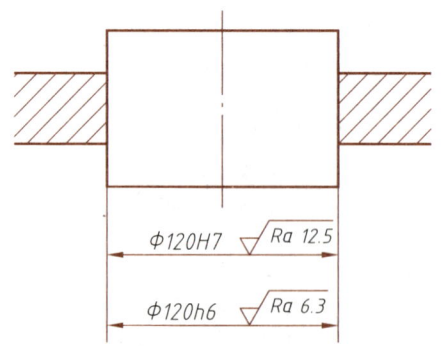

图 7-71 表面粗糙度标注在特征尺寸的尺寸线上

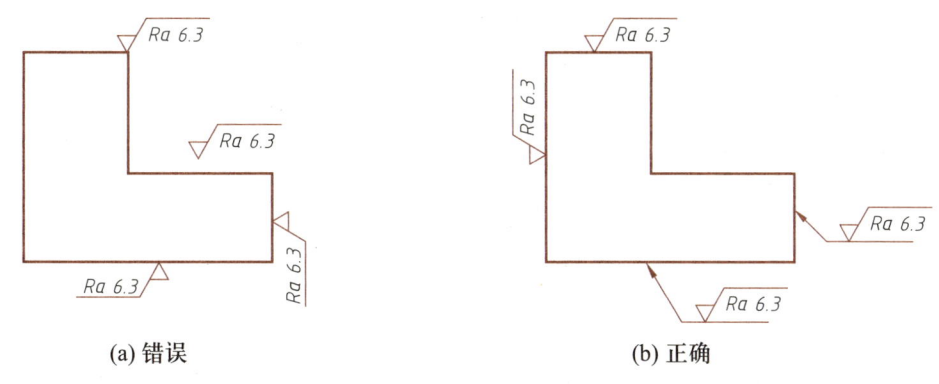

图 7-72 表面粗糙度标注方式

6) 表面粗糙度标注应与图中的技术要求相匹配。一些轴类零件或者某一轴段,为满足设计或使用需要,会在技术要求条目中写明"淬火"或"调质处理"等热处理工艺要求。加热、冷却过程中相变应力和温度应力的双重作用,容易引起零件尺寸以及形状的变化,为保证零件质量,制造工艺中会加入磨削工序进行校正。为了与磨削工艺一致,零件图中相应部位表面粗糙度要求一般为 $Ra0.8\ \mu m$ 或 $Ra1.6\ \mu m$。

2. 零件图中几何公差的合理配置

常见的零件中,几何公差项目以及基准要结合零件的具体情况,按照其设计要求及工艺要求进行适当选择。

(1) 几何公差基准的选择

对于独立的一个零件而言,应根据设计要求及工艺结构合理选择几何公差项目,基准的选择相对灵活。如果在装配图中,工作原理使某些零件间产生一定关联性,那么在零件图中,对于基准的选择就要慎重考虑。

(2) 典型零件中出现频度较高的几何公差项目

1) 轴套类零件。形状公差项目:圆度、圆柱度、直线度;方向公差项目:垂直度;位置公差项目:同轴度和对称度;跳动公差项目:圆跳动等。轴套零件图(图 7-73)选用了相应的几何公差项目。

2) 轮盘类零件。形状公差项目:平面度;方向公差项目:平行度、垂直度;位置公差项目:同轴度;跳动公差项目:圆跳动等,可以参考图 7-74 所示的端盖零件图。

3) 叉架类零件。形状公差项目:圆度、平面度;位置公差项目:垂直度、平行度等,可以参考图 7-75 所示的连杆零件图。

4) 箱体类零件。形状公差项目:平面度、圆柱度;方向公差项目:垂直度、平行度;位置公差项目:同轴度、对称度;跳动公差项目:圆跳动等,可以参考图 7-76 所示的砂轮头架零件图。

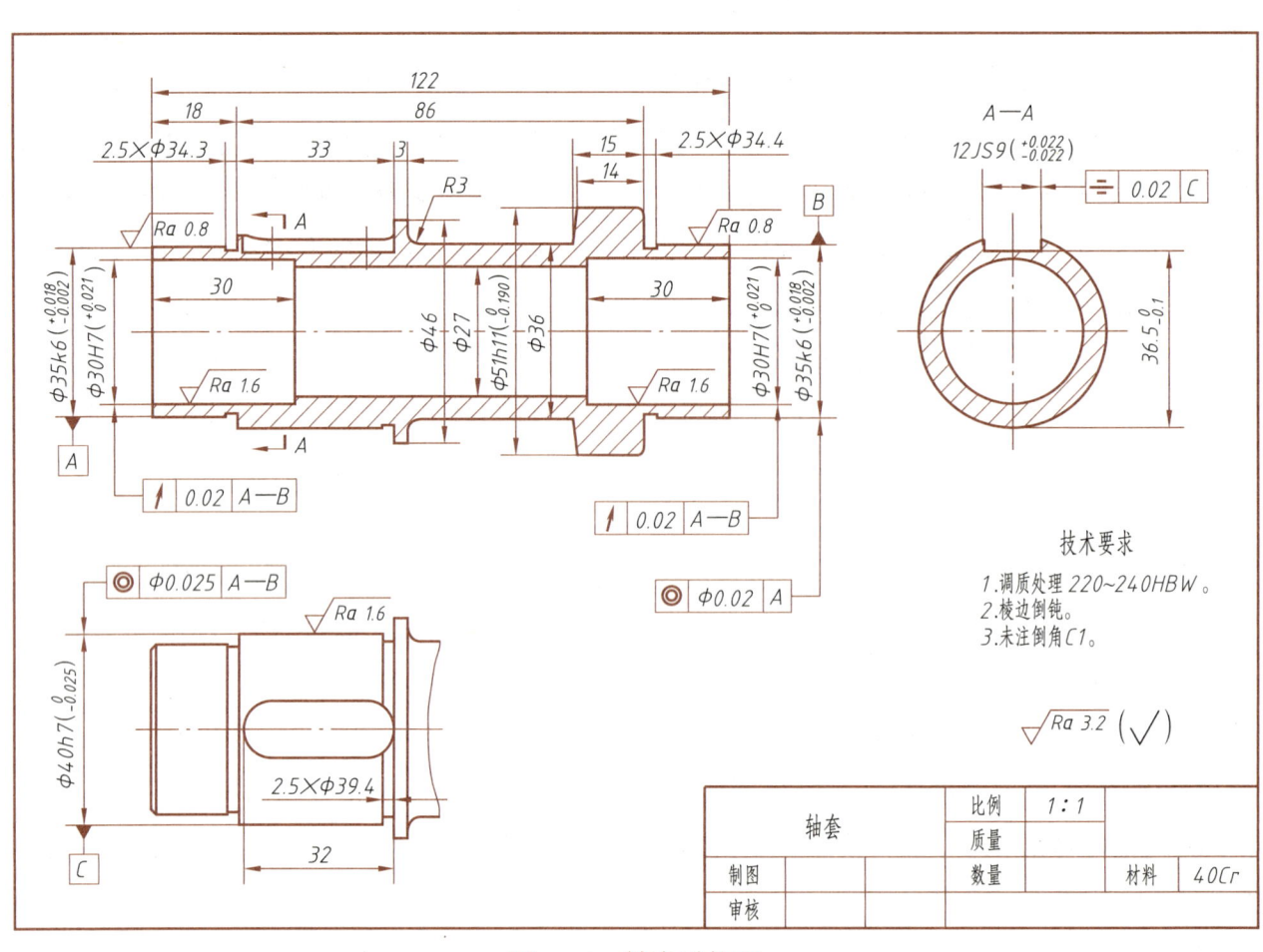

图 7-73 轴套零件图

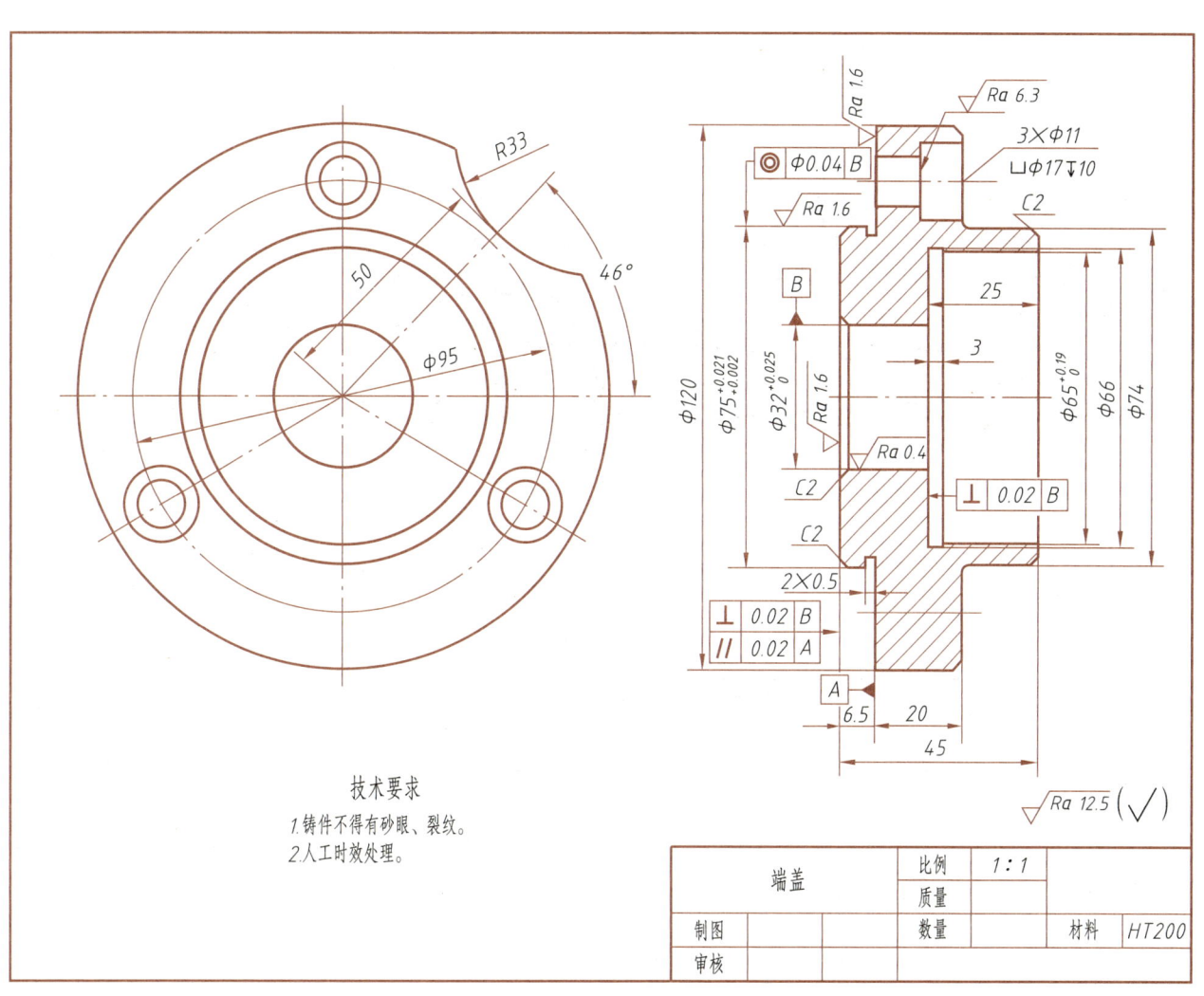

图 7-74 端盖零件图

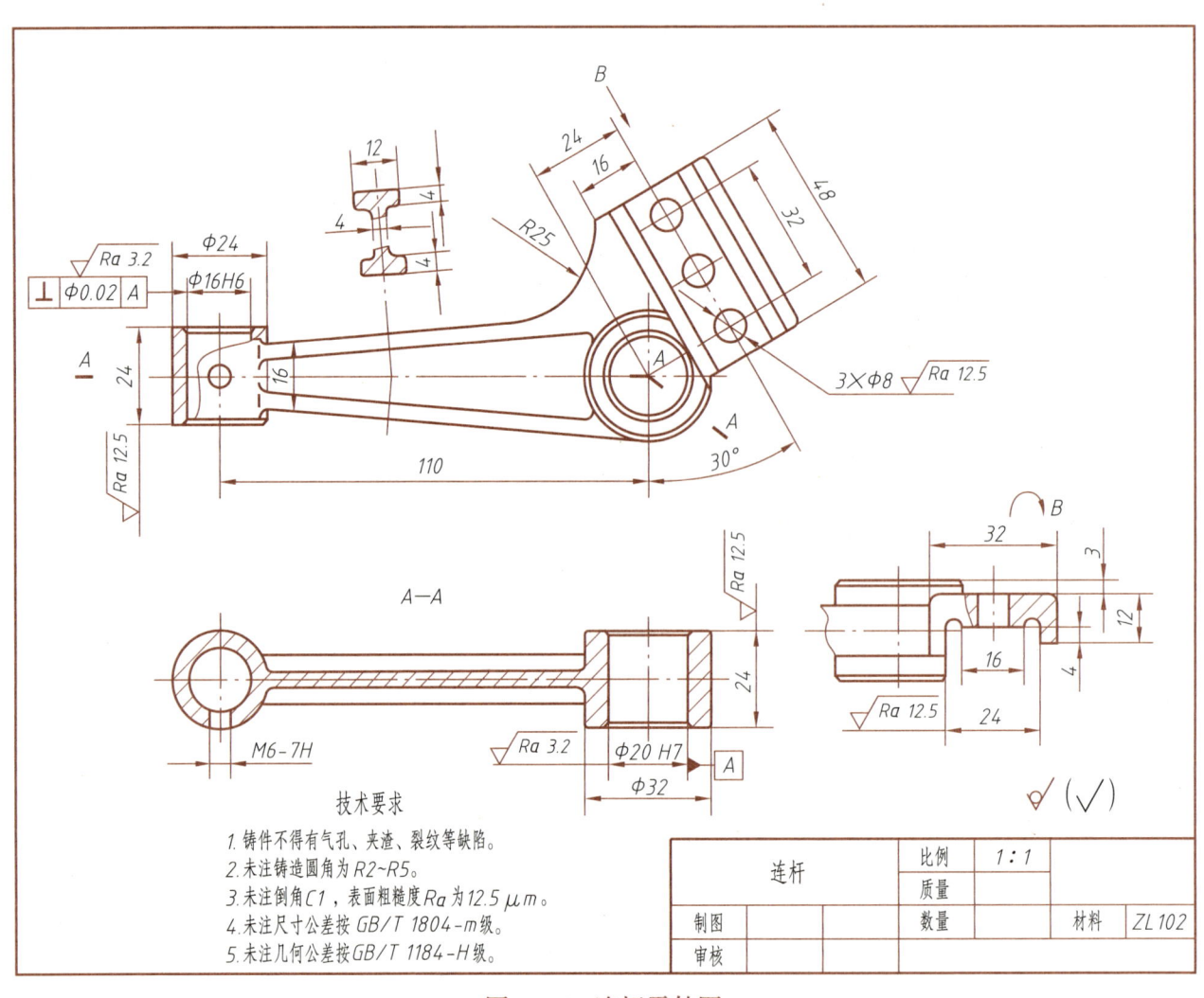

图 7-75 连杆零件图

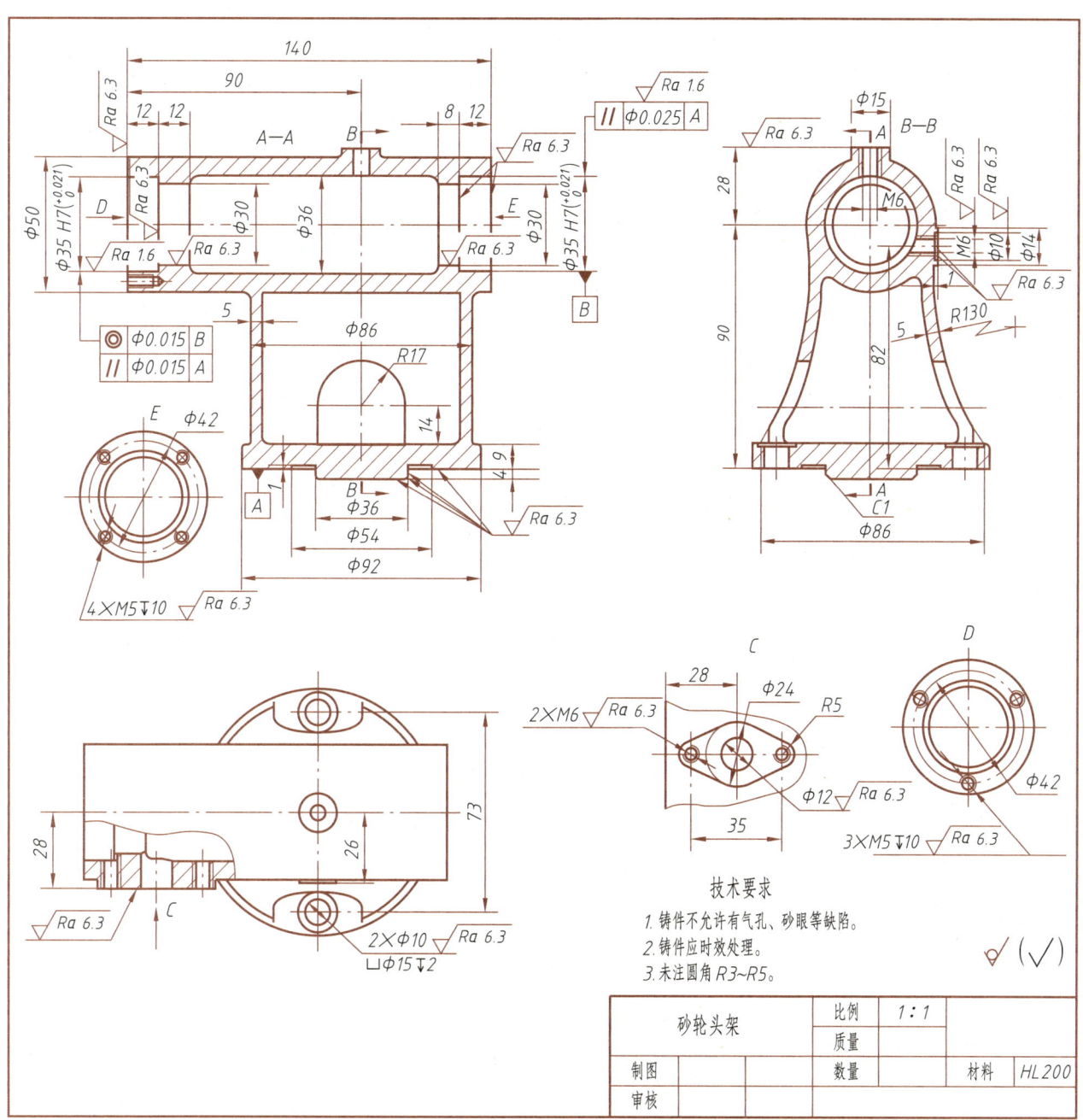

图 7-76 砂轮头架零件图

(3) 几何公差项目中主参数及公差值的确定

几何公差项目确定之后,几何公差值是根据零件所承担的功能和作用确定的,首先确定公差等级,然后按照国家标准中对于几何公差项目对应的主参数 L、d(D),在相应表格中查得。主参数可以简单地理解为标注几何公差时箭头指向要素的尺寸。例如,在图 7-76 所示的砂轮头架零件图中,主视图右上角的平行度公差值选择的主参数为 35 mm(箭头指向 ϕ35 mm),公差等级为 7 级时,其平行度公差值为 0.025 mm。具体标注及查表方法,可以参照附录中的几何公差表格进行练习。

(4) 合理选择并正确标注几何公差，保证零件的功能要求

以满足设计及使用要求为原则设置几何公差要求，不能每张图都标注同样数量的几何公差，也不是每张图都必须有几何公差，并非标注越多，要求就越高，零件质量就越好。

3. 零件材料的选用原则

选择材料时，主要考虑使用要求、工艺要求和经济要求。

(1) 使用要求

满足使用要求是选择材料的最基本原则，使用要求一般是指零件的受载情况和工作环境；零件的尺寸与重量的限制；零件的重要性等。受载情况是指载荷大小和应力种类；工作环境是指工作温度、周围介质及摩擦性质；重要性是指零件失效造成人身、机械和环境的影响程度。

按使用要求选择材料的一般原则如下。

1) 若零件尺寸取决于强度要求，且尺寸和重量又受到限制，应选用强度较高的材料；承受静应力的零件，宜选用屈服强度较高的材料；在变应力下工作的零件，应选用疲劳强度较高的材料；受冲击载荷的零件，应选用韧性好的材料。

2) 若零件尺寸取决于刚度要求，且尺寸和重量又受到限制，应选用弹性模量较大的材料。

3) 若零件尺寸取决于接触强度要求，应选用可进行表面强化处理的材料。

4) 对易磨损的零件（如蜗轮），应选用耐磨性较好的材料。

5) 对在滑动摩擦下工作的零件（如滑动轴承），应选用减摩性好的材料。

6) 对在高温下工作的零件，应选用耐热材料。

7) 对在腐蚀性介质中工作的零件，应选用耐腐蚀材料。

(2) 工艺要求

选择材料时应考虑零件的复杂程度、材料加工的可行性、生产批量等。

1) 毛坯选择时应注意：大批量生产的大型零件应用铸造毛坯；小量生产的大型零件应用焊接毛坯；中、小型零件应用锻造毛坯，形状复杂的零件应用铸造毛坯。

2) 需要机械加工的零件，材料应具有良好的切削性能（易断屑、加工表面光滑、刀具磨损小等）。

3) 需要热处理的零件，所选材料应有良好的热处理性能，还要考虑材料的易加工性。

(3) 经济要求

在机械零件的成本中，材料费用占30%以上，有的甚至达到50%，可见选用性价比高的材料有重大意义。为了使零件最经济地制造出来，不仅要考虑材料的价格，还要考虑零件的制造费用。

1) 在达到使用要求的前提下，应尽可能选用价格低廉的材料。

2) 采用高强度铸铁（如球墨铸铁）来代替钢材，用工程塑料和粉末冶金材料代替非铁金属

材料。

3) 采用热处理(包括化学热处理)或表面强化(如喷丸、滚压)等工艺,充分发挥和利用材料潜在的力学性能。

4) 合理采用表面镀层等方法(如镀铬、镀铜、喷涂减摩层、发黑、发蓝等),以减少和延缓腐蚀或磨损的速度,延长零件的使用寿命。

5) 采用组合式零件结构,不同部位采用不同材料,各尽其用,如蜗轮的齿圈用青铜,以利于减摩;轮心用铸铁,发挥其价廉的优点。

4. 典型零件材料的选用

(1) 轴套类零件

轴套类零件应根据不同的工作条件和使用要求选用不同的材料,并采用不同的热处理方法(如调质、正火、淬火等),以获得一定的强度、韧性和耐磨性。45 钢是轴类零件的常用材料,价格便宜,经过调质(或正火)可得到较好的切削性能,而且能获得较高的强度和韧性等综合力学性能,淬火后表面硬度可达 45~52 HRC。40Cr 等合金结构钢适用于中等精度且转速较高的轴类零件,这类钢经调质和淬火后,具有较好的综合力学性能。轴承钢 GCr15 和弹簧钢 65 Mn,经调质和表面高频淬火后,表面硬度可达 50~58 HRC,并具有较高的耐疲劳性能和较好的耐磨性能,可制造较高精度的轴。精密机床的主轴(例如磨床砂轮轴、坐标镗床主轴)可选用 38 Cr 等。

(2) 轮盘类零件

轮盘类零件常用材料有灰铸铁(HT150~HT350)、球墨铸铁(QT450-10)、铸钢(ZG200-400、ZG40Cr),以及 Q235、20 钢、30 钢、铝合金、工程塑料(ABS、PC、PVC)等。齿轮、链轮、蜗轮等常用的材料为灰铸铁、Q235、45 钢、40Cr、20Cr、铜合金等。

(3) 叉架类及箱体类零件

由于叉架类及箱体类零件毛坯大多数是铸造而成的,所以常用材料多为铸铁,如 HT150~HT350;对于受力不大、要求有韧性的机座及变速器外壳也有用铸钢的,如 ZG200-400 或 ZG230-450;对于受力大的轧钢机机架、轴承座,可用铸钢 ZG270-500 或合金铸钢 ZG40Cr 等。对于汽车发动机壳体也可用非铁金属合金,如铸造铝合金等(ZL102~ZL401)。对于阀门的阀体可用铸造铜合金 ZCuZn16Si4 等。

5. 金属热处理

热处理是指材料在固态下,通过加热、保温和冷却的手段,获得预期组织和性能的一种金属热加工工艺。

金属热处理是机械制造中的重要工艺之一,与其他加工工艺相比,热处理一般不改变工件的形状和整体的化学成分,而是通过改变工件内部的显微组织,或改变工件表面的化学成分,赋予或改善工件的使用性能。除钢铁外,铝、铜、镁、钛等及其合金也都可以通过热处理改变其力学、物理和化学性能，以获得不同的使用性能。

金属热处理工艺大体可分为整体热处理、表面淬火及化学热处理三大类。根据加热介质、加热温度和冷却方法的不同，每一大类又可区分为若干不同的热处理工艺。同一种金属采用不同的热处理工艺，可获得不同的组织，从而具有不同的性能。

钢铁整体热处理有退火、正火、淬火和回火四种基本工艺；表面淬火又可分为感应加热表面淬火、火焰加热表面淬火、点接触加热表面淬火；化学热处理又可分为渗碳、渗氮、碳氮共渗等。

6. 其他技术要求的书写规范和要点

除了在零件图上标注出来的技术要求外，还有一些需要用文字说明的技术要求，如灰铸铁要求铸件不允许有气孔、砂眼等缺陷，铸件应时效处理，未注铸造圆角的大小等。

1) 产品及零部件，当不能用视图充分表达内外结构情况时，应在"技术要求"标题下用文字说明，其位置尽量置于标题栏的上方或左方。

2) 技术要求的条文应编写顺序号，仅一条时，不写顺序号。

3) 技术要求的内容应符合有关标准要求，简明扼要，通顺易懂，一般包括下列内容。

① 对材料、毛坯、热处理的要求（如电磁参数、化学成分、湿度、硬度、金相要求等）。

② 视图中难以表达的尺寸公差、几何公差、表面粗糙度等。

③ 对有关结构要素的统一要求（如圆角、倒角、尺寸等）。

④ 对零部件表面质量的要求（如涂层、镀层、喷丸等）。

⑤ 对间隙、过盈及个别结构要素的特殊要求。

⑥ 对校准、调整及密封的要求。

⑦ 对产品及零部件的性能和质量的要求（如噪声、耐振性、自动、制动及安全等）。

⑧ 试验条件和方法。

⑨ 其他说明。

4) 技术要求中引用各类标准、规范、专用技术条件以及验收方法与验收规则等文件时，应注明引用文件的编号和名称。在不致引起识读困难时，允许只标注编号。

【任务实施】

1. 分析图 7-77 轴座零件图，对其几何公差标注进行优化

（1）几何公差标注分析

轴座通常成对使用，支承轴类零件、保证其回转运动的。

在图 7-77 中，该轴座下底面为几何公差的基准 A，轴座上方 $\phi 35$ mm 圆筒内孔的轴线（被测要素）与底面基准 A 有平行度要求；在轴座左视图右上方还有端面相对轴座下底面基准 A 的垂直度要求。乍一看会以为这是为了保证轴座上方圆筒的轴线与圆筒端面垂直，在不增加

基准的前提下做的标注。但是轴线与底面平行，端面与底面垂直，这样是否能够间接保证轴线与端面垂直呢？

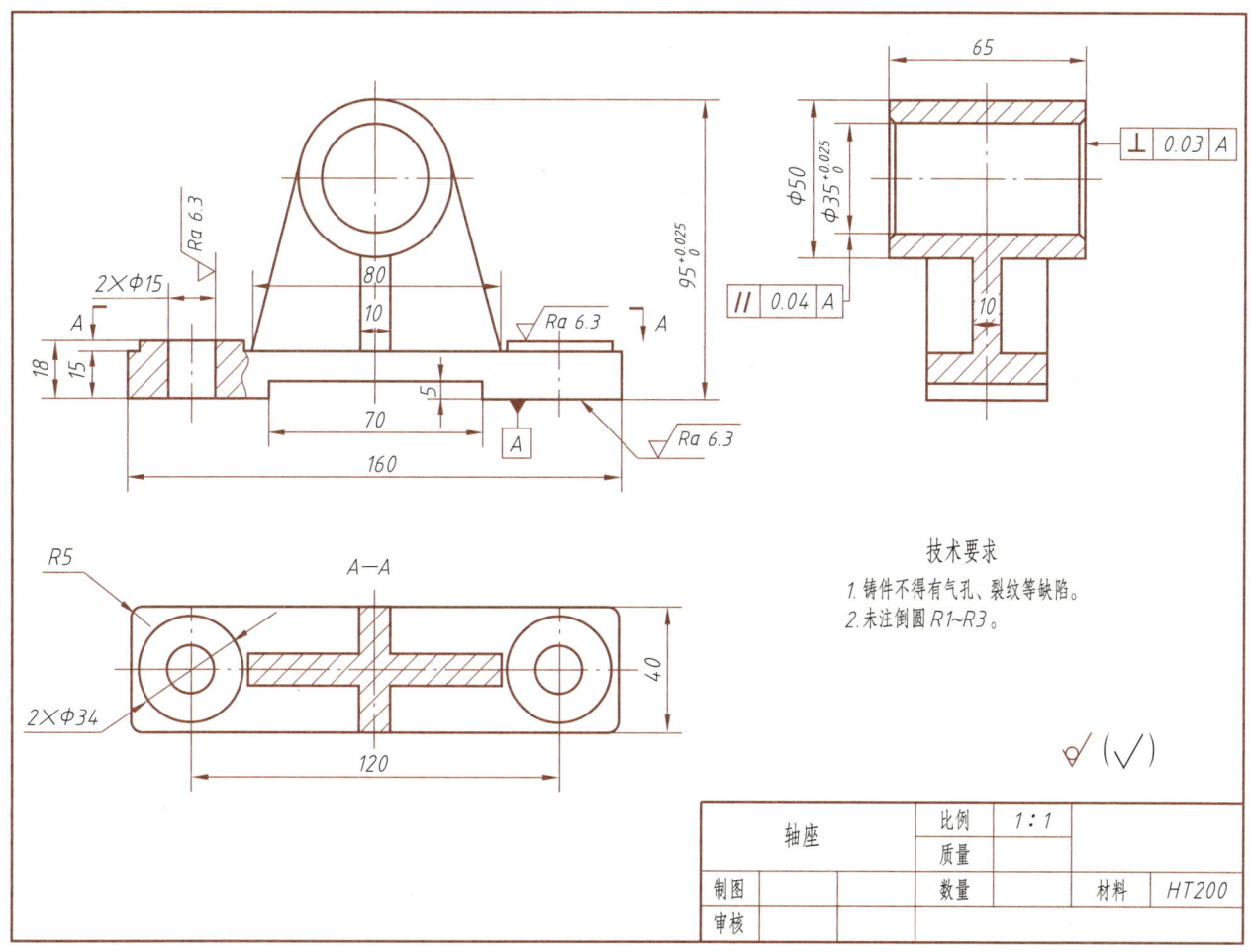

图 7-77 轴座零件图

实际上如果圆筒端面与轴线有垂直装配需求，图样右上角这种圆筒端面的垂直度公差标注是没有任何意义的。因为端面与底面垂直，圆筒端面作为被测要素是可以绕竖直坐标轴360°旋转的，任意位置都可以满足该垂直度要求，因此属于无效标注。

(2) 优化标注

如图 7-78 所示，将轴座左视图右上方的垂直度标注删除，保留轴座上方 $\phi 35$ mm 圆筒内孔线与轴座下底面平行度要求，保证工作时所支承轴的回转精度。另外，由于轴座底板上有地脚螺栓孔，安装时螺杆与螺孔存在较大间隙，调试时有较大的活动空间，可以通过调整轴座姿态，确保一对轴座的正确装配位置。

通过优化不难看出，合理选择并正确标注几何公差，才能保证零件的功能要求，并非标注越多，要求就越精确，也不是基准越少，累计误差就越小。

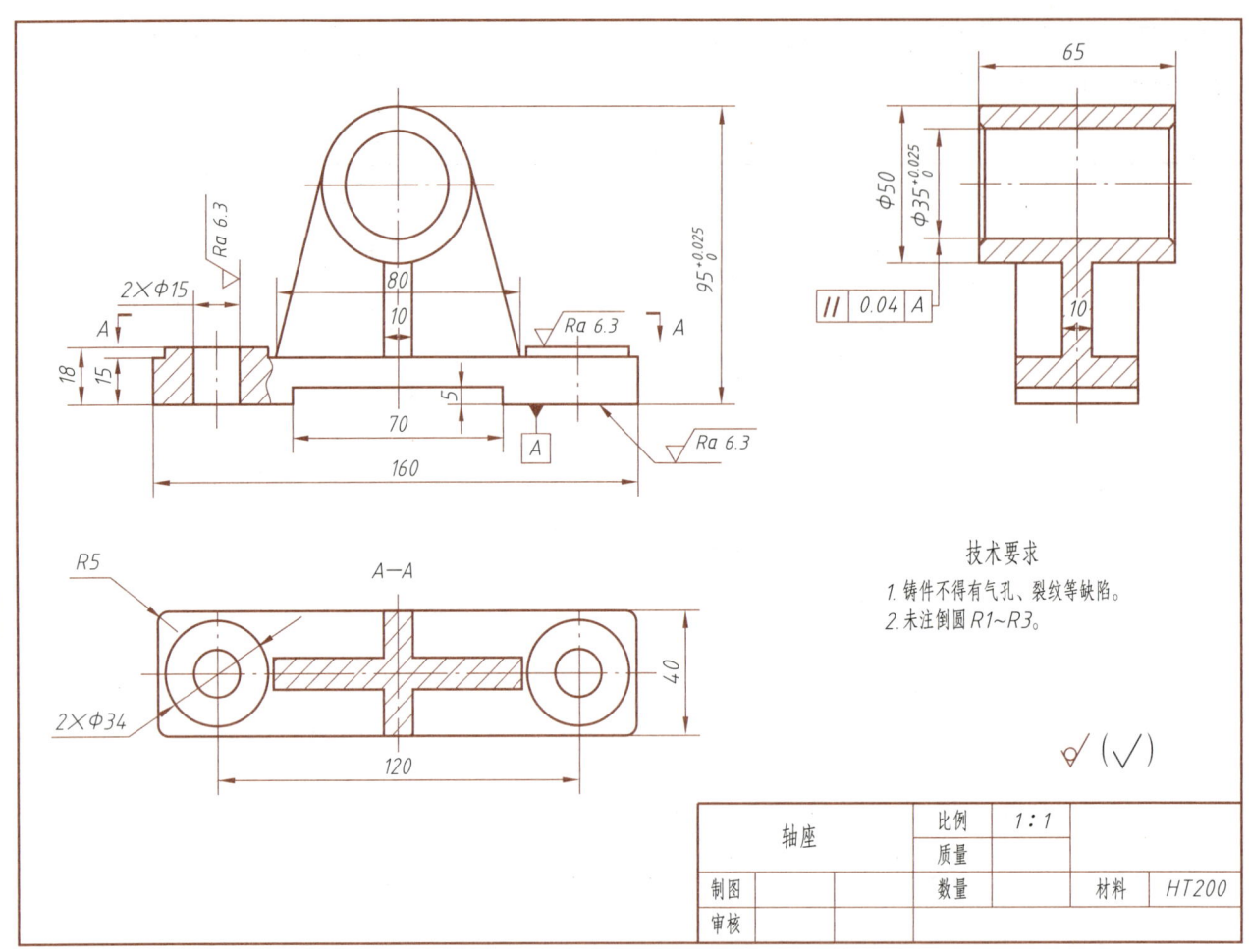

图 7-78 轴座几何公差优化

2. 分析图 7-79 所示的左泵盖零件图，对其几何公差标注进行优化

（1）分析左泵盖零件图中的几何公差

在分析该零件之前，有必要先了解该零件在齿轮油泵中的作用及其与相邻零件的装配关系，图 7-80 所示为齿轮油泵装配图，图 7-81 所示为泵体零件图。

通过识读装配图我们了解到：左泵盖通过圆柱销定位，通过螺纹连接组件，其右端面与泵体的前端面接触，对整个传动腔体起到单侧的密封作用；左泵盖上有两个不通孔，嵌入轴套后，容纳两个齿轮轴的左轴段，起到支承轴颈并保证齿轮正确啮合传动的作用。

为满足工作要求，在图 7-79 中以左泵盖上方 $\phi 22$ mm 的不通孔轴线为基准，对下方 $\phi 22$ mm 的不通孔轴线，以及左泵盖的右端面进行几何公差标注：一方面要求容纳两根齿轮轴不通孔的轴线相互平行以保证齿轮正确啮合传动；另一方面要求不通孔轴线与端面垂直，保证左泵盖的右端面与泵体的左端面装配贴合时不发生干涉。

独立看左泵盖，这样的几何公差设置是能够保证其功能要求的。但是由于左泵盖需要与泵体装配,其右端面与泵体的前端面接触,如果几何公差基准选择左泵盖的右端面(两零件的接触面),则更容易保证泵盖与泵体两个相邻零件制造后的装配工艺。

(2) 几何公差标注的优化

因为左泵盖与泵体以端面接触,所以选择左泵盖的右端面为基准 A;与左泵盖相接触的泵体零件图中,前端面的几何公差基准也为 A,这样就实现了装配关系中两个相邻零件之间几何公差基准的关联。

通过这个案例我们得出结论:对于独立的一个零件而言,应根据设计要求及工艺结构合理选择几何公差项目,基准的选择相对灵活;而在一个装配体中,零件之间根据工作原理确定了相互之间的关联性,所以对于每一个几何公差基准的选择就要慎重考虑。

优化后左泵盖零件图如图 7-82 所示。

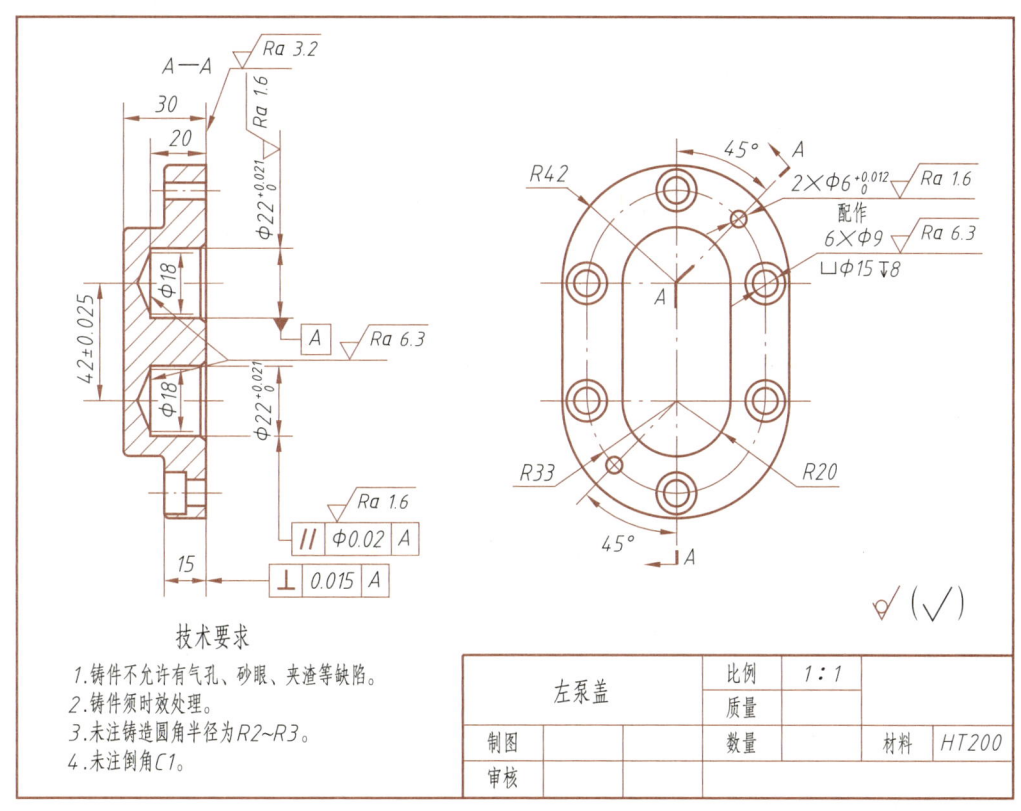

图 7-79 左泵盖零件图

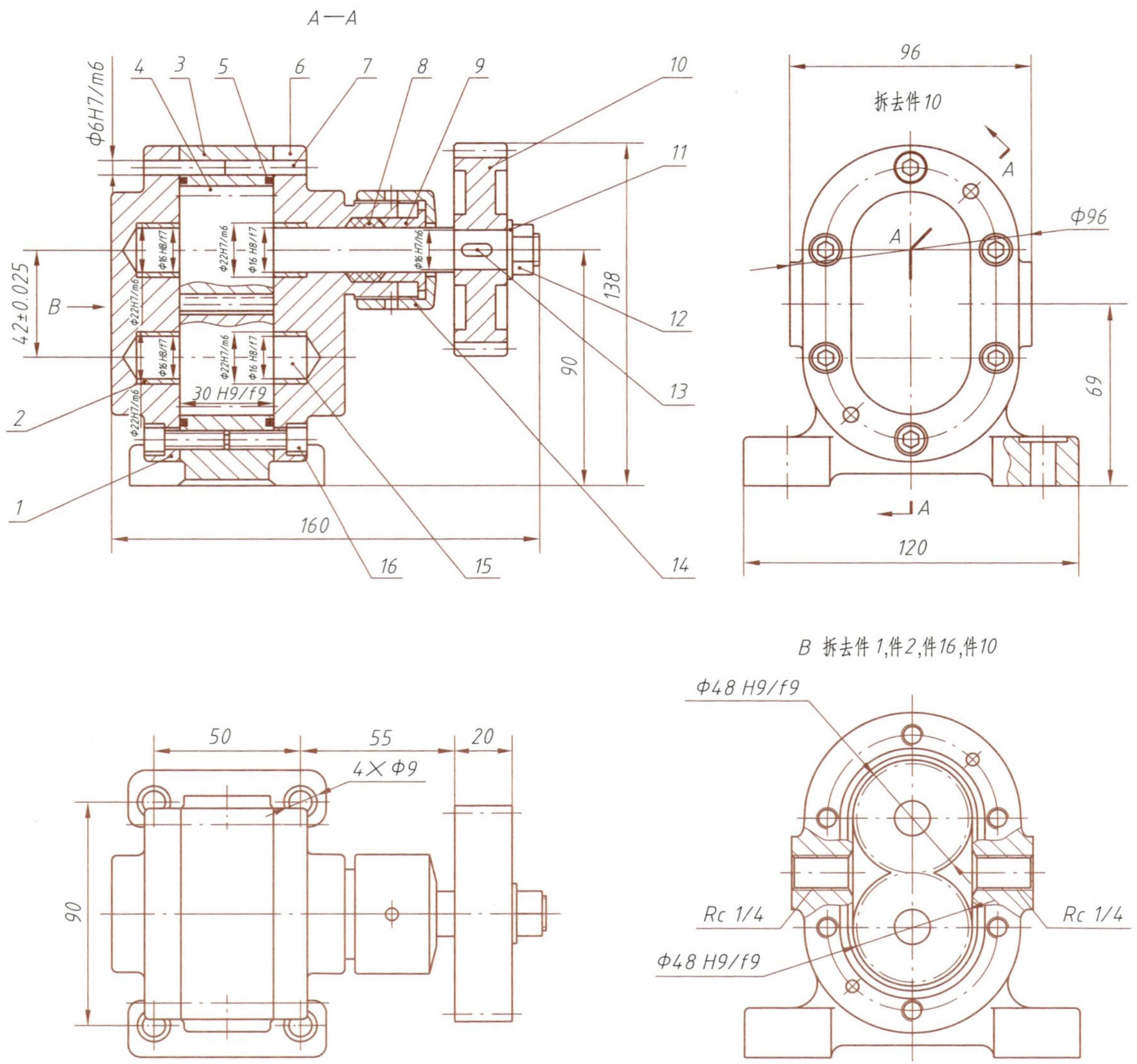

技术要求

1. 安装零件前清洗干净，去毛刺，锐角倒钝。
2. 组装后的齿轮油泵不允许有渗漏现象。
3. 合格产品涂防锈油并包装塑料袋。

16	GB/T 97.1	螺钉M8×20	12		
15	YBL-010	从动齿轮轴	1	40Cr	
14	YBL-008	压紧螺母	1	HT200	
13	GB/T 1096	键5×15	1		
12	GB/T 6170	螺母L2	1		
11	GB/T 97.1	垫圈L2	1		
10	YBL-007	外齿轮	1	HT200	
9	YBL-006	压盖	1	45	
8		填料	1	毛毡	
7	GB/T 119.1	销6×30	4		
6	YBL-005	右泵盖	1	HT200	
5		泵体密封圈	2	耐油橡胶	
4	YBL-004	主动齿轮轴	1	40Cr	
3	YBL-003	泵体	1	HT300	
2	YBL-002	销套	4	2CuAl10Fe3	
1	YBL-001	左泵盖	1	HT200	
序号	代号	名称	数量	材料	备注

齿轮油泵		比例 1:1		YBL-000
		质量	共 张	第 张
制图				
审核				

图7-80 齿轮油泵装配图

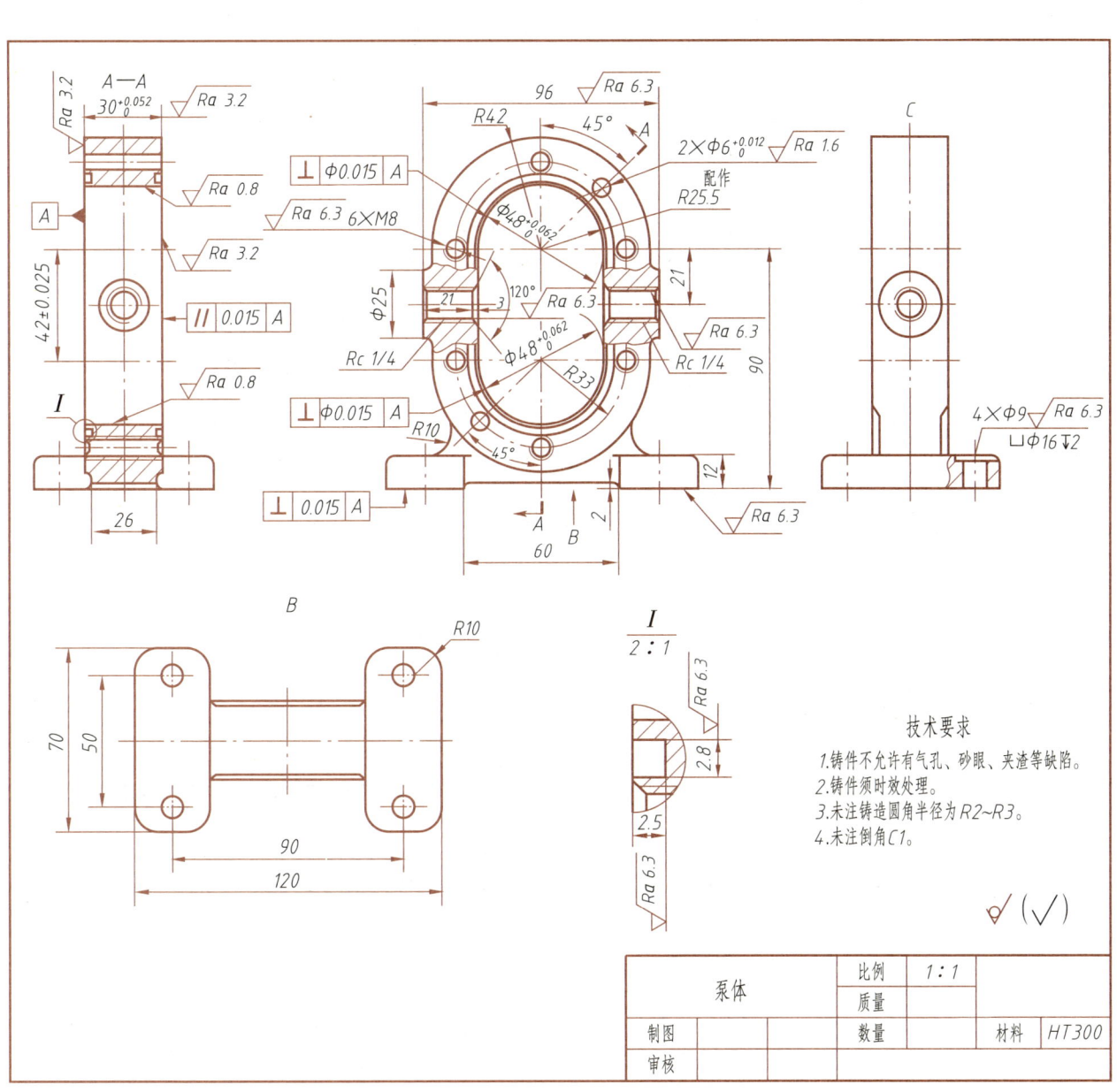

图 7-81 泵体零件图

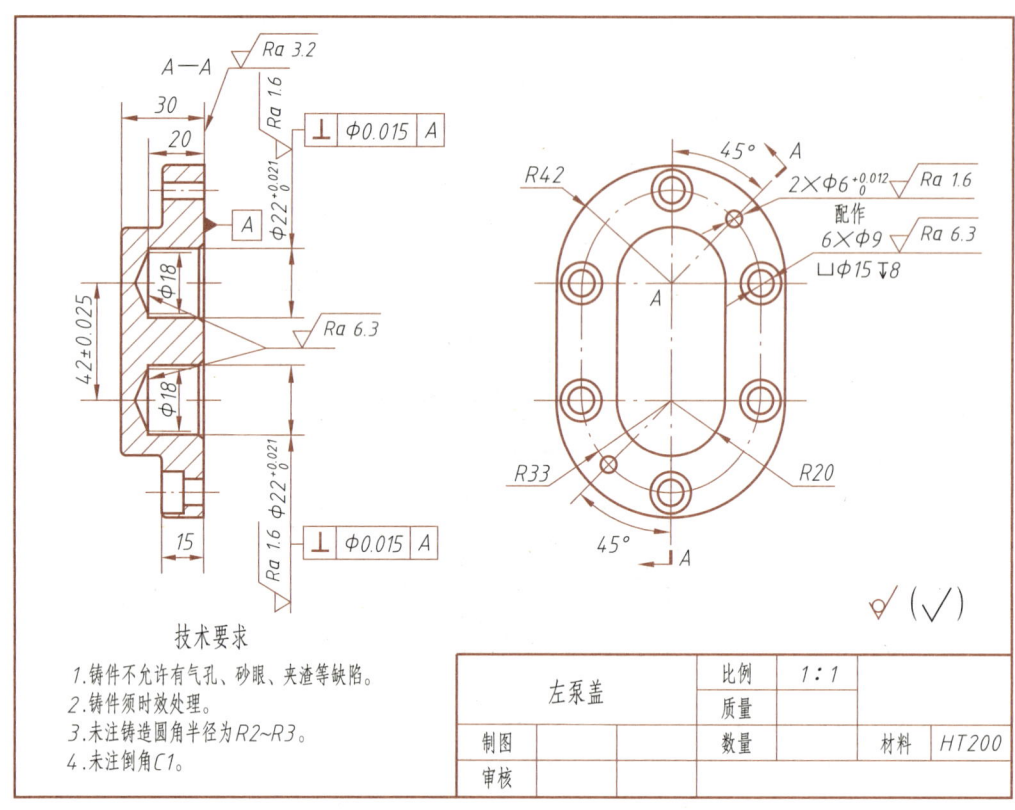

图 7-82 优化后左泵盖零件图

【任务评价】

具体评价反馈见表 7-6。

表 7-6 评价反馈表

操作步骤	操作要点	自我评价
表面粗糙度参数值的设定	确定配合表面、相对运动表面的表面粗糙度	【操作】 □正确 □错误
极限与配合	确定尺寸公差、配合制、配合关系	【操作】 □正确 □错误
几何公差	选择几何公差类型、设定基准、正确标注	【操作】 □正确 □错误
材料	合理选材及热处理方式	【操作】 □正确 □错误

操作步骤	操作要点	自我评价
其余技术要求	接触要求、配作要求、加工要求等	【操作】 □正确 □错误
检查、校对	认真校对	【操作】 □正确 □错误

【任务小结】

本任务主要学习了零件图技术要求的标注及文字注写方法，通过对典型零件的分析，熟悉表面结构表示方法、几何公差、工程材料及热处理等技术要求的内容，学会综合运用所学知识，兼顾合理性及经济性，较为全面地对零件进行技术要求的合理配置。

【知识拓展】

热处理技术要求在零件图上的表示方法简介

零件图中的热处理技术要求是成品零件热处理最终状态应达到的技术指标。

热处理技术要求可以用已标准化的符号、代号标注，也可以用文字说明。文字说明一般写在零件图右下角标题栏旁，与其他工艺的技术要求写在一起。特殊情况允许写在图面其他部位的空白处。能在图形上标注的，尽量避免用文字说明。

技术要求标注必须简明、准确、完整、合理。如果技术要求内容较多，且另有技术标准或技术规范，除标注主要内容外，可写明按某标准或某技术规范执行。

退火或回火（含调质处理）作为最终热处理状态的零件一般标注硬度要求，通常以布氏硬度或洛氏硬度表示，也可以用其他硬度表示。同一零件的不同部位有不同热处理技术要求时，应在零件图样上分别注明。局部热处理零件必须在技术要求的文字说明中写明局部热处理。

要求零件硬度检测必须在指定点（部位）时，用图7-83所示的符号表示。

技术要求的指标值，一般采用范围表示法标出上、下限，例如60~65 HRC；DC=0.8~1.2（DC为在渗碳或碳氮共渗淬火、回火时的有效硬化层深度代号，DN为表面渗氮时的有效硬化层深度代号，DS为表面淬火回火的有效硬化层深度代号）；也可用偏差表示法，以技术要求的下限名义值再加上类似尺寸极限偏差方式的标注形式来表示。局部热处理的标注如图7-84所示。

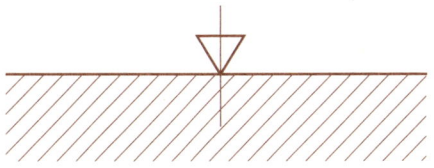

图7-83 指定点硬度检测的符号

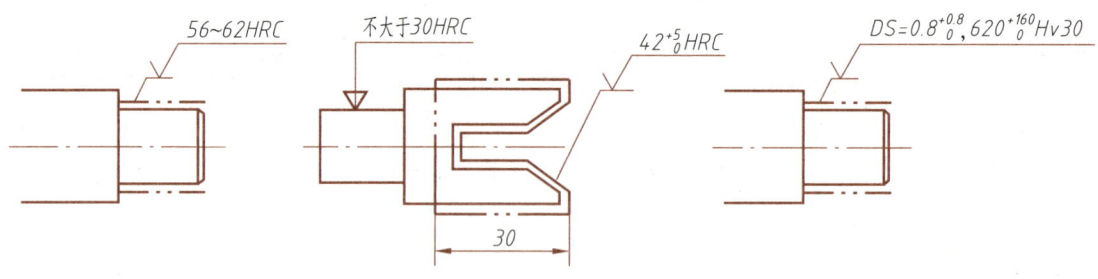

图 7-84 局部热处理的标注

【经验总结】

项目七涉及的内容仅是一个大的原则,具体到实际工作中,在保证零件的设计要求及使用性能的前提下,还要综合考虑产品的成本,从实际出发,灵活、综合运用,不能不顾前提、过于拘泥于理论。

例如,对于材料 Q235A 和 45 钢而言,我们都知道 45 钢属于优质碳素结构钢,它对于杂质元素含量的控制更严格,其综合力学性能优于 Q235A。所以在理论上针对不同零件、不同用途及场合,会区别选用。但是从企业出发,如果产品批量不大,在购置原材料时,常不会按照理论计算结果分别采购 45 钢和 Q235A,而是会全部采购 45 钢,因为这样大大简化了购买原材料的难度。

对于热处理中的调质处理、表面淬火等工艺,一旦添加,将会导致产品成本有相当幅度的提高。因此在配置技术要求时一定要慎重。

所有技术参数的选用和标注,都与实际情况,如企业的设备条件、制造人员的总体技术水平、是否需要外协加工、产品更新迭代的速度和周期、市场原材料的行情、产品的销量及市场份额等因素关联,因此要综合考虑设备投入、运行成本、操作人员素质以及来料加工特点等各方面因素,遵循设计思路,服从于生产实际。

【思考实践】

1. 几何公差的类型有哪几种?
2. 技术要求中出现的调质处理指的是_____。
A. 淬火后低温回火　B. 淬火后中温回火　C. 淬火后高温回火　D. 自然冷却后高温回火

项目八

设计方案优化综合实例
——锥齿轮启闭器的优化

 学习目标

水是生命之源。水力资源的开发和水灾的防治是水利用的重要任务。为了实现这一任务,常在河道中、水库大坝上安装闸口,对河道水流、水库水位进行调节。锥齿轮启闭器是闸口的核心设备,其性能、质量的优劣,不仅仅关系到设备的可操作性,更对水力资源的开发、水灾的防治有重大影响。

1. 能读懂锥齿轮启闭器的装配图,了解锥齿轮启闭器的功用和工作原理。
2. 能找出锥齿轮启闭器设计不合理之处,提出设计优化方案,绘制优化后的装配图。

 知识框架

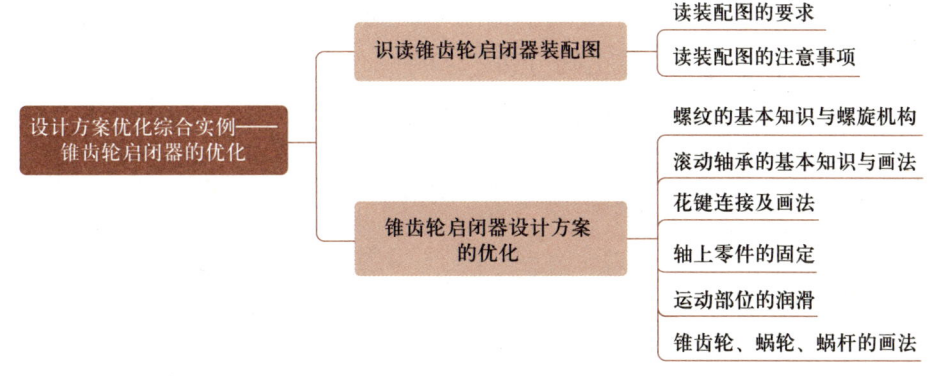

任务一　识读锥齿轮启闭器装配图

【任务要求】

技能点

1. 能读懂锥齿轮启闭器装配图的视图。
2. 能读懂锥齿轮启闭器装配图中各装配线和装配点的结构、组成。
3. 能读懂锥齿轮启闭器的运动情况、工作过程、原理及各部件的功能。

知识点

1. 掌握读装配图的要求、方法。
2. 掌握装配图不完整时读装配图的注意事项。

【任务引入】

图 8-1 所示为锥齿轮启闭器的装配图,结合其工作环境(图 8-2),识读该装配图。

【知识链接】

1. 读装配图的要求

前面已经学习过读装配图的要求和方法,因为本项目的主要内容是装配体设计方案的优化,所以本任务中读装配图的要求有所提高,应做到以下几点。

1）明确部件的结构,包括:部件由哪些零件组成,各零件的定位和固定方式,零件间的装配关系。

2）明确各零件的作用,部件的功用、性能和工作原理。

3）明确部件的使用、调整方法。

4）明确各零件的主要结构、形状、装拆顺序及方法。

5）机械部件的润滑系统、防漏系统等的原理的构造。

2. 读装配图的注意事项

一般需要优化的装配图都不完整,或有局部不合理、局部错误的地方,在识读的过程中,需要根据机械专业常识,对这部分内容正确分析。

为避免产生误导,下面的部分内容以优化后的装配图介绍。

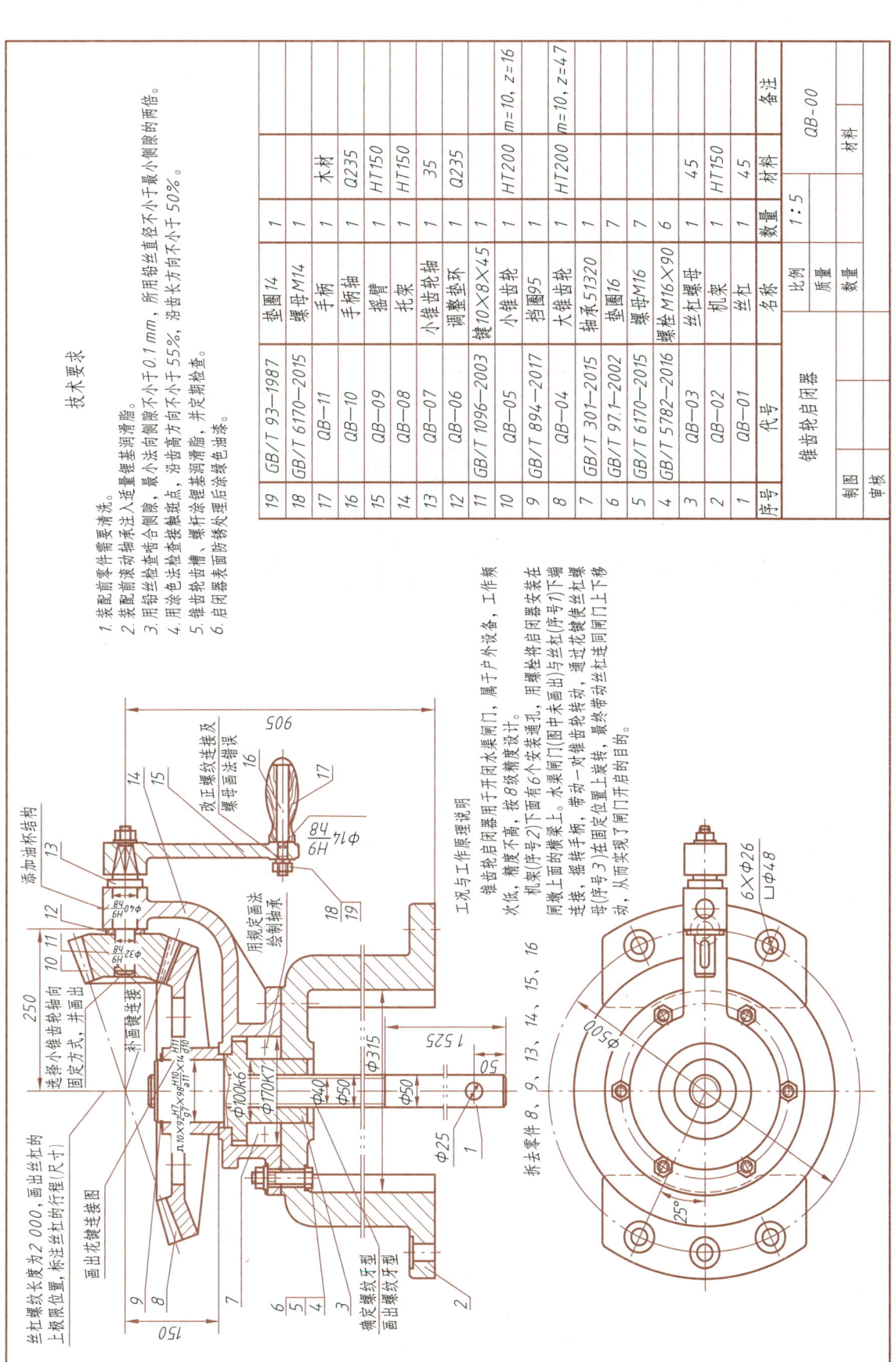

图 8-1 锥齿轮启闭器装配图

项目八 设计方案优化综合实例——锥齿轮启闭器的优化

图 8-2 锥齿轮启闭器的工作环境

【任务实施】

读图 8-1 所示的锥齿轮启闭器装配图，可按下面的方法步骤分析。

1. 概括了解并分析视图

（1）阅读有关资料

从标题栏了解部件名称，从明细栏了解组成部件各零件的名称，阅读装配图技术要求及有关说明书，初步判定其大致结构、功用。部件名称可以反映出部件的功用，零件名称可以反映出零件的功用。

图 8-1 所示部件名为锥齿轮启闭器，是用于开闭水渠闸门的设备，用以调节闸门水的流量，工作于户外，工作频次低，精度不高。

锥齿轮启闭器主要由丝杠 1、机架 2、丝杠螺母 3、轴承 7、大锥齿轮 8、小锥齿轮 10、调整垫环 12、小锥齿轮轴 13、托架 14、摇臂 15、手柄轴 16、手柄 17 及连接用螺栓、螺母、垫圈、键等构成。

（2）分析视图

了解视图数目，找出主视图，确定其他视图的投射方向，明确各视图所用图样画法和各视图的表达内容，了解全图共表达了几条装配线和零散装配点。此时，往往可再一次判断部件复杂程度。图少，装配线少，则部件简单；图多，装配线多，则部件复杂。

锥齿轮启闭器共用了两个基本视图。上方为主视图，画成全剖视图，有两处断开画法；主视图主要表示部件的工作状态和整体形状特征,两齿轮啮合情况,丝杠、丝杠螺母旋合情况,一条竖直装配线的装配关系,一条水平装配线的装配关系,此外,主视图还表示了主要零件的连接关系。下方为俯视图,用视图画出,并采用拆卸画法;俯视图主要表示机架、托架的外形,螺栓连接以及安装孔的分布。

锥齿轮启闭器共有两条装配线,其中竖直装配线为此部件的主装配线,另有螺栓、螺纹等零散装配点。

在上述过程中,有些常用的、熟悉的装配结构(如螺纹紧固件、齿轮传动机构、滚动轴承、键、挡圈等)已经"一目了然",不必再作细致分析。虽然读装配图有步骤可循,但各步骤并非截然分开,毫无联系。

2. 分析图中各装配线和装配点的结构

逐条地分析上述两条装配线,并弄懂下列问题:

1) 该装配线含哪些零件。
2) 各零件主要结构、形状。
3) 各零件如何定位、固定。
4) 零件间的配合情况。
5) 各零件的运动情况。
6) 各零件的作用。
7) 该装配线装、拆、调整的顺序和方法。

这一步是读装配图的关键。读不懂各装配线的结构,就搞不清部件的整体结构,无法分析部件功能和工作原理。

注意,以上各项经常相互结合、穿插分析,并非呆板地按顺序逐条"回答"。在这一步骤中,首先应注意区分零件,另外还要注意读图的方法和思路。具体方法如下:

(1) 区分零件

区分零件的方法如下:

1) 利用装配图的规定画法来区分。

① 根据剖面线方向不同、剖面线间隔不同可知:图 8-3 主视图中机架 2 和托架 14 剖面线方向不同,机架 2 和丝杠螺母 3 剖面线间隔不同,这很容易区分出机架、托架、丝杠螺母的轮廓、范围。

② 利用实心零件不剖的规定并配合序号和指引线,可区分出丝杠 1、小锥齿轮轴 13、手柄轴 16 等零件。

要找出一个零件在其他视图中对应的轮廓、范围,除利用投影关系外,还可以利用上述剖面线规定画法来区分。

2) 利用螺纹紧固件、齿轮及其啮合、键连接、滚动轴承等规定画法来区分零件和组件。图

8-3主视图中,锥齿轮啮合(8、10)、螺纹连接组件(4、5、6、18)、键连接件(11等)、滚动轴承(7),都按规定画法画出,非常明显可以区分出来。

3) 利用已具备的机械常识,一般零件的功用与结构、形状关系来读懂零件结构。如图8-3

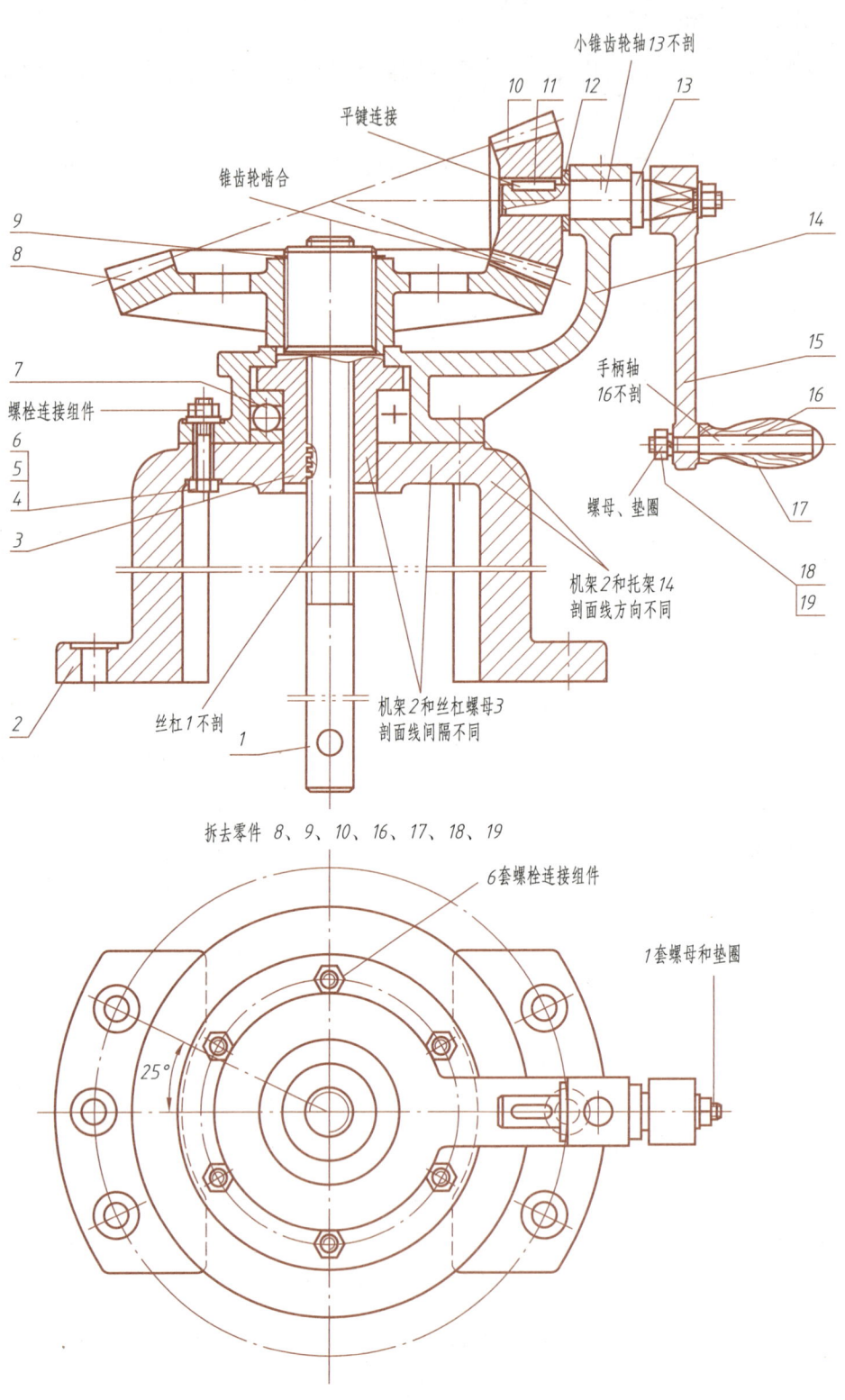

图 8-3 利用剖面线区分零件

主视图中,当看到序号 18、19 指引的部分,并从明细栏中所列名称和标准号知道其为螺母、垫圈时,很容易联想到手柄轴 16 的左端部有螺纹、倒角、退刀槽;又如当看到序号 4、5、6 指引的部分,并从明细栏中所列名称和标准号知道其为螺栓连接组件时,也容易联想到机架 2、托架 14 的对应面上有沉孔。

4) 根据明细栏中所列零件的数量,找齐相同的零件。如图 8-3 主视图中序号 4、5、6 为螺栓连接组件,在明细栏中列出螺栓、螺母、垫圈的数量分别为 6 件、7 件、7 件(图 8-4),而从俯视图中只能找出 6 套螺栓连接组件,多出的 1 套螺母、垫圈为小锥齿轮轴 13 右端的螺母和垫圈(图 8-3 俯视图,此处并无序号和指引线)。

6	GT/T 97.1—2002	垫圈16	7
5	GT/T 6170—2015	螺母M16	7
4	GT/T 5782—2016	螺栓M16×90	6
序号	代号	名称	数量

图 8-4　根据明细表所列数量找齐零件

(2) 注意事项

1) 几个视图对照阅读。图 8-3 主、俯视图对照阅读很容易想清机架 2、托架 14 的主要的结构、形状;也只有主、俯视图对照才能确定 6 套螺栓连接组件、机架上 6 个安装孔的分布位置。

2) 在区分与分析零件时,尽可能地将零件与部件功能(在概括了解中作出的判断)和已分析出的零件功能、作用联系起来,根据相邻或相关零件功能,分析本零件功能、定位及固定方式、动力来源等。需要几个视图对照进行分析,即与投影分析相结合。

① 锥齿轮启闭器是开闭水渠闸门的设备,需要上、下运动,实现该运动的机构是螺旋机构——由丝杠 1 和丝杠螺母 3 组成,丝杠 1 伸向下方与闸门相连接(闸门不可以转动),那么转动的零件一定是丝杠螺母 3,带动其转动的是大锥齿轮 8,两者用花键连接。向上找出动力来源:大锥齿轮 8→小锥齿轮 10→平键连接(键 11)→摇臂 15→手柄轴 16→手柄 17,功能与动力传递路线如图 8-5 所示。

② 要保证锥齿轮正确啮合需要定位和固定齿轮。大锥齿轮 8 通过花键连接装配在丝杠螺母 3 上,下端面用托架左侧的上平面定位,上端面用挡圈 9 轴向固定;小锥齿轮 10 装配在小锥齿轮轴 13 上,右端面用调整垫环 12 及托架 14 的平面定位,左端面用轴端挡圈、螺栓轴向固定(待画出);丝杠螺母 3 装配在托架 14 的竖直孔内,(1)锥齿轮轴 13 装配在托架 14 的水平孔内,两孔轴线一个竖直、一个水平;托架 14 通过 6 组螺栓与机架 2 相连接,如图 8-5 所示。

小锥齿轮轴 13、摇臂 15、手柄轴 16 的定位与固定,请自行分析。

3. 综合想象部件整体结构

在上一步分析的基础上,分析各装配线、点的相互位置关系以及各接触面、连接及传动关系,综合起来想象部件的整体结构。对锥齿轮启闭器的部件结构分析如下:

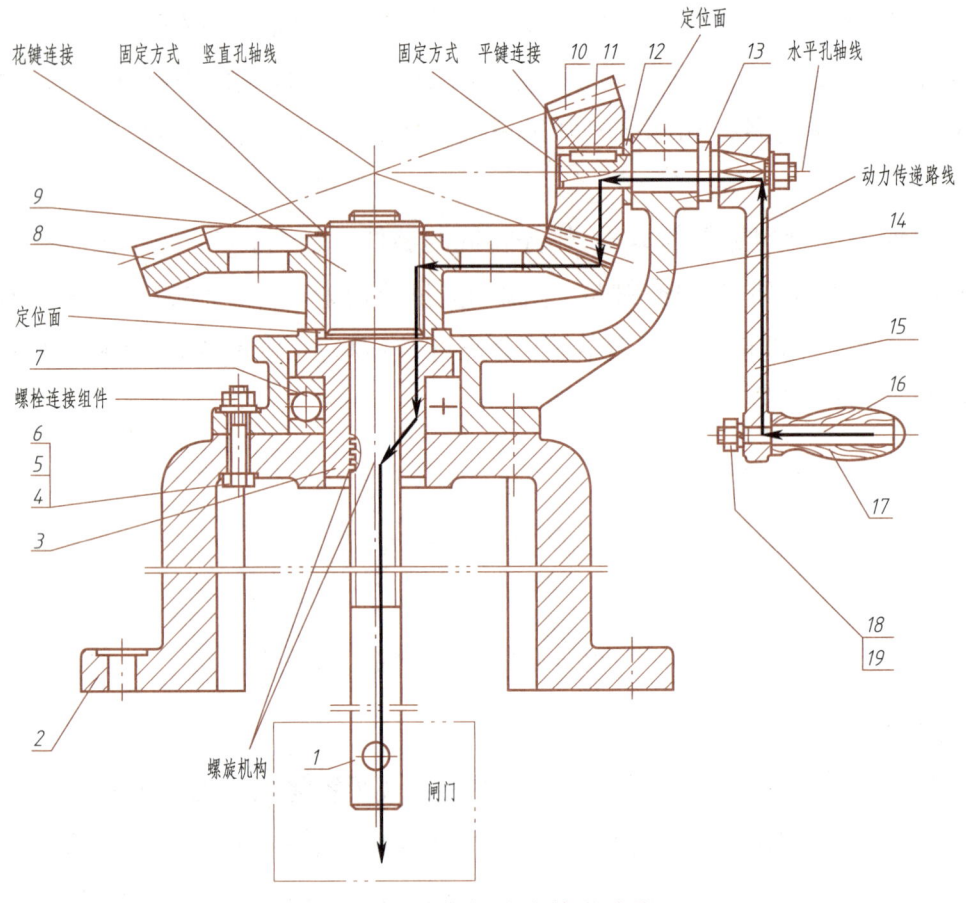

图 8-5 功能与动力传递路线

如图 8-6 所示,锥齿轮启闭器有两条装配线,其轴线呈现垂直相交关系,竖直装配线除机架 2 和托架 14 外,有丝杠 1、丝杠螺母 3、轴承 7、大锥齿轮 8、挡圈 9 共 5 个零件。丝杠螺母 3 是此装配线的核心零件,是一根四段空心轴,其中最上段的外花键装配大锥齿轮 8,中段与托架 14 内孔相配合,最下段与机架 2 内孔、轴承 7 相配合,轴承 7 又装配在托架 14 下方的孔中;托架 14 装在机架 2 上面,通过 6 组螺栓相连接。水渠闸门的重力通过丝杠 1 和丝杠螺母 3 传递给轴承 7,最终作用在机架 2 上。工作时,丝杠螺母 3 需要转动,所以丝杠螺母 3 与托架 14、机架 2 的内孔均为间隙配合。

水平装配线有小锥齿轮轴 13、小锥齿轮 10、调整垫环 12、托架 14、摇臂 15、垫圈和螺母共 7 种零件,小锥齿轮轴 13 是此装配线的核心零件,是一根六段轴,最左端与小锥齿轮 10 配合并用平键连接,向右为调整垫环 12,中间段与托架 14 相配合,最右端依靠四棱锥面与摇臂 15 相连接,螺母旋合在轴右端的螺纹上,对摇臂压紧固定。工作时,小锥齿轮轴 13 在托架 14 内孔中转动,为间隙配合。

零散装配点为:摇臂 15 下方以手柄轴 16 为核心零件,装配有手柄 17、摇臂 15、垫圈 19 和螺母 18 共 5 种零件。手柄 17 套在手柄轴 16 上可以转动,故二者间为间隙配合,手柄轴 16 固定在摇臂 15 的孔内,二者间为过渡配合(或小间隙配合)。

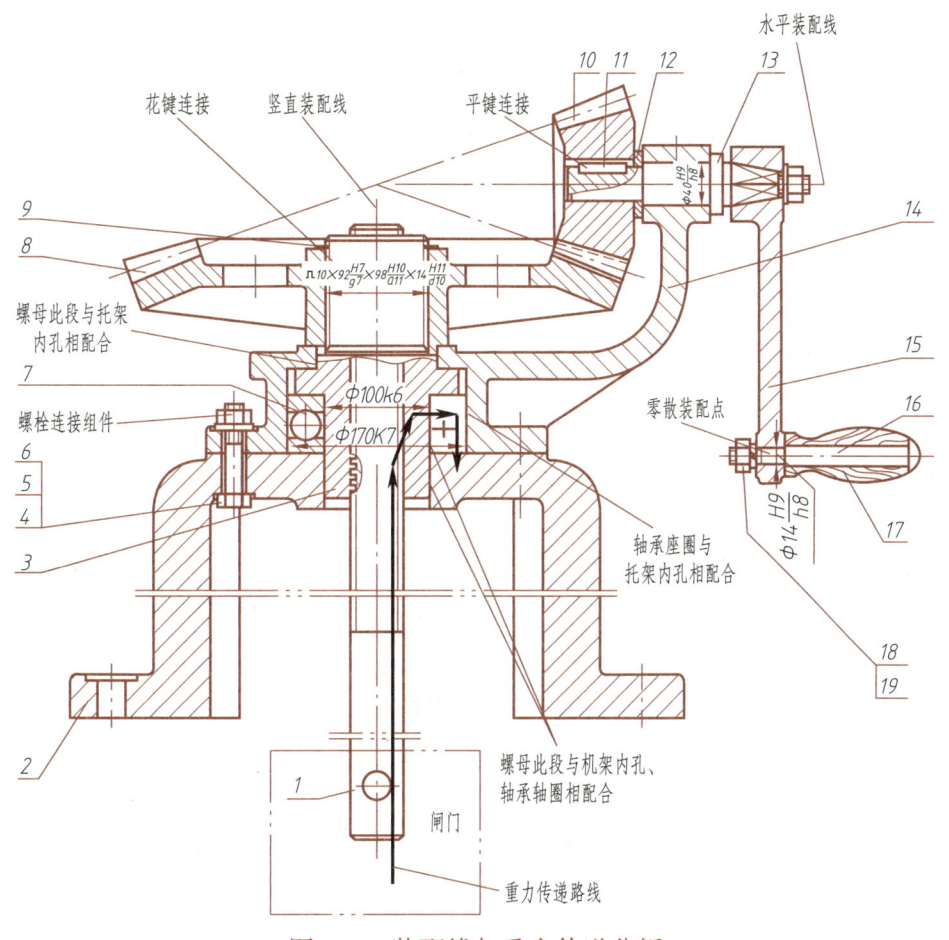

图 8-6 装配线与重力传递分析

锥齿轮启闭器的整体结构如图 8-7 所示。

请分析锥齿轮启闭器的装配、拆卸顺序。

4. 确认部件功能

通过分析部件的综合动作与运动情况,分析工作过程及原理来确认部件功能。

锥齿轮启闭器动作过程和工作过程为:摇转手柄 17,通过摇臂 15、小锥齿轮轴 13 带动小锥齿轮 10 转动,又通过齿轮啮合带动大锥齿轮 8 转动,利用花键连接使丝杠螺母 3 在固定位置上旋转,最终使丝杠(连同闸门)上下移动,从而实现了闸门的开启或关闭。

锥齿轮启闭器安装在河道、水库的闸口,机架 2 下面有 6 个安装通孔(参看图 8-1、图 8-2),用地脚螺栓将锥齿轮启闭器安装在闸墩上面的横梁上,在户外环境工作。锥齿轮启闭器一般在需要调节水流大小时才启用,大多数时间处于非运动状态,所以工作频次低,要求精度也不高,但在向上提升闸门的过程中,除克服闸门的重力外,还要克服闸门与滑

图 8-7 锥齿轮启闭器的整体结构

道间的摩擦力,特别是在闸门两侧水位差值比较大的状态下,摩擦力是比较大的,以上这些都是设计锥齿轮启闭器的重要依据。

以上是全面识读装配图的过程,在优化设计方案时,可以有针对性地围绕优化问题的相关部分识读,以节约时间。

【任务评价】

具体评价反馈见表 8-1。

表 8-1 评价反馈表

分析步骤	分析要点	自我评价
阅读有关资料	了解锥齿轮启闭器的功用、构成	【分析】 □正确 □错误
分析视图	认识装配图中各视图作用、表达内容	【分析】 □正确 □错误
分析装配关系	找出水平装配线、竖直装配线,认识连接方法、密封方法	【分析】 □正确 □错误
分析装配、拆卸顺序	认识各锥齿轮启闭器的装配、拆卸顺序	【分析】 □正确 □错误
分析零件	认识主要零件的结构	【分析】 □正确 □错误
归纳总结	认识各部件功能	【分析】 □正确 □错误

【任务小结】

读懂装配图是为装配体设计方案优化做准备的,所以不仅仅要正确理解读装配图的要求,更重要的是真正读懂装配图,明确装配体的组成、结构、零件间装配关系、定位和固定方式、功用、性能和工作原理、调整方法、装拆顺序等。对于装配图中绘制不完整、局部不合理、局部错误的地方,在识读的过程中,应根据机械专业常识,对这部分内容合理分析。

【思考实践】

图 8-8 所示为铣刀头装配图,按前述的方法,识读该装配图。

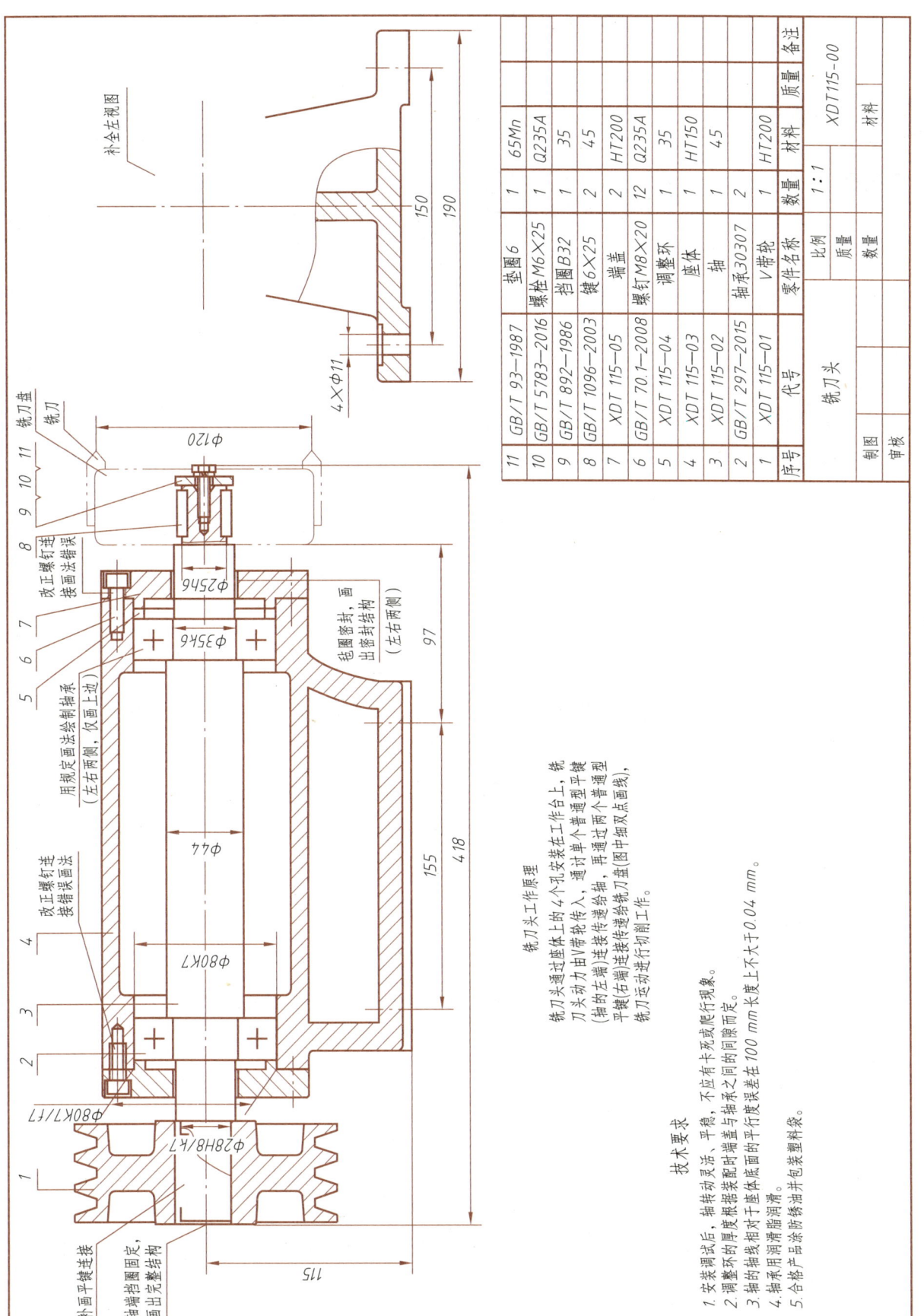

图 8-8 铣刀头装配图

项目八 设计方案优化综合实例——锥齿轮启闭器的优化

任务二　锥齿轮启闭器设计方案的优化

【任务要求】

技能点

1. 能对锥齿轮启闭器的设计方案进行分析，找出设计不合理的地方。
2. 能提出锥齿轮启闭器设计优化方案。
3. 能绘制锥齿轮启闭器优化后的装配图。

知识点

1. 掌握螺纹的基本知识、螺旋机构的类型和应用。
2. 掌握滚动轴承的基本知识与画法。
3. 掌握花键连接及画法。
4. 了解轴上零件的固定方法。
5. 了解常用的润滑剂、润滑方法。

【任务引入】

图 8-1 所示为锥齿轮启闭器的装配图，对此设计方案进行分析，补画所缺少的部分，改正错误的画法，对设计不合理的部分进行优化，并绘制改正、优化后的装配图。具体要求如下：

1) 选择丝杠螺纹的牙型，并绘图表达。
2) 用规定画法绘制轴承，左侧按规定画法绘制，右侧按特征画法绘制。
3) 补画小锥齿轮与小锥齿轮轴间的键连接，补画大锥齿轮与丝杠螺母间的花键连接。
4) 选择小锥齿轮轴向固定方式，并绘图表达。
5) 改正手柄轴左端螺纹连接及螺母的画法错误。
6) 在托架（与小锥齿轮轴相接触部位）上添加油杯结构。
7) 丝杠螺纹长度为 2 000 mm，画出丝杠的上极限位置，标注丝杠的行程范围。

【知识链接】

1. 螺纹的基本知识与螺旋机构

（1）螺纹的牙型和应用

根据牙型不同，螺纹分为普通螺纹、管螺纹、梯形螺纹、矩形螺纹和锯齿形螺纹等。前两种螺纹主要用于连接，后三种螺纹主要用于传动，除矩形螺纹外，其余都已标准化。常用螺纹的类型、特点和应用见表 8-2。

表8-2 常用螺纹的类型、特点和应用

螺纹类型		牙型图	特点和应用
连接螺纹	普通螺纹		牙型为近似的等边三角形，牙型角 α=60° 同一公称直径按螺距大小，分为粗牙螺纹和细牙螺纹。细牙螺纹的牙型与粗牙螺纹相似，但螺距小，升角小，自锁性较好，强度高，因牙细不耐磨，容易滑扣。一般连接多用粗牙螺纹，细牙螺纹常用于细小零件、薄壁管件或受冲击、振动和变载荷的连接中，也可作为微调机构的调整螺纹
	55°非密封管螺纹		牙型为近似的等腰三角形，牙型角 α=55° 管螺纹为英制细牙螺纹，基准直径为管子的外螺纹大径，适用于管接头、旋塞、阀门及其他附件。若要求连接后具有密封性，可压紧被连接件螺纹副外的密封面，也可在密封面间添加密封物
	55°密封管螺纹	(φ=1°47′24″)	牙型为近似的等腰三角形，牙型角 α=55°，螺纹分布在锥度为1:16的圆锥管壁上。它包括圆锥内螺纹与圆锥外螺纹、圆柱内螺纹与圆柱外螺纹两种连接形式。螺纹旋合后，利用本身的变形就可以保证连接的紧密性，不需要任何填料，密封简单，适用于管子、管接头、旋塞、阀门和其他螺纹连接的附件
传动螺纹	矩形螺纹		牙型为正方形，牙型角 α=0° 其传动效率较其他螺纹高，但牙根强度弱，对中精度低；螺旋副磨损后，间隙难以修复和补偿，传动精度降低，制造困难；用于传力螺纹，如千斤顶、小型压力机等
	梯形螺纹		牙型为等腰梯形，牙型角 α=30° 与矩形螺纹相比，传动效率略低，但工艺性好，牙根强度高，对中性好。如用剖分螺母，还可以调整间隙。梯形螺纹是最常用的传动螺纹
	锯齿形螺纹		牙型为不等腰梯形，工作面的牙侧角为3°，非工作面的牙侧角为30° 这种螺纹兼有矩形螺纹传动效率高、梯形螺纹牙根强度高的特点，但只能用于单向受力的螺纹连接或螺旋传动中，如螺旋压力机

(2) 螺旋机构的类型和应用

螺旋机构是利用螺杆和螺母组成的螺旋副来实现传动要求的。它主要用于将回转运动转变为直线运动，同时传递运动和动力。

螺旋机构按其用途不同,可分为以下三种类型:

1) 传力螺旋。它以传递动力为主,要求以较小的转矩产生较大的轴向推力(或拉力),用以克服工作阻力,如各种起重或加压装置的螺旋。这种传力螺旋主要承受很大的轴向力,一般为间歇性工作,每次的工作时间较短,工作速度也不高,通常要求有较高的强度和自锁性,如螺旋千斤顶(图8-9a)或螺旋压力机(图8-9b)。

为了保证良好的自锁性能,传力螺旋的螺纹升角≤4°30'。

2) 传导螺旋。它以传递运动为主,有时也承受较大的轴向载荷,如机床进给机构的螺旋等。传导螺旋常需在较长的时间内连续工作,工作速度较高,因此要求具有较高的传动精度和传动效率,运转轻便灵活,如车床进给螺旋(图8-10)。传导螺旋常可采用多线螺纹来提高效率。

3) 调整螺旋。它用以调整、固定零件的相对位置,常要求微量或快速调整,一般受力较小,如机床夹具、仪器或测量装置中的调整螺旋、差动螺旋等。调整螺旋不经常转动,一般在空载下调整。

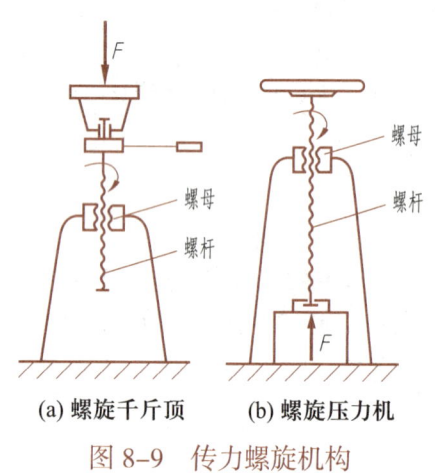

图8-9 传力螺旋机构

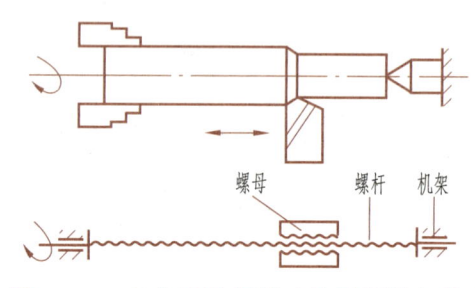

图8-10 车床进给螺旋(传导螺旋机构)

2. 滚动轴承的基本知识与画法

(1) 滚动轴承的基本知识

滚动轴承由内圈、外圈、滚动体和保持架4部分组成。内圈用来和轴颈装配,外圈用来和轴承座孔装配。通常是内圈随轴颈回转,外圈固定,但也可用于外圈回转而内圈不动,或是内、外圈同时回转的场合。常用的滚动体有球、圆柱滚子、圆锥滚子、球面滚子、非对称球面滚子、滚针等几种。

常用滚动轴承的类型、性能特点及画法见表8-3。其中深沟球轴承主要承受径向载荷F_r;推力球轴承只能承受轴向载荷F_a。推力球轴承与轴颈配合的元件称为轴圈,与机座孔配合的元件称为座圈。圆锥滚子轴承、角接触球轴承能同时承受径向载荷F_r和轴向载荷F_a,角接触球轴承能在较高转速下正常工作。

(2) 滚动轴承类型的选择

轴承所受载荷的大小、方向,是选择轴承类型的主要依据。

1) 载荷的大小。由于滚子轴承主要元件间是线接触,宜用于承受较大的载荷;而球轴承主要元件间主要为点接触,宜用于承受较轻的或中等的载荷,故在载荷较小时,优先选用球轴承。

2) 载荷的方向。对于纯轴向载荷,一般选用推力球轴承。对于纯径向载荷,一般选用深沟球轴承。当轴承在承受径向载荷的同时,还有较小的轴向载荷时,可选用深沟球轴承,当轴向载荷较大时,应选用角接触球轴承或圆锥滚子轴承。

表 8-3 常用滚动轴承的类型、性能特点及画法

类型名称	深沟球轴承	推力球轴承	圆锥滚子轴承	角接触球轴承
代号	6 (GB/T 276—2013)	5 (GB/T 301—2015)	3 (GB/T 297—2015)	7 (GB/T 292—2007)
承载情况	F_r	F_a 座圈 轴圈	F_r β F_a	F_r β F_a
性能及特点	广泛应用,主要承受径向载荷,同时也可承受少量轴向载荷。工作中允许内、外圈轴线偏斜量≤16′,大量生产,价格最低	只能承受单向轴向载荷,极限转速很低。工作时必须加有一定的轴向载荷;轴线必须与轴承座底面垂直;载荷必须与轴线重合	可以同时承受径向载荷及单向轴向载荷。外圈可分离,安装时可调整轴承的游隙。一般成对使用	可以同时承受径向载荷及单向轴向载荷,也可以单独承受轴向载荷;一般成对使用;能在较高转速下正常工作
规定画法(下方为通用画法)				

续表

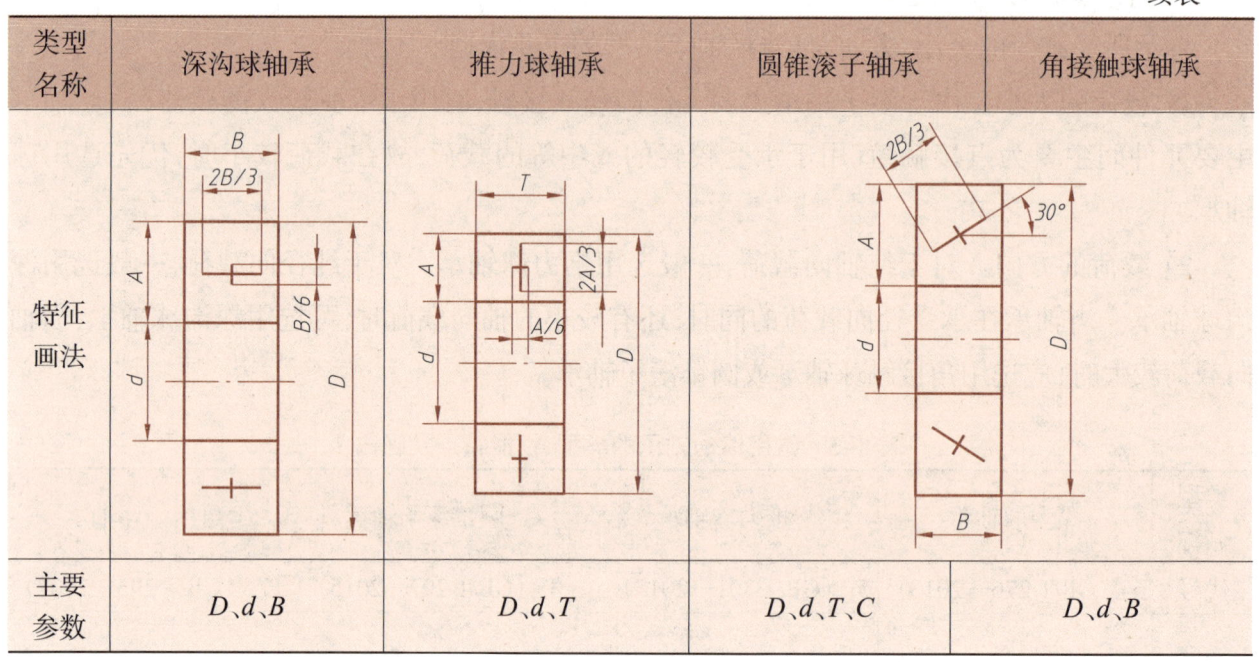

类型名称	深沟球轴承	推力球轴承	圆锥滚子轴承	角接触球轴承
特征画法				
主要参数	D、d、B	D、d、T	D、d、T、C	D、d、B

(3) 滚动轴承的画法

在装配图中,滚动轴承可以用三种画法来绘制,即通用画法、特征画法和规定画法。前两种属简化画法,在同一图样中一般只采用这两种简化画法中的一种。当一半按规定画法画出,另一半允许按通用画法画出。常用滚动轴承的三种画法见表 8-3。

3. 花键连接及画法

(1) 花键连接

花键连接由外花键和内花键组成,如图 8-11a、b 所示,由多个键齿与键槽在花键轴和花键孔的周向均布而成,齿侧面为工作面,一般用于需沿轴线滑动(或固定)的连接,用来传递运动或转矩。

花键连接为多齿工作,定心精度高,导向性好,承载能力强,能传递较大的转矩,连接可靠,但是需要专用设备加工,制造成本高,主要用于定心精度高、载荷大或经常滑移的连接。

花键按齿形可分为矩形花键(图 8-11)和渐开线花键,均已标准化,其中矩形花键应用广泛。

(a) 外花键(花键轴)　　(b) 内花键(花键孔)　　(c) 花键连接

图 8-11　矩形花键连接

(2) 矩形花键的画法

1) 外花键的画法。图 8-12 所示是外花键的画法。在平行于花键轴线的投影面视图中，外花键的大径用粗实线、小径用细实线绘制。外花键的终止端和尾部末端均用细实线绘制，并与轴线垂直；尾部则画成与轴线成 30° 的斜线，必要时可按实际情况画出。在垂直于花键轴线的投影面视图中，花键大径用粗实线，小径用细实线画完整的圆，倒角圆规定不画。

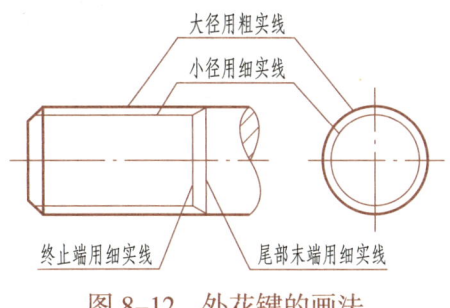

图 8-12 外花键的画法

当外花键在平行于花键轴线的投影面视图中需用局部剖视图表示时，键齿按不剖绘制，其画法如图 8-13a 所示。当外花键需用断面图表示时，应在断面图上画出一部分齿形并注明齿数，或画出全部齿形，如图 8-13b 所示。

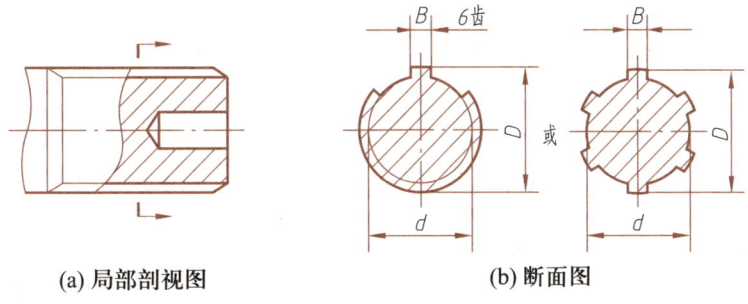

(a) 局部剖视图   (b) 断面图

图 8-13 外花键的剖视图、断面图画法

2) 内花键的画法及尺寸的一般标注法。如图 8-14 所示，在平行于花键轴线的投影面的剖视图中，大径及小径均用粗实线绘制。在垂直于花键轴线的投影面的视图中，花键在视图中应画出一部分齿形，并注明齿数或画出全部齿形，倒角圆规定不画。

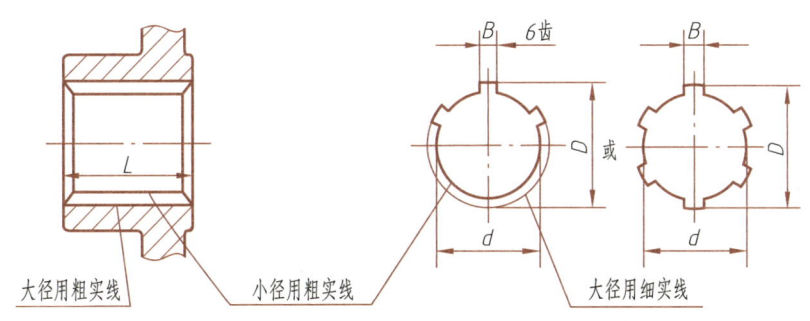

图 8-14 内花键的画法及尺寸的一般标注法

3) 外、内花键标记的注写。花键在零件图中的尺寸标注如图 8-13、图 8-14 所示，花键标记的注写方法如图 8-15 所示，其中"⊓"为矩形花键的图形符号。

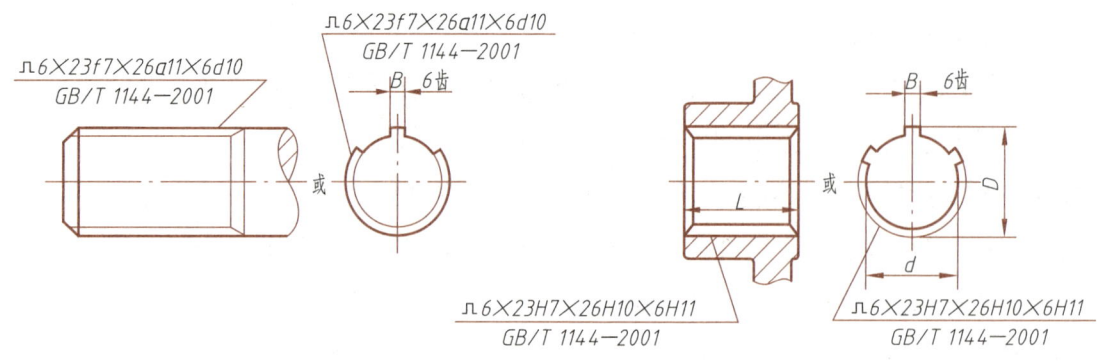

图 8-15 花键标记的注写方法

4)花键连接的画法及尺寸标注。在装配图中,花键连接用剖视图或断面图表示时,其连接部分按外花键绘制,花键连接的画法及尺寸标注如图 8-16 所示。

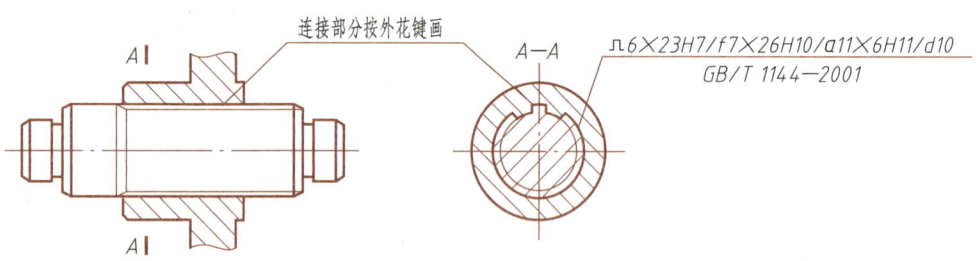

图 8-16 花键连接的画法及尺寸注法

4. 轴上零件的固定

(1) 轴上零件的周向固定

周向固定的作用是保证轴与轴上零件同时转动,传递运动和动力。常用的方法有键连接、销连接、过盈配合连接、紧定螺钉连接等。

(2) 轴上零件的轴向固定

轴向固定的作用是保证轴上零件具有确定的轴向位置,承受轴向力,防止轴上零件轴向窜动。轴上零件的轴向固定方法见表 8-4。

表 8-4 轴上零件的轴向固定方法

固定方法	简图	特点
轴肩、轴环固定	(a) 轴肩固定　　(b) 轴环	结构简单,定位可靠,能承受较大的轴向力,常用于齿轮、带轮、轴承等零件的轴向固定

续表

固定方法	简图	特点
圆螺母固定	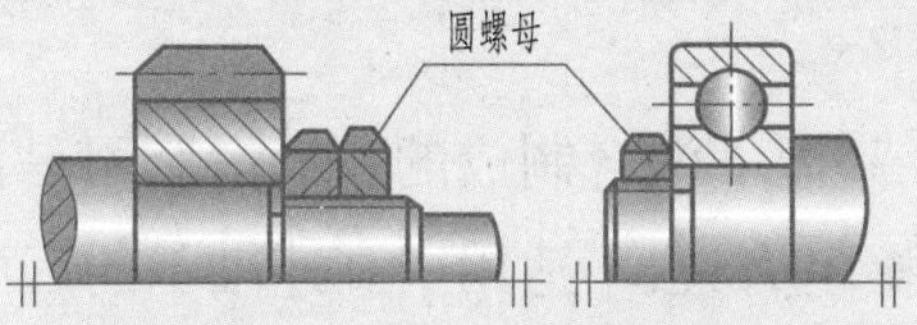	装拆方便、固定可靠；能承受较大的轴向力；但轴上需车螺纹，使轴的强度降低。常用于轴的中部或端部，无法使用轴套固定的场合
轴端挡圈固定	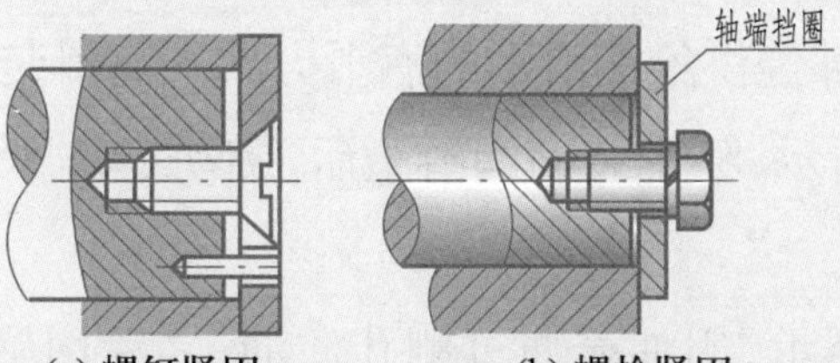 (a) 螺钉紧固　(b) 螺栓紧固	适用于固定轴端零件，可承受剧烈振动和冲击载荷；为防止轴端挡圈和螺钉松动，需采用防松装置（如图中的销） 轴端挡圈有螺钉紧固(GB/T 891—1986)和螺栓紧固(GB/T 892—1986)两类，每类又分 A 型和 B 型
圆锥面固定	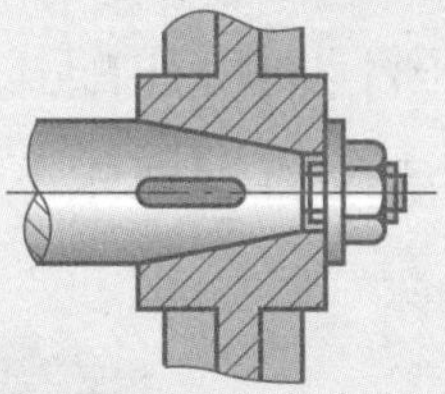	具有较高的定心精度，能承受较大的冲击载荷；多用于轴端零件的固定，常与轴端挡圈或螺母联合使用
轴套固定	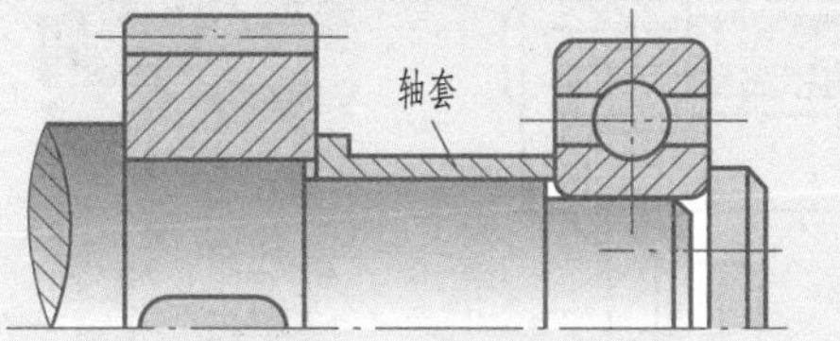	结构简单，装拆方便，无需在轴上开槽、钻孔、车螺纹而削弱轴的强度。一般用于零件间距较小的场合
弹性挡圈固定	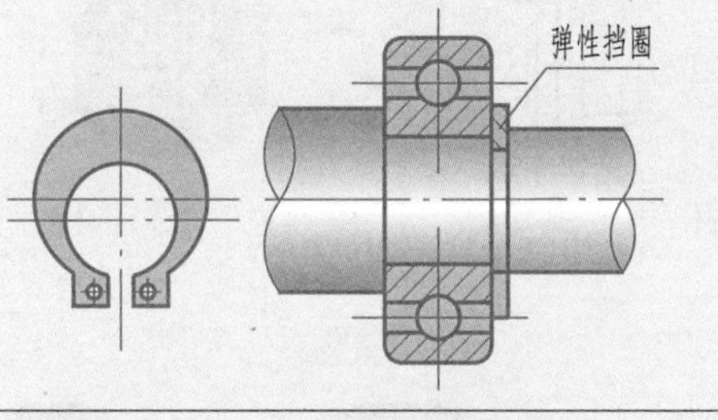	结构简单，拆装方便，只能承受较小的轴向力
螺钉锁紧挡圈固定	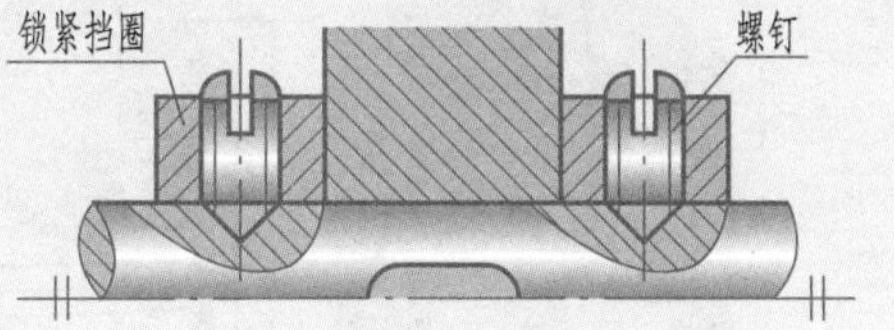	可同时有轴向和周向固定作用，结构简单，承载能力小，常用于光轴上零件的固定

5. 运动部位的润滑

机械中的可动零部件在压力下接触而做相对运动时，其接触表面间就会产生摩擦造成能量损耗和机械磨损，影响机械的运动精度和使用寿命，因此在机械传动中考虑降低摩擦，减轻磨损是非常重要的问题，其措施之一就是润滑。润滑还有冷却、防蚀和吸振等作用。

(1) 润滑剂

常用的润滑剂有润滑油（常用机械油）和润滑脂（俗称黄油）两种，有时也采用固体润滑剂

（如石墨、二硫化钼等）。

1）润滑油流动性好,内摩擦系数小,冷却作用比较好,但易从箱体内流出,故常采用结构比较复杂的密封装置,且需经常加油。

2）润滑脂是由润滑油加稠化剂在高温下混合制成的。润滑脂不易流动,可承受较大的载荷,工作时不需经常加脂,但其内部摩擦阻力大,不适用于高速轴承的润滑。

(2) 常见的润滑方法

1）手工给油润滑是定期给润滑部位供给润滑油的润滑方式。润滑装置主要有：

① 旋盖式油脂杯　如图 8-17 所示,杯中装满润滑脂后,旋动上盖即可将润滑脂挤入轴承中,是应用最广的脂润滑装置。

② 旋套式注油杯　如图 8-18 所示,用油壶通过侧孔注油,之后用旋套将侧孔封闭,只适用于小型、低速或间歇运动的润滑场合。

③ 压注油杯　如图 8-19 所示,分直通式压注油杯、压配式压注油杯。平时弹簧顶住钢球将油孔封闭,避免污物进入轴承。加油时,用油壶嘴将钢球压下,同时注入适量的润滑油。

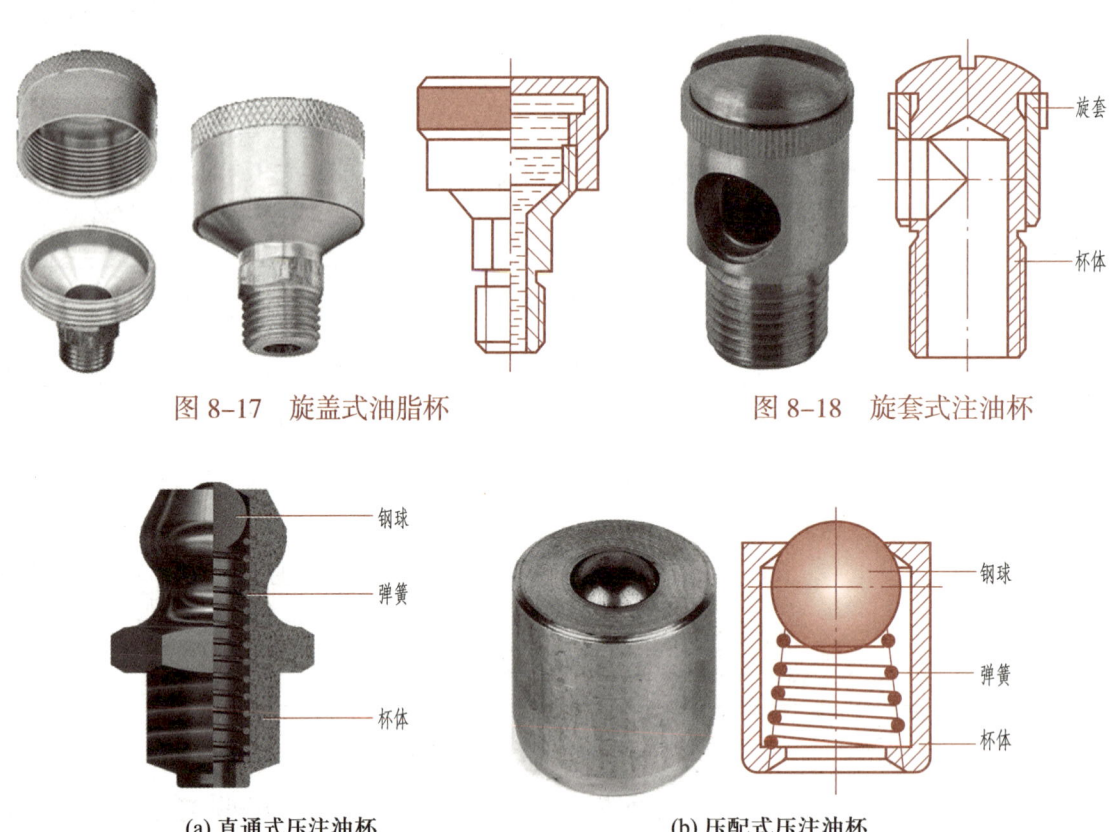

图 8-17　旋盖式油脂杯　　图 8-18　旋套式注油杯

(a) 直通式压注油杯　　(b) 压配式压注油杯

图 8-19　压注油杯

2）连续供油润滑是能够连续不断地向润滑部位供给润滑油的润滑方法,常用的润滑方式有滴油润滑、油池润滑、飞溅润滑、喷油润滑、油雾润滑等。

① 滴油润滑　滴油润滑的润滑装置主要有油芯式弹簧盖油杯和针阀式注油油杯。

油芯式弹簧盖油杯如图 8-20 所示，油芯浸在油中，利用油芯的毛细作用和虹吸作用供油。此装置维护简单，供油量均匀、连续，但油量不能调节，适用于供油量不需要很大的轴承。

针阀式注油油杯如图 8-21 所示。在杯内装有导油管，管内装有针阀。当手柄竖立时，针阀被提起，油孔打开，杯内的油通过导油管侧孔连续不断供油。当手柄放倒时，针阀被弹簧压下，油孔封闭，停止供油。供油量可通过调节螺母来控制，观察孔可观察供油情况。此装置适用于要求供油可靠的润滑点上。

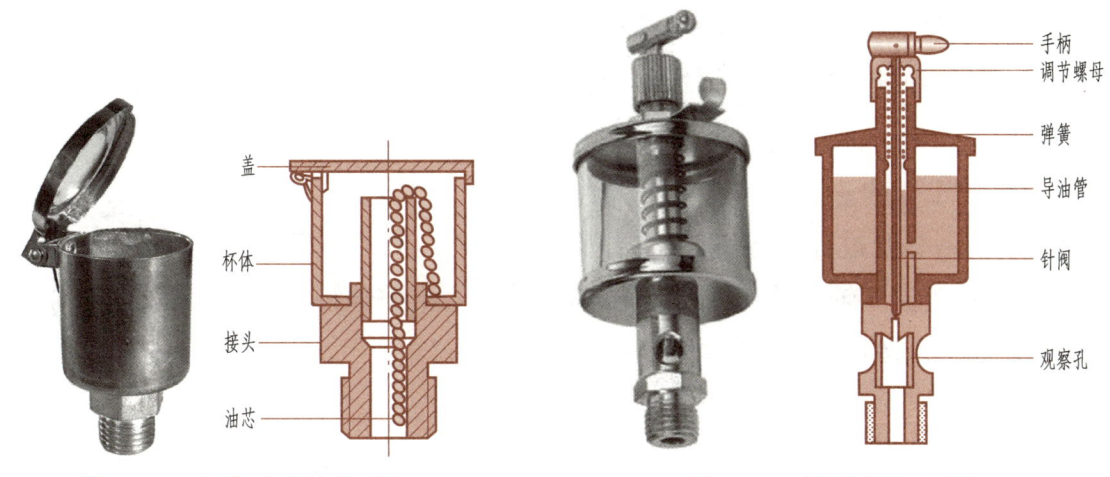

图 8-20　油芯式弹簧盖油杯　　　　图 8-21　针阀式注油油杯

② 油池润滑与飞溅润滑　油池润滑（飞溅润滑）如图 8-22a、b 所示，是利用浸在油池中的大齿轮将油带到啮合部位，同时也甩溅至其他零件上进行润滑的方式。减速器在箱座的剖分面上若加工出输油沟，可将溅出的油汇集并流入轴承处（或箱座内），同时也可防止油从剖分面处外渗。

③ 喷油润滑　喷油润滑是采用高压喷射的方法，将润滑油喷射至需要润滑的部位实施润滑的方式，如图 8-22c 所示。

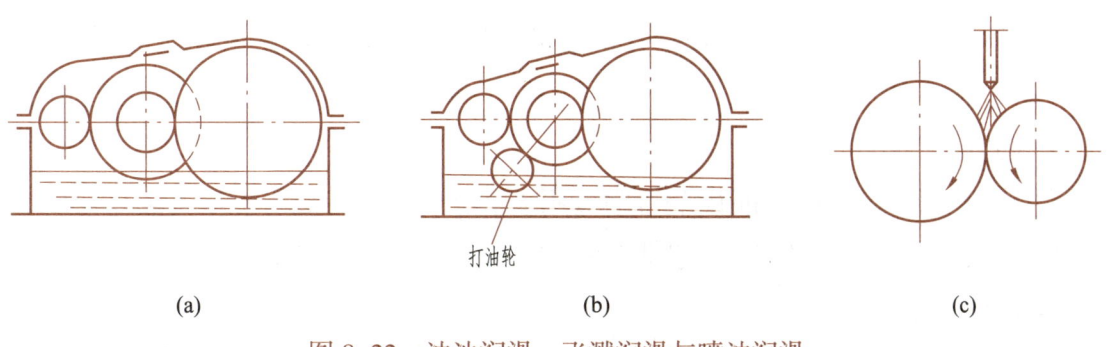

图 8-22　油池润滑、飞溅润滑与喷油润滑

【任务实施】

参照机械设计规范,对原设计方案做如下优化。

1. 确定丝杠螺纹的牙型

锥齿轮启闭器中螺旋机构的运动形式为：丝杠螺母在固定位置上旋转,带动丝杠连同闸门上下移动。传动的特点是：工作频次低,要求精度也不高,但在向上提升闸门的过程中,需要克服的阻力比较大（闸门的重力＋闸门与滑道间的摩擦力）,因此属于典型的传力螺纹。

丝杠螺纹的牙型可选择梯形螺纹或矩形螺纹。两者相比较,选择梯形螺纹牙根强度高,加工工艺性好,但传动效率略低,提升闸门的过程中施加在手柄上的力略大；选择矩形螺纹传动效率较高,提升闸门的过程中施加在手柄上的力略小,但牙根强度弱,制造较困难。图 8-23 所示以矩形绘制。

2. 用规定画法绘制滚动轴承

锥齿轮启闭器提升过程中,闸门的重力及闸门与滑道间的摩擦力通过丝杠和丝杠螺母传递给滚动轴承,此处滚动轴承承受纯轴向力,所示选用了推力球轴承 51320 GB/T 301—2015,图 8-23 中,左侧轴承按规定画法绘制,右侧按特征画法绘制。

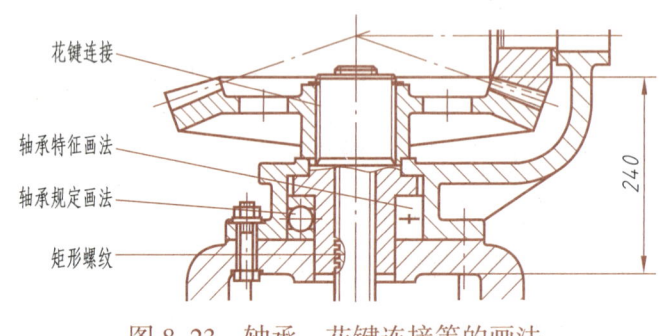

图 8-23 轴承、花键连接等的画法

3. 键连接的完整画法

（1）花键连接

大锥齿轮内孔与丝杠螺母采用矩形花键连接,按尺寸绘制花键连接（尺寸见附表 15）,如图 8-23 所示。

（2）平键连接

小锥齿轮内孔装配在小锥齿轮轴上,用普通型平键连接（周向固定）,键的标记为 $10 \times 8 \times 45$,按尺寸绘制平键连接（尺寸见附表 14）,小锥齿轮轴作局部剖,如图 8-24 所示。

4. 小锥齿轮的轴向固定

小锥齿轮装配在小锥齿轮轴上,右端面用调整垫环及托架的平面定位,左端必须轴向固定,使用轴端挡圈方式,考虑到齿轮受力较大,用螺栓紧固。根据轴直径 ϕ32 mm,查找 GB/T 892—1986,选择"挡圈 B40　GB/T 892—1986""螺栓 GB/T 5783—2016 - M6×20",按尺寸绘图,小锥齿轮轴作局部剖,如图 8-24 所示。

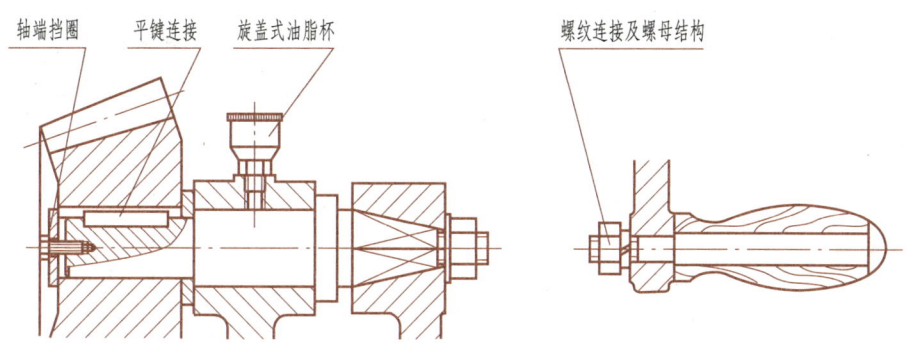

图 8-24　平键连接等的画法

5. 螺纹连接结构的完整画法

手柄轴通过螺纹连接紧固在摇臂下方的孔内,按规定画法,改正螺纹连接及螺母的错误画法,如图 8-24 所示。

6. 运动部位的润滑结构画法

工作时小锥齿轮轴在托架的内孔中转动,需要润滑。根据使用环境和结构形状,适合选择脂润滑,使用旋盖式油脂杯,查找 JB/T 7 940.3—1995,选用"油杯 A6　JB/T 7 940.3—1995",在托架对应部位加工螺孔 M10×1,以装配油杯,按尺寸绘图,如图 8-24 所示。

7. 计算丝杠长度、绘制上限位置

图 8-1 所示丝杠按下极限位置绘制,螺纹长度为 2 000 mm,测量丝杠螺母长度为 240 mm,则丝杠行程 =2 000 mm-240 mm=1 760 mm。用双点画线画出丝杠的上极限位置,如图 8-25 所示,图中丝杠行程按 1 700 mm 绘制并标注。

由于增加了 3 个零(组)件:挡圈 B40　GB/T 892—1986、螺栓 GB/T 5783—2016-M6×20、油杯 A6　JB/T 7940.3—1995,装配图的零件需要重新编写序号,锥齿轮启闭器优化后的装配图如图 8-25 所示。

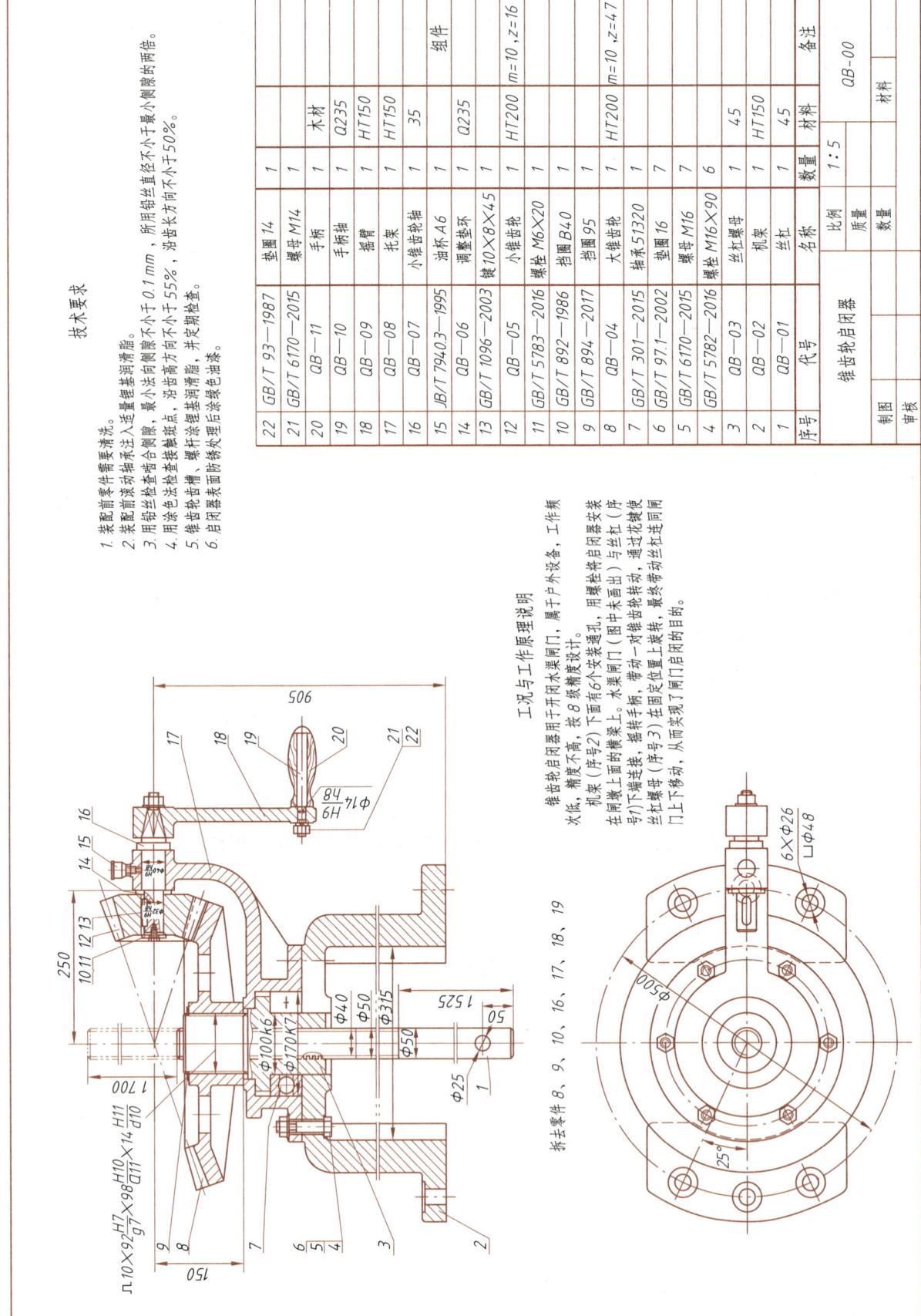

图 8-25 锥齿轮启闭器优化方案

【任务评价】

具体评价反馈见表8-5。

表8-5 评价反馈表

分析步骤	分析要点	自我评价
丝杠螺纹的牙型	选择丝杠螺纹的牙型	【分析】 □正确 □错误
滚动轴承	正确绘制滚动轴承	【分析】 □正确 □错误
键连接	绘制花键连接、平键连接	【分析】 □正确 □错误
轴向固定	确定小锥齿轮的轴向固定	【分析】 □正确 □错误
螺纹连接结构	绘制螺纹连接	【分析】 □正确 □错误
润滑结构	绘制运动部位润滑结构	【分析】 □正确 □错误
丝杠长度及上限位置	计算丝杠长度、绘制上限位置	【分析】 □正确 □错误

【任务小结】

优化装配体设计方案要把握以下三点：首先要掌握机械基本常识，如本任务中的螺纹的基本知识与螺旋机构的类型和应用、滚动轴承的类型与画法、花键连接及画法、轴上零件的固定方法、常用的润滑剂及润滑方法等，其次是根据机械基本常识找出设计不合理的地方，最后进行选择、改正，如涉及绘图，要严格执行机械制图国家标准。

【任务拓展】

锥齿轮、蜗轮、蜗杆的画法

1. 锥齿轮的画法

锥齿轮的轮齿位于圆锥面上，它的轮齿一端大而另一端小，齿厚由大端到小端逐渐变小，模数和分度圆也随之变化。为了设计和制造方便,规定以大端端面模数为标准模数来计算大端轮齿各部分的尺寸。锥齿轮各部分名称及画法如图 8-26 所示。

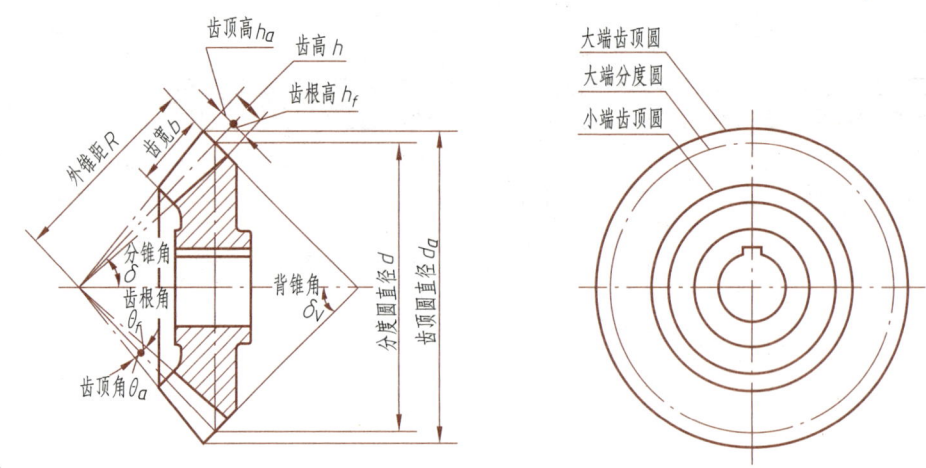

图 8-26　锥齿轮各部分名称及画法

(1) 直齿锥齿轮各部分尺寸的计算

直齿锥齿轮各部分尺寸都与大端模数 m 和齿数 z 有关,如 $d=mz$、$d_a=m(z+2\cos\delta)$。

(2) 锥齿轮的画法

锥齿轮的画法基本上与圆柱齿轮相同,只是由于圆锥的特点,在表达和作图方法上较圆柱齿轮复杂。

1) 单个锥齿轮的画法。单个锥齿轮的主视图常画成剖视图,而在左视图上用粗实线画出齿轮大端和小端的齿顶圆,用细点画线画出大端的分度圆,如图 8-26 所示。

2) 锥齿轮啮合的画法。锥齿轮啮合时,两分度圆锥相切,它们的锥顶交于一点。画图时主视图多用剖视表示,如图 8-27a 所示。当需要画外形时,如图 8-27b 所示。

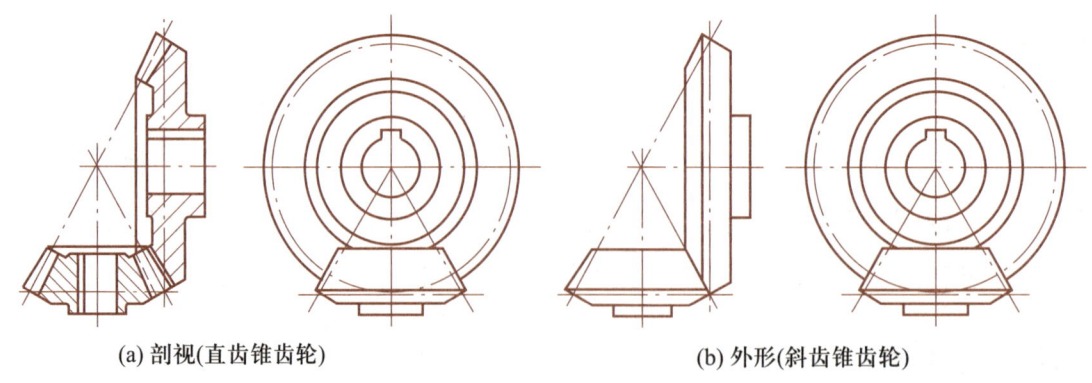

(a) 剖视(直齿锥齿轮)　　　　(b) 外形(斜齿锥齿轮)

图 8-27　锥齿轮啮合的画法

2. 蜗轮蜗杆的画法

蜗轮蜗杆各部分名称及画法如图 8-28 所示。蜗轮的形状类似斜齿圆柱齿轮，蜗杆的外形和梯形螺纹相似。

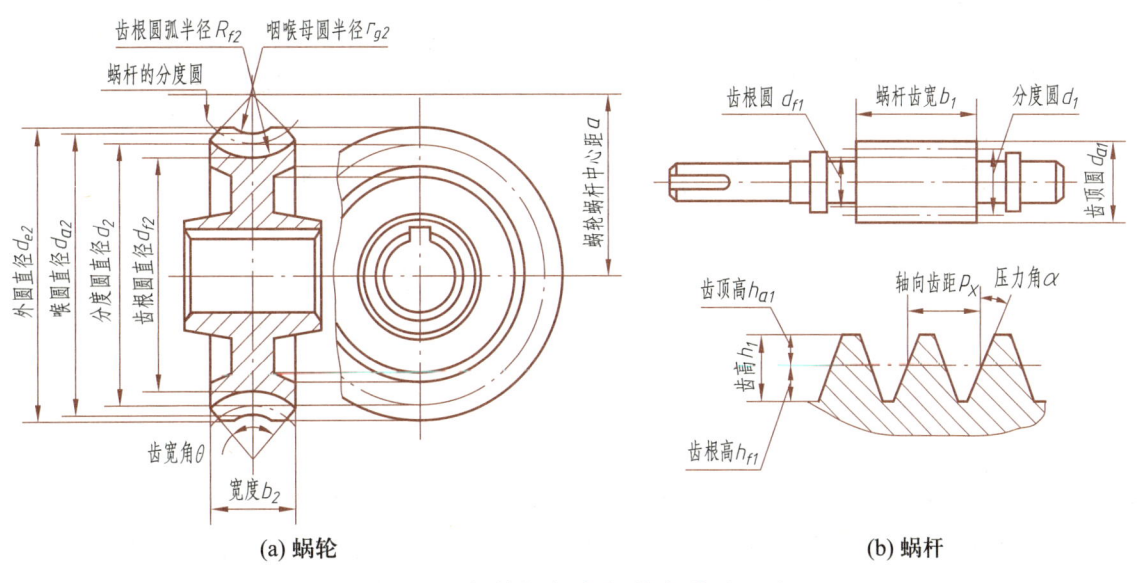

(a) 蜗轮　　　　　　　　　　　　(b) 蜗杆

图 8-28　蜗轮蜗杆各部分名称及画法

(1) 蜗轮蜗杆尺寸计算

当蜗轮、蜗杆的主要参数（模数 m、蜗杆分度圆直径 d_1、蜗杆齿数 z_1、蜗轮齿数 z_2）选定后，它们的各部分尺寸可以由公式算出。

(2) 蜗轮、蜗杆的画法

1) 蜗轮的画法　在剖视图上，轮齿的画法与圆柱齿轮相同。在投影为圆的视图中，只画分度圆和外圆，喉圆和齿根圆不必画出，如图 8-28a 所示。

2) 蜗杆的画法　蜗杆的画法与圆柱齿轮的画法相同。为了表明蜗杆的牙型，一般采用局部剖视画出几个牙型，或画出牙型的放大图，如图 8-28b 所示。

3) 蜗轮、蜗杆啮合的画法　如图 8-29 所示，在垂直于蜗轮轴线的投影面的视图上，蜗轮的分度圆与蜗杆的分度线要画成相切，啮合区内的蜗杆齿顶线和蜗轮外圆仍用粗实线画出；在垂直于蜗杆轴线的视图上，啮合区只画蜗杆不画蜗轮（图 8-29a）。

在剖视图中，当剖切平面通过蜗轮轴线并垂直于蜗杆轴线时，蜗杆的齿顶圆、齿根圆和蜗轮的齿根线用粗实线绘制，蜗轮的轮齿被遮挡的部分省略不画。当剖切平面通过蜗杆轴线并垂直于蜗轮轴线时，蜗杆的齿顶线、齿根线和蜗轮的喉圆、外圆、齿根圆用粗实线绘制，蜗轮的轮齿被遮挡的部分省略不画（图 8-29b）。蜗杆的齿顶线也可省略不画。

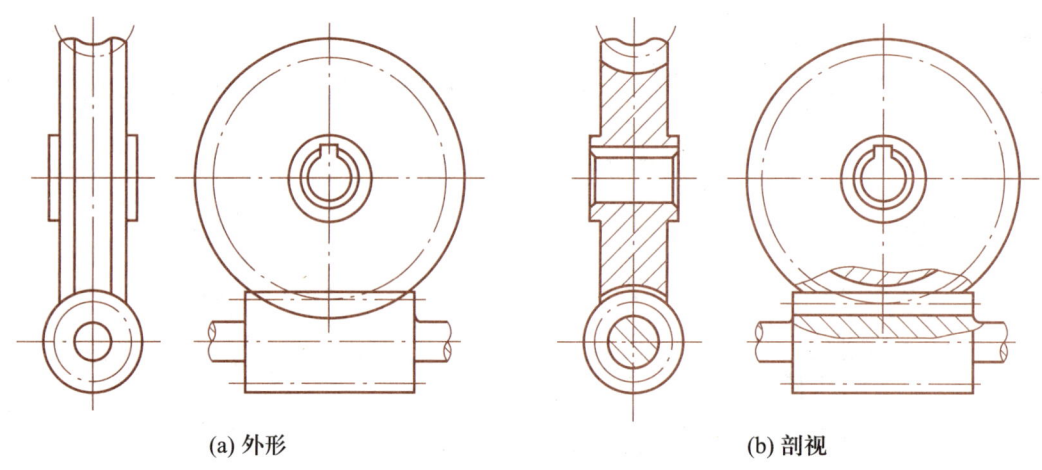

(a) 外形　　　　　　　　　　　　(b) 剖视

图 8-29　蜗轮、蜗杆啮合的画法

【思考实践】

图 8-8 所示为铣刀头的装配图，对此设计方案进行分析，补画所缺少的部分，改正错误的画法，并对设计不合理的部分进行优化，绘制改正、优化后的装配图。详细要求如下：

1）改正螺钉连接画法错误（2 处）。

2）用规定画法绘制轴承（左右两端，上边按规定画法绘制，下边按特征画法绘制）。

注：圆锥滚子轴承承受轴向力的方向性。

3）V 带轮与轴采用普通型平键连接，画出键连接。

4）V 带轮采用 A 型螺钉紧固轴端挡圈（GB/T 891—1986）固定在轴上，画出完整结构。

5）端盖与轴间采用毡圈密封，在端盖上开槽，画出密封结构（左右两端，在下一个项目学习后完成）。

6）补全左视图（拆去 V 带轮及 V 带轮左侧所有零件）。

项目九

设计方案优化综合实例
——偏心柱塞泵的优化

 学习目标

节能减排是当今世界发展的重要战略。减少摩擦、提高设备的机械效率是实现节能的重要举措,对运动部件进行润滑,可以有效地减少摩擦、提高机械效率。偏心柱塞泵是一种能为润滑部位提供润滑油的供油装置,其性能、质量的优劣,不仅仅关系到润滑的效果和机械效率,其密封性能关系到介质是否泄漏,对现场工作环境有重大影响。

1. 能读懂偏心柱塞泵的装配图,了解偏心柱塞泵的功用和工作原理。
2. 能找出偏心柱塞泵设计不合理之处,提出设计优化方案,绘制优化后的装配图。

知识框架

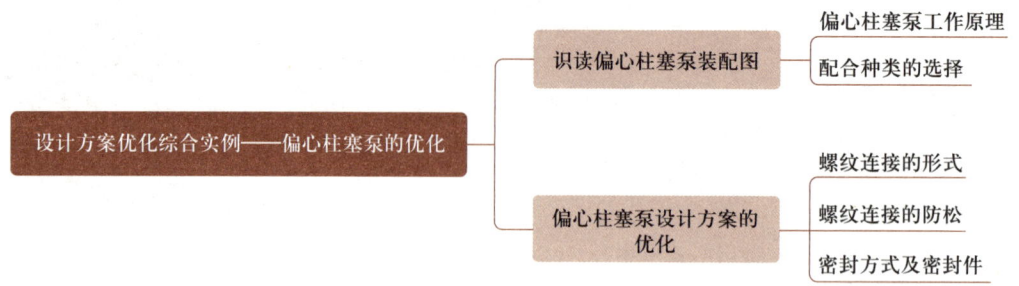

任务一　识读偏心柱塞泵装配图

【任务要求】

技能点

1. 能读懂偏心柱塞泵装配图的视图。
2. 能读懂偏心柱塞泵装配图中各装配线和装配点的结构、组成。
3. 能读懂偏心柱塞泵的运动情况，工作过程及原理，各部件的功能。

知识点

1. 了解偏心柱塞泵的工作原理。
2. 熟悉配合的种类、性质，了解配合的选择方法。

【任务引入】

图 9-1 所示为偏心柱塞泵装配图，结合其安装与动力输入说明、工作原理说明等技术资料，识读该装配图。

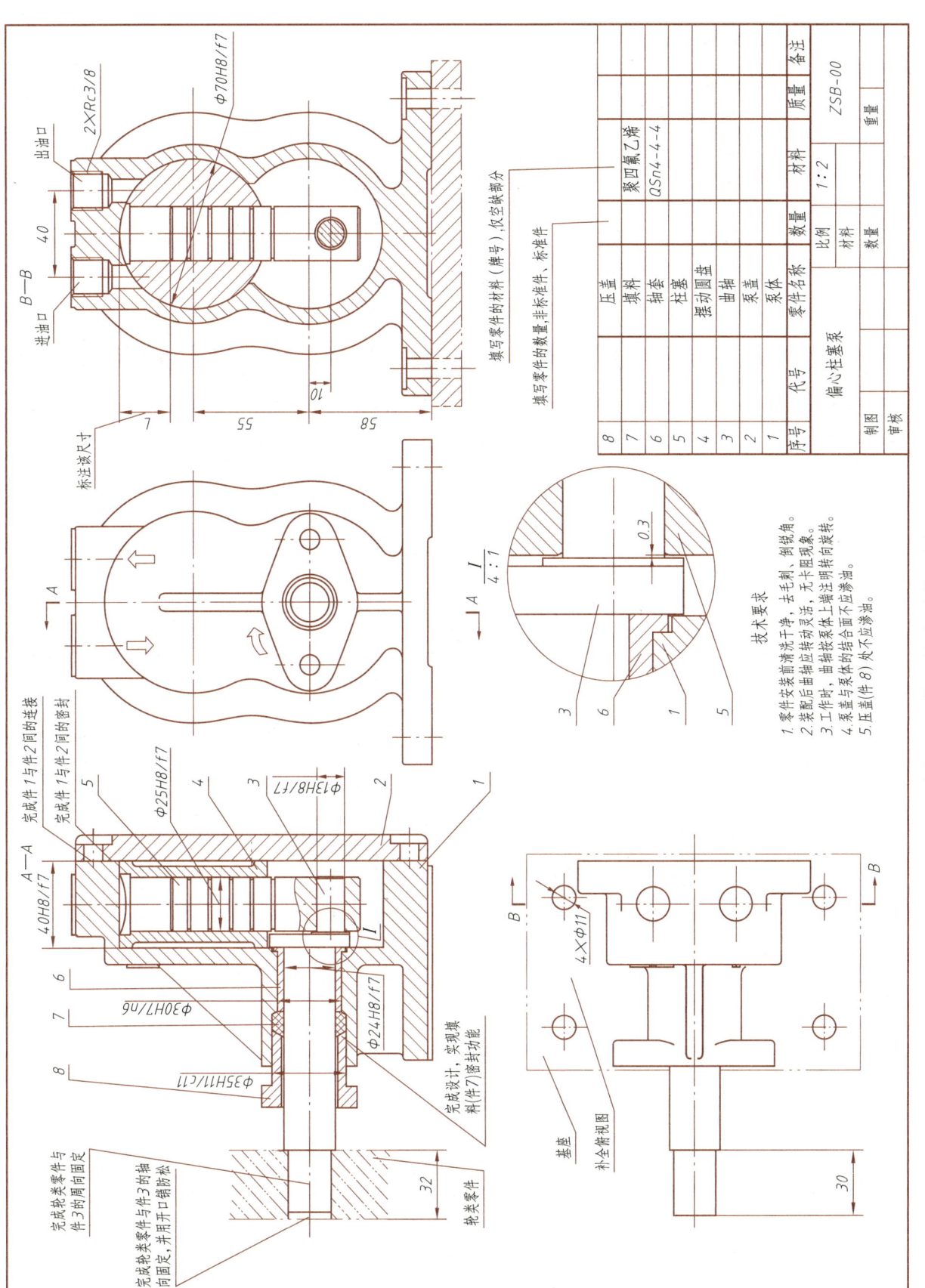

图 9-1 偏心柱塞泵装配图

项目九 设计方案优化综合实例——偏心柱塞泵的优化

【知识链接】

1. 偏心柱塞泵工作原理

偏心柱塞泵是一种间歇供油装置,通过泵体底板上的4个孔安装在基座上,其动力从曲轴左端的轮类零件传入,如图9-1所示。

如图9-2所示,曲轴上有一个偏心轴段,曲轴顺时针转动使柱塞做往复运动,摆动圆盘的孔内腔体积发生变化,不断重复吸油和压油,即先从进油口吸油,之后再从出油口排出。具体工作过程如下:

1)当偏心轴段位于最高位置时,柱塞的位置也最高,进、出油口都被封住,如图9-2a所示。

2)当偏心轴段按顺时针方向旋转时,柱塞下降且上端向左倾斜,摆动圆盘逆时针摆动,其内腔空间逐渐增大而形成真空,内腔与进油口连通,油箱内的油在大气压的作用下被吸进内腔,如图9-2b所示。

3)当偏心轴段转到最低位置时,柱塞下降到最低,摆动圆盘的内腔空间最大,此时的进、出油口都被摆动圆盘封住,完成吸油过程,如图9-2c所示。

4)当偏心轴段继续顺时针方向旋转时,柱塞上升且上端向右倾斜,摆动圆盘顺时针摆动,其内腔与出油口连通,此时柱塞对油进行挤压,压力油从出油口输出,从而完成输油过程,如图9-2d所示。

以上过程持续循环,吸油→压油→吸油→压油……实现间歇供油。

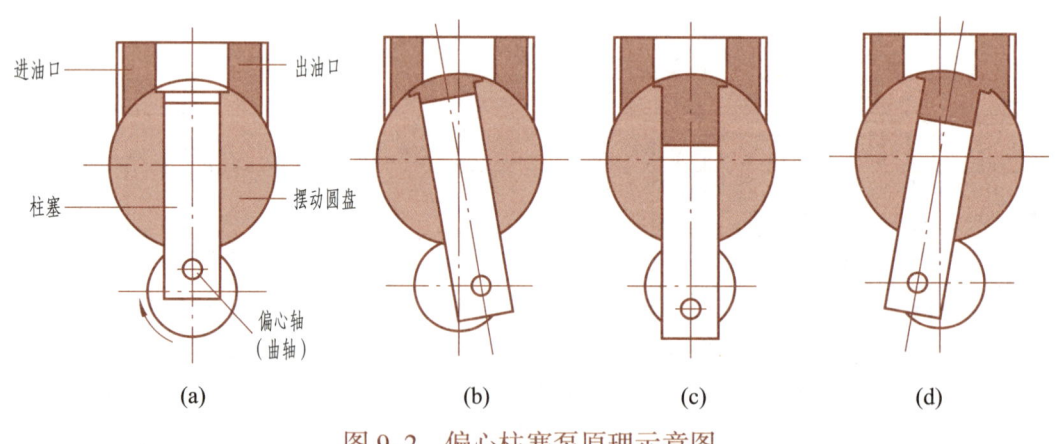

图9-2 偏心柱塞泵原理示意图

2. 配合种类的选择

选择配合种类实际上就是确定基孔制中的非基准轴或基轴制中的非基准孔的基本偏差代号。

(1) 间隙配合的选择

工作时有相对运动或虽无相对运动但要求装拆方便的孔与轴配合,应该选用间隙配合。

要求孔与轴有相对运动的间隙配合中,相对运动速度越高,润滑油黏度越大,则配合应越松。对于一般工作条件的滑动轴承,可以选用由基本偏差f(或F)组成的配合,例如H8/f7。若相对运动速度较高、支承数目较多,则可以选用由基本偏差d、e(或D、E)组成的间隙较大的配合,例如H8/e7。对于孔与轴仅有轴向相对运动或相对运动速度很低且有对准中心要求的配合,可以选用由基本偏差g(或G)组成的间隙较小的配合,例如H7/g6。

要求装拆方便而无相对运动的孔与轴配合,可以选用由基本偏差h与H组成的最小间隙为零的间隙配合,例如低精度配合H9/h9以及具有一定对中性的高精度配合H7/h6。

(2) 过渡配合的选择

对于既要求对中性,又要求装拆方便的孔与轴配合,应该选用过渡配合。这时,传递载荷(转矩或轴向力)必须加键或销等连接件。

过渡配合最大间隙 X_{max} 应小,以保证对中性,最大过盈 Y_{max} 也应小,以保证装拆方便,也就是说,配合公差($T_f = X_{max} - Y_{max}$)应小。因此,过渡配合的孔与轴的标准公差等级应较高(IT5~IT8)。当对中性要求高、不常装拆、传递的载荷大、冲击和振动大时,应选择较紧的配合,例如H7/m6,H7/n6。反之,则可选较松的配合,例如H7/js6,H7/k6。

(3) 过盈配合的选择

对于利用过盈来保证固定或传递载荷的孔与轴配合,应该选用过盈配合。

不传递载荷而只作定位用的过盈配合,可以选用由基本偏差r、s(或R、S)组成的配合。主要由连接件(键、销等)传递载荷的配合,可以选用小过盈的配合以增加连接的可靠性,如由基本偏差p、r(或P、R)组成的配合。利用过盈传递载荷的配合,可以选用由基本偏差t、u(或T、U)组成的配合。对于利用过盈传递载荷的配合,应经过计算以确定允许过盈的大小,来选择由适当的基本偏差组成的配合,尤其是要求过盈很大时,例如由基本偏差x、y、z(或X、Y、Z)组成的配合。

采用类比法选择孔或轴的基本偏差代号,应尽量采用GB/T 1800.1—2020、GB/T 1800.2—2020推荐的优先配合(参考附表18、附表19)。

【任务实施】

识读图9-1所示的偏心柱塞泵装配图,可按下面的方法步骤。

1. 概括了解并分析视图

(1) 阅读有关资料

图9-1所示部件名为偏心柱塞泵,是一种间歇供油装置,通过泵体底板上的4个孔固定在基座上。动力从曲轴左端的轮类零件传入,驱动曲轴、柱塞等完成工作过程。

整个部件体积不大,中等精度,供油时泵连续工作,为保证供油压力,多处有较高的密封性要求。

偏心柱塞泵主要由泵体(件1)、泵盖(件2)、曲轴(件3)、摆动圆盘(件4)、柱塞(件5)、轴套(件6)、填料(件7)、压盖(件8)等构成。

(2) 分析视图

偏心柱塞泵用5个图表达,即主视图 A—A、俯视图、左视图、剖视图 B—B、局部放大图 I。

主视图画成全剖视图,主要表示部件的工作状态和整体形状特征、一条水平装配线的装配关系、一条竖直装配线的装配关系,如图9-3所示;此外,主视图还表示了主要零件的连接关系。俯视图用视图画出,主要表示泵体等零件的外形以及安装孔的分布。左视图用视图画出,主要表示泵体、压盖等零件的外形以及螺钉、螺柱的分布(待画出)。B—B 视图为全剖视图,表达泵体、曲轴、摆动圆盘、柱塞等零件的装配关系,以及进油口、出油口的位置,是表现工作原理最明显的图,如图9-3所示。

偏心柱塞泵共有两条装配线,其中水平装配线为此部件的主装配线,另有螺钉、螺柱、键等零散装配点。

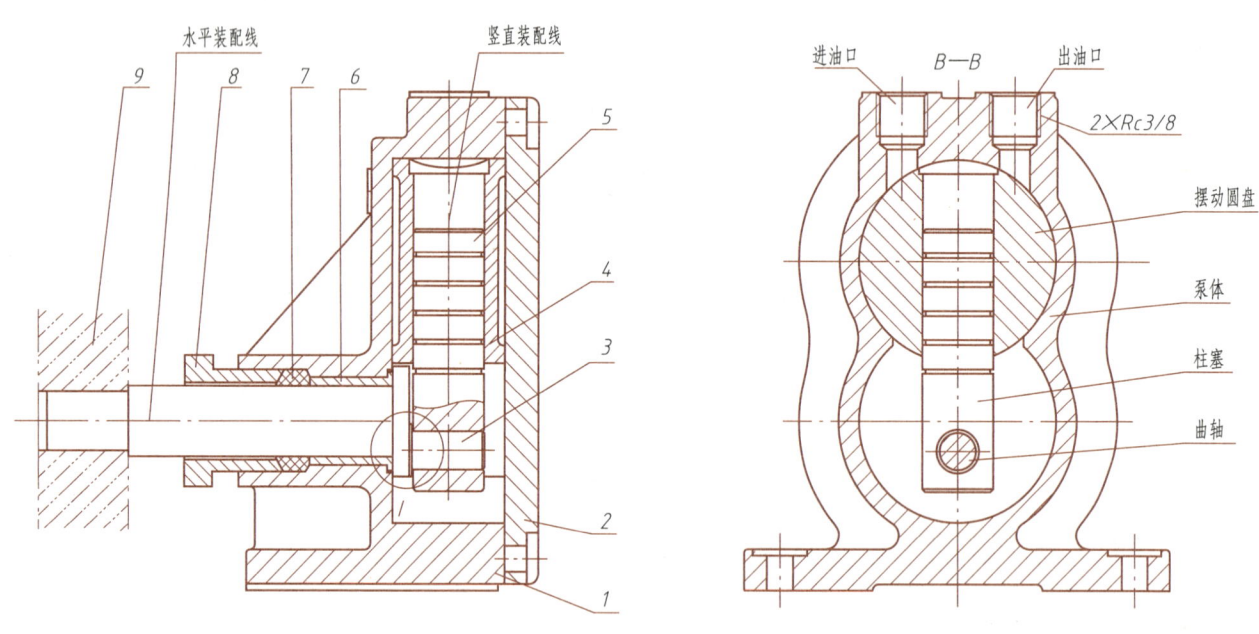

图 9-3 装配线与工作原理

2. 分析装配关系和工作原理

1) 如图9-3所示,曲轴(件3)的轴向为水平装配线,装配的零件有轮类零件(件9)、压盖(件8)、填料(件7)、轴套(件6)以及柱塞(件5)等,曲轴转动驱动柱塞上下移动,实现吸油、压油功能。

2) 柱塞(件5)的轴向为竖直装配线,装配的零件主要是摆动圆盘(件4),柱塞在摆动圆盘的内孔做上下移动,同时摆动圆盘在泵体内腔往复摆动,使摆动圆盘的内孔上端交替对准进油口和出油口,实现进油、出油功能。

3) 泵体与泵盖间用泵盖密封圈(待画出)密封,并用螺钉(待画出)紧固。

4) 泵体与曲轴间用压盖(件8)、填料(件7)密封,并用螺柱(待画出)紧固。

分析图9-1中各配合代号的含义,简单说明选择此代号考虑的因素,并填写表9-1。

表9-1 配合代号及含义

配合代号		相配合零件		配合种类	选择时考虑的因素
位置	代号	零件1	零件2		
A—A	ϕ35H11/c11				
	ϕ30H7/n6				
	ϕ24H8/f7				
	ϕ25 H8/f7				
	ϕ13 H8/f7				
B—B	ϕ70 H8/f7				

3. 分析零件

分析零件的目的是清楚每个零件的结构形状和各零件间的装配关系。一台机器(或部件)上有标准件、常用件和一般零件。对于标准件、常用件一般是容易理解的,但一般零件有简有繁,它们的作用和地位又各不相同,应先从主要零件开始分析,确定零件的范围、结构、形状、功能和装配关系。

泵体是一个主要零件,通过分析偏心柱塞泵的主、俯、左视图及B—B剖视图,想出泵体的结构形状。泵体前后对称,主要由3部分组成,即底板、右侧壳体、左侧空心圆柱。最下方的长方形平板为底板,四角带有圆角,并有4个安装孔;右侧是"8"字形壳体,并带有"8"字形内腔,右端面分布有8个螺纹孔,上平面有两个螺纹孔,并与"8"字形内腔相连通;左侧为一空腔圆柱体,空腔与"8"字形内腔相连通,最左侧为一棱形板,带有两个螺纹孔,上方有三角形肋板,下方有矩形肋板,想象出泵体结构形状如图9-4所示。

偏心柱塞泵爆炸图如图9-5所示。

对于偏心柱塞泵的装配、拆卸顺序,请自行分析。

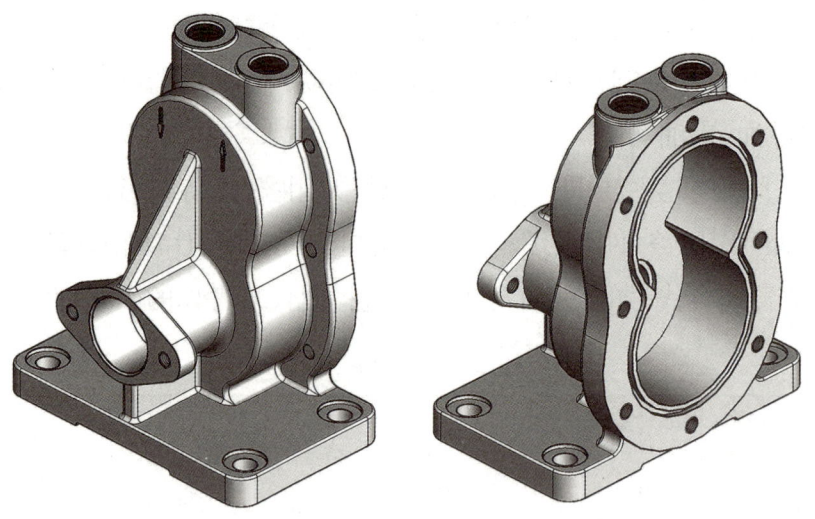

图 9-4 泵体结构形状

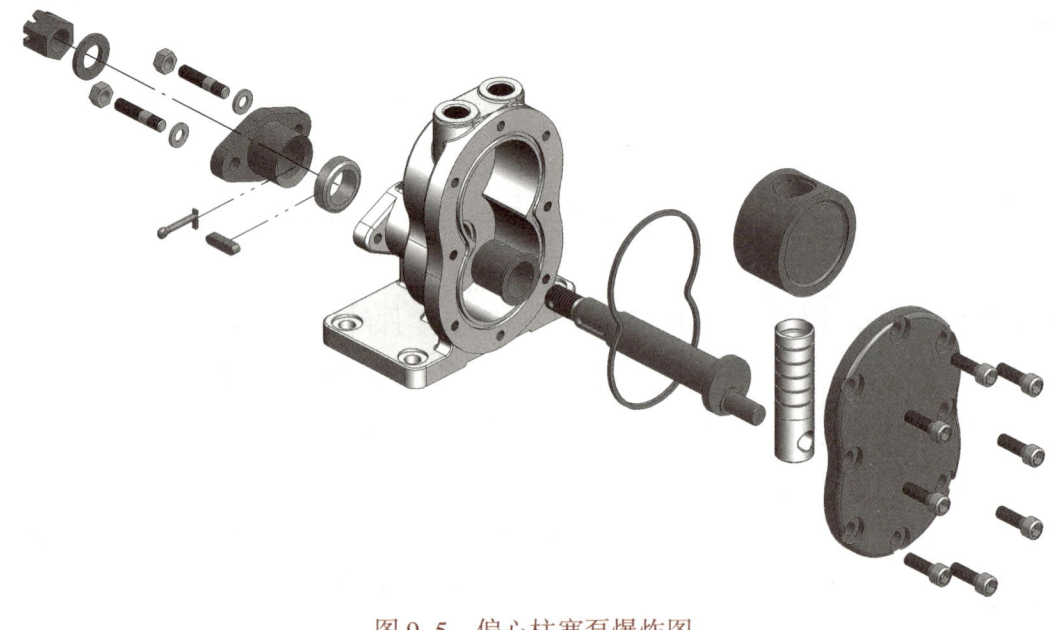

图 9-5 偏心柱塞泵爆炸图

4. 归纳总结，确认部件功能

在对装配关系和主要零件的结构进行分析的基础上，还要对技术要求、全部尺寸进行分析，进一步了解机器（或部件）的设计意图和装配工艺性，确认部件功能。

【任务评价】

具体评价反馈见表 9-2。

表 9-2 评价反馈表

分析步骤	分析要点	自我评价
阅读有关资料	了解偏心柱塞泵的功用、构成	【分析】 □正确 □错误
分析视图	认识装配图中各视图的作用、表达内容	【分析】 □正确 □错误
分析装配关系	找出水平装配线、竖直装配线,认识连接方法、密封方法	【分析】 □正确 □错误
分析配合种类	认识各配合种类	【分析】 □正确 □错误
分析零件	认识主要零件的结构	【分析】 □正确 □错误
归纳总结	认识各部件功能	【分析】 □正确 □错误

【任务小结】

识读偏心柱塞泵装配图的一个关键点是读懂其工作原理,只有清楚其工作原理,才能更好地理解装配体的组成、结构,以及零件间装配关系、定位和固定方式、调整方法、装拆次序等。此外本任务还要正确理解零件间所采用的配合种类——间隙配合、过渡配合、过盈配合,这有助于分析偏心柱塞泵的运动情况和零件间的装配、连接关系。

【思考实践】

图 9-6 所示为气缸装配图,按前述的方法,识读该装配图(提示:气缸是引导活塞在缸内进行直线往复运动的圆筒形金属件,活塞在空气压力作用下运动)。

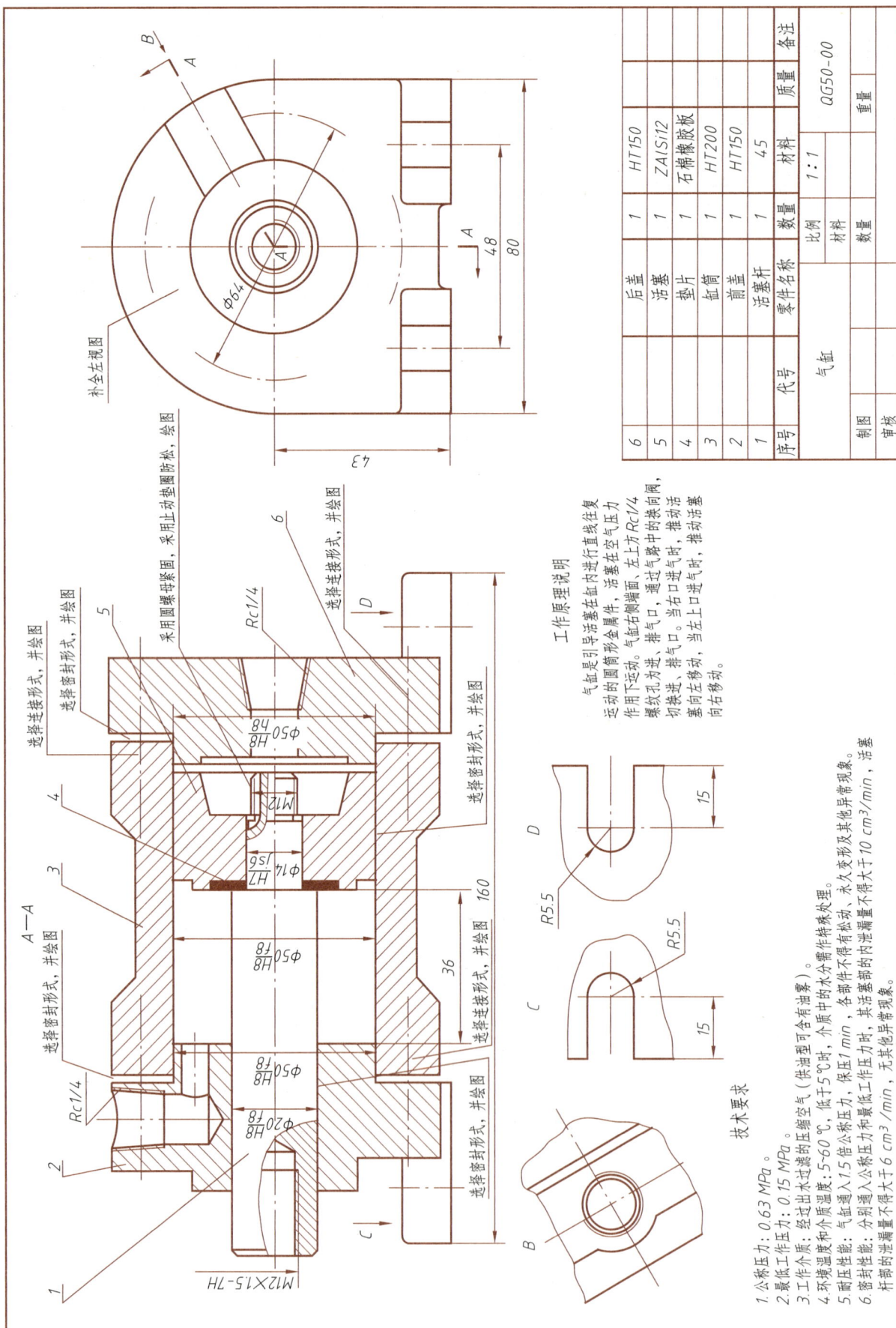

图 9-6 气缸装配图

任务二　偏心柱塞泵设计方案的优化

【任务要求】

技能点

1. 能根据装配图,对偏心柱塞泵的设计方案进行分析,找出设计不合理的地方。
2. 能提出偏心柱塞泵设计优化方案。
3. 能绘制偏心柱塞泵优化后的装配图。

知识点

1. 掌握螺纹连接的形式、特点和应用。
2. 掌握螺纹连接的防松方法及画法。
3. 了解密封方式及密封件特点、应用。

【任务引入】

图 9-1、图 9-7、图 9-8 所示为偏心柱塞泵的装配图与部分零件图,对此设计方案进行分析,按图 9-1 中提出的要求进行优化,实现所指定的功能,补画视图缺少的部分,并绘制在改正、优化后的装配图上。

1) 标注 $B—B$ 剖视图中的尺寸 L,图示为曲轴的最低位置,当前位置 $L=24$ mm。
2) 选择轮类零件与曲轴(件 3)的轴向固定方式,要求用开口销防松,并完成设计。
3) 选择轮类零件与曲轴(件 3)的周向固定方式,并完成设计。
4) 曲轴与泵体(件 1)间采用填料(件 7)密封,完成设计,实现密封功能。
5) 选择泵体(件 1)与泵盖(件 2)间的连接形式,并完成设计。
6) 选择泵体(件 1)与泵盖(件 2)间的密封方式,要求不得影响配合 40H8/f7(见主视图),并完成设计。
7) 填写明细栏中所有零件的数量,包括标准件、常用件和一般零件。
8) 选择零件合适的材料,填写零件的材料(牌号),仅限图 9-1 明细栏中空缺部分。
9) 补全俯视图。

注:以上优化允许对现有零件结构形状改动、允许增添零件,零件按优化后的结果重新编号。

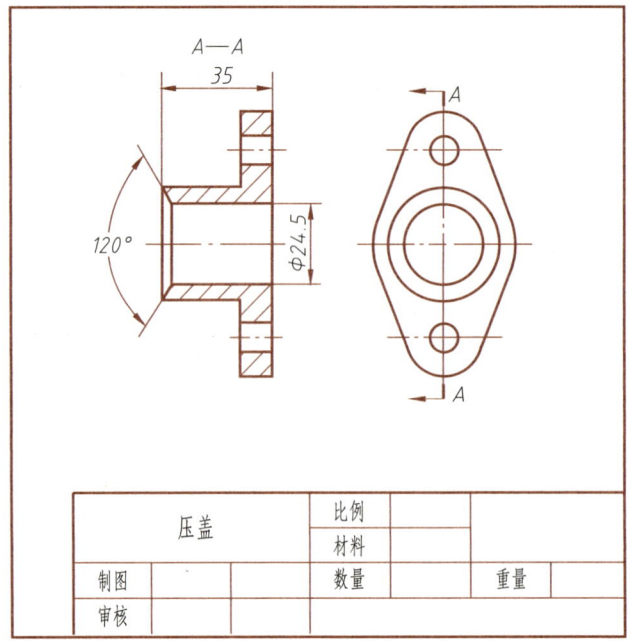

图 9-7 压盖

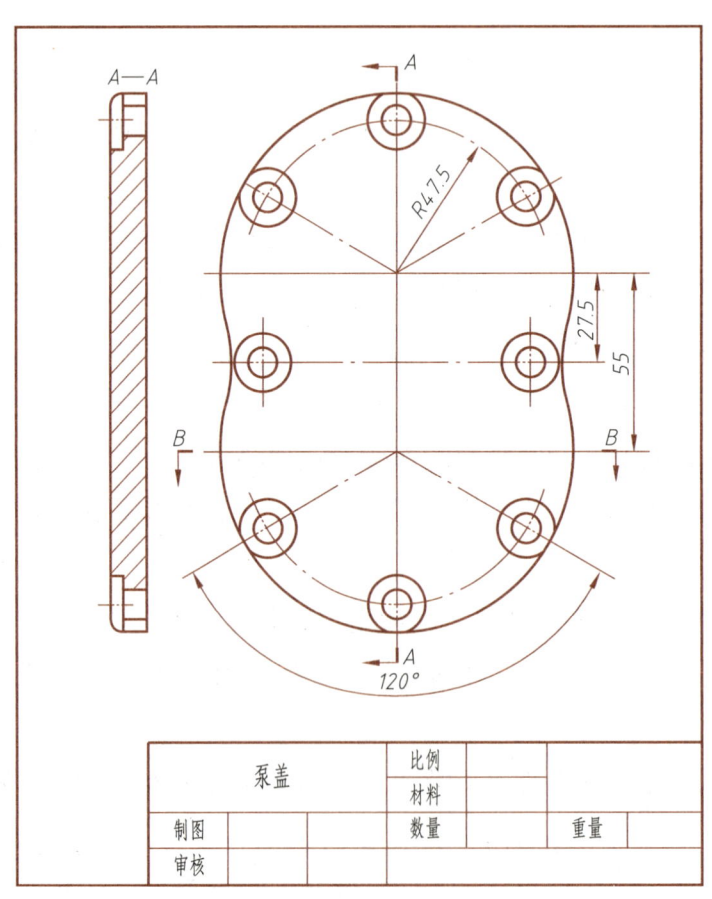

图 9-8 泵盖

【知识链接】

1. 螺纹连接的形式

螺纹连接是一种可拆卸连接,具有结构简单、固定可靠、拆装方便的特点,在机器中应用广泛。螺纹连接的基本形式、特点和应用见表9-3。

表9-3 螺纹连接的基本形式、特点和应用

形式	图示	特点	应用
螺栓连接		结构简单,装拆方便,成本低,应用广泛	用于两被连接件厚度不大且均能加工通孔的场合。此外,还应考虑是否满足螺栓头、螺母的装配空间和扳手空间的需要
双头螺柱连接		双头螺柱的两端均有螺纹,旋入端拧入被连接件之一的螺纹孔中,装上另一个被连接件后,加垫圈并用螺母紧固。拆卸时,只需拧下螺母,故被连接件上的螺纹不易损坏	用于被连接件之一太厚或受结构限制不便加工通孔,且需经常拆卸的场合
螺钉连接		螺钉(或螺栓)穿过一个被连接件上的通孔,直接拧入另一个被连接件的螺纹孔内并紧固。结构比双头螺柱连接简单、紧凑。若经常拆卸,被连接件上的螺纹易损坏	用于被连接件之一较厚不便加工通孔,且不必经常拆卸的场合
紧定螺钉连接		紧定螺钉拧入一个被连接件上的螺纹孔,并用其末端顶住另一零件的表面或顶入相应的凹坑中	用于固定两被连接件的相对位置,并可传递不大的力或转矩

2. 螺纹连接的防松

(1) 松脱的原因

连接螺纹具有一定的自锁性,拧紧螺母后,在静载荷和工作温度变化不大时,螺纹连接不会自动松脱。如果温度变化较大或承受冲击、振动或变载荷作用,连接可能失去自锁作用而松脱,影响正常工作,甚至造成事故。因此,为了防止连接松脱、保证连接安全可靠,必须采取有

效的防松措施。

(2) 防松的措施

防松的根本在于防止螺纹副的相对转动。常用的防松方法按工作原理可分为三类,见表 9-4。

表 9-4 螺纹连接的防松方法

类型		结构形式及画法	特点及应用
摩擦防松	双螺母	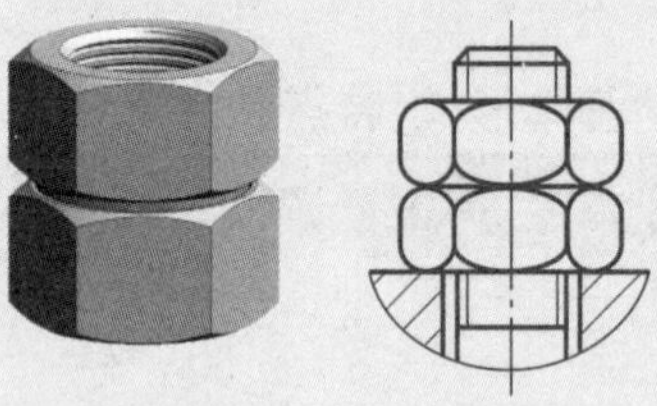	两螺母对顶拧紧后,使旋合螺纹间始终受到附加的压力和摩擦力的作用。此方法结构简单,但轴向尺寸较大,适用于平稳、低速和重载的固定装置上的连接
	弹簧垫圈	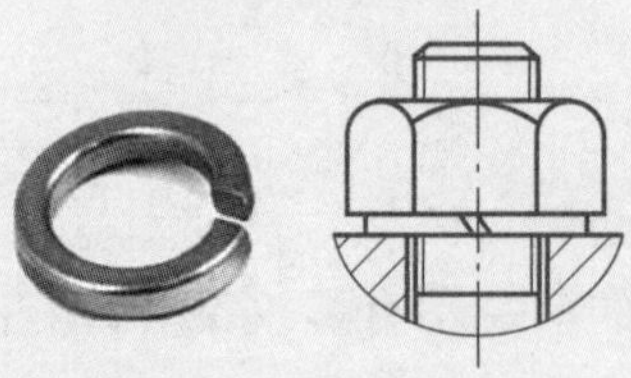	利用螺纹连接件之间压紧后产生的摩擦力防松,同时垫圈斜口的尖端抵住螺母与被连接件的支承面也有防松作用。此方法结构简单,使用方便,但在冲击、振动的工作条件下,防松效果较差,一般用于不重要的连接
	尼龙圈锁紧螺母	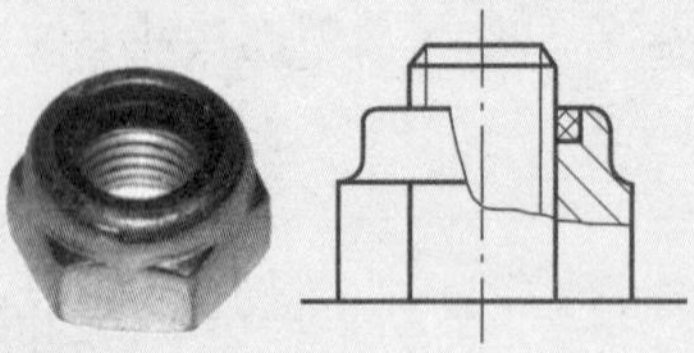	螺母中嵌有尼龙圈,拧上后尼龙圈内孔被胀大,压紧旋合螺纹防松。此方法结构简单,防松可靠,但装拆后会降低防松性能,且拧紧时阻力较大
机械防松	开口销与六角开槽螺母	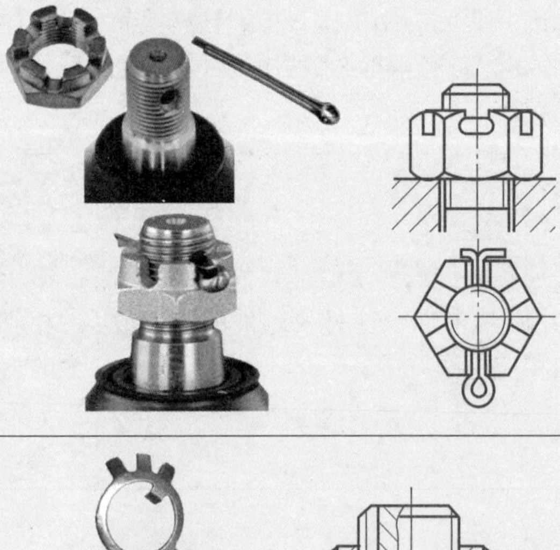	六角开槽螺母拧紧后,将开口销穿入螺栓尾部小孔和螺母的槽内,并将开口销尾部掰开与螺母侧面贴紧。此方法适用于较大冲击、振动的高速机械中运动部件的连接
	圆螺母止动垫圈	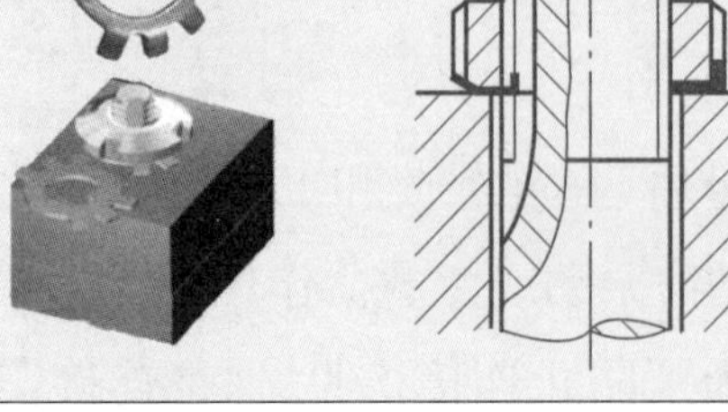	装配时,先把垫圈的内翅插入螺杆槽中,然后拧紧螺母,再把外翅弯入螺母的外缺口内。此方法适用于受力不大的螺母防松

类型		结构形式及画法	特点及应用
机械防松	双耳止动垫圈		螺母拧紧后,将止动垫圈耳部分别向螺母和被连接件的侧面折弯贴紧,即可将螺母锁住。结构简单,使用方便,防松可靠
	串联钢丝	(a) 正确 (b) 错误	用低碳钢丝穿入螺钉头部的孔内,将各螺钉串联起来,使其相互制动。使用时必须注意钢丝的穿入方向。此方法适用于螺钉组连接,防松可靠,但装拆不便
破坏螺纹副的运动关系防松	冲点和点焊	冲点　点焊	在螺栓杆末端与螺母的旋合缝处冲点或点焊。这种防松方法可靠,但拆卸后连接件不能再使用
	黏结	涂黏结剂	在旋合螺纹间涂以液体黏结剂,拧紧螺母后,黏结剂硬化、固着,防止螺纹副的相对运动。此方法防松效果良好,且有密封作用,但不便拆卸

3. 密封方式及密封件

在机械设备中为了防止灰尘、水及有害介质浸入机体,同时阻止润滑剂或工作介质的泄漏,必须有密封装置。

按结合面的运动状态,密封方式可分为静密封和动密封两种方式。

(1) 静密封

静密封指两个相对静止的结合面之间的密封。最典型的静密封是在容器端盖与凸缘之间放置密封垫片(或垫圈),然后拧紧螺栓,压紧垫片(或垫圈),堵塞泄漏缝隙从而达到密封目的,如图9-9a、b所示。垫片的材料有橡胶、聚四氟乙烯、石棉橡胶金属等,根据设备工作温度、压力和工作介质的腐蚀性等条件选用。垫圈密封可以保证端盖与凸缘相接触,但需要在端盖或凸缘上加工出密封槽。减速器的箱体与轴承端盖间也常采用垫片密封,如图9-9c所示。

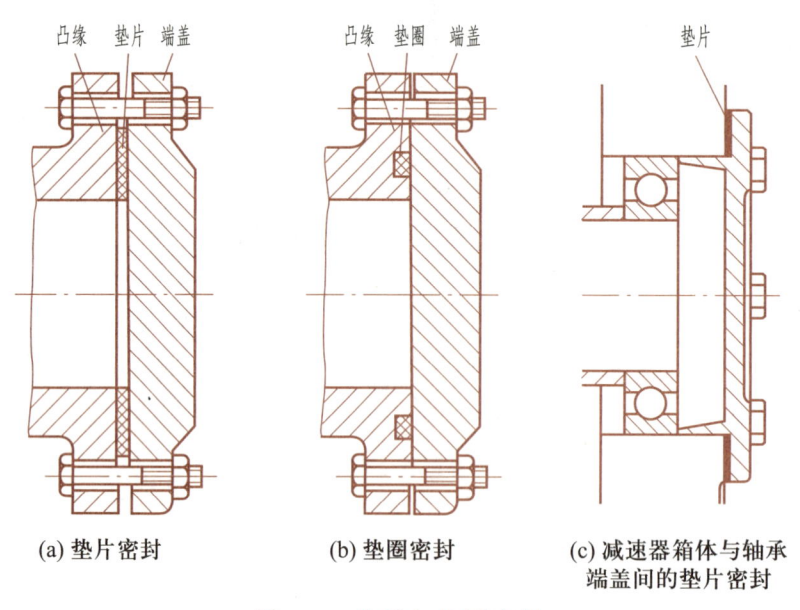

(a) 垫片密封　　(b) 垫圈密封　　(c) 减速器箱体与轴承端盖间的垫片密封

图9-9　垫片与垫圈密封

上述密封方法广泛应用在管路连接、压力容器、传动装置接合面的密封中。

另外,减速器箱盖与箱体之间的结合面加工平整,表面粗糙度数值较小,在螺栓紧固力作用下贴紧也可实现密封,为保证质量,有时在结合表面涂水玻璃等。

(2) 动密封

动密封指两个相对运动的结合面之间的密封,如在密封部位放毡圈、密封圈、填料等。

1) 毡圈密封。将断面为矩形的毡圈压入梯形槽中,使之产生对轴的压紧作用而实现密封。毡圈材料为毛毡、石棉等,安装前需用热矿物油浸渍,使毡圈吸油,可自润滑,如图9-10所示。

毡圈密封结构简单,安装方便,但密封压紧力较小,易磨损、寿命短、功率损失大,用于低速、低压、常温场合,不能用于密封气体。

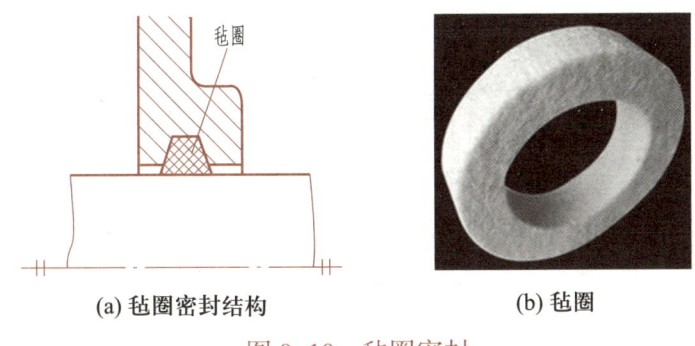

(a) 毡圈密封结构　　　　(b) 毡圈

图 9-10　毡圈密封

2）油封密封。油封密封又称 J 形橡胶皮碗密封，唇口压紧在轴表面上，与轴接触面积大且常带有弹簧箍。唇口向外防止灰尘进入（图 9-11a），唇口向内防止泄漏（图 9-11b）。

油封分骨架油封和无骨架油封两种，常用骨架油封。骨架的作用是支承，弹簧的作用是箍紧（图 9-11c）。无骨架油封使用时要用压板压住（图 9-11b）。

油封用于密封液体、脂、气体及防尘。

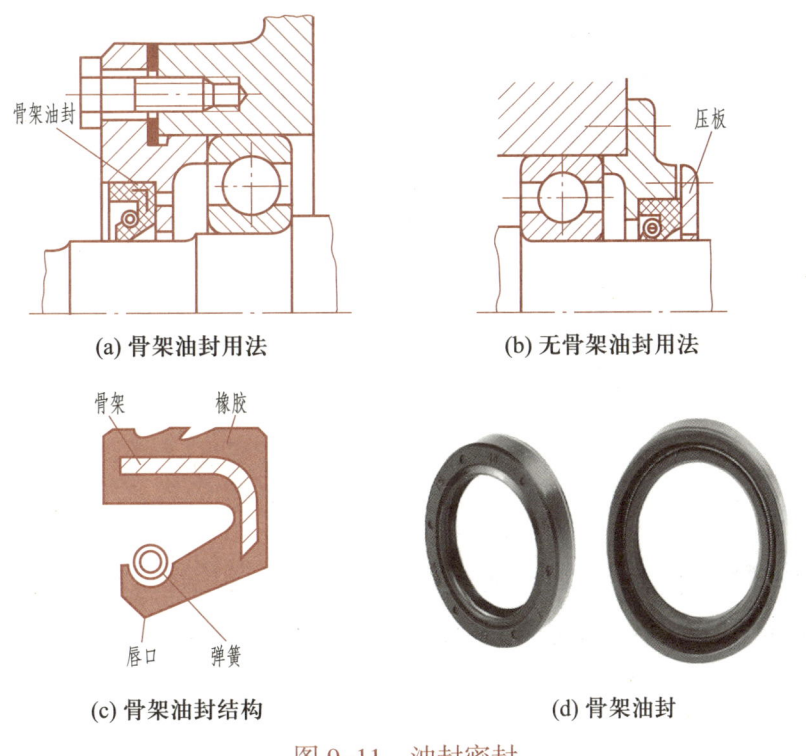

(a) 骨架油封用法　　　　(b) 无骨架油封用法

(c) 骨架油封结构　　　　(d) 骨架油封

图 9-11　油封密封

3）O 形圈密封。如图 9-12 所示，O 形圈放入槽内受压缩而压紧在密封面上，密封结构简单，密封可靠，有双向密封的作用，是常用的密封元件，用于密封液体，能在较高的压力下实现密封。

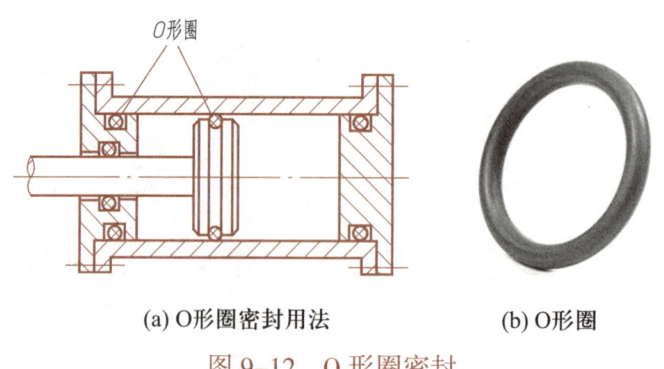

(a) O形圈密封用法　　　(b) O形圈

图 9-12　O形圈密封

4) 填料密封。填料密封是指通过预紧使填料与转动件及固定件之间产生压紧力的动密封装置。图 9-13 所示的填料密封结构,用压盖、螺母将填料压紧起到防漏作用。常用的填料有石棉织物、碳纤维、橡胶、柔性石墨、聚四氟乙烯等。

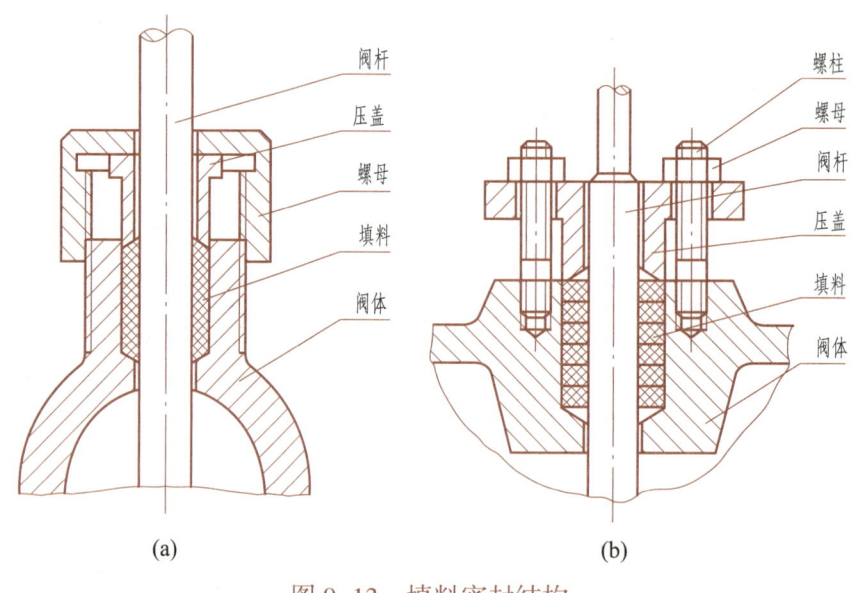

图 9-13　填料密封结构

填料密封结构简单、可靠、易检修、耐腐蚀、耐高温,广泛用作旋转轴和往复运动的杆件密封,但接触面积、摩擦阻力、功耗和磨损均较大,常用于阀门、泵类的密封。

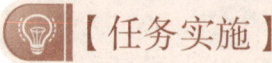

1. 标注 B-B 视图中的尺寸 L

曲轴驱动柱塞上下运动,图 9-1 所示为曲轴的最低位置,在此位置时,在图中直接测量得到尺寸 $L=24$ mm;曲轴曲柄长度 $=10$ mm,则曲轴的最高位置时,尺寸 $L=24$ mm-10 mm$\times 2=4$ mm;柱塞的运动范围 $L=4\sim 24$ mm,标注形式如图 9-14 所示。

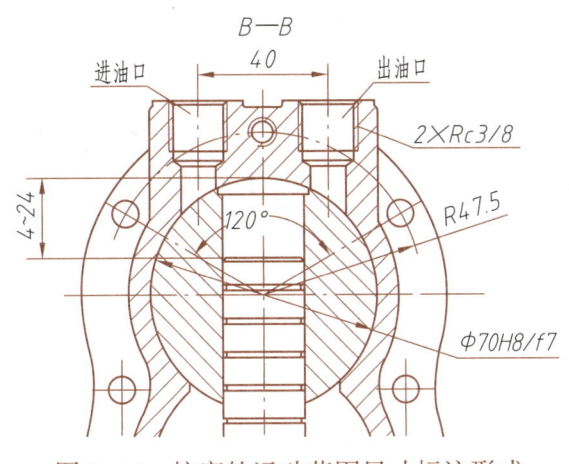

图 9-14 柱塞的运动范围尺寸标注形式

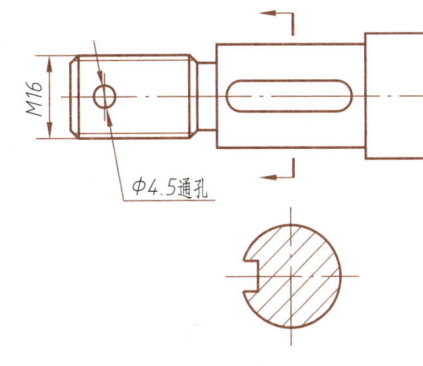

图 9-15 曲轴左端

2. 轮类零件与曲轴轴向固定方式

轮类零件与曲轴(件3)选用开口销与六角开槽螺母防松,需要将曲轴左端加长,并在端头加工出 M16 螺纹(配退刀槽),曲轴左端如图 9-15 所示。增加六角开槽螺母 M16(GB/T 6179—1986)和开口销 4×28(GB/T 91—2000,尺寸见附表 13)各 1 个;绘图涉及主、俯、左视图,偏心柱塞泵的优化如图 9-16 所示。

3. 轮类零件与曲轴周向固定方式

轮类零件与曲轴(件3)选用普通型平键连接作为周向固定方式,已知轴直径为 $\phi 20$ mm,查 GB/T 1095—2003,选用键 6×6×25;绘图涉及主、俯视图,另外绘制 C-C 断面图表达键连接,如图 9-16 所示。

4. 填料密封设计

曲轴由轴套(件6)支承,在泵体内转动,为防止压力油沿曲轴与泵体内孔之间的间隙泄漏到泵外,采用填料密封,并用压盖(图 9-7)将填料压紧;根据此处的结构,压盖与泵体间只可选用螺柱连接或螺钉连接;因工作中填料与曲轴间有滑动,填料会出现磨损,需要经常拧紧螺纹连接以压紧填料,所以选用螺柱连接较好。增加紧固件:螺柱 M8×30(GB/T 899—1988)、垫圈 8(GB/T 93—1987)、螺母 M8(GB/T 6170—2015)各 2 件,在主、俯、左视图中绘制,如图 9-16 所示。

5. 泵体与泵盖间的连接形式与密封

(1) 泵体与泵盖间的连接形式

泵盖(件2)装配在泵体(件1)的右端面上并压紧,此处不需要经常拆卸与拧紧,所以选用螺钉连接较好。增加紧固件:螺钉 M8×25(GB/T 70.1—2008)共 8 件,在泵体右端面上加工螺纹孔 M8 共 8 处,分布位置与泵盖(图 9-8)上的 8 个光孔相对应,绘图涉及主、俯、左视图及 B—B 视图,如图 9-16 所示。

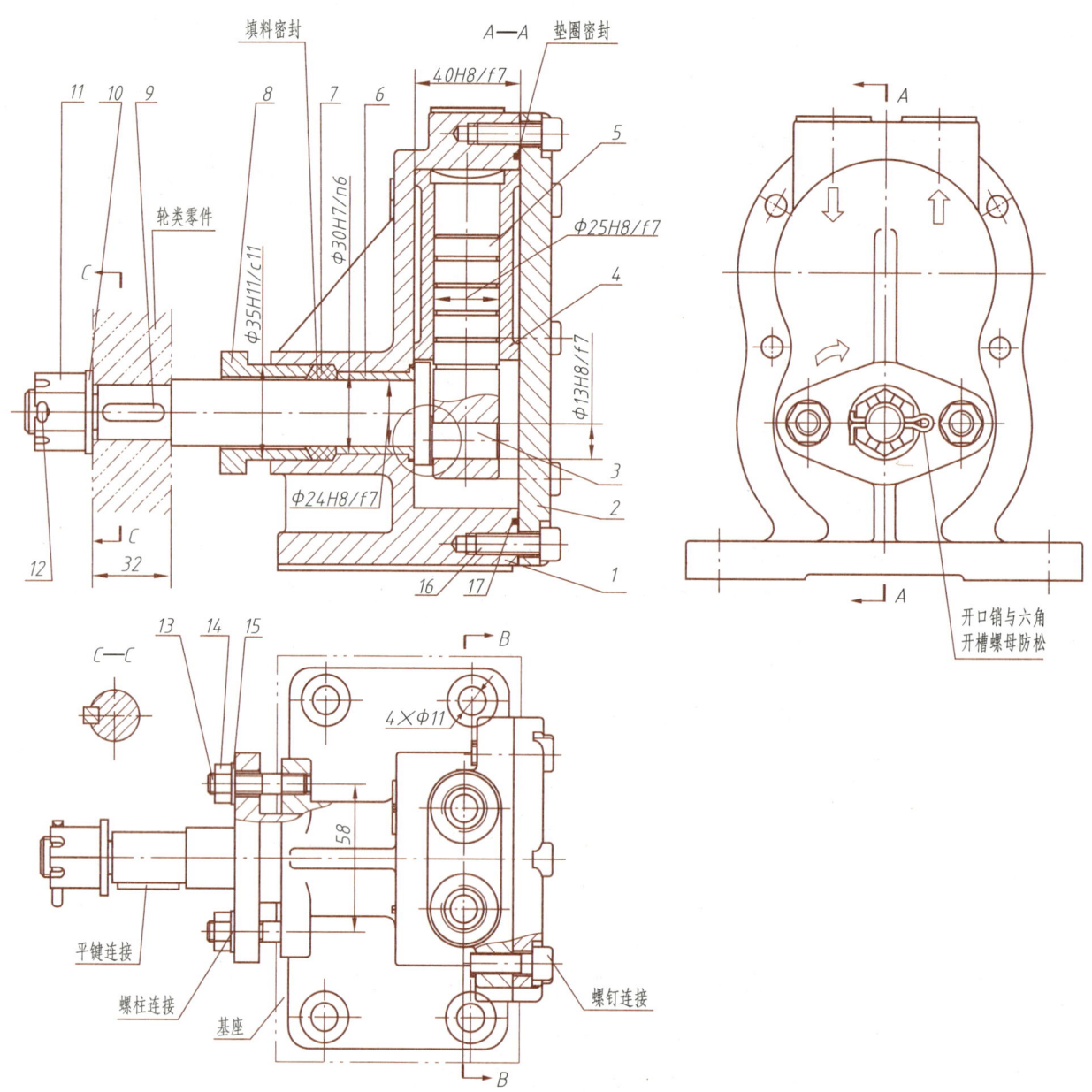

图 9-16 偏心柱塞泵的优化（局部）

(2) 泵体与泵盖间的密封

为防止压力油沿泵体与泵盖的接触面泄漏到泵外，泵体与泵盖间需要密封，根据此处的结构，可使用垫片或垫圈密封，垫片密封会使 40H8/f7 尺寸增大，影响 40H8/f7 配合（见主视图），所以应选用垫圈密封。增加一个零件——泵盖密封圈，如图 9-17 所示，并在泵体右端面上加工相对应的沟槽（图 9-4）。绘图涉及主视图，如图 9-16 所示。

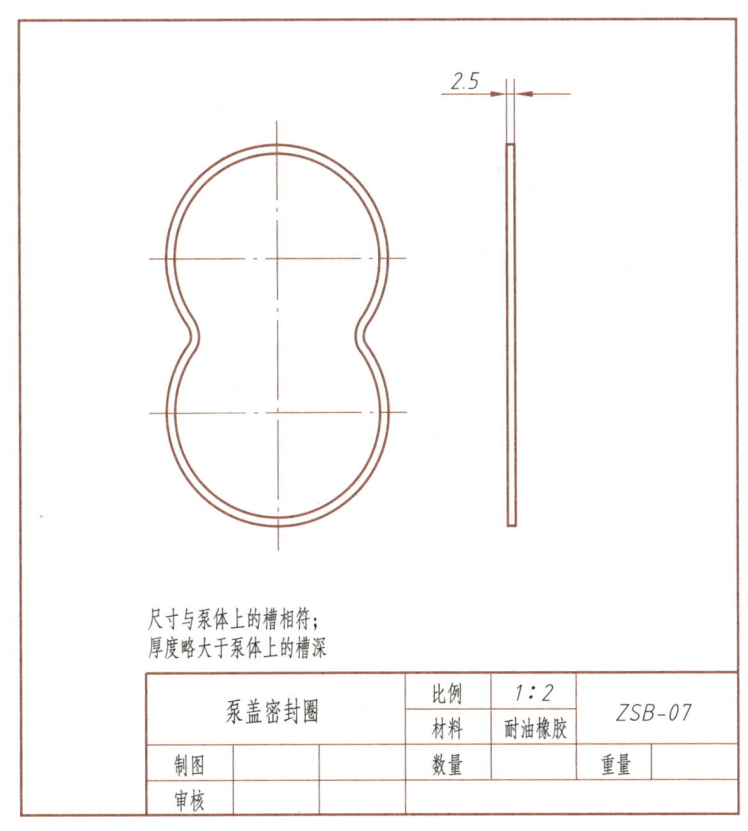

图 9-17　泵盖密封圈

6. 零件数量和零件材料、补全俯视图

（1）零件数量

统计所有零件的数量，填写在明细栏中，如图 9-18 所示。

（2）零件材料

泵体、泵盖、摆动圆盘、压盖等零件形状较为复杂，以铸造成形为宜；另外各零件相对其他零件的表面有滑动，要求材料耐磨，所以上述零件选用灰铸铁较合适，具体牌号可选用 HT150 或 HT200。曲轴、柱塞形状接近轴类零件，工作中转动或移动，其表面相对其他零件的表面有滑动，要求材料耐磨，可选用中碳钢或中碳合金钢，以进行必要的热处理，保证强度和耐磨性能，具体牌号可选用 45 或 40 Cr。各零件填写在明细栏中，如图 9-18 所示。

（3）补全俯视图

俯视图中需要补画的内容有：泵体底板及板上 4 个沉孔，泵体上方的长圆形凸台，紧固泵体与泵盖用的螺钉 M8×25，压盖，紧固泵体与压盖用的螺柱 M8×30、垫圈 8、螺母 M8，轮类零件与曲轴间的平键连接，曲轴左端的六角开槽螺母、开口销等，完整的俯视图如图 9-18 所示。

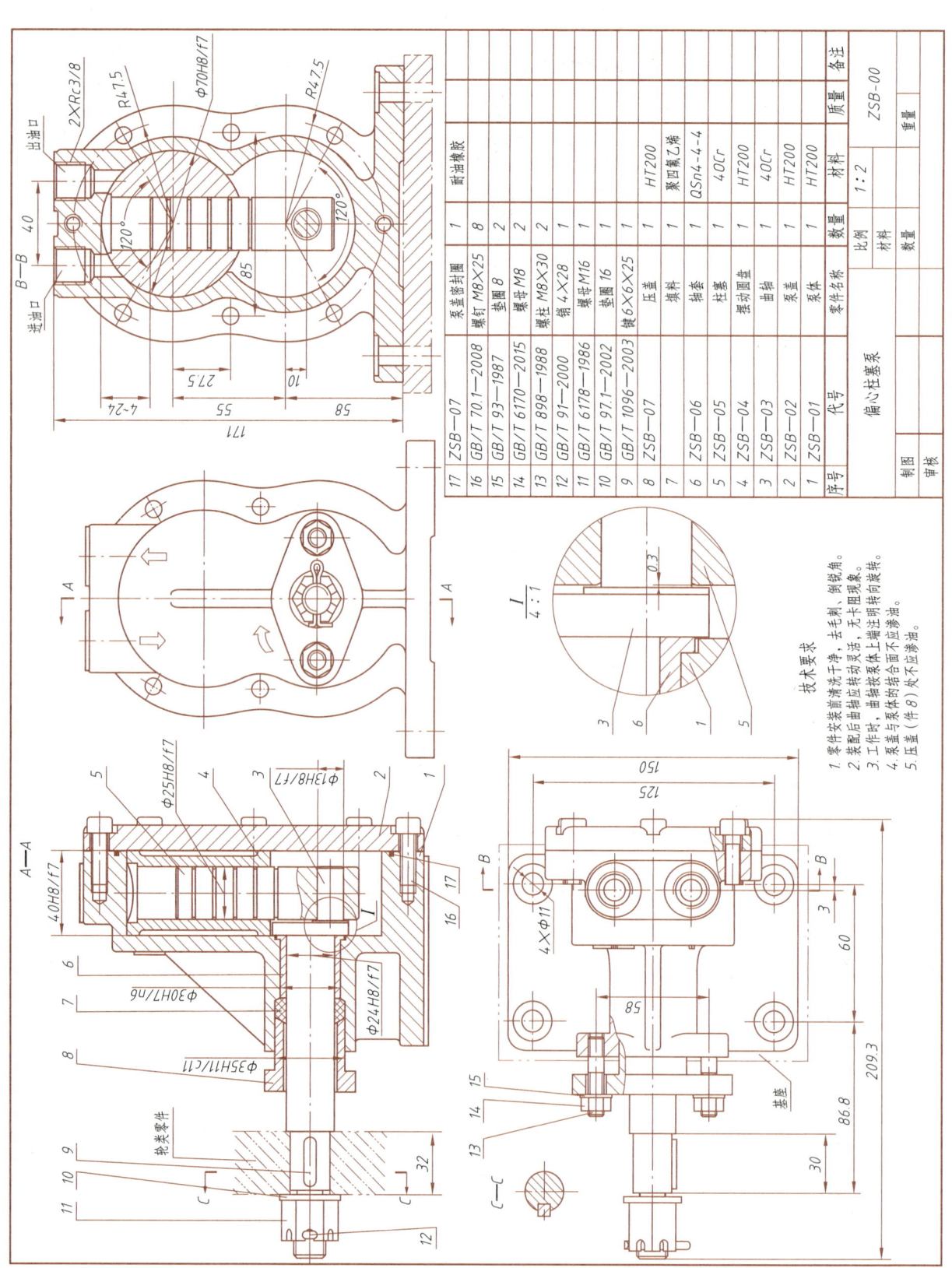

图9-18 偏心柱塞泵的优化方案

【任务评价】

具体评价反馈见表9-5。

表9-5 评价反馈表

分析步骤	分析要点	自我评价
柱塞的运动范围	计算柱塞的运动范围并标注	【分析】 □正确 □错误
轴向固定方式	确定轮类零件、曲轴轴向固定方式	【分析】 □正确 □错误
周向固定方式	确定轮类零件、曲轴周向固定方式	【分析】 □正确 □错误
填料密封结构	选择填料密封结构并绘图	【分析】 □正确 □错误
连接形式与密封	完成泵体与泵盖间的连接图与密封结构图	【分析】 □正确 □错误
零件数量、材料	计算零件数量,选择零件材料	【分析】 □正确 □错误
补全俯视图	绘制完整的俯视图	【分析】 □正确 □错误

【任务小结】

本任务先学习了螺纹连接的形式、特点和应用,螺纹连接的防松方法及画法,密封方式及密封件等,在此基础上,对偏心柱塞泵的设计方案进行分析,找出设计不合理的地方,提出改进方案、选择合理的方式,通过绘图表达出优化后的方案。

【思考实践】

图9-6所示为气缸装配图,对此设计方案进行分析,补画所缺少的部分,并按下列要求对设计不合理的部分进行优化,并绘制改正、优化后的装配图。

1）选择缸筒与前盖、缸筒与后盖的连接形式，并绘出完整结构图。
2）选择缸筒与前盖、缸筒与后盖的密封形式，并绘出完整结构图。
3）选择前盖与活塞杆的密封形式，并绘出完整结构图。
4）选择缸筒与活塞的密封形式（采用双重密封，相同结构 2 处），并绘出完整结构图。
5）活塞杆右端（M12）采用圆螺母紧固，止动垫圈防松，绘出完整结构图。
6）补全左视图。

附录

附表 1　普通螺纹直径、螺距与公差带（摘自 GB/T 193—2003，GB/T 197—2018）　　mm

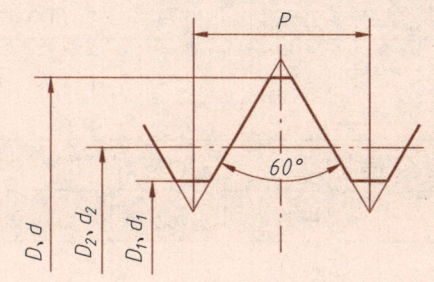

D——内螺纹的基本大径（公称直径）
d——外螺纹的基本大径（公称直径）
D_2——内螺纹的基本中径
d_2——外螺纹的基本中径
D_1——内螺纹的基本小径
d_1——外螺纹的基本小径
P——螺距

标记示例：

M16-6e（粗牙普通螺纹，公称直径为 16 mm，螺距为 2 mm，中径及大径公差带均为 6e，中等旋合长度，右旋）

M20×2-6G-LH（细牙普通内螺纹，公称直径为 20 mm，螺距为 2 mm，中径及小径公差带均为 6G，中等旋合长度，左旋）

公称直径 D,d			螺距 P	
第一系列	第二系列	第三系列	粗牙	细牙
4	—	—	0.7	0.5
5	—	—	0.8	
6	—	—	1	0.75
—	7	—		
8	—	—	1.25	1,0.75
10	—	—	1.5	1.25,1,0.75
12	—	—	1.75	1.25,1
—	14	—	2	1.5,1
—	—	15		1.5,1
16	—	—	2	

续表

公称直径 D,d			螺距 P	
第一系列	第二系列	第三系列	粗牙	细牙
—	18	—	2.5	2, 1.5, 1
20	—	—	2.5	2, 1.5, 1
—	22	—	2.5	2, 1.5, 1
24	—	—	3	2, 1.5, 1
—	—	25	—	2, 1.5, 1
—	27	—	3	2, 1.5, 1
30	—	—	3.5	(3), 2, 1.5, 1
—	33	—	3.5	(3), 2, 1.5
—	—	35	—	1.5
36	—	—	4	(3), 2, 1.5
—	39	—	4	(3), 2, 1.5

螺纹种类	精度	外螺纹的推荐公差带			内螺纹的推荐公差带		
		S	N	L	S	N	L
普通螺纹	精密	(3h4h)	(3h4h), *6f	(5g4g) (5h4h)	4H	5H	6H
	中等	(5g6g) (5h6h)	6g , *6e 6h, *6f	(7c6e) (7g6g) (7h6h)	*5H (5G)	*6H *6G	*7H (7G)

注：1. 优先选用第一系列，其次是第二系列，最后选择第三系列；括号内尺寸尽可能不用。
2. 大量生产的紧固件螺纹，推荐采用带方框的公差带；带 * 的公差带优先选用，括号内的公差带尽可能不用。
3. 两种精度选用原则：精密—用于精密螺纹，中等—用于一般用途螺纹。
4. 普通螺纹牙形根据 GB/T 192—2003，直径、螺距摘自 GB/T 193—2003，公差带摘自 GB/T 197—2018。

附表 2　梯形螺纹直径、螺距（摘自 GB/T 5796.2—2022，GB/T 5796.3—2022）　　mm

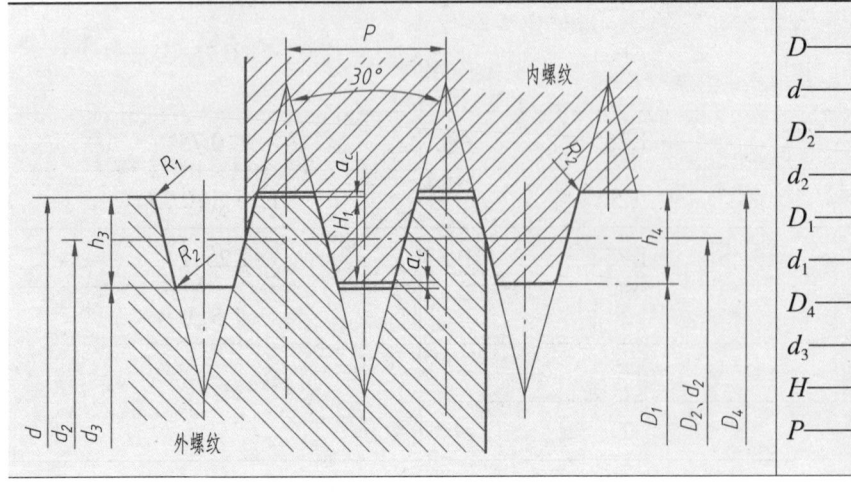

D——内螺纹的基本大径（公称直径）
d——外螺纹的基本大径（公称直径）
D_2——内螺纹的基本中径
d_2——外螺纹的基本中径
D_1——内螺纹的基本小径
d_1——外螺纹的基本小径
D_4——设计牙形上的内螺纹大径
d_3——设计牙形上的外螺纹小径
H——原始三角形高度
P——螺距

续表

标记示例：
　　Tr40×7（公称直径为 40 mm，导程和螺距为 7 mm，右旋单线梯形螺纹）
　　Tr40×14（P7）（公称直径为 40 mm，导程为 14 mm，螺距为 7 mm，右旋双线梯形螺纹）
　　Tr40×14（P7）LH（公称直径为 40 mm，导程为 14 mm，螺距为 7 mm，左旋双线梯形螺纹）

公称直径 D,d		螺距 P	中径 $d_2=D_2$	大径 D_4	小径	
第一系列	第二系列				d_3	D_1
	18	2	17.000	18.500 0	15.500	16.000
		4	16.000	18.500 0	13.500	14.000
20		2	19.000	20.500	17.500	18.000
		4	18.000	20.500	15.500	16.000
	22	3	20.500	22.500	18.500	19.000
		5	19.500	22.500	16.500	17.000
		8	18.000	23.000	13.000	14.000
24		3	22.500	24.500	20.500	21.000
		5	21.500	24.500	18.500	19.000
		8	20.000	25.000	15.000	16.000
	26	3	24.500	26.500	22.500	23.000
		5	23.500	26.500	20.500	21.000
		8	22.000	27.000	17.000	18.000
28		3	26.500	28.500	24.500	25.000
		5	25.500	28.500	22.500	23.000
		8	24.000	29.000	19.000	20.000
	30	3	28.500	30.500	26.500	27.000
		6	27.000	31.000	23.000	24.000
		10	25.000	31.000	19.000	20.000
32		3	30.500	32.500	28.500	29.000
		6	29.000	33.000	25.000	26.000
		10	27.000	33.000	21.000	22.000
	34	3	32.500	34.500	30.500	31.000
		6	31.000	35.000	27.000	28.000
		10	29.000	35.000	23.000	24.000
36		3	34.500	36.500	32.500	33.000
		6	33.000	37.000	29.000	31.000
		10	31.000	37.000	27.000	26.000
	38	3	36.500	38.500	34.500	35.000
		7	34.500	39.000	30.000	32.000
		10	33.000	39.000	27.000	28.000

续表

公称直径 D,d		螺距 P	中径 $d_2=D_2$	大径 D_4	小径	
第一系列	第二系列				d_3	D_1
40	—	3	38.500	40.500	36.500	37.000
		7	36.500	41.000	32.000	33.000
		10	35.000	41.000	29.000	30.000
—	42	3	40.500	42.500	38.500	39.000
		7	38.500	43.000	34.000	35.000
		10	37.000	43.000	31.000	32.000
44	—	3	42.500	44.500	40.500	41.000
		7	38.500	45.000	36.000	37.000
		10	38.000	45.000	31.000	32.000
—	46	3	44.500	46.500	42.500	43.000
		8	42.000	47.000	37.000	38.000
		12	40.000	47.000	33.000	34.000
48	—	3	46.500	48.500	44.500	45.000
		8	44.000	49.000	39.000	40.000
		12	42.000	49.000	35.000	36.000
—	50	3	48.500	50.500	46.500	47.000
		8	46.000	51.000	41.000	42.000
		12	44.000	51.000	37.000	38.000
52	—	3	50.500	52.500	48.500	49.000
		8	48.000	53.000	43.000	44.000
		12	46.000	53.000	39.000	40.000
—	55	3	53.500	55.500	51.500	52.000
		9	50.500	56.000	45.000	46.000
		14	48.000	57.000	39.000	41.000
60	—	3	58.500	60.500	56.500	57.000
		9	55.500	61.000	50.000	51.000
		14	53.000	62.000	44.000	46.000

注：1. 优先选用第一系列，其次是第二系列。
2. 根据使用场合，选择梯形螺纹的精度等级。

附表 3　六角头螺栓(摘自 GB/T 5780—2016,GB/T 5781—2016, GB/T 5782—2016,GB/T 5783—2016)　　mm

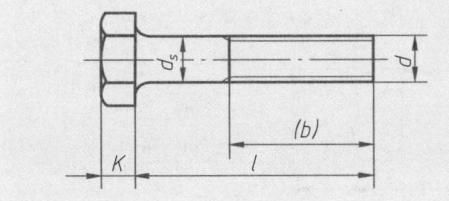  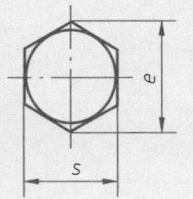

标记示例:

螺栓 M12×80 GB/T 5780—2016(螺纹规格 d 为 M12,公称长度 $l=80$ mm,性能等级为 4.8 级,表面不经处理,产品等级为 C 级的六角头螺栓)

螺栓 M24×150B GB/T 5780—2016(螺纹规格 d 为 M24,公称长度 $l=150$ mm,性能等级为 8.8 级,全螺纹,表面不经处理,产品等级为 B 级的六角头螺栓)

螺纹规格 d		M5	M6	M8	M10	M12	M16	M20	M24	M30	M36	M42
螺距 P		0.8	1	1.25	1.5	1.75	2	2.5	3	3.5	4	4.5
b 参考	$l_{公称}$≤125	16	18	22	26	30	38	46	54	66	—	—
	125<$l_{公称}$≤200	22	24	28	32	36	44	52	60	72	84	96
	$l_{公称}$>200	35	37	41	45	49	57	65	73	85	97	109
d_s	max	5.48	6.48	8.58	10.58	12.7	16.7	20.84	24.84	30.84	37	43
e min	A 级	8.79	11.05	14.38	17.77	20.03	26.75	33.53	39.98	—	—	—
	B/C 级	8.63	10.89	14.2	17.59	19.85	26.17	32.95	39.55	50.85	60.79	71.3
k	公称	3.5	4	5.3	6.4	7.5	10	12.5	15	18.7	22.5	26
s	公称=max	8.00	10.00	13.00	16.00	18.00	24.00	30.00	36	46	55.0	65.0
l 范围	GB/T 5780	25~50	30~60	40~80	40~100	55~120	65~160	80~200	100~240	120~300	140~360	180~420
	GB/T 5781	10~50	12~60	16~80	20~100	25~120	30~160	40~200	50~240	60~300	70~360	80~420
	GB/T 5782 A 级	25~50	30~60	40~80	45~100	50~120	65~150	80~150	90~150	110~300	140~360	160~440
	GB/T 5782 B 级						65~160	80~200	90~240			
	GB/T 5783 A 级	10~50	12~60	16~80	20~100	25~120	30~150	40~150	50~150	60~200	70~200	80~200
	GB/T 5783 B 级						30~200	40~200	50~200			
$l_{公称}$		10,12,16,20~65(5 进位),70~160(10 进位),180~440(20 进位)										

注:1. GB/T 5780 和 GB/T 5781 六角头螺栓的机械性能 d≤39 mm:4.6 级、4.8 级;d>39 mm:按协议。

2. GB/T 5782 和 GB/T 5783 六角头螺栓的机械性能 d≤39 mm:5.6 级、8.8 级、10.9 级;d>39 mm:按协议。

3. GB/T 5782 和 GB/T 5783 六角头螺栓公差等级选取原则:d≤24 mm 和 l≤10 d 或 l≤150 mm(按较小值):A 级;d>24 mm 和 l>10 d 或 l>150 mm(按较小值):B 级。

4. GB/T 5780 和 GB/T 5781 螺纹公差等级为 8 g,GB/T 5782 和 GB/T 5783 螺纹公差等级为 6 g。

附表 4　双头螺柱(摘自 GB/T 897—1988,GB/T 898—1988,GB/T 899—1988, GB/T 900—1988,GB/T 901—1988,GB/T 953—1988)

mm

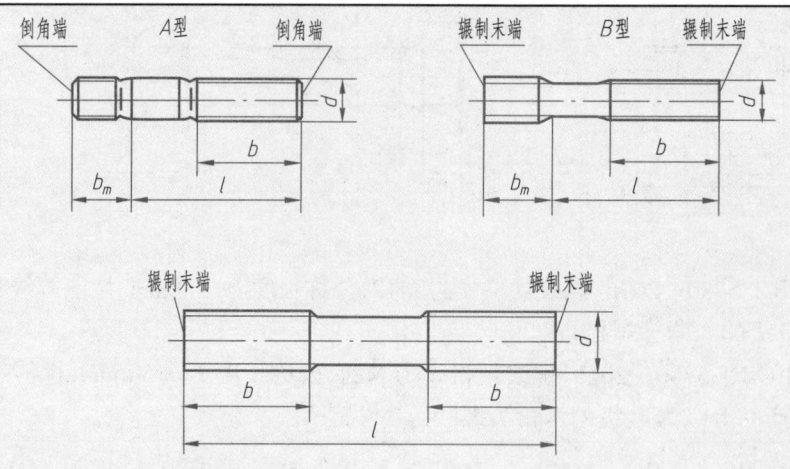

标记示例：

螺柱 M10×50 GB/T 897—1988(两端均为粗牙普通螺纹，$d=10$ mm、$l=50$ mm、性能等级为 4.8 级、表面不经处理、B 型、$b_m=1\ d$ 的双头螺柱)

螺柱 AM10-M10×1×50 GB/T 897—1988(旋入机体一端为粗牙普通螺纹，旋螺母一端为螺距 $p=1$ mm 的细牙普通螺纹，$d=10$ mm、$l=50$ mm、性能等级为 4.8 级、不经表面处理、A 型、$b_m=1\ d$ 的双头螺柱)

螺柱 GM10-M10×50-8.8-ZnBD GB/T 897—1988(旋入机体一端为过渡配合螺纹的第一种配合，旋螺母一端为螺距粗牙普通螺纹，$d=10$ mm、$l=50$ mm、性能等级为 8.8 级、镀锌钝化、B 型、$b_m=1\ d$ 的双头螺柱)

螺柱 M10×100 GB/T 953—1988(两端均为粗牙普通螺纹，$d=10$ mm、$l=100$ mm、$b=26$ mm、性能等级为 4.8 级、不经表面处理的等长双头螺柱)

螺柱 M10×100-Q GB/T 953—1988(两端均为粗牙普通螺纹，$d=10$ mm、$l=100$ mm、$b=45$ mm、性能等级为 4.8 级、不经表面处理的等长双头螺柱)

螺纹规格 d	旋入端长度 b_m				螺柱长度 l，旋螺母端长度 b					
	GB/T 897	GB/T 898	GB/T 899	GB/T 900	GB/T 953	GB/T 901	GB/T 897,GB/T 898,GB/T 899,GB/T 900			
M5	5	6	8	10	—	20~300 16	16~22 10	25~50 16	—	—
M6	6	8	10	12	—	25~300 18	20~22 10	25~30 14	32~75 18	—
M8	8	10	12	16	100~600 22/41	32~300 28	20~22 12	25~30 16	32~90, 22	—
M10	10	12	15	20	100~800 26/45	40~300 32	25~28 14	30~38 16	40~12 26	130/32
M12	12	15	18	24	150~1 200 30/49	50~300 36	25~30 16	32~40 20	45~120 30	130~180 36
M16	16	20	24	32	200~1 500 38/57	60~300 44	30~38 20	40~55 30	60~120 38	130~200 44

续表

螺纹规格 d	旋入端长度 b_m				螺柱长度 l，旋螺母端长度 b						
	GB/T 897	GB/T 898	GB/T 899	GB/T 900	GB/T 953	GB/T 901	GB/T 897，GB/T 898，GB/T 899，GB/T 900				
M20	20	25	30	40	260~1 500 46/65	70~300 52	35~40 25	45~65 35	70~120 46	130~200 52	—
M24	24	30	36	48	300~1 800 54/73	90~300 60	45~50 30	55~75 45	80~120 54	130~200 60	—
M30	30	38	45	60	350~2 500 66/85	120~400 72	60~65 40	70~90 50	95~120 66	130~200 72	210~250 85
M36	36	45	54	72	350~2 500 78/97	140~500 84	65~75 45	80~110 60	120/78	130~200 84	210~300 97
M42	42	52	63	84	500~2 500 90/109	140~500 96	70~80 50	85~110 70	120/90	130~200 96	210~300 109
$l_{公称}$	16，(18)，20，(22)，25，(28)，30，(32)，35，(38)，40，45，50，55，60，(65)，70，75，80，(85)，90，(95)，100~260(10 进位)，280，300										

注：1. 尽可能不采用括号内的规格。
2. GB/T 897，GB/T 898，GB/T 899，GB/T 900 允许采用细牙螺纹和过渡配合螺纹。
3. GB/T 897，GB/T 898，GB/T 899，GB/T 900，GB/T 901 双头螺柱的公差等级为 B 级。
4. GB/T 953 双头螺柱的公差等级为 C 级。
5. GB/T 897，GB/T 898，GB/T 899，GB/T 900，GB/T 901 双头螺柱的机械性能包含：4.8 级、5.8 级、6.8 级、8.8 级、10.9 级、12.9 级。
6. GB/T 953 双头螺柱的机械性能包含：4.8 级、6.8 级、8.8 级。
7. GB/T 897，GB/T 898，GB/T 899，GB/T 900，GB/T 901 螺纹公差等级为 6 g，GB/T 953 螺纹公差等级为 8 g。
8. 表中 GB/T 953 双头螺柱旋螺母端长度 b 值为标准长度/加长长度。
9. $b_m=1\,d$，一般用于钢对钢；$b_m=(1.25\sim1.5)d$，一般用于钢对铸铁；$b_m=2\,d$，一般用于钢对铝合金。

附表 5　开槽螺钉(摘自 GB/T 65—2016，GB/T 67—2016，GB/T 68—2016，GB/T 69—2016)　　mm

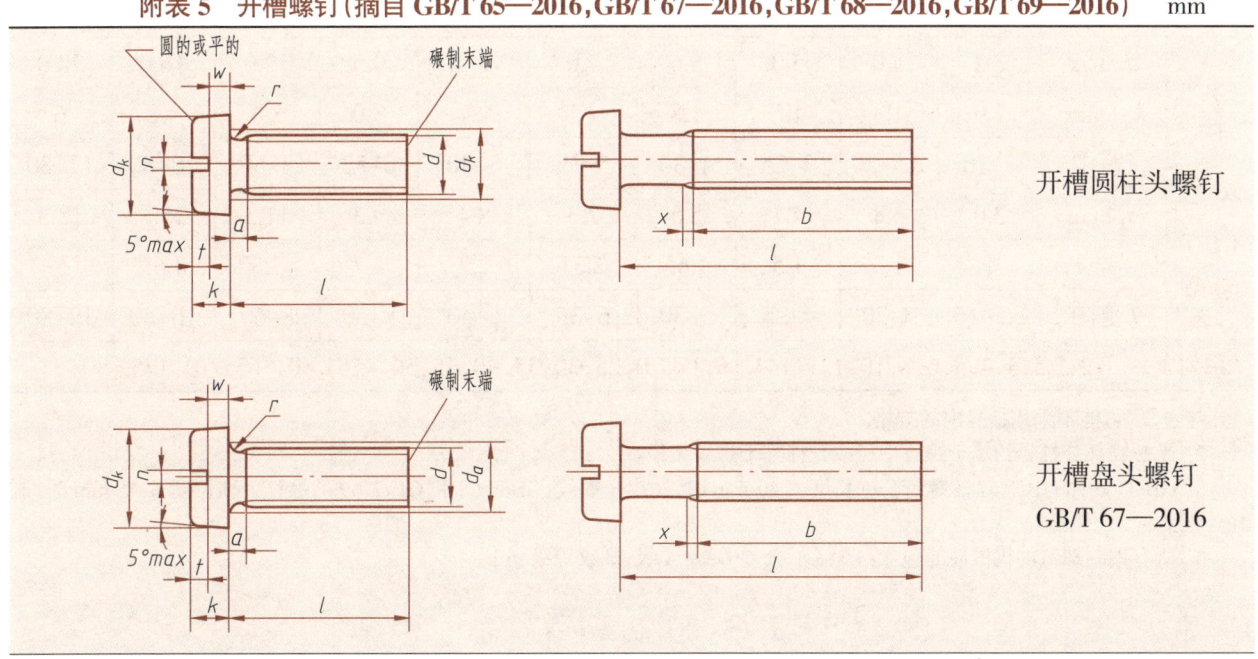

开槽圆柱头螺钉

开槽盘头螺钉
GB/T 67—2016

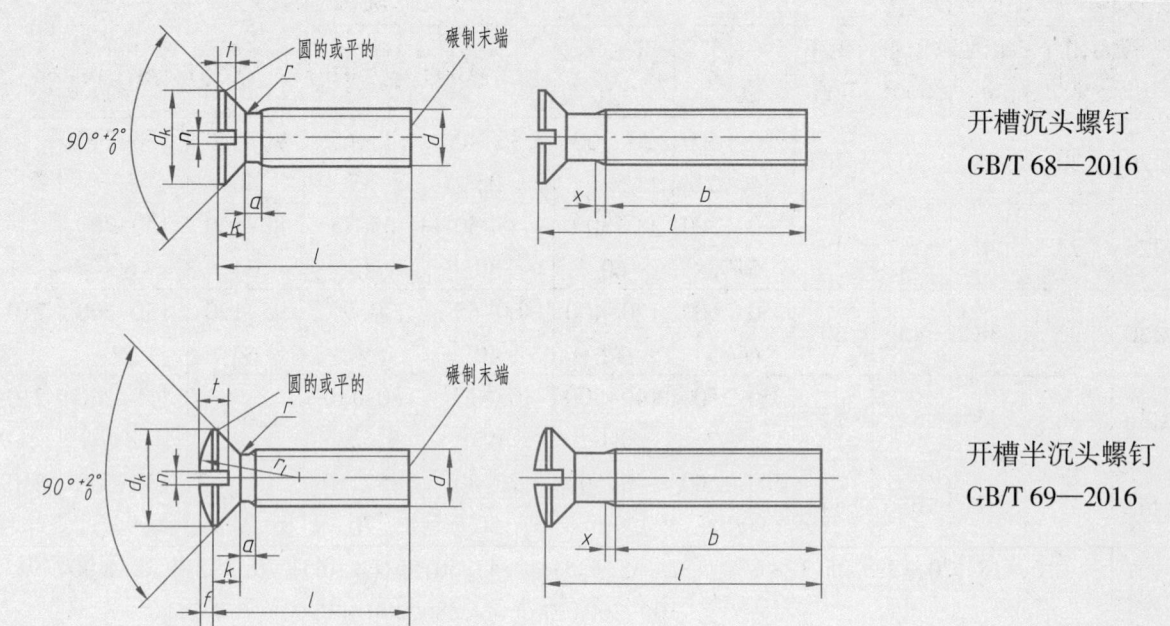

开槽沉头螺钉
GB/T 68—2016

开槽半沉头螺钉
GB/T 69—2016

标记示例:

螺钉 M5×20 GB/T 65—2016(螺纹规格 d 为 M5,公称长度 $l=20$ mm,性能等级为 4.8 级,表面不经处理,产品等级为 A 级的开槽圆柱头螺钉)

螺纹规格 d		M1.6	M2	M2.5	M3	(M3.5)	M4	M5	M6	M8	M10
螺距 P		0.35	0.4	0.45	0.5	0.6	0.7	0.8	1	1.25	1.5
$n_{公称}$		0.4	0.5	0.6	0.8	1.0	1.2	1.2	1.6	2.0	2.5
GB/T 65	d_k max	3.0	3.8	4.5	5.5	6.0	7.00	8.5	10.0	13.0	16.0
	k max	1.1	1.4	1.8	2.0	2.4	2.6	3.3	3.9	5.0	6.0
	l 范围	2~16	3~20	3~25	4~30	5~35	5~40	6~50	8~60	10~80	12~80
GB/T 67	d_k max	3.2	4.0	5.0	5.6	7.0	8.0	9.5	12.0	16.0	20.0
	k max	1.0	1.3	1.5	1.8	2.1	2.4	3.0	3.6	4.8	6
	l 范围	2~16	2.5~20	3~25	4~30	5~35	5~40	6~50	8~60	10~80	12~80
GB/T 68/69	d_k max	3.0	3.8	4.7	5.5	7.3	8.4	9.3	11.3	15.8	18.3
	k max	1	1.2	1.5	1.65	2.35	2.7	2.7	3.3	4.65	5
	l 范围	2.5~16	3~20	4~25	5~30	6~35	6~40	8~50	8~60	10~80	12~80
l 系列		2,2.5,3,4,5,6,8,10,12,(14),16,18,20,25,30,35,40,45,50,(55),60,(65),70,(75),80									

注: 1. 尽可能不采用括号内的规格。

2. 无螺纹部分杆径约等于螺纹中径或允许等于螺纹大径。

3. GB/T 65 和 GB/T 67 的螺钉公称长度 ≤ 40 mm 时,制出全螺纹,GB/T 68 和 GB/T 69 的螺钉公称长度 ≤ 45 mm 时,制出全螺纹。

4. 所有钢制螺钉的机械性能包含:4.8,5.8,公差等级:A 级,螺纹等级:6 g。

附表 6　内六角螺钉（摘自 GB/T 70.1—2008，GB/T 70.2—2015，GB/T 70.3—2008）　　mm

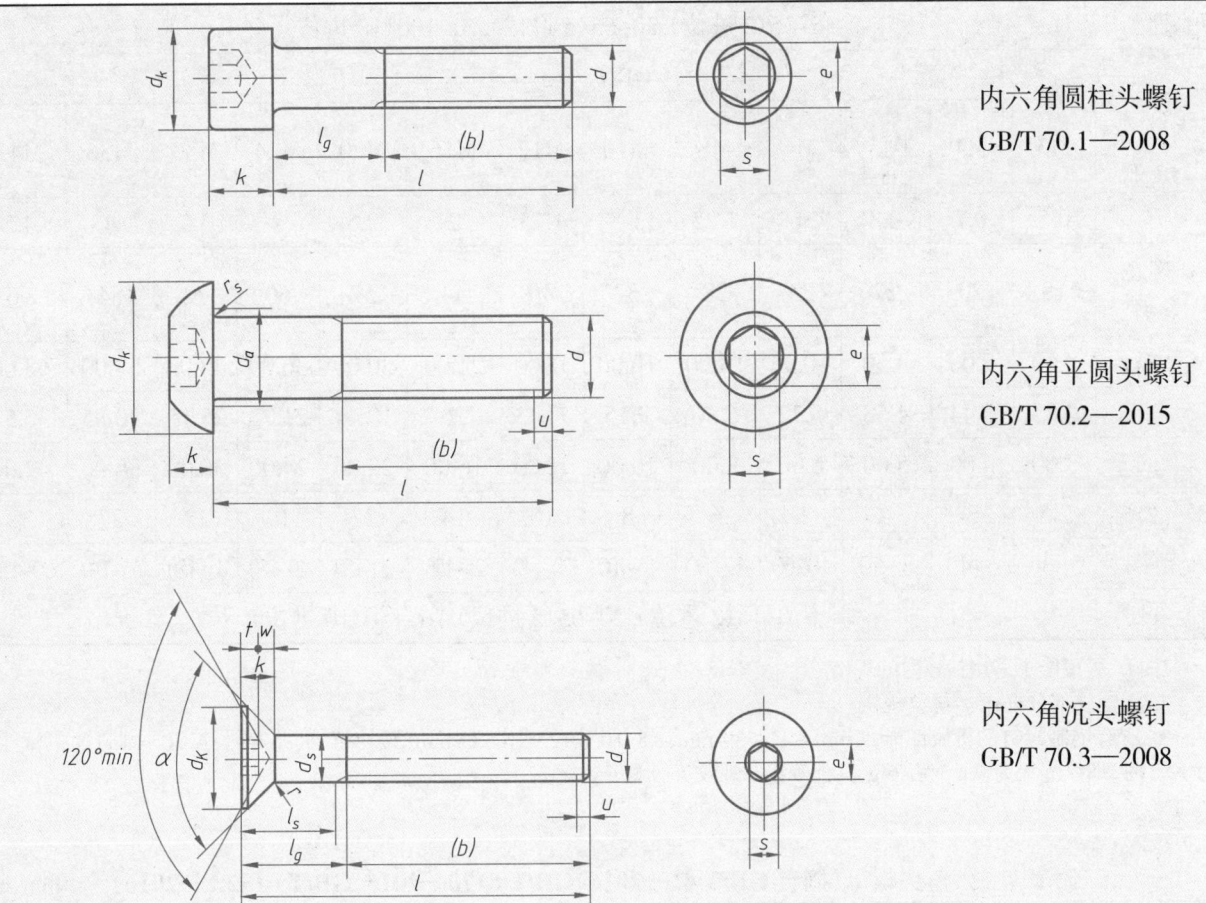

内六角圆柱头螺钉 GB/T 70.1—2008

内六角平圆头螺钉 GB/T 70.2—2015

内六角沉头螺钉 GB/T 70.3—2008

标记示例：

螺钉 M5×20 GB/T 70.1—2008（螺纹规格 d 为 M5，公称长度 l = 20 mm，性能等级为 8.8 级，表面氧化处理的 A 级内六角圆柱头螺钉）

螺纹规格 d		M3	M4	M5	M6	M8	M10	M12	(M14)	M16	M20
螺距 P		0.5	0.7	0.8	1	1.25	1.5	1.75	2	2	2.5
b 参考		18	20	22	24	28	32	36	40	44	52
GB/T 70.1	d_k　max	5.50	7.00	8.50	10.00	13.00	16.00	18.00	—	21.00	—
	k　max	3.00	4.00	5.00	6.00	8.00	10.00	12.00	—	14.00	—
	e　min	2.87	3.44	4.58	5.72	6.86	9.15	11.43	—	13.72	—
	s　公称	2.5	3	4	5	6	8	10	—	12	—
	l 范围	6~30	6~40	8~50	10~60	12~80	16~90	18~90	—	20~90	—
GB/T 70.2	d_k　max	5.54	7.53	9.43	11.34	15.24	19.22	23.12	26.52	29.01	36.05
	k　max	1.86	2.48	3.1	3.72	4.96	6.2	7.44	8.4	8.8	10.16
	e　min	2.3	2.87	3.44	4.58	5.72	6.86	9.15	11.43	11.43	13.72
	s　公称	2	2.5	3	4	5	6	8	10	10	12
	l 范围	8~30	8~40	8~50	8~60	10~80	12~100	20~100	25~100	30~100	35~100

l系列	6~16(2进位),20~65(5进位),70~100(10进位)											

GB/T 70.3

螺纹规格d		M3	M4	M5	M6	M8	M10	M12	M16	M20	M24	M30	M36	M42
P		0.5	0.7	0.8	1	1.25	1.5	1.75	2	2.5	3	3.5	4	4.5
b 螺距参考		18	20	22	24	28	32	36	44	52	60	72	84	96
d_k	max	5.50	7.00	8.50	10.00	13.00	16.00	18.00	24.00	30.00	36.00	45.00	54.00	63.00
e	min	2.87	3.44	4.58	5.72	6.86	9.15	11.43	16	19.44	21.73	25.15	30.85	36.57
k	max	3.00	4.00	5.00	6.00	8.00	10.00	12.00	16.00	20.00	24.00	30.00	36.00	42.00
s	公称	2.5	3	4	5	6	8	10	14	17	19	22	27	32
l 范围		5~30	6~40	8~50	10~60	12~80	16~100	20~140	25~150	30~150	40~150	45~150	55~150	60~150
l 系列		5,6~16(2进位),20~65(5进位),70~150(10进位)												

注:1. 尽可能不采用括号内的规格。
2. 无螺纹部分杆径≤螺纹规格。
3. 所有钢制螺钉的机械性能,3 mm≤d≤39 mm:8.8、10.9、12.9;d>39 mm:按协议,公差等级:A级。螺钉的机械性能为12.9时,螺纹等级为5 g或者6 g,其他等级时螺纹等级为6 g。

附表7 六角头螺母(摘自 GB/T 41—2016,GB/T 6170—2015,GB/T 6172.1—2016) mm

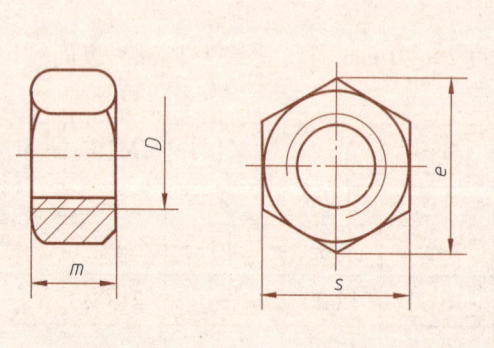

标记示例:
螺母 M12 GB/T 41—2016(螺纹规格 D 为M12,性能等级为5级,表面不经处理,产品等级为C级的1型六角螺母)
螺母 M12 GB/T 6170—2015(螺纹规格 D 为M12,性能等级为8级,表面不经处理,产品等级为A级的1型六角螺母)
螺母 M20B GB/T 6172.1—2016(螺纹规格 D 为M20,性能等级为04级,表面不经处理,产品等级为B级,倒角的六角薄螺母)

螺纹规格D		M5	M6	M8	M10	M12	M16	M20	M24	M30	M36	M42
六角螺母 C 级 GB/T 41—2016												
e	min	8.63	10.89	14.20	17.59	19.85	26.17	32.95	39.55	50.85	60.79	71.30
m	max	5.6	6.4	7.9	9.5	12.2	15.9	19.0	22.3	26.4	31.9	34.9
s	max	8	10	13	16	18	24	30	36	46	55	65
1型六角螺母 GB/T 6170—2015												
e	min	8.79	11.05	14.38	17.77	20.03	26.75	32.95	39.55	50.85	60.79	71.30

续表

m	max	4.70	5.20	6.80	8.40	10.80	14.8	18.0	21.5	25.6	31.0	34.0
s	max	8.00	10.00	13.00	16.00	18.00	24.0	30.0	36.0	46.0	55.0	65.0

六角薄螺母 GB/T 6172.1—2016

e	min	8.79	11.05	14.38	17.77	20.03	26.75	32.95	39.55	50.85	60.79	71.30
m	max	2.70	3.20	4.00	5.00	6.00	8.00	10.00	12.00	15.00	18.00	21.00
s	max	8.00	10.00	13.00	16.00	18.00	24.00	30.00	36.00	46.00	55.00	65.00

注：1. GB/T 41 六角螺母的机械性能 M5<D≤M39：5级；D>M39：按协议。
2. GB/T 6170 1型六角螺母的机械性能 M5≤D≤M16：6级、8级、10级，M16<D≤M39：6级、8级、10级，D>M39：按协议。
3. GB/T 6172.1 六角薄螺母的机械性能 M5≤D≤M39：04、05，D>M39：按协议。
4. GB/T 6170 和 GB/T 6172.1 公差等级：D≤M16：A级；D>M16：B级。
5. GB/T 41 螺纹公差等级为 7H，GB/T 6170 和 GB/T 6172.1 螺纹公差等级为 6H。

附表8　垫圈（摘自 GB/T 95—2002，GB/T 96.1—2002，GB/T 96.2—2002，GB/T 97.1—2002，GB/T 97.2—2002，GB/T 93—1987） mm

平垫圈（大垫圈）
GB/T 95，GB/T 96.1，GB/T 96.2，GB/T 97.1—2002

倒角型平垫圈
GB/T 97.2—2002

标准型弹簧垫圈
GB/T 93—1987

标记示例：

垫圈 8 GB/T 95—2002（标准系列、公称规格 8 mm、硬度等级为 100 HV 级、表面不经处理、产品等级为 C 级的平垫圈）

垫圈 8 GB/T 96.1—2002（大系列、公称规格 8 mm、由钢制造、硬度等级为 200 HV 级、表面不经处理、产品等级为 A 级的平垫圈）

垫圈 8 A2 GB/T 96.1—2002（大系列、公称规格 8 mm、由 A2 组不锈钢制造、硬度等级为 200 HV 级、表面不经处理、产品等级为 A 级的平垫圈）

垫圈 8 GB/T 97.1—2002（标准系列、公称规格 8 mm、由钢制造、硬度等级为 200 HV 级、表面不经处理、产品等级为 A 级的平垫圈）

垫圈 8 GB/T 93—1987（公称规格 8 mm、材料为 65 Mn、表面氧化的标准型弹簧垫圈）

公称规格（螺纹大径）d		5	6	8	10	12	16	20	24	30	36	42
GB/T 95（C级）	公称(min)d_1	5.5	6.6	9	11	13.5	17.5	22	26	33	39	45
	公称(max)d_2	10	12	16	20	24	30	37	44	56	66	78
	h	1	1.6	1.6	2	2.5	3	3	4	4	5	8

续表

GB/T 96.1 (A级)	公称(min)d_1	5.3	6.4	8.4	10.5	13	17	21	25	33	39	—
	公称(max)d_2	15	18	24	30	37	50	60	72	92	110	—
	h	1	1.6	2	2.5	3	3	4	5	6	8	—
GB/T 96.2 (C级)	公称(min)d_1	5.5	6.6	9	11	13.5	17.5	22	26	33	39	—
	公称(max)d_2	15	18	24	30	37	50	60	72	92	110	—
	h	1	1.6	2	2.5	3	3	4	5	6	8	—
GB/T 97.1 (A级)	公称(min)d_1	5.3	6.4	8.4	10.5	13	17	21	25	31	37	45
	公称(max)d_2	10	12	16	20	24	30	37	44	56	66	78
	h	1	1.6	1.6	2	2.5	3	3	4	4	5	8
GB/T 97.2 (A级)	公称(min)d_1	5.3	6.4	8.4	10.5	13	17	21	25	31	37	45
	公称(max)d_2	10	12	16	20	24	30	37	44	56	66	78
	h	1	1.6	1.6	2	2.5	3	3	4	4	5	8
GB/T 93	d min	5.1	6.1	8.1	10.2	12.2	16.2	20.2	24.5	30.5	36.5	42.5
	$S(b)$公称	1.3	1.6	2.1	2.6	3.1	4.1	5	6	7.5	9	10.5
	H min	2.6	3.2	4.2	5.2	6.2	8.2	10	12	15	18	21

注：1. GB/T 96.1,GB/T 97.1 和 GB/T 97.2 由钢制造的垫圈硬度等级为 200 HV 和 300 HV，GB/T 95 和 GB/T 96.2 的垫圈硬度等级为 100 HV。

2. GB/T 96.1 和 GB/T 96.2 适用于加紧软材料或者工件上大的螺栓通孔。

附表 9 圆螺母(摘自 GB/T 812—1988)   mm

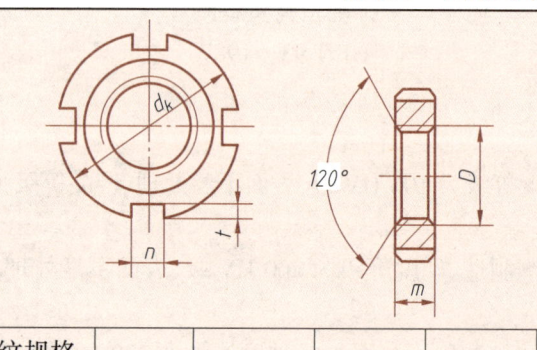

标记示例：

螺母 M16×1.5 GB/T 812—1988(螺纹规格为 D =M16×1.5、材料为 45 钢、槽或全部热处理后 35HRC~45 HRC、表面氧化的圆螺母的标记)

螺纹规格 $D\times P$	M10×1	M12×1.25	M14×1.5	M16×1.5	M18×1.5	M20×1.5	M22×1.5	M24×1.5	M27×1.5	M30×1.5
d_k	22	25	28	30	32	35	38	42	45	48
m	8						10			
n min	4					5				
t min	2					2.5				

螺纹规格 $D\times P$	M33×1.5	M36×1.5	M39×1.5	M42×1.5	M45×1.5	M48×1.5	M52×1.5	M56×2	M60×2	M64×2

续表

d_k	52	55	58	62	68	72	78	85	90	95
m	10					12				
n min	5					8				
t min	2.5					3.5				
螺纹规格 $D \times P$	M68×2	M72×2	M76×2	M80×2	M85×2	M90×2	M95×2	M100×2	M105×2	M110×2
d_k	100	105	110	115	120	125	130	135	140	150
m	12	15				18				
n min	10					12				14
t min	4					5				6
螺纹规格 $D \times P$	M115×2	M120×2	M125×2	M130×2	M140×2	M150×2	M160×3	M170×3	M180×3	M190×3
d_k	155	160	165	170	180	200	210	220	230	240
m	22					26			30	
n min	14					16				
t min	6					7				

附表 10 圆螺母用止动垫圈（摘自 GB/T 858—1988）   mm

标记示例：

垫圈 10 GB/T 858—1988
（规格为 10 mm、材料为 Q235、经退火、表面氧化的圆螺母用止动垫圈）

规格（螺纹大径）	10	12	14	16	18	20	22	24	27	30
d	10.5	12.5	14.5	16.5	18.5	20.5	22.5	24.5	27.5	30.5
D(参考)	25	28	32	34	35	38	42	45	48	52
D_1	16	19	20	22	24	27	30	34	37	40
S	1									
h	3				4			5		
b	3.8				4.8					
a	8	9	11	13	15	17	19	21	24	27

续表

规格（螺纹大径）	33	36	39	42	45	48	52	56	60	64
d	33.5	36.5	39.5	42.5	45.5	48.5	52.5	57	61	65
D（参考）	56	60	62	66	72	76	82	90	94	100
D_1	43	46	49	53	59	61	67	74	79	84
S	1.5									
h	5						6			
b	5.7						7.7			
a	30	33	36	39	42	45	49	53	57	61
规格（螺纹大径）	68	72	76	80	85	90	95	100	105	110
d	69	73	77	81	86	91	96	101	106	111
D（参考）	105	110	115	120	125	130	135	140	145	156
D_1	88	93	98	103	108	112	117	122	127	135
S	1.5					2				
h	6	7								
b	9.6					11.6				13.5
a	65	69	72	76	81	86	91	96	101	106
规格（螺纹大径）	115	120	125	130	140	150	160	170	180	190
d	116	121	126	131	141	151	161	171	181	191
D（参考）	160	166	170	176	186	206	216	226	236	246
D_1	140	145	150	155	165	180	190	200	210	220
S	2					2.5				
h	7					8				
b	13.5					15.5				
a	111	116	121	126	136	146	156	166	176	186

附表 11　圆柱销（摘自 GB/T 120.1—2000，GB/T 119.1—2000，GB/T 120.2—2000，GB/T 119.2—2000）　　　　　　　　　　　　　　　　　　　　　　　　　　　　mm

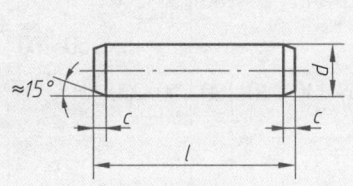

圆柱销
GB/T 119.1—2000
GB/T 119.2—2000

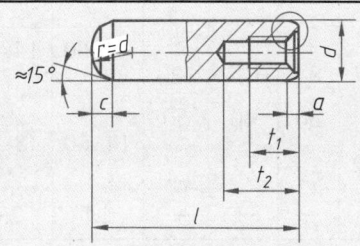

A 型：球面圆柱端内螺纹圆柱销
GB/T 120.1—2000
GB/T 120.2—2000

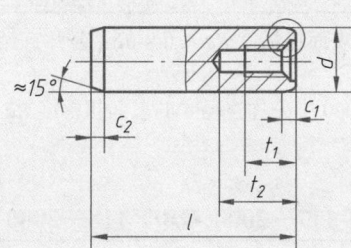

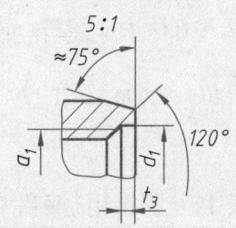

B 型：平端内螺纹圆柱销
GB/T 120.1—2000
GB/T 120.2—2000

标记示例：

销 6 m6×30 GB/T 119.1—2000（公称直径 d=6 mm、公差为 m6、公称长度 l=30 mm、材料为钢、不经淬火、表面不经处理的圆柱销）

销 6 h8×30-A1 GB/T 119.1—2000（公称直径 d=6 mm、公差为 h8、公称长度 l=30 mm、材料为 A1 组奥氏体不锈钢、表面简单处理的圆柱销）

销 6×30 GB/T 119.2—2000（公称直径 d=6 mm、公差为 m6、公称长度 l=30 mm、材料为钢、普通淬火（A 型）、表面氧化处理的圆柱销）

销 6×30-C1 GB/T 119.2—2000（公称直径 d=6 mm、公差为 m6、公称长度 l=30 mm、材料为 C1 组马氏体不锈钢、表面简单处理的圆柱销）

销 6×30 GB/T 120.1—2000（公称直径 d=6 mm、公差为 m6、公称长度 l=30 mm、材料为钢、不经淬火、表面不经处理的内螺纹圆柱销）

销 6×30-A1 GB/T 120.1—2000（公称直径 d=6 mm、公差为 m6、公称长度 l=30 mm、材料为 A1 组奥氏体不锈钢、表面简单处理的内螺纹圆柱销）

销 6×30-A GB/T 120.2—2000（公称直径 d=6 mm、公差为 m6、公称长度 l=30 mm、材料为钢、普通淬火（A 型）、表面氧化处理的内螺纹圆柱销）

销 6×30-C1 GB/T 120.2—2000（公称直径 d=6 mm、公差为 m6、公称长度 l=30 mm、材料为 C1 组马氏体不锈钢、表面简单处理的内螺纹 A 型圆柱销）

公称直径 d	3	4	5	6	8	10	12	16	20	25	30	40

续表

GB/T 119	c ≈		0.5	0.63	0.8	1.2	1.6	2	2.5	3	3.5	4	5	6
	l 范围	GB/T119.1	8~30	10~40	12~50	12~60	14~80	18~95	22~140	26~180	35~200	50~200	60~200	80~200
		GB/T119.2				14~60	18~80	22~100	26~140	40~180	50~200			
GB/T 120	c ≈		—	—	—	2.1	2.6	3	3.8	4.6	6	6	7	8
	d_1		—	—	—	M4	M5	M6	M6	M8	M10	M16	M20	M20
	螺距 P		—	—	—	0.7	0.8	1	1	1.25	1.5	2	2.5	2.5
	l 范围		—	—	—	16~60	18~80	22~100	26~120	32~160	40~200	50~200	60~200	80~200
l 公称			8~32(2进位),35~100(5进位),120~200(10进位),>200(20进位)											

注：1. GB/T 119.1—2000 中公称直径 d 的公差为 m6 时，表面粗糙度 $Ra \leqslant 0.8$ μm；公称直径 d 的公差为 h8 时，表面粗糙度 $Ra \leqslant 1.6$ μm。

2. GB/T 119.2—2000，GB/T 120.1—2000，GB/T 120.2—2000 中公称直径 d 的表面粗糙度 $Ra \leqslant 0.8$ μm。

附表 12 圆锥销（摘自 GB/T 117—2000，GB/T 118—2000）   mm

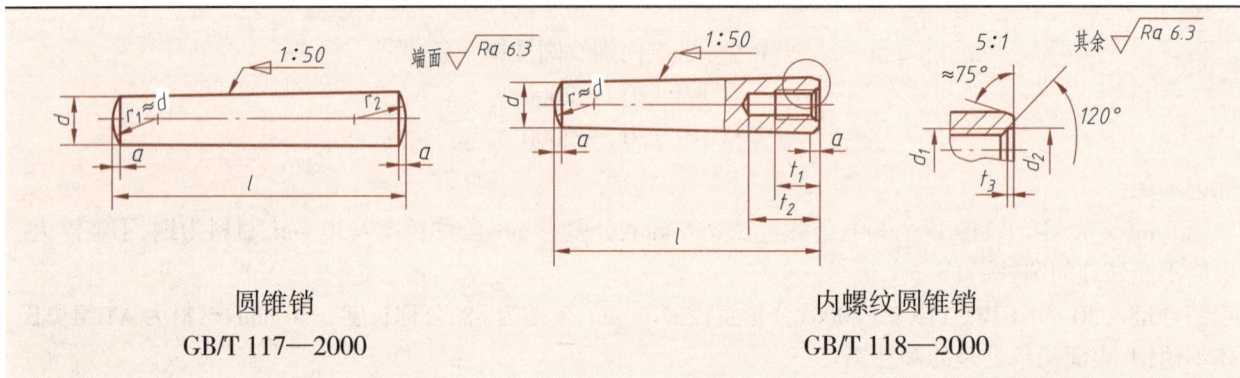

圆锥销
GB/T 117—2000

内螺纹圆锥销
GB/T 118—2000

标记示例：

销 6×30 GB/T 117—2000（公称直径 d=6 mm、公称长度 l=30 mm、材料为 35 钢、热处理硬度 28 HRC~38 HRC、表面氧化处理的 A 型圆锥销）

销 6×30 GB/T 118—2000（公称直径 d=6 mm、公称长度 l=30 mm、材料为 35 钢、热处理硬度 28 HRC~38 HRC、表面氧化处理的 A 型内螺纹圆锥销）

d h10	3	4	5	6	8	10	12	16	20	25	30	40
$a ≈$	0.4	0.5	0.63	0.8	1	1.2	1.6	2	2.5	3	4	5
l 范围 GB/T117	12~35	14~55	18~60	22~90	22~120	26~160	32~180	40~200	45~200	50~200	55~200	60~200
l 范围 GB/T118			16~60	18~80	20~100	26~120	32~160	40~200			60~200	80~200
l 公称	8~32(2进位),35~100(5进位),120~200(10进位),>200(20进位)											

注：A 型（磨削）圆锥销锥面表面粗糙度 $Ra = 0.8$ μm；B 型（切削或冷镦）圆锥销锥面表面粗糙度 $Ra = 3.2$ μm。

附表 13 开口销（摘自 GB/T 91—2000）

标记示例：

销 5×50 GB/T 91—2000（公称规格为 5 mm，公称长度 l=50 mm，材料为 Q215 或 Q235，表面不经处理的开口销）

mm

公称规格 d		1	1.2	1.6	2	2.5	3.2	4	5	6.3	8	10	13	16	20
d	max	0.9	1.0	1.4	1.8	2.3	2.9	3.7	4.6	5.9	7.5	9.5	12.4	15.4	19.3
	min	0.8	0.9	1.3	1.7	2.1	2.7	3.5	4.4	5.7	7.3	9.3	12.1	15.1	19.0
b ≈		3	3	3.2	4	5	6.4	8	10	12.6	16	20	26	32	40
c	max	1.8	2.0	2.8	3.6	4.6	5.8	7.4	9.2	11.8	15.0	19.0	24.8	30.8	38.5
	min	1.6	1.7	2.4	3.2	4.0	5.1	6.5	8.0	10.3	13.1	16.6	21.7	27.0	33.8
适用螺栓直径	>	3.5	4.5	5.5	7	9	11	14	20	27	39	56	80	120	170
	≤	4.5	5.5	7	9	11	14	20	27	39	56	80	120	170	—
L 范围		6~20	8~25	8~32	10~40	12~50	14~63	18~81	22~100	32~125	40~160	45~200	71~250	112~280	160~280
l 公称		6~22(2 进位),25,28~40(4 进位),45,50,56,63,71,80,90,100,112,125,140~200(20 进位),224,250,280													

附表 14 普通型平键及平键键槽的剖面尺寸（摘自 GB/T 1095—2003，GB/T 1096—2003）

mm

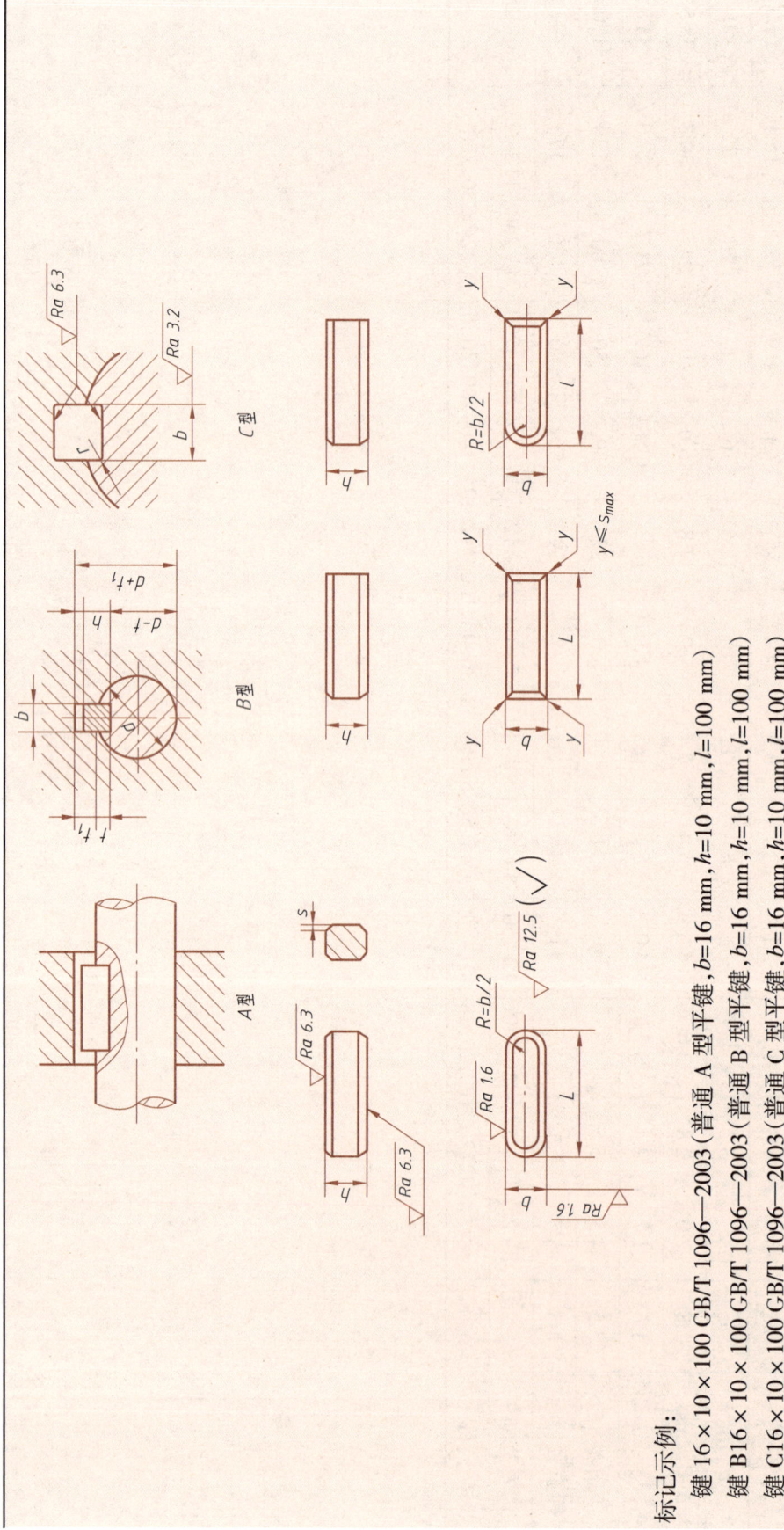

标记示例：
键 16×10×100 GB/T 1096—2003（普通 A 型平键，$b=16$ mm，$h=10$ mm，$l=100$ mm）
键 B16×10×100 GB/T 1096—2003（普通 B 型平键，$b=16$ mm，$h=10$ mm，$l=100$ mm）
键 C16×10×100 GB/T 1096—2003（普通 C 型平键，$b=16$ mm，$h=10$ mm，$l=100$ mm）

续表

轴	键		键槽									
			宽度 b					深度				半径 r
公称直径 d	基本尺寸 b×h	长度 L (h14)	基本尺寸 b	极限偏差				轴 t		毂 t_1		
				正常连接		紧密连接	松连接					
				轴 N9	毂 JS9	轴和毂 P9	轴 H9	毂 D10	基本尺寸	极限偏差	基本尺寸	极限偏差	min	max
>10~12	4×4	8~45	4	0 −0.030	±0.015	−0.012 −0.024	+0.030 0	+0.078 +0.030	2.5	+0.1 0	1.8	+0.1 0	0.08	0.16
>12~17	5×5	10~56	5						3.0		2.3			
>17~22	6×6	14~70	6						3.5		2.8		0.16	0.25
>22~30	8×7	18~90	8	0 −0.036	±0.018	−0.015 −0.051	+0.036 0	+0.098 +0.040	4.0		3.3			
>30~38	10×8	22~110	10						5.0					
>38~44	12×8	28~140	12	0 −0.043	±0.0215	−0.018 −0.061	+0.043 0	+0.120 +0.050	5.0		3.3		0.25	0.40
>44~50	14×9	36~160	14						5.5	+0.2 0	3.8	+0.2 0		
>50~58	16×10	45~180	16						6.0		4.3			
>58~65	18×11	50~200	18						7.0		4.4			
>65~75	20×12	56~220	20	0 −0.052	±0.026	−0.022 −0.074	+0.052 0	+0.149 +0.065	7.5		4.9		0.40	0.60
>75~85	22×14	63~250	22						9.0		5.4			
>85~95	25×14	70~280	25						9.0		5.4			
>95~110	28×16	80~320	28						10.0		6.4			
>110~130	32×18	90~360	32	0 −0.062	±0.031	−0.026 −0.088	+0.062 0	+0.180 +0.080	11.0		7.4			
>130~150	36×20	100~400	36						12.0		8.4		0.70	1.00
>150~170	40×22		40						13.0	+0.3 0	9.4	+0.3 0		
>170~200	45×25	110~450	45						15.0		10.4			
>200~230	50×28	125~500	50						17.0		11.4			

L 系列   8~22（2 进位），25，28，32，36，40~50（5 进位），56，63，70~110（10 进位），125，140~220（20 进位），250

附表 15 矩形花键尺寸与公差（摘自 GB/T 1144—2001）   mm

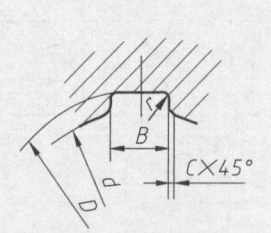
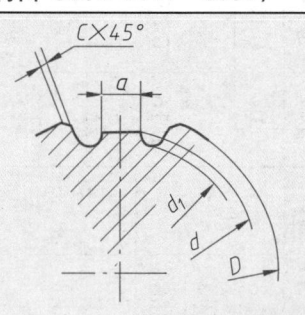

矩形花键　　矩形内花键键槽截面形状　　矩形外花键键槽截面形状

D——大径
d——小径
B——键（槽）宽
N——键（槽）数

标记示例：
花键副：6×23H7/f7×26H10/a11×6H11/d10 GB/T 1144—2001（花键 N=6, d=23H7/f7, D=26H10/a11）
内花键：6×23H7×26H10×6H11 GB/T 1144—2001
外花键：6×23f7×26a11×6d10 GB/T 1144—2001

小径 d	轻系列				中系列			
	规格 $N×d×D×B$	键数 N	大径 D	键（槽）宽 B	规格 $N×d×D×B$	键数 N	大径 D	键（槽）宽 B
11					6×11×11×3		14	3
13					6×13×16×3.5		16	3.5
16	—		—	—	6×16×20×4		20	4
18					6×18×22×5	6	22	5
21					6×21×25×5		25	5
23	6×23×26×6		26		6×23×28×6		28	6
26	6×26×30×6		30	6	6×26×32×6		32	6
28	6×28×32×7	6	32	7	6×28×34×7		34	7
32	6×32×36×6		36	6	8×32×38×6		38	6
36	8×36×40×7		40	7	8×36×42×7		42	7
42	8×42×46×8		46	8	8×42×48×8		48	8
46	8×46×50×9	8	50	9	8×46×54×9	8	54	9
52	8×52×58×10		58	10	8×52×60×10		60	10
56	8×56×62×10		62		8×56×65×10		65	
62	8×62×68×12		68		8×62×72×12		72	
72	10×72×78×12		78	12	10×72×82×12		82	12
82	10×82×88×12		88		10×82×92×12		92	
92	10×92×98×14	10	98	14	10×92×102×14	10	102	14
102	10×102×108×16		108	16	10×102×112×16		112	16
112	10×112×120×18		120	18	10×112×125×18		125	18
内外花键公差带								

续表

内花键				外花键			装配形式
小径 d	大径 D	键(槽)B		小径 d	大径 D	键(槽)B	
		拉削后不热处理	拉削后热处理				
一般用途							
H7	H10	H9	H11	f7	a11	d10	滑动
				g7		f9	紧滑动
				h7		h10	固定
精密传动用							
H5,H6	H10	H7、H9		f5,f6	a11	d8	滑动
				g5,g6		f7	紧滑动
				h5,h6		h8	固定

注:1. 精密传动用的内花键,当需要控制键侧配合间隙时,槽宽可选 H7,一般情况下可选 H9。
2. 小径 d 公差为 H6 和 H7 的内花键,允许与提高一级的外花键配合。

附表 16 滚动轴承(摘自 GB/T 276—2013,GB/T 297—2015,GB/T 301—2015)   mm

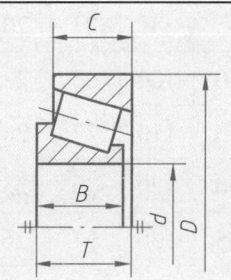
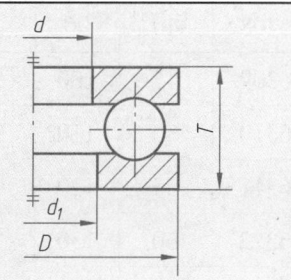

标记示例:
滚动轴承 6310 GB/T 276—2013 (内径 *d*=50 mm,直径系列代号为 03 的深沟球轴承)

标记示例:
滚动轴承 30210 GB/T 297—2015 (内径 *d*=50 mm,直径系列代号为 02 的圆锥滚子球轴承)

标记示例:
滚动轴承 51210 GB/T 301—2015 (内径 *d*=50 mm,直径系列代号为 12 的推力球轴承)

轴承代号	d	D	B	轴承代号	d	D	B	C	T	轴承代号	d	D	T	d_1
02 尺寸系列				02 尺寸系列						12 尺寸系列				
6202	10	35	11	30203	15	40	12	11	13.75	51202	10	32	12	17
6203	15	40	12	30204	20	47	14	12	15.75	51203	15	35	12	19
6204	20	47	14	30205	25	52	15	13	16.75	51204	20	40	14	22
6205	25	52	15	30206	30	62	16	14	17.75	51205	25	47	15	27
6206	30	62	16	30207	35	72	17	15	18.75	51206	30	52	16	32

续表

轴承代号	d	D	B	轴承代号	d	D	B	C	T	轴承代号	d	D	T	d_1
6207	35	72	17	30208	40	80	18	16	19.75	51207	35	62	18	37
6208	40	80	18	30209	45	85	19	16	20.75	51208	40	68	19	42
6209	45	85	19	30210	50	90	20	17	21.75	51209	45	73	20	47
6210	50	90	20	30211	55	100	21	18	22.75	51210	50	78	22	52
6211	55	100	21	30212	60	110	22	19	23.75	51211	55	90	25	57
6212	60	110	22	30213	65	120	23	20	24.75	51212	60	95	26	62
	03 尺寸系列				03 尺寸系列						13 尺寸系列			
6302	10	42	13	30303	15	42	13	11	14.25	51304	15	47	18	22
6303	15	47	14	30304	20	47	14	12	15.25	51305	20	52	18	27
6304	20	52	15	30305	25	52	15	13	16.25	51306	25	60	21	32
6305	25	62	17	30306	30	62	17	15	18.25	51307	30	68	24	37
6306	30	72	19	30307	35	72	19	16	20.75	51308	35	78	26	42
6307	35	80	21	30308	40	80	21	18	22.75	51309	40	85	28	47
6308	40	90	23	30309	45	90	23	20	25.25	51310	45	95	31	52
6309	45	100	25	30310	50	100	25	22	27.25	51311	50	105	35	57
6310	50	110	27	30311	55	110	27	23	29.25	51312	55	110	35	62
6311	55	120	29	30312	60	120	29	25	31.50	51313	60	115	36	67
6312	60	130	31	30313	65	130	31	26	33.50	51314	65	125	40	72
	04 尺寸系列				13 尺寸系列						14 尺寸系列			
6403	15	62	17	31305	25	62	17	13	18.25	51405	25	60	24	27
6404	20	72	19	31305	30	72	19	14	20.75	51406	30	70	28	32
6405	25	80	21	31305	35	80	21	15	22.75	51407	35	80	32	37
6406	30	90	23	31305	40	90	23	17	25.25	51408	40	90	36	42
6407	35	100	25	31305	45	100	25	18	27.25	51409	45	100	39	47
6408	40	110	27	31305	50	110	27	19	29.25	51410	50	110	43	52
6409	45	120	29	31305	55	120	29	21	31.50	51411	55	120	48	57
6410	50	130	31	31305	60	130	31	22	33.50	51412	60	130	51	62
6411	55	140	33	31305	65	140	33	23	36.00	51413	65	140	56	68
6412	60	150	35	31305	70	150	35	25	38.00	51414	70	150	60	73
6413	65	160	37	31305	75	160	37	26	40.00	51415	75	160	65	78

附表 17　基孔制配合的常用配合和优先配合（摘自 GB/T 1800.1—2020）

基准孔	轴公差带代号																		
	间隙配合						过渡配合				过盈配合								
H6					g5	h5	js5	k5	m5		n5	p5							
H7				f6	g6	h6	js6	k6	m6	n6	p6	r6	s6	t6	u6	x6			
H8			e7	f7		h7	js7	k7	m7				s7		u7				
H8		d8	e8	f8		h8													
H9		d8	e8	f8		h8													
H10	b9	c9	d9	e9		h9													
H11	b11	c11	d10			h10													

注：方框内的配合为优先选用的配合。

附表 18　基轴制配合的常用配合和优先配合（摘自 GB/T 1800.1—2020）

基准轴	孔公差带代号																		
	间隙配合						过渡配合				过盈配合								
h5					G6	H6	JS6	K6	M6		N6	P6							
h6				F7	G7	H7	JS7	K7	M7	N7	P7	R7	S7	T7	U7	X7			
h7			E8	F8		H8													
h8		D9	E9	F9		H9													
h9			E8	F8		H8													
h9		D9	E9	F9		H9													
h9	B11	C10	D10			H10													

注：方框内的配合为优先选用的配合。

附表 19　优先及常用配合孔的极限偏差表（摘自 GB/T 1800.2—2020）　　μm

公称尺寸/mm		A	B	C	D		E		F		G	H			
>	至	11	11	11	9	10	8	9	7	8	7	6	7	8	9
—	3	+330 +270	+200 +140	+120 +60	+45 +20	+60 +20	+28 +14	+39 +14	+16 +6	+20 +6	+12 +2	+6 0	+10 +0	+14 +0	+25 +0
3	6	+345 +270	+215 +140	+145 +70	+60 +30	+78 +30	+38 +20	+58 +20	+22 +10	+28 +10	+16 +4	+8 +0	+12 +0	+18 +0	+30 +0
6	10	+370 +280	+240 +150	+170 +80	+76 +40	+98 +40	+47 +25	+61 +25	+28 +13	+35 +13	+20 +5	+9 +0	+15 +0	+22 +0	+36 +0

续表

公称尺寸/mm		A	B	C	D	E	F	G	H			
10	18	+400 +290	+260 +150	+205 +95	+93 +50	+120 +50	+59 +32	+75 +32	+34 +16	+43 +16	+24 +6	+11 +0	+18 +0	+27 +0	+43 +0
18	30	+430 +300	+290 +160	+240 +110	+117 +65	+149 +65	+73 +40	+92 +40	+41 +20	+53 +20	+28 +7	+13 +0	+21 +0	+33 +0	+52 +0
30	40	+470 +310	+330 +170	+280 +120	+142 +80	+180 +80	+89 +50	+112 +50	+50 +25	+64 +25	+34 +9	+16 +0	+25 +0	+39 +0	+62 +0
40	50	+480 +320	+340 +180	+290 +130											
50	65	+530 +340	+380 +190	+330 +140	+174 +100	+220 +100	+106 +60	+134 +60	+60 +30	+76 +30	+40 +10	+19 +0	+30 +0	+46 +0	+74 +0
65	80	+550 +360	+390 +200	+340 +150											
80	100	+600 +380	+440 +220	+390 +170	+207 +120	+260 +120	+126 +72	+159 +72	+71 +36	+90 +36	+47 +12	+22 +0	+35 +0	+54 +0	+87 +0
100	120	+630 +410	+460 +240	+400 +180											
120	140	+710 +460	+510 +260	+450 +200	+245 +145	+305 +145	+148 +85	+185 +85	+83 +43	+106 +43	+54 +14	+25 +0	+40 +0	+63 +0	+100 +0
140	160	+770 +520	+530 +280	+460 +210											
160	180	+830 +580	+560 +310	+480 +230											
180	200	+950 +660	+630 +340	+530 +240	+285 +170	+355 +170	+172 +100	+215 +100	+96 +50	+122 +50	+61 +15	+29 +0	+46 +0	+72 +0	+115 +0
200	225	+1 030 +740	+670 +380	+550 +260											
225	250	+1 110 +820	+710 +420	+570 +280											
250	280	+1 240 +920	+800 +480	+620 +300	+320 +190	+400 +190	+191 +110	+240 +110	+108 +56	+137 +56	+69 +17	+32 +0	+52 +0	+81 +0	+130 +0
280	315	+1 370 +1 050	+860 +540	+650 +330											
315	355	+1 560 +1 200	+960 +600	+720 +360	+350 +210	+440 +210	+214 +125	+265 +125	+119 +62	+151 +62	+75 +18	+36 +0	+57 +0	+89 +0	+140 +0
355	400	+1 710 +1 350	+1 040 +680	+760 +400											
400	450	+1 900 +1 500	+1 160 +760	+840 +440	+385 +230	+480 +230	+232 +135	+290 +135	+131 +68	+165 +68	+83 +20	+40 +0	+63 +0	+97 +0	+155 +0
450	500	+2 050 +1 650	+1 240 +840	+880 +480											

续表

公称尺寸/mm		H		JS		K		M	N		P		R	S	T	U
>	至	10	11	6	7	6	7	7	6	7	6	7	7	7	7	7
—	3	+40 +0	+60 +0	±3	±5	0 −6	0 −10	−2 −12	−4 −10	−4 −14	−6 −12	−6 −16	−10 −20	−14 −24	—	−18 −28
3	6	+48 +0	+75 +0	±4	±6	+2 −6	+3 −9	0 −12	−5 −13	−4 −16	−9 −17	−8 −20	−11 −23	−15 −27	—	−19 −31
6	10	+58 +0	+90 +0	±4.5	±7.5	+2 −7	+5 −10	0 −15	−7 −16	−4 −19	−12 −21	−9 −24	−13 −28	−17 −32	—	−22 −37
10	18	+70 +0	+110 +0	±5.5	±9	+2 −9	+6 −12	0 −18	−9 −20	−5 −23	−15 −26	−11 −29	−16 −34	−21 −39	—	−26 −44
18	24	+84 +0	+130 +0	±6.5	±10.5	+2 −11	+6 −15	0 −21	−11 −24	−7 −28	−18 −31	−14 −35	−20 −41	−27 −48	—	−33 −54
24	30														−33 −54	−40 −61
30	40	+100 +0	+160 +0	±8	±12.5	+3 −13	+7 −18	0 −25	−12 −28	−8 −33	−21 −37	−17 −42	−25 −50	−34 −59	−39 −64	−51 −76
40	50														−45 −70	−61 −86
50	65	+120 +0	+190 +0	±9.5	±15	+4 −15	+9 −21	0 −30	−14 −33	−9 −39	−26 −45	−21 −51	−30 −60	−42 −72	−55 −85	−76 −106
65	80												−32 −62	−48 −78	−64 −94	−91 −121
80	100	+140 +0	+220 +0	±11	±17.5	+4 −18	+10 −25	0 −35	−16 −38	−10 −45	−30 −52	−24 −59	−38 −73	−58 −93	−78 −113	−111 −146
100	120												−41 −76	−66 −101	−91 −126	−131 −166
120	140	+160 +0	+250 +0	±12.5	±20	+4 −21	+12 −28	0 −40	−20 −45	−12 −52	−36 −61	−26 −68	−48 −88	−77 −117	−107 −147	−155 −195
140	160												−50 −90	−85 −125	−119 −159	−175 −215
160	180												−53 −93	−93 −133	−131 −171	−195 −235

续表

公称尺寸/mm		H	JS	K	M	N	P	R	S	T	U
180	200	+185 +0	+290 +0	±145	±23	+5 −24	+13 −33	0 −46	−22 −51	−14 −60	−41 −70	−33 −79	−60 −106	−105 −151	−149 −195	−219 −265
200	225											−63 −109	−113 −159	−163 −209	−241 −287
225	250											−67 −113	−123 −169	−179 −225	−267 −313
250	280	+210 +0	+320 +0	±16	±26	+5 −27	+16 −36	0 −52	−25 −57	−14 −66	−47 −79	−36 −88	−74 −126	−138 −190	−198 −250	−295 −347
280	315											−78 −130	−150 −202	−220 −272	−330 −382
315	355	+230 +0	+360 +0	±18	±28.5	+7 −29	+17 −40	0 −57	−26 −62	−16 −73	−51 −87	−41 −98	−87 −155	−169 −226	−247 −304	−369 −426
355	400											−93 −150	−187 −244	−273 −330	−414 −471
400	450	+250 +0	+400 +0	±20	±31.5	+8 −32	+18 −45	0 −63	−27 −67	−17 −80	−55 −95	−45 −108	−103 −166	−209 −272	−307 −370	−467 −530
450	500											−109 −172	−229 −292	−337 −400	−517 −580

附表 20　优先及常用配合轴的极限偏差表（摘自 GB/T 1800.2—2020）　　μm

公称尺寸/mm		a	b	c	d	e	f	g	h						
>	至	11	11	11	8	9	8	7	6	5	6	7	8	9	10	11
—	3	−270 −330	−140 −200	−60 −120	−20 −34	−20 −45	−14 −28	−6 −16	−2 −8	0 −4	0 −6	0 −10	0 −14	0 −25	0 −40	0 −60
3	6	−270 −318	−140 −215	−70 −145	−30 −48	−30 −60	−20 −38	−10 −22	−4 −12	0 −5	0 −8	0 −12	0 −18	0 −30	0 −48	0 −75
6	8	−280 −338	−150 −240	−80 −170	−40 −62	−40 −76	−25 −47	−13 −28	−5 −14	0 −6	0 −9	0 −15	0 −22	0 −36	0 −58	0 −90
8	10	−290 −360	−150 −260	−95 −205												
10	18	−300 −384	−160 −200	−110 −240	−50 −77	−50 −93	−32 −59	−16 −34	−6 −17	0 −8	0 −11	0 −18	0 −27	0 −43	0 −70	0 −110
18	30	−310 −410	−170 −330	−120 −280	−65 −98	−65 −117	−40 −73	−20 −41	−7 −20	0 −9	0 −13	0 −21	0 −33	0 −52	0 −84	0 −130

续表

公称尺寸 /mm		a	b	c	d	e	f	g	h						
30	40	−320 −420	−180 −340	−130 −290	−80 −119	−80 −142	−50 −89	−25 −50	−9 −25	0 −11	0 −16	0 −25	0 −39	0 −62	0 −100	0 −160
40	50	−340 −460	−190 −380	−140 −330												
50	65	−360 −480	−200 −390	−150 −340	−100 −146	−100 −174	−60 −106	−30 −60	−10 −29	0 −13	0 −19	0 −30	0 −46	0 −74	0 −120	0 −190
65	80	−380 −520	−220 −400	−170 −390												
80	100	−410 −550	−240 −460	−180 −400	−120 −174	−120 −207	−72 −126	−36 −71	−12 −34	0 −15	0 −22	0 −35	0 −54	0 −87	0 −140	0 −220
100	120	−460 −620	−260 −510	−200 −450												
120	140	−520 −680	−280 −530	−210 −460	−145 −205	−145 −245	−85 −148	−43 −83	−14 −39	0 −18	0 −25	0 −40	0 −63	0 −100	0 −160	0 −250
140	160	−580 −740	−310 −560	−230 −480												
160	180	−660 −845	−340 −630	−240 −530												
180	200	−740 −925	−380 −670	−260 −550	−170 −242	−170 −285	−100 −172	−50 −96	−15 −44	0 −20	0 −29	0 −46	0 −72	0 −115	0 −185	0 −290
200	225	−820 −1 005	−420 −710	−280 −570												
225	250	−920 −1 130	−480 −800	−300 −620												
250	315	−1 050 −1 260	−540 −860	−330 −650	−190 −271	−190 −320	−110 −191	−56 −108	−17 −49	0 −23	0 −32	0 −52	0 −81	0 −130	0 −210	0 −320
315	355	−1 200 −1 430	−600 −960	−360 −720	−210 −299	−210 −350	−125 −214									
355	400	−1 350 −1 580	−680 −1 040	−400 −750				−62 −119	−18 −54	0 −25	0 −36	0 −57	0 −89	0 −140	0 −230	0 −360
400	450	−1 500 −1 750	−760 −1 160	−440 −840	−230 −327	−230 −385	−135 −232									
450	500	−1 650 −1 900	−840 −1 240	−480 −880				−68 −131	−20 −60	0 −27	0 −40	0 −63	0 −97	0 −155	0 −250	0 −400

续表

公称尺寸/mm		js	k	m	n	p	r	s	t	u	v	x	y	z
>	至	6	6	6	6	6	+16 +10	+20 +14	—	+24 +18	—	+26 +20	—	+32 +26
—	3	±3	+6 0	+8 +2	+10 +4	+12 +6	+23 +15	+27 +19	—	+31 +23	—	+36 +28	—	+43 +35
3	6	±4	+9 +1	+12 +4	+16 +8	+20 +12	+28 +19	+32 +23	—	+37 +28	—	+43 +34	—	+51 +42
6	10	±4.5	+10 +1	+15 +6	+19 +10	+24 +15			—		—	+51 +40	—	+61 +50
10	18	±5.5	+12 +1	+18 +7	+23 +12	+29 +18	+34 +23	+39 +28	—	+44 +33	+50 +39	+56 +45	—	+71 +60
18	24								—	+54 +41	+60 +47	+67 +54	+76 +63	+86 +73
18	30	±6.5	+15 +2	+21 +8	+28 +15	+35 +22	+41 +28	+48 +35	+54 +41	+61 +48	+68 +55	+77 +64	+88 +75	+101 +88
30	40	±8	+18 +2	+25 +9	+33 +17	+42 +26	+50 +34	+59 +43	+64 +48	+76 +60	+84 +68	+96 +80	+110 +94	+128 +112
40	50								+70 +54	+86 +70	+97 +81	+113 +97	+130 +114	+152 +136
50	65	±9.5	+21 +2	+30 +11	+39 +20	+51 +32	+60 +41	+72 +53	+85 +66	+106 +87	+121 +10	+141 +122	+163 +144	+191 +172
65	80						+62 +43	+78 +59	+94 +75	+121 +102	+139 +120	+165 +146	+193 +174	+229 +210
80	100	±11	+25 +3	+35 +13	+45 +23	+59 +37	+73 +51	+93 +71	+113 +91	+146 +124	+168 +146	+200 +178	+236 +214	+280 +258
100	120						+76 +54	+101 +79	+126 +104	+166 +144	+194 +172	+232 +210	+276 +254	+332 +310
120	140	±12.5	+28 +3	+40 +15	+52 +27	+68 +43	+88 +63	+117 +92	+147 +122	+195 +170	+227 +202	+273 +248	+325 +300	+390 +365
140	160						+90 +65	+125 +100	+159 +134	+215 +190	+253 +228	+305 +280	+365 +340	+440 +415
160	180						+93 +68	+133 +108	+171 +146	+235 +210	+277 +252	+335 +310	+405 +380	+490 +465

续表

公称尺寸 /mm		js	k	m	n	p	r	s	t	u	v	x	y	z
180	200	±14.5	+33 +4	+46 +17	+60 +31	+79 +50	+106 +77	+151 +122	+195 +166	+265 +236	+313 +284	+379 +350	+454 +425	+549 +520
200	225						+109 +80	+159 +130	+209 +180	+287 +258	+339 +310	+414 +385	+499 +470	+604 +575
225	250						+113 +84	+169 +140	+225 +196	+313 +284	+369 +340	+454 +425	+549 +520	+669 +640
250	280	±16	+36 +4	+52 +20	+66 +34	+88 +56	+126 +94	+190 +158	+250 +218	+347 +315	+417 +385	+507 +475	+612 +580	+742 +710
280	315						+130 +98	+202 +170	+272 +240	+382 +350	+457 +425	+557 +525	+682 +650	+822 +790
315	355	±18	+40 +4	+57 +21	+73 +37	+98 +62	+144 +108	+226 +190	+304 +268	+426 +390	+511 +475	+626 +590	+766 +730	+936 +900
355	400						+150 +114	+244 +208	+330 +294	+471 +435	+566 +530	+696 +660	+856 +820	+1 036 +1 000
400	450	±20	+45 +5	+63 +23	+80 +40	+108 +68	+166 +126	+272 +232	+370 +330	+530 +490	+635 +595	+780 +740	+960 +920	+1 140 +1 100
450	500						+172 +132	+292 +252	+400 +360	+580 +540	+700 +600	+860 +820	+1 040 +1 000	+1 290 +1 250

附表 21 中心孔的尺寸参数及表示法（GB/T 145—2001，GB/T 4459.5—1999） mm

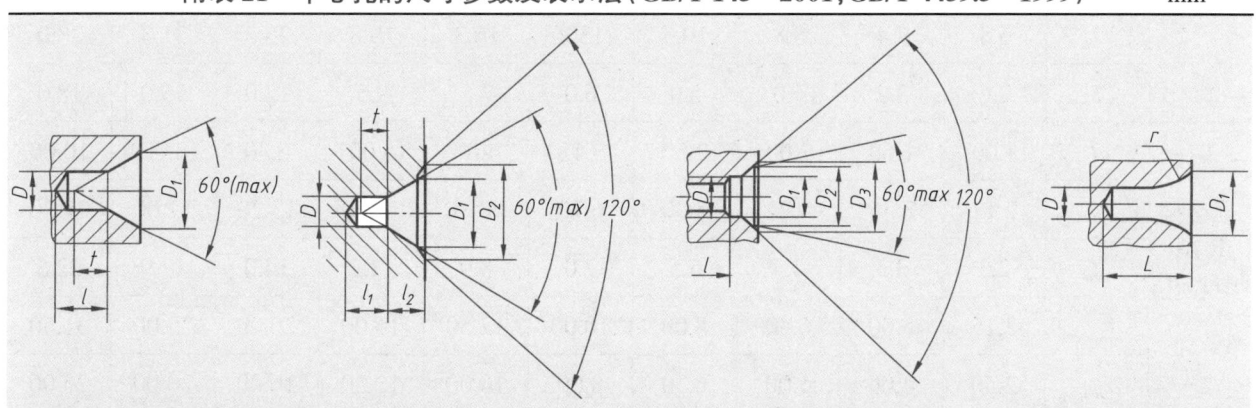

A 型（不带护锥）中心孔　　B 型（带护锥）中心孔　　C 型（带螺纹）中心孔　　R 型（弧形）中心孔

标记示例：

A4/8.5 GB/T 145—2001（A 型中心孔，$D=4$ mm，$D_1=8.5$ mm）

B2.5/8 GB/T 145—2001（B 型中心孔，$D=2.5$ mm，$D_1=8$ mm）

CM10L30/16.3 GB/T 145—2001（C 型带螺纹中心孔，$D=$M10，$l=30$ mm，$D_2=16.3$ mm）

中心孔表示法

说明：	说明：	说明：
1. 要求在完工的零件上保留中心孔。	1. 要求在完工的零件上可以保留中心孔。	1. 在完工的零件上不允许保留中心孔。
2. 采用B型中心孔，D=4 mm，D_1=12.5 mm。	2. 采用A型中心孔，D=4 mm，D_1=12.5 mm。	2. 采用A型中心孔，D=4 mm，D_1=12.5 mm。

60°中心孔尺寸参数

类型	参数									
A型中心孔	D	1.00	1.60	2.00	2.50	3.15	4.00	(5.00)	6.30	(8.00)	10.00
	D_1	2.12	3.35	4.25	5.30	6.70	8.50	10.60	13.20	17.00	21.20
	l	0.97	1.52	1.95	2.42	3.07	3.90	4.85	5.98	7.79	9.70
B型中心孔	D	1.00	1.60	2.00	2.50	3.15	4.00	(5.00)	6.30	(8.00)	10.00
	D_1	2.12	3.35	4.25	5.30	6.70	8.50	10.60	13.20	17.00	21.20
	D_2	3.15	5.00	6.30	8.00	10.00	12.50	16.00	18.00	22.40	28.00
	l_2	1.27	1.99	2.54	3.20	4.03	5.05	6.41	7.36	9.36	11.66
C型中心孔	D	M3	M4	M5	M6	M8	M10	M12	M16	M20	M24
	D_1	3.2	4.3	5.3	6.4	8.4	10.5	13.0	17.0	21.0	26.0
	D_2	5.3	6.7	8.1	9.6	12.3	14.9	18.1	23.0	28.4	34.2
	D_3	5.8	7.4	8.8	10.5	13.2	16.3	19.8	25.3	31.3	38.0
	l	2.6	3.2	4.0	5.0	6.0	7.5	9.5	12.0	15.0	18.0
R型中心孔	d	1.00	1.60	2.00	2.50	3.15	4.00	(5.00)	6.30	(8.00)	10.00
	D	2.12	3.35	4.25	5.30	6.70	8.50	10.60	13.20	17.00	21.20
	l_{min}	2.3	3.5	4.4	5.5	7.0	8.9	11.2	14.0	17.9	22.5
	r_{max}	3.15	5.00	6.30	8.00	10.00	12.50	16.00	20.00	25.00	31.50
	r_{min}	2.50	4.00	5.00	6.30	8.00	10.00	12.50	16.00	20.00	25.00

注：括号内的尺寸尽量不采用。

附表22 平行度、垂直度和倾斜度公差值(摘自 GB/T 1184—1996) μm

主参数 L、d(D) 图例

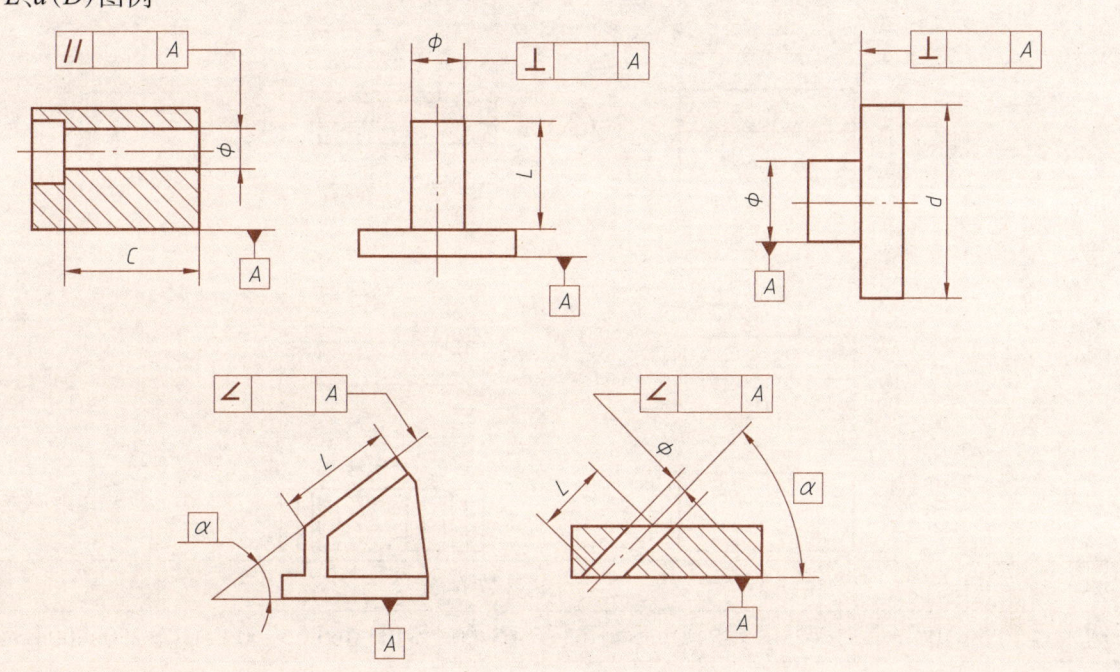

公差等级	主参数 /mm									
	≤10	>10~16	>16~25	>25~40	>40~63	>63~00	>100~160	>160~250	>250~400	>400~630
5	5	6	8	10	12	15	20	25	30	40
6	8	10	12	15	20	25	30	40	50	60
7	12	15	20	25	30	40	50	60	80	100
8	20	25	30	40	50	60	80	100	120	150
9	30	40	50	60	80	100	120	150	200	250
10	50	60	80	100	120	150	200	250	300	400

附表 23　直线度和平面度公差值（摘自 GB/T 1184—1996）　　μm

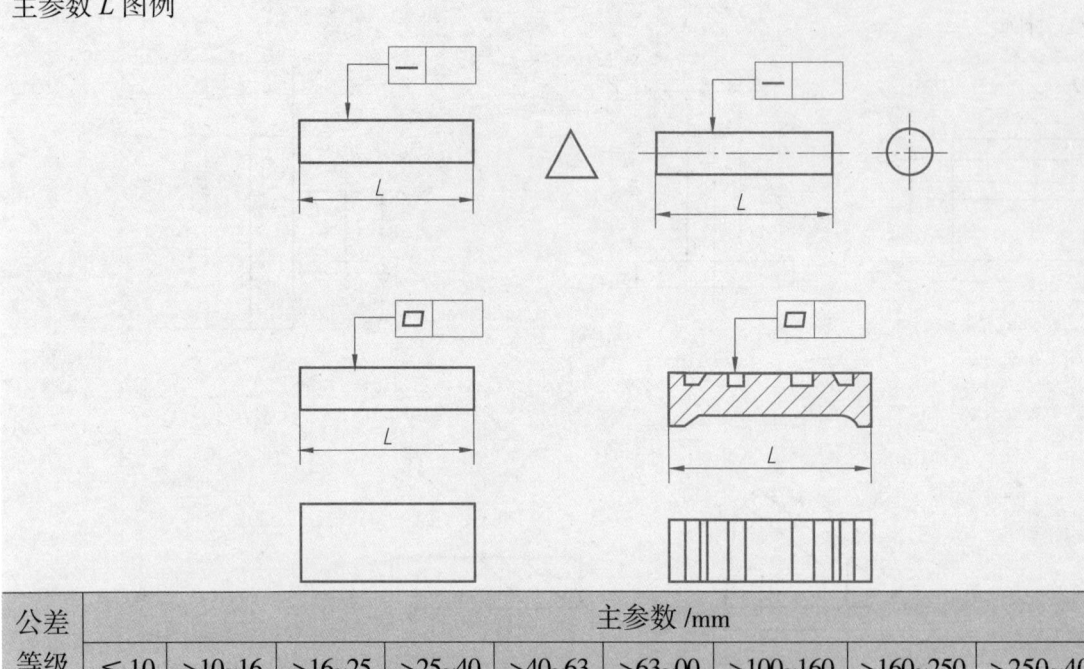

主参数 L 图例

公差等级	主参数 /mm									
	≤10	>10~16	>16~25	>25~40	>40~63	>63~00	>100~160	>160~250	>250~400	>400~630
5	2	2.5	3	4	5	6	8	10	12	15
6	3	4	5	6	8	10	12	15	20	25
7	5	6	8	10	12	15	20	25	30	40
8	8	10	12	15	20	25	30	40	50	60
9	12	15	20	25	30	40	50	60	80	100
10	20	25	30	40	50	60	80	100	120	150

附表 24　同轴度、对称度、圆跳动和全跳动公差值（GB/T 1184—1996）　　μm

主参数 $d(D)$、B 图例

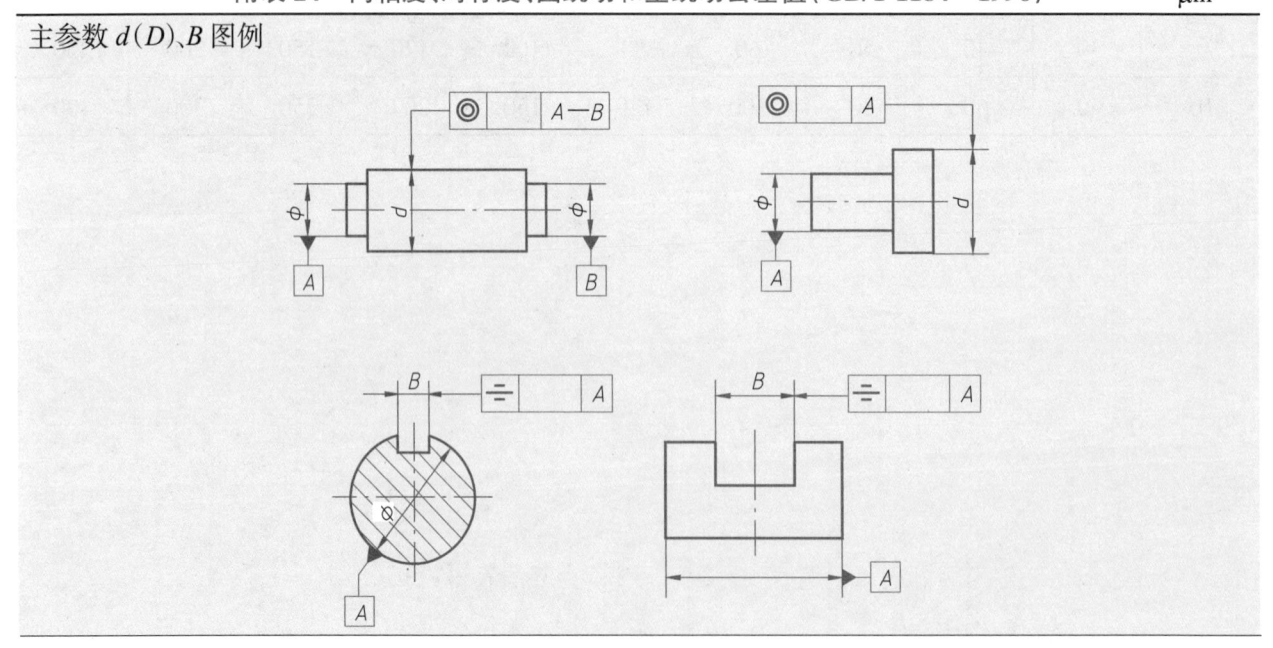

续表

公差等级	主参数 /mm									
	>1~3	>3~6	>6~10	>10~18	>18~30	>30~50	>50~120	>120~250	>250~500	>500~800
5	2.5	3	4	5	6	8	10	12	15	20
6	4	5	6	8	10	12	15	20	25	30
7	6	8	10	12	15	20	25	30	40	50
8	10	12	15	20	25	30	40	50	60	80
9	20	25	30	40	50	60	80	100	120	150
10	40	50	60	80	100	120	150	200	250	300

附表 25 圆度和圆柱度公差值(摘自 GB/T 1184—1996) μm

主参数 $d(D)$ 图例

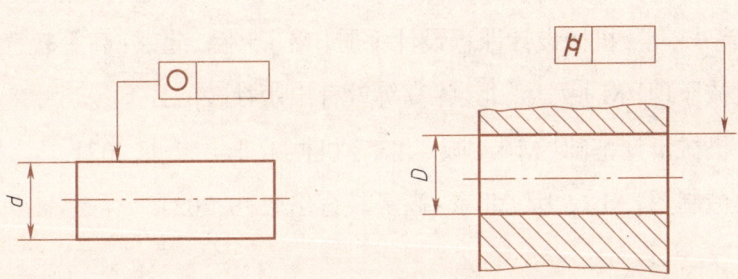

公差等级	主参数 /mm											
	≤3	>3~6	>6~10	>10~18	>18~30	>30~50	>50~80	>80~120	>120~180	>180~250	>250~315	>315~400	>400~500
5	1.2	1.5	1.5	2	2.5	2.5	3	4	5	7	8	9	10
6	2	2.5	2.5	3	4	4	5	6	8	10	12	13	15
7	3	4	4	5	6	7	8	10	12	14	16	18	20
8	4	5	6	8	9	11	13	15	18	20	23	25	27
9	6	8	9	11	13	16	19	22	25	29	32	36	40
10	10	12	15	18	21	25	30	35	40	46	52	57	63

参考文献

[1] 胡建生. 机械制图[M]. 5版. 北京：机械工业出版社，2023.

[2] 刘朝儒，吴志军，高政一，等. 机械制图[M]. 5版. 北京：高等教育出版社，2006.

[3] 大连理工大学工程图学教研室. 机械制图[M]. 7版. 北京：高等教育出版社，2013.

[4] 吴宗泽，罗圣国，高志，等. 机械设计课程设计手册[M]. 5版. 北京：高等教育出版社，2018.

[5] 孙桓，葛文杰. 机械原理[M]. 9版. 北京：高等教育出版社，2021.

[6] 柴鹏飞，万丽雯. 机械设计基础[M]. 4版. 北京：机械工业出版社，2021.

[7] 王幼龙，孙簃. 机械制图[M]. 5版. 北京：高等教育出版社，2021.

郑重声明

高等教育出版社依法对本书享有专有出版权。任何未经许可的复制、销售行为均违反《中华人民共和国著作权法》，其行为人将承担相应的民事责任和行政责任；构成犯罪的，将被依法追究刑事责任。为了维护市场秩序，保护读者的合法权益，避免读者误用盗版书造成不良后果，我社将配合行政执法部门和司法机关对违法犯罪的单位和个人进行严厉打击。社会各界人士如发现上述侵权行为，希望及时举报，我社将奖励举报有功人员。

反盗版举报电话　　(010) 58581999　58582371
反盗版举报邮箱　　dd@hep.com.cn
通信地址　　北京市西城区德外大街4号　高等教育出版社知识产权与法律事务部
邮政编码　　100120

读者意见反馈

为收集对教材的意见建议，进一步完善教材编写并做好服务工作，读者可将对本教材的意见建议通过如下渠道反馈至我社。

咨询电话　　400-810-0598
反馈邮箱　　zz_dzyj@pub.hep.cn
通信地址　　北京市朝阳区惠新东街4号富盛大厦1座
　　　　　　高等教育出版社总编辑办公室
邮政编码　　100029

防伪查询说明

用户购书后刮开封底防伪涂层，使用手机微信等软件扫描二维码，会跳转至防伪查询网页，获得所购图书详细信息。

防伪客服电话　　(010) 58582300

学习卡账号使用说明

一、注册/登录

访问 https://abooks.hep.com.cn，点击"注册/登录"，在注册页面可以通过邮箱注册或者短信验证码两种方式进行注册。已注册的用户直接输入用户名加密码或者手机号加验证码的方式登录。

二、课程绑定

登录之后，点击页面右上角的个人头像展开子菜单，进入"个人中心"，点击"绑定防伪码"按钮，输入图书封底防伪码(20位密码，刮开涂层可见)，完成课程绑定。

三、访问课程

在"个人中心"→"我的图书"中选择本书，开始学习。如有账号问题，请发邮件至：4a_admin_zz@pub.hep.cn。